Die deutsche Panzerwaffe
im Zweiten Weltkrieg

George Forty

Die deutsche Panzerwaffe
im Zweiten Weltkrieg

Bechtermünz Verlag

Erstveröffentlichung in Großbritannien durch
Arms and Armour
Arms and Armour ist ein Imprintverlag von
Cassel plc, London
Originaltitel: German Tanks of World War Two

Deutsche Erstausgabe

Produktion der deutschen Ausgabe:
Neumann & Nürnberger, Leipzig
Übersetzung: Uwe Wiesemann, Leipzig
Umschlaggestaltung: Georg Lehmacher, Friedberg
Umschlagmotiv: Tiger-Panzerjäger / Bildarchiv
Preußischer Kulturbesitz, Berlin
Satz: XYZ-Satzstudio, Naumburg
Gesamtherstellung: Offizin Andersen Nexö –
Ein Betrieb der INTERDRUCK
Graphischer Großbetrieb GmbH
Printed in Germany

ISBN: 3-8289-5327-1

Inhalt

Vorbemerkung und Danksagung 6
1 Die Panzerproduktion 9
2 Aufbau der Panzerwaffe und Truppenausbildung 18
3 Der PzKpfw I und seine verschiedenen Ausführungen 30
4 Der PzKpfw II und seine verschiedenen Ausführungen 36
5 Die PzKpfw 35(t) und 38 (t) mit ihren verschiedenen Ausführungen 48
6 Der PzKpfw III und seine verschiedenen Ausführungen 61
7 Der PzKpfw IV und seine verschiedenen Ausführungen 79
8 Der PzKpfw V und seine verschiedenen Ausführungen 98
9 Der PzKpfw VI und seine verschiedenen Ausführungen 118
10 Superschwere Panzer, Spezialfahrzeuge und eroberte Panzer 142
Anhang 149
Anmerkungen 154
Literaturauswahl 156
Index 157

Vorbemerkung und Danksagung

Im 1. Weltkrieg zeigte Deutschland so gut wie kein Interesse an jener revolutionären neuen Gefechtswaffe namens Panzer. Die in sehr geringer Stückzahl in Eigenbau entstandenen Fahrzeuge waren schwerfällig, und die wenigen erbeuteten britischen und französischen Exemplare wurden kaum genutzt. Allerdings waren sich die Verantwortlichen sehr wohl bewußt, welchen Einfluß diese neue Waffe auf den Verlauf künftiger Kriegshandlungen haben könnte. Einige maßgebliche Offiziere hegten nicht den geringsten Zweifel daran, daß ihr Vaterland nur vorübergehend eine Schlappe erlitten hatte, und waren davon überzeugt, daß dem Panzer – wenn Deutschland erneut das Schwert erheben würde – eine wichtige Rolle zukam.

Der Versailler Vertrag untersagte jegliche Rüstungsproduktion nach dem 1. Weltkrieg in Deutschland, so daß die Entwicklung von Panzern zunächst im Verborgenen stattfand. Es ist erstaunlich, wie weit die Militärs und Waffenhersteller die Geheimhaltung trieben. Europäer und Amerikaner nahmen die deutschen Vorhaben nicht ernst und glaubten den Schlagzeilen, denen zufolge es sich bei den sogenannten Traktoren tatsächlich nur um jene landwirtschaftlichen Maschinen handele, für die sie ausgegeben wurden. Es ist kaum zu glauben, welche Hilfe Deutschland von anderen Ländern, wie dem „neutralen" Schweden oder dem kommunistischen Rußland, zuteil wurde. Außerdem erhielt Deutschland bei der Umsetzung seiner heimlichen Wiederaufrüstungspläne aktive Unterstützung durch einige ehemalige Feinde, so daß der Aufbau der deutschen Panzerwaffe als abgekartete Sache erscheint.

Allerdings läßt sich leicht dozieren, wenn das Kind erst einmal in den Brunnen gefallen ist. Die meisten Menschen in den 20er und 30er Jahren wollten einfach nur in Ruhe gelassen werden, um nach der Beseitigung der Kriegsfolgen neu anfangen und in Frieden leben zu können. Die Schrekken des 1. Weltkrieges hatten praktisch keine Familie in Belgien, Frankreich und Großbritannien verschont. Daher nahmen sie die falschen Nachrichten bereitwillig für bare Münze. Hinter den Kulissen rüstete Deutschland nicht nur auf, sondern schuf eine mächtige Kampfmaschinerie, die bald ganz Europa erobern sollte und deren Panzerdivisionen die wichtigste Schlagkraft des Heeres bildeten.

Nach der Machtergreifung durch Hitler und die Nazis wurde der Maskerade ein Ende gesetzt und die Wiederaufrüstung fortan unverhohlen betrieben. Man versuchte vielmehr anstelle dessen der Welt glauben zu machen, daß die neu gebildete Panzerwaffe weitaus stärker und besser ausgerüstet sei als sie in Wirklichkeit war – und wieder einmal ging die Rechnung auf.

Der schnelle Aufbau der Panzerdivisionen und deren Ausbildung sind beachtliche Leistungen. Deutschland verwertete die Ideen britischer Vordenker auf dem Gebiet des Panzerwesens, wie Liddell Hart und Fuller, in seiner Blitzkrieg-Strategie, die sich als äußerst erfolgreich erweisen und der deutschen Panzerwaffe zu einer Reputation verhelfen sollte, die die kühnsten Erwartungen um ein Vielfaches übertraf und sich während des gesamten Krieges hielt. Nach der triumphalen Eroberung Polens, wurden die zaudernden Briten und Franzosen mit spielerischer Leichtigkeit überrollt, obgleich Frankreich mehr und zumeist schwerere bzw. besser ausgerüstete Panzer besaß als seine schnell agierenden und äußerst beweglichen Gegner. Es war die überlegene Taktik der deutschen Panzerwaffe, die ihr 1940 und auch 1941 beim Einmarsch in Rußland den Sieg bescherte. Abgesehen vielleicht von den Bomberpiloten war der Panzerkommandant in seiner feschen schwarzen Uniform mit dem Totenkopfemblem und seinem lässigen schwarzen Barett der neue Super-Volksheld.

Nachdem die USA und Rußland auf Seiten der Alliierten in den Krieg eingetreten waren, bestand für Deutschland keine reale Aussicht mehr auf den Sieg. Die deutsche Panzerproduktion beispielsweise hatte bei weitem nicht die Kapazitäten der amerikanischen Rüstungsmaschinerie, die dort überall aus dem Boden schoß. Zwar lassen Zahlen allein nicht in jedem Fall Rückschlüsse auf die Qualität zu, aber die bloße Tatsache, daß die Amerikaner *allein* viermal so viel Panzer produzieren konnten wie Deutschland, mußte sich nachhaltig auf das Kriegsergebnis auswirken. Hitlers größter Fehler war zweifelsohne der Überfall auf Rußland. Obwohl die Panzerwaffe zu Beginn des BARBAROSSA-

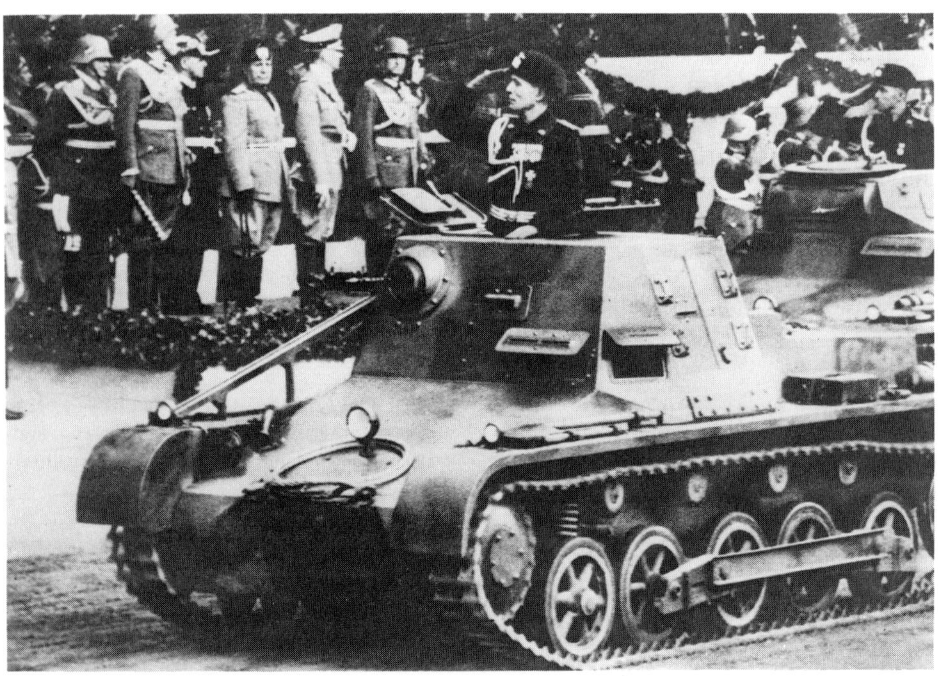

Dieses Foto ist zwar sattsam bekannt, aber es mußte ganz einfach in dieses Buch aufgenommen werden! Es zeigt die Diktatoren der Achsenmächte, Adolf Hitler und Benito Mussolini, bei der Abnahme der Panzerparade, die von einem kleinen Befehlswagen angeführt wird.

Mit prahlerischer Wucht durchschlägt ein PzKpfw I ein Holzhindernis im Rahmen einer öffentlichen Vorführung, die die gewachsene Stärke der deutschen Panzerwaffe unter Beweis stellen sollte.

Feldzuges Tausende der schwächeren russischen Panzer vernichten konnte, erlitt sie ihren größten Rückschlag, als die verhaßten „Untermenschen" mit ihren neuen Fahrzeugen, beispielsweise dem T-34, plötzlich Siege errangen. Ungeachtet des Ergebnisses des Landkrieges erwiesen sich die Panzerdivisionen als ernst zu nehmender Gegner auf jedem Schlachtfeld. Panzer, wie der Tiger oder der Panther, und Panzergeneräle, wie Heinz Guderian und Erwin Rommel, erlangten bereits während ihrer Einsätze legendären Ruhm.

Unter den drei Grundmerkmalen eines Panzers – Feuerkraft, Panzerung und Beweglichkeit – gaben deutsche Panzerkonstrukteure der Feuerkraft den Vorzug vor den beiden anderen. Sie begründeten dies damit, daß eine Kanone einen feindlichen Panzer an jeder Stelle durchschlagen könne, denn es grenzte an Unmöglichkeit, ein Fahrzeug mit einer ausreichend starken Rundumpanzerung zu versehen. Die gesamte Geschichte des deutschen Panzerbaus glich daher eher einer ständigen Suche nach immer größeren und besseren Kanonen, für die anschließend die entsprechenden Trägerfahrzeuge entwickelt wurden. Obwohl das Maschinengewehr als Zweitbewaffnung beibehalten wurde, um die Munition für die Hauptwaffe nicht zu vergeuden, mußte das Kaliber der Bordkanone groß genug sein, um einerseits den feindlichen Panzer bekämpfen und andererseits dessen Panzerabwehrkanone standhalten zu können. Das Panzerdurchschlagsgeschoß wurde ergänzt durch eine Sprengladung, und beide gehörten zur Standardausrüstung deutscher Panzer.

Doch auch die besondere Aufmerksamkeit für die Feuerkraft bedeutet nicht, daß die deutschen Panzerkonstrukteure die Panzerung oder die Beweglichkeit außer Acht ließen. Deutsche Panzer waren generell gut geschützt, wenngleich die verschiedenen Typen bis einschließlich zum Tiger I ziemlich viereckig aussahen, da die Panzerplatten rechtwinklig angeordnet waren. Der Rumpf des Panzers umschloß u. a. Motor und Getriebe, Aufhängung und Ketten, Munition und Treibstoff mittels eines genieteten Aufbaus, zu dem Turm, Drehkranz und Hauptbewaffnung zählten. Verbesserten Schutz boten zusätzliche, mit Nieten befestigte Panzerplatten, bis schließlich bei späteren Ausführungen von vornherein stärkere Platten verwendet wurden. Ab 1942 änderte sich die Form deutscher Panzer radikal. Die abgeschrägte Panzerung setzte sich durch. Der nachhaltige Einfluß des T-34 auf die Entwicklung deutscher Panzer ist nicht hoch genug einzuschätzen und spiegelt sich in solch hervorragenden Ausführungen, wie dem Panther und dem Tiger II, wider.

Wie nicht anders zu erwarten, waren die deutschen Motoren, Getriebe und Aufhängungen etc. von bester Qualität, sorgfältig gefertigt und präzise montiert. In gewisser Weise stand dies einer Erhöhung der Produktionszahlen im Wege, denn die Herstellung eines deutschen Panzers dauerte weitaus länger und verschlang unnötig viele Arbeitsstunden beim Zusammenbau, während der Sherman und der T-34 sich weitaus besser für die Massenproduktion durch ungelernte Arbeiter eigneten. Sämtliche deutschen Panzer besaßen ein vorderes Antriebskettenrad, wodurch der Antrieb von dem im Heck befindlichen Motor durch den Panzer hindurch unter der Turmgondel entlanggeführt werden mußte. Nach dem PzKpfw I wurden alle Panzer bis (ausschließlich) zum Maus mit Maybach-Motoren ausgerüstet. Diese hervorragenden Teile waren reichlich kompliziert und wartungsintensiv. Späteren Modellen fehlte es an Leistung, um den steigenden Anforderungen gerecht zu werden. So wurden beispielsweise Panther, Tiger II und Jagdtiger mit dem gleichen Motor (Maybach HL 230 P30) ausgerüstet, obwohl ihr Gewicht 45,5 Tonnen, 68 Tonnen bzw. mehr als 70 Tonnen betrug.

Als sich Deutschland mehr und mehr in die Defensive gedrängt sah, wurden die Panzer größer und schwerer. Sie glichen eher fahrenden Bunkern als den beweglichen Panzerfahrzeugen des Blitzkrieges. Hitler, der sich ständig in die Panzerentwicklung und -produktion einmischte, war total auf deren Größe „fixiert", so daß umfangreiche Konstruktions- und Fertigungskapazitäten unnötigerweise auf so bizarre Vorhaben, wie den Maus, verschwendet wurden. Hätte man diese Ressourcen statt dessen in den Bau von mehr Panthern und PzKpfw IV investiert, wären die Verluste der Alliierten beachtlich höher ausgefallen, wobei nicht sicher ist, ob dies am Ergebnis etwas geändert hätte.

Ich habe in diesem Buch bewußt den Versuch unternommen, die Dinge einfach und verständlich zu schildern, den einzelnen Panzer und dessen Besatzung anstelle der Panzerformation zu beschreiben, die Entwicklung, Indienststellung und Nutzung der verschiedenen deutschen Panzertypen darzustellen. Dazu habe ich mich wieder meines „Handlungsstils" bedient, der technische Grundinformationen mit Augenzeugenberichten von Panzerbesatzungen verwebt. Außerdem habe ich mich bei der Auswahl der Fotografien bemüht, soweit wie möglich Aufnahmen aus privater Hand zu verwenden. Über die deutsche Panzerwaffe existieren bereits zahlreiche Veröffentlichungen, die es einem Autor erschweren, 45 Jahre nach der Zerschlagung neue Fakten zu finden oder mit interessanten Neuigkeiten aufzuwarten. Allerdings sichern die Leistungsfähigkeit von Panzern, wie Panther oder Tiger, sowie der Mut und der Kampfgeist ihrer Besatzungen diesen Waffen einen ewigen Platz in der Militärgeschichte und darüber hinaus das immer währende Interesse von Panzerliebhabern.

Panzerbezeichnungen

Vor 1938 wurden die in Deutschland im Bau befindlichen Panzer von verschiedenen Quellen mit Codenamen benannt, um den wahre Zweck dieser Maschinen zu verschleiern. So wurden sie beispielsweise mit der Bezeichnung „Traktoren" getarnt: Leichttraktor, Großtraktor, landwirtschaftlicher Schlepper oder Bataillonsführerwagen.

Versuchspanzer erhielten zur Kennzeichnung eine Seriennummer, deren erste beiden Ziffern das Fahrzeuggewicht und die letzten beiden die Prototypennummer angaben. Dem Präfix VK (als Abkürzung für „Vollkettenfahrzeuge") folgten eine Nummer und in manchen Fällen ein oder mehrere in Klammern gesetzte Buchstaben, wie (DB) für „Daimler-Benz" oder (H) für „Henschel". Die Bezeichnung VK3002(P) beispielsweise sagt aus, daß es sich hier um einen Versuchspanzer mit einem Gewicht von 30 Tonnen handelt, der als zweiter Prototyp von Porsche gebaut wurde. 1943 wurde die VK-Nomenklatur durch die Serie E (für „Entwicklung") abgelöst. So handelte es sich beim E100 um einen mindestens 100 Tonnen schweren Panzer, der gegen Kriegsende produziert wurde.

Bei Indienststellung erhielt ein Panzer die Bezeichnung „Panzerkampfwagen", abgekürzt PzKpfw oder PzKw, gefolgt von einer römischen Ziffer zwischen I und VI zur Angabe der verschiedenen Panzerklassen (leichter, mittlerer, schwerer Panzer). Innerhalb der einzelnen Klassen erhielt die jeweils erste Ausführung den Buchstaben A, die zweite ein B usw. (z. B. PzKpfw III Ausf C). Gleichzeitig vergab man an den Panzerkampfwagen eine Bestandsnummer, die ihn als Sonderkraftfahrzeug (SdKfz) auswies. So war „SdKfz 101" die Bestandsnummer für den PzKpfw I. Darüber hinaus erhielten diese Fahrzeuge Spitznamen, wie dies auch Briten oder Amerikaner bei einigen ihrer Panzer taten. Die bekanntesten sind „Tiger" für den PzKpfw VI und „Panther" für den PzKpfw V.

Für jeden Panzer sind mehrere Gewichtsangaben möglich, je nachdem, ob er voll, leer, voll besetzt, mit Gefechtsbewaffnung ausgerüstet o.ä. ist. Ich habe mich bemüht, nach Möglichkeit das Kampfgewicht (in t) anzugeben.

Danksagung

Wie immer muß ich mich bei vielen Menschen für ihre freundliche Unterstützung bei der Arbeit an diesem Buch bedanken. Die Materialsuche ist keine leichte Aufgabe, insbesondere angesichts zahlreicher fremdsprachiger Quellen. Meine ohnehin nie besonders brillanten Deutschkenntnisse wurden recht bald auf das Äußerste beansprucht, bis mir die unschätzbare Hilfe dreier Menschen zuteil wurde: erstens Oberstleutnant Manfred Blume, deutscher Verbindungsoffizier am Royal Armoured Corps Centre, zweitens Max Flemming, ehem. Angehöriger des Fallschirmpanzerkorps HG, der inzwischen in England lebt, und drittens Frau Ingrid Randle, eine gebürtige Deutsche, die heute als Sekretärin in unserem Panzermuseum arbeitet. Sie haben die Übersetzung des gesamten Materials, das mir zugeschickt wurde, bewältigt, wofür ich ihnen äußerst verbunden bin. In diesem Zusammenhang möchte ich Herrn Walter Spielberger für die freundliche Genehmigung zur Übersetzung und Übernahme von Berichten aus seinem Buch *Die Panzerkampfwagen 35 (t) und 38 (t)* sowie Frau Hilary Doyle für die Übersetzung bedanken. Mein nächster Dank geht an David Fletcher, Edwin Bartholomew und das übrige Personal der Bibliothek des Panzermuseums. Sie haben mir Zugang zu sämtlichen britischen Berichten und Unterlagen gewährt, die sich in den Kriegsjahren durch Einrichtungen, wie die School of Tank Technology, angesammelt haben und nun in unseren immer umfangreicher werdenden Archiven aufbewahrt werden. Dank gebührt ferner Herrn Roland Groom, dem In-house-Fotografen des Panzermuseums für seine Mithilfe. Der Leser wird sich davon überzeugen können, daß ich viele Aufnahmen aus der hervorragenden Sammlung des Museums verwendet habe.

Eine äußerst wertvolle Hilfe waren mir sowohl dienende als auch bereits in den Ruhestand versetzte Offiziere und Soldaten der amerikanischen, britischen und deutschen Streitkräfte, die mir Fotos, Erinnerungsstücke und anderes Material geschickt haben, wovon ich eine große Menge in meinem Buch verarbeiten konnte. In diesem Zusammenhang geht mein Dank an Colonel Paul Adair, Heinz-Dietrich Aberger, John Batchelor, Oberst aD Albert von Boxberg[1], Ernst J. Dohany, OTL aD Rolf Due, Curt Ehle, Frau Everth, Herbert Elsner, OTL aD Gerhard Fischer, Sandra Forty, Hans-Harold Grahn, Major Peter Gudgin, OTL Reimar Grundies, Oberst aD Wolfgang Hartelt, Geord Heymer, Alfred Johnson, Charles K. Kliment, Hans-Ritter Klippert, Nick Mashlonik, ‚Dusty' Miller, Justus Wilhelm von Oechelhauser, Oberst aD Fabian von Bonin von Ostau, Alfred Otte, Bryan Perrett, OTL Sievert Paulsen, Jeff Pavey, Horst Riebenstahl, Gerhard Remmel, Oberst aD Helmut Ritgen, Oberst aD Hermann Rothe, Oberst aD Alfred Rubbel, OTL aD Rolf Stoves, Gerd Schröder, Dr. Heinz Spathe, Hans Teske, Lieutenant Colonel David Treasure, Emil Thran, Karl Wilhelm, Oberst aD Gerhard Witte, Dr. Kurt Wolff, Rudolf Wulff und die Kameradschaften verschiedener Panzereinheiten. Sie alle haben mir Material zur Verfügung gestellt oder meine Bitte um Mithilfe veröffentlicht. Nicht vergessen bei meiner Danksagung möchte ich den Redakteur von *Alte Kameraden,* Herrn Berwald.

Wie immer geht abschließend ein Dankeschön an meine stets geduldige Frau Anne für die Abschrift meiner Manuskripte. Ich danke allen Beteiligten und hoffe, daß jeder von ihnen bei der Betrachtung des Endproduktes den Eindruck gewinnt, daß sich die Mühe gelohnt hat.

George Forty
Bryantspuddle

I
Die Panzerproduktion

Die Vorbereitungen

Die Schaffung einer leistungsstarken deutschen Panzerindustrie vor Ausbruch des 2. Weltkrieges stellt nur einen Stein im Mosaik der allgemeinen Wiedererstehung der militärisch-industriellen Macht Deutschlands dar. Auslöser waren wahrscheinlich die gesamtnationalen Bestrebungen, sich den drakonischen Bestimmungen des Versailler Vertrages zu widersetzen, zu dessen Unterzeichnung Deutschland am 28. Juni 1919 gezwungen worden war. Die Wiederaufrüstung im großen Maßstab begann allerdings erst 1935, als Hitler sich über den Vertrag hinwegsetzte und ca. 240 000 deutsche Fabriken auf die Herstellung von Kriegsgütern umstellen ließ. Der Grundstein für diese Entwicklung war jedoch bereits Jahre vorher, nahezu unmittelbar nach der Unterzeichnung des Waffenstillstands, gelegt worden, als die siegreichen Verbündeten sich bemühten, Deutschland ein für allemal zu demilitarisieren. Der nationale Wille, als Militärmacht weiterzuexistieren, tritt möglicherweise am deutlichsten in Gestalt des Industriegiganten Krupp zutage, der die drastischen Rüstungsbeschränkungen nach außen hin scheinbar gelassen hinnahm. Unter dem neuen Slogan *„Wir machen alles!“* wurden die Fabriken ostensiv auf die Herstellung alltäglicher Gebrauchsartikel, wie Schreibmaschinen und Kinderwagen, umgestellt. Und trotzdem lief hinter den Kulissen ruhig und systematisch die Planung und Entwicklung von Waffen für den nächsten Krieg weiter. Die hochqualifizierten Ingenieure wurden in Zweigniederlassungen auf der ganzen Welt delegiert, wo sie den Tag ihrer Rückkehr ins Ruhrgebiet abwarten sollten, um wieder voll in die Rüstungsproduktion einzusteigen. Die Mitwisserschaft einiger Alliierter und neutraler Staaten Europas um diese Unterwanderung ist auch heute, lange nach diesen Ereignissen, alarmierend. Zynischerweise könnte man schlußfolgern, Europa bekam mit dem Kriegsausbruch 1939 seine verdiente Quittung. Solche Enthüllungen sollten jedoch all jenen eine Lehre sein, die zur Lösung derartiger Probleme in Zukunft eine Beschwichtigungspolitik befürworten.

Im 1. Weltkrieg hatte Deutschland wenig Interesse für den Bau bzw. die Verwendung von Panzern gezeigt. Den behäbigen, 30 Tonnen schweren Sturmpanzerwagen[2] A7V, von denen nicht einmal 20 Stück produziert wurden, standen nahezu 3000 britische und 4000 französische Panzer gegenüber. Während die Militärberater des Kaisers das Potential dieser neuen Fahrzeuge zunächst verkannten, hatten zumindest einige führende Offiziere am Ende des Krieges begriffen, daß Schlachten in Zukunft mit diesen Waffen entschieden würden. General Ludendorff sagte in einer Reichstagsrede im Oktober 1918, es bestünde weder die Aussicht noch die Möglichkeit, den Feind zum Friedensschluß zu zwingen. Dies sei vor allem auf zwei Ursachen zurückzuführen, eine davon seien die Panzer... Selbstverständlich war Deutschland gemäß dem Versailler Vertrag der Besitz von Panzern untersagt. Dies galt – abgesehen vom begrenzten Einsatz durch die Polizei – auch für Panzerwagen. Allerdings hatte dieses Verbot auch eine positive Seite, denn während Großbritannien und Frankreich über eine immense Anzahl veralteter Panzerkampfwagen verfügten, deren Verschrottung sie sich nicht leisten konnten, war Deutschland nicht vorbelastet, auch wenn der Start verdeckt und mit geheimer ausländischer Unterstützung erfolgen mußte. Der einzige Panzerkonstrukteur, der sich im 1. Weltkrieg in Deutschland einen Namen machte, war Joseph Vollmer. Neben der Entwicklung des A7V, dem einzigen Panzer aus deutscher Produktion, der tatsächlich auch zum Einsatz kam, hatte Vollmer sich auch mit einer leichteren Ausführung, dem Leichten Kampfwagen 1, beschäftigt, dessen Prototyp Mitte 1918 vorlag. Diesem 7-Tonner folgte der etwa zwei Tonnen schwerere LK II mit einer begrenzt schwenkbaren 57 mm-Kanone. Vollmer hatte bei Kriegsende zwei LK II-Prototypen gebaut und besaß Teile für weitere acht (den Produktionsauftrag hatte er für 580 Stück erhalten). Es gelang ihm jedoch, die fertigen Panzer zu demontieren und sich mit allen zehn Bausätzen ins neutrale Schweden abzusetzen. Nach seiner Ankunft baute er die Panzer wieder zusammen und verkaufte sie an die hocherfreuten Schweden, die die Fahrzeuge in M-21 umbenannten. Diese Panzer bildeten die erste Panzerkompanie des schwedischen Heeres. Vollmer ging nach kurzem Aufenthalt in Schweden in die Tschechoslowakei, wo er bei der Fa. Adamov den Posten des Chefkonstrukteurs annahm. Ab 1925 wurden die von ihm entworfenen Ausführungen von den tschechischen Firmen Skoda und Tatra hergestellt. Beim deutschen Einmarsch in die Tschechoslowakei 1938 bemächtigte sich

Der 30 t schwere Sturmpanzerwagen A7V war der einzige Panzer aus deutscher Produktion, der im 1. Weltkrieg eingesetzt wurde. Die Deutschen setzten überwiegend die eroberten schweren Panzer der Briten ein. Das Foto zeigt zwei A7V beim Einsatz an der Westfront im Juni 1918.

Joseph Vollmer arbeitete außerdem an einem weitaus kleineren Leichtpanzer, dem hier gezeigten leichten Kampfwagen, der aber nie in Serie ging.

die Wehrmacht der Früchte von Vollmers Arbeit, indem sie die ausgezeichneten Panzer aus tschechischer Produktion in ihre Dienste übernahm.

Die Verbindung nach Schweden

In seinem Buch *Covert German Re-armament 1919–1939,* erläutert Bart Whalley, wie Krupp eine weitere Scheinfirma in Schweden erwarb: „... Da sich Schweden als sichere und diskrete Basis für die deutsche Wiederaufrüstung erwiesen hatte, erwarb Krupp zusätzlich zu seiner Kanonenfabrik Bofors dort eine zweite Scheinfirma. Bei dem neuen Krupp-Zweigwerk handelte es sich um den alteingesessenen Maschinenbauer AB Landswerk im südschwedischen Landskrona. Er stellte 1929 sein erstes Panzermodell und 1931 seinen ersten fertigen Panzer, den hervorragenden Leichtpanzer L-10 mit einer 37 mm-Kanone, vor, der 1934 von den schwedischen Streitkräften in Dienst gestellt wurde. Eine Reihe ausgezeichneter Panzer und Panzerkampfwagen kamen von Landswerk, das sich in der Folge zum wichtigsten Hersteller von Panzerfahrzeugen in Schweden entwickelte. Diese Ausführungen lassen bereits einige Merkmale erkennen, die sich später bei deutschen und russischen Panzern wiederfinden und Zeugnis von der fruchtbaren deutsch-russisch-schwedischen Zusammenarbeit ablegen."

Der Abzug von Beobachtern

Dem Abzug der Inspektoren der Interalliierten Kontrollkommission, die man zur Überwachung der Einhaltung der Bestimmungen des Versailler Vertrages durch Deutschland ernannt hatte, im Januar 1927, folgte eine Zeit der heimlichen Aufrüstung. Zwar bemühte man sich anfangs noch in gewissen Umfang, den Schein zu wahren, aber es bedurfte ohnehin keiner großen Anstrengungen, die übrigen Länder Europas davon zu überzeugen, daß Deutschland sich noch immer an die Vorschriften hielt, denn genau daran *wollten* die meisten Politiker glauben. Für das Krupp-Imperium begann eine Zeit der Schwarzproduktion, unter die ab 1928 auch Panzer fielen. Einer internen Mitteilung zufolge, „...waren die wichtigsten der zwischen 1939 und 1941 eingesetzten Kanonen bereits 1933 voll entwickelt."[5] 1933 wurde Hitler zum Reichskanzler gewählt, und die Nationalsozialisten kamen an die Macht. Zwei Jahre später brach Hitler mit dem Versailler Vertrag. Es war nicht nur vorbei mit allen Bemäntelungen, sondern sämtliche Beschwichtigungen wurden ins extreme Gegenteil verkehrt! Die Nazis übertrieben die Stärke der deutschen Streitkräfte maßlos, um die ehemaligen Eroberer zu bluffen und sie glauben zu machen, Deutschland sei inzwischen unbesiegbar. Es ist erstaunlich, wie leicht es ihnen erneut gelang, den Rest der Welt zum Narren zu halten.

In Deutschland lief die Panzerentwicklung inoffiziell, nachdem das Truppenamt[3] Koordinierung und Führung aller motorisierten Truppen, einschließlich der verdeckten Panzereinheiten, eine entsprechende Aufsichtsstelle eingerichtet hatte. Bereits seit den frühen Tagen gehörte Heinz Guderian dieser Einrichtung an, der später zum bedeutendsten deutschen Panzeroffizier und zum wahren „Vater der Panzerwaffe" wurde. 1926 erhielt die deutsche Industrie Aufträge zum geheimen Bau von Prototypen von Panzern und Panzerwagen. Um den wahren Zweck dieser Panzer zu verschleiern gab man ihnen Codenamen. So wurde beispielsweise 1928–29 der 20-Tonner „Großtraktor I" von Daimler-Benz hergestellt. Er war einer von drei bestellten Versuchsfahrzeugen. Die beiden anderen waren der „Großtraktor II" von Rheinmetall und der „Großtraktor III" von Krupp. Jedes Unternehmen stellte zwei „Traktoren" aus Weichstahl her. Sie konnten mit einer 7,5 mm-Kanone ausgerüstet werden und wurden alle auf dem Panzerübungsgelände der Roten Armee in Kasan (Rußland) getestet.[4] Ab 1926 wurden laut dem im gleichen Jahr unterzeichneten Geheimvertrag von Rapallo zwischen Rußland und Deutschland deutsche Techniker in Kasan stationiert. Auch Schweden beteiligte sich an der geheimen Panzerentwicklung Deutschlands. Guderian steuerte seinen ersten Panzer als er in Schweden zu Gast war – passenderweise handelte es sich dabei um ein von Voll-

Der sog. Großtraktor wurde Ende der 20er Jahre gebaut. Der Deckname sollte den wahren Einsatzzweck verschleiern.

In der Ausführung von Rheinmetall hatte der Großtraktor eine 7,5 cm-Kanone als Erstwaffe. Nach heimlichen Tests in Rußland kam er in der 1. Panzerdivision zum Einsatz. Das Ende seiner Laufbahn erlebte er, wie die anderen fünf (zwei pro Hersteller), auf dem Paradeplatz eines der ersten Panzerregimenter.

mer herausgeschmuggeltes Modell! Rheinmetall und Krupp produzierten außerdem drei prototypische Leichttraktoren mit einem Gewicht von ca. 9,5 Tonnen und einer 3,7 cm-Kanone.

Die Generäle der Alliierten dürften sich köstlich über die merkwürdigen Panzerattrappen amüsiert haben, mit denen „Heinz Brausewetter" Guderian, inzwischen zum Oberst aufgerückt, zu den Militärübungen im Sommer 1929 anrückte. Einige davon waren ad hoc umgebaute Zugmaschinen, die aber bald von motorisierten Übungsmodellen abgelöst wurden, wofür NSU „Dixi" und Adler mit einer hölzernen Karosserie und einer Plane versehen wurden. Deutschland erkannte recht bald den Wert preiswerter und leicht herstellbarer Übungsversionen und sie nahmen daher den Übungspanzer in ihre Waffenbestände auf. Dem Vernehmen nach sollen einige dieser Fahrzeuge gegen Kriegsende aufgrund der Nachschubengpässe sogar im Gefecht eingesetzt worden sein.

Die Kriegsvorbereitungen

Ab Anfang der 30er Jahre machte die deutsche Industrie ernst mit ihrer Kriegsproduktion. Hitler erteilte beispielsweise Krupp den Auftrag zum Bau von 100 neuen Leichtpanzern, die bis März 1934 zu liefern waren. 650 weitere sollten ein Jahr später folgen. Krupp rief daraufhin seine Ingenieure aus Schweden zurück und nahm die Panzerproduktion in der Heimat auf. Recht bald wurden die mit Holz und Leinwand verkleideten Übungspanzer durch echte Panzerkampfwagen ersetzt. Guderian schrieb dazu in seinem Buch *Achtung Panzer*: „Die deutschen Panzer wurden einer radikalen Umwandlung unterzogen. Ihre ehemaligen hölzernen Kanonen spien plötzlich Feuer, an die Stelle ihrer früheren angedeuteten Panzerung trat Stahl." Bis 1935 hatte man die ersten drei Panzerdivisionen gegründet und mit ihren neuen Waffen ausgerüstet. Weder die Leicht- noch die Großtraktoren wurden als übungs- geschweige denn gefechtstauglich angesehen. Während man noch an der Entwicklung besserer Modelle arbeitete, wurden in Windeseile die Produktion zweier kleiner Leichtpanzer aufgenommen, um den Befehl des Führers auszuführen. Der 5 Tonnen schwere Landwirtschaftliche Schlepper und Prototyp für die beiden kleineren Ausführungen wurde 1933 gebaut. Aus ihm ging in der Folge der Panzerkampfwagen (PzKpfw I) hervor. Der PzKpfw II war nahezu doppelt so schwer und entwickelte sich aus dem LKA II von Krupp und dem von MAN konzipierten PzKpfw II Ausf. A1, der für die Produktion ausgewählt wurde. Diese Panzer waren, wie ihr britisches Äquivalent nur bedingt kampftauglich, erwiesen sich aber als ausgezeichnete Übungsfahrzeuge. Für die neu gegründeten Panzerdivisionen wurden zwei weitere Panzer entwickelt, eine leichte und eine mittlere Ausführung. Wie üblich erhielten sie Decknamen, um ihren wahren Verwendungszweck zu verschleiern. Das leichtere Modell wurde „Zugführerwagen" (ZW), das schwerere „Bataillonsführerwagen" (BW) genannt. Ab 1939 taucht die Bezeichnung Panzerkampfwagen III bzw. IV auf. Diese Fahrzeuge wurden bald zum Rückgrat der Gefechtsordnung der Panzerdivisionen.

Als erste Firmen nahmen Krupp (Essen), Rheinmetall-Borsig (Berlin-Tegel), Daimler-Benz (Berlin-Marienfelde) und Henschel (Kassel) die Panzerproduktion auf. Es handelte sich dabei um Großkonzerne mit entsprechenden In-house-Kapazitäten zur Herstellung der meisten Hauptbaugruppen. Dies galt insbesondere für Krupp und Rheinmetall, die als große Rüstungsbetriebe in der Lage waren, Bewaffnung, Panzerung, Schmiedeteile sowie andere Grundkomponenten im erforderlichen Umfang selbst zu entwickeln, zu testen und zu fertigen. Daimler-Benz als Hersteller von Schwerlastkraftwagen und Henschel als Lokomotiv- und Lkw-Produzent verfügten über umfangreiche Erfahrungen im Hinblick auf schwere Fahrzeugtechnik. Im Laufe der nächsten vier Jahre kamen weitere Unternehmen hinzu, darunter der Krupp-Schwermaschinenbetrieb Grusonwerk (Magdeburg), der 1937 parallel zum Standort Essen mit dem Aufbau von Kapazitäten zur Panzermontage und zur Fertigung einiger Panzerkomponenten begann. Eine weitere Firma war die Nürnberger Niederlassung der Maschinenfabrik Augsburg-Nürnberg (MAN), ebenfalls ein alteingesessener und etablierter Konzern mit entsprechenden Einrichtungen und technischem Know-how. In den meisten Fällen wurden die vorhandenen Anlagen umgenutzt und erweitert. Es gab allerdings auch einige Ausnahmen, bei denen vollkommen neue Panzermontagebetriebe gebaut und bestehenden Unternehmen angegliedert wurden, aber größtenteils selbständig agierten. Beispiele dafür sind MIAG (Braunschweig) und Alkett (Berlin-Borsigwalde). 1939/40 kam es zu einem Anstieg der Panzerproduktion durch die Einverleibung von Betrieben im Zuge der Angliederung Österreichs (Steyr-Daimler-Puch), der Tschechoslowakei (B-M Kolben-Danek) und Polens (Waverma). Mit steigender Produktion und Nachfrage mußte die Herstellung von Baugruppen zunehmend an Subunternehmer vergeben werden. Viele der neuen Betriebe waren bei der Belieferung mit Hauptbaugruppen sogar vollständig von externen Spezialfirmen abhängig. Dies erforderte ein hohes Maß an Koordination zwischen Wehrmacht und Industrie, Konstrukteur und Fertigungsingenieur, sowie generell zwischen allen Subunternehmern bei der Einhaltung der vorgegebenen Normen und Spezifikationen. Die Organisationsmaschinerie dieses Teils der Rüstungsindustrie ruhte auf einem System mit-

Heinz Guderian, der „Vater der Panzerwaffe", beobachtet Funker am *Enigma*-Codiergerät in seinem Halbketten-Befehlswagen.

„Panzer" aus Leinwand und Holz wurden erfolgreich zu Übungszwecken der neu gebildeten Panzerkräfte eingesetzt.

einander verbundener Branchenausschüsse. Das zentrale Gremium, der Hauptausschuß für Panzerwagen und Zugmaschinen, war in acht Sonderausschüsse untergliedert, die sich mit der Fertigung von Panzerungen, der Entwicklung von Panzerungen, der Panzerproduktion, der Herstellung von Kettenfahrzeugen, der Produktion von leichten Panzerkampfwagen, der Kettenfertigung, der Motorenfertigung und der Getriebeproduktion beschäftigten. Der Produktion von Panzerwaffen widmete sich der Waffenhauptausschuß über die Sonderausschüsse für leichte bzw. schwere Panzerabwehr- und Panzerwaffen. Zahlreiche untergeordnete Anforderungen an die Panzerproduktion wurden auch von anderen Industrie-Sonderausschüssen bearbeitet (z. B. optische Einrichtungen).

Holzmodell des Zugführerwagens, aus dem später der PzKpfw III hervorging.

Der Produktionsanstieg

Der rasante Anstieg der Panzerproduktion geht aus Tabelle 1 hervor. Neben der Konzentration auf leichte und mittlere Panzer widmete man sich in gewissem Umfang auch der Konstruktion eines schweren Panzers als Weiterentwicklung des Großtraktors. Diese Neuerung erhielt einfach die Bezeichnung „Neubaufahrzeug" (NbFz) und wog etwa 24 Tonnen. Krupp und Rheinmetall bauten fünf Prototypen: Krupp die Ausführung A mit koaxialen 7,5 cm- und 3,7 cm-Maschinengewehren; Rheinmetall die Ausführung B mit 10,5 cm- und 3,7 cm-MG. Diese 1934–35 in Auftrag gegebenen Panzer wurden ursprünglich als PzKpfw V und VI bezeichnet, aber da sie nicht in die Produktion übergeleitet wurden, gingen diese Bezeichnungen auf den Panther und den Tiger über. Die NbFz-Prototypen waren zunächst an der Panzerausbildungseinrichtung Putlos stationiert, ehe drei von ihnen Anfang 1940 in Norwegen eingesetzt wurden. Einer davon wurde vernichtet, die beiden anderen wurden am Jahresende wieder nach Deutschland zurückgeführt.

Am Tage des deutschen Überfalls auf Polen (1. September 1939) betrug die Anzahl der im Dienst befindlichen deutschen Panzer 3195, allerdings ohne die kurz vorher aus der Tschechoslowakei übernommenen. Eine ungefähre Aufgliederung dieser Zahl ergibt folgendes Bild: PzKpfw I–1445; PzKpfw II–1226; PzKpfw III–98; PzKpfw IV–211; Befehlskampfwagenverschiedener Typen – 215.[6] Die Mehrzahl war an dem nur 30 Tage dauernden Polenfeldzug beteiligt, wobei insgesamt 217 vernichtet wurden (89 Mk I, 83 Mk II, 26 Mk III und 19 Mk IV).[7] Die Panzerproduktion ging in hohem Tempo weiter. Der monatliche Ausstoß lag 1939 bei ca. 140 Stück und stieg im darauffolgenden Jahr auf 170. Somit befanden sich im Mai 1940 insgesamt 3379 Panzer im Dienst. Weitaus wichtiger als die bloßen Zahlen war jedoch die Tatsache, daß die Panzerwaffe nunmehr über 329 Mk III und 280 Mk IV verfügte, die sich als Trumpfkarte für

TABELLE 1: PANZERPRODUKTION 1934–1939

Jahr	Gesamt	Monatsdurchschnitt
1934	500	40
1935	700	60
1936	600	50
1937	750	60
1938	1560	130
1939	1680	140

Hinweis: Diese Zahlen schließen die tschechische Produktion von 1938 ein.
Quelle: Überblick über die deutsche Wirtschaft, Abschn. K „Waffen und Munition“, herausgegeben vom Brit. Ministerium für Auswärtige Angelegenheiten und Wirtschaftliche Kriegführung, Mai 1945.

Der auf den Großtraktor folgende schwere Panzer wurde einfach „Neubaufahrzeug“ (NbFz) genannt. Mit seinen 24 Tonnen diente er zum Exerzieren; drei Exemplare kamen in Norwegen zum Einsatz. Insgesamt war er zu altmodisch für das zeitgenössische Kampfgeschehen.

Diese imposante Paradeszene entstand am 2. 10. 1936 auf dem Marktplatz von Kamenz und zeigt den Vorbeimarsch der neuen Panzer des 3. Panzerregiments (Oberst aD von Boxberg).

den Blitzkrieg Deutschlands an der Westfront erweisen sollten. Was die tatsächlichen Panzerzahlen betrifft, so ergab die Gefechtsordnung der Alliierten an der Westfront insgesamt mehr als 3000 Panzer zumeist französischer Herkunft, einschließlich weniger als 400 britischer und einiger belgischer Panzer, denen 2574 deutsche Panzer gegenüberstanden. Die französischen Panzer waren außerdem schwerer und besser bewaffnet, waren aber der überlegenen taktischen Führung der deutschen Panzerdivisionen nicht gewachsen.

Barbarossa

Als Deutschland im Juni 1941 Rußland überfiel, standen der Wehrmacht 5264 Panzer der verschiedensten Typen zur Verfügung, wobei das tschechische Kontingent zwar mitzählte, die kurz zuvor im Frankreichfeldzug erbeuteten Trophäen aber nicht berücksichtigt wurden. Dabei handelte es sich um eine ansehnliche Anzahl, die zumeist in nachgeordneten Einheiten an Standorten, wie den Kanalinseln, eingesetzt oder in andere Arten von Panzerkampfwagen, wie Sturmgeschütze, umgebaut wurden. An der Aktion BARBAROSSA nahmen etwa 3350 deutsche Panzer teil, darunter die Mehrzahl der damals im Dienst befindlichen Mk III und IV. Ihnen gegenüber standen 20 000 russische Panzer, die allerdings nicht alle an der Front eingesetzt wurden. Wie in Frankreich schlug die Blitzkriegtaktik eine Schneise in die Reihen des Feindes, und die Panzerdivisionen drangen schnell tief auf russisches Hoheitsgebiet vor. Auf ihrem Weg vernichteten sie die immense Zahl von etwa 17 000 russischen Panzern, während die Deutschen 2700 einbüßten. Als jedoch ein Monat nach dem anderen verging und der Feind nicht, wie erwartet, aufgab und sich außerdem das Wetter zunehmend verschlechterte, traten die ureigensten Konstruktions- und Produktionsprobleme deutscher Panzer zutage. Überaus komplizierte Motoren, schmalspurige Ketten, knifflige Getriebe und wartungsintensive Fahrwerke, Mangel an Ersatzteilen und qualifizierten Mechanikern – die Liste schien endlos. Dazu kam, daß die standardmäßigen PzKpfw III und IV den meisten russischen Panzern zwar deutlich überlegen waren, aber plötzlich vom leistungsstarken T-34, dem neuen mittleren Panzer der Russen, und auch vom schweren KV I deklassiert wurden. Man wußte bereits ab November 1941 von den neuen Panzern, schenkte aber diesen Informationen wenig Beachtung, bis zum vollen Produktionsstart des T-34. Es bedurfte somit dringend eines leistungsfähigeren Panzers, um diesen neuen Fahrzeugen Paroli bieten zu können. Man hatte selbstverständlich früher bereits an Panzer gedacht, die schwerer als der Mk IV waren. So hatte Henschel bereits 1937 den Auftrag für den Bau eines 30tonnigen „Durchbruch"-Panzers erhalten. Die Firma hatte ein Fahrgestell gebaut und getestet, als der Auftrag storniert und statt dessen ein 65 Tonnen schwerer Panzer produziert werden sollte. Vom VK 6501 wurden zwei Prototypen hergestellt, doch nach mehreren Versuchen wurde das Unternehmen angewiesen, sich wieder der 30 Tonnen-Ausführung zuzuwenden (DW1). Henschel brachte schließlich den DW2 heraus, der jedoch nie in die Produktion übergeleitet wurde. Als weitere Prototypen wurden ein 30 Tonner VK 3001, ein 36 Tonner VK 3601 und ein 45 Tonner VK 4501 bestellt und gebaut. Zu jener Zeit schaltete sich Hitler persönlich ein, als man ihm an seinem Geburtstag im April 1942 Prototypen einer 45 Tonnen schweren Ausführung präsentierte. Nachdem er sie inspiziert hatte, gab er persönlich Anweisung, die neuen Panzer nicht, wie geplant, mit einem 7,5 cm, sondern einem 8,5 cm-Geschütz auszurüsten. Henschel berücksichtigte die besten Parameter sämtlicher Testmodelle beim Bau des VK 4501 (H). So wurde der Tiger geboren, der im Juli 1942 in Serie ging. Die ersten Modelle wurden im August 1942 vom Fließband direkt in die Gegend von Leningrad geschickt, wo sie sich nach einem enttäuschenden Auftakt, der vor allem darauf zurückzuführen war, daß die noch nicht erprobten Tiger mit einer schwierigen Situation konfrontiert wurden, sehr bald einen ausgezeichneten Ruf erwarben. Etwa zur gleichen Zeit warteten Daimler-Benz und MAN, zwei andere Unternehmen, die an der Herstellung des VK 3001 beteiligt gewesen waren, mit dem Panther auf, dem wohl besten mittleren Panzer, der von einem an diesem Krieg beteiligten Land je gebaut wurde. Seine Konstruktion war zweifelsohne vom T-34 beeinflußt, und doch spielte wiederum Hitler eine wesentliche Rolle bei der Entwicklung, indem er befahl, den Panzer mit einer leistungsstärkeren Ausführung der standardmäßigen 7,5 cm-Panzerkanone, der KwK 42 L/70 mit längerem Lauf zu bestücken. Als der Panther im August 1943 vom Band rollte, wog er 45 Tonnen und damit 15 Tonnen über der ursprünglichen Grenze für mittlere Panzer. Sein Auftauchen verursachte mindestens ebenso viel Wirbel wie der des Tiger. Zwar erhöhten sich die Produktionszahlen 1943 und 1944 kontinuierlich, reichten aber dennoch nicht aus, um den ständig wachsenden Bedarf der Wehrmacht zu decken. Tabelle 2 gibt Auskunft über die schätzungsweise im Jahre 1943 insgesamt produzierten Panzer, untergliedert nach Herstellern. (Hinweis: Der Gesamtausstoß wird mit 5750 angegeben. Das sind 333 weniger als Tabelle 3 für 1943 ausweist. Letztere Aufstellung wurde nach dem Krieg angefertigt und ist wahrscheinlich genauer.)

Obwohl Tiger und Panther auf dem besten Wege waren, die Panzerbilanz wieder zugunsten

Diese PzKpfw I Ausf A dürften bei Manövern 1939 beim Durchfahren dieses Flusses die Grenze der Funktionstüchtigkeit (Wassertiefe 58 cm) erreicht haben. Es scheint, als sei der Panzer im Vordergrund bereits in Schwierigkeiten, da der Fahrer sein geflutetes Fahrzeug verläßt.

Eine interessante Aufstellung von PzKpfw II und IV, die über viele Jahre das Rückgrat der Panzerdivisionen bildeten, aufgenommen im März 1944. Von links nach rechts sind zu sehen: PzKpfw IV Ausf F_1 (mit 7,5 cm-Kanone in der Version KwK 37 L/24); PzKpfw III Ausf L/M (mit KwK 39 L/60, 5 cm); PzKpfw III Ausf H (mit KwK L/42, 5 cm); PzKpfw F_1 (mit KwK 40 L/43, 7,5 cm) (Oberst aD von Boxberg).

TABELLE 2: DIE PANZERPRODUKTION VON 1943

Hersteller	III	IV	V	VI	Bemerkungen
Niedersachsen	–	–	700	–	Neues Montagewerk.
Henschel	100	–	200	650	Einziger Hersteller des Tiger.
MAN	–	–	500	–	—
Daimler-Benz	–	–	300	–	—
MIAG	225	–	–	–	Ging im Laufe des Jahres vollständig zur Produktion von Sturmgeschützen über.
Krupp Gruson	–	200	–	–	Wahrscheinlich auch eine große Anzahl „nicht zuordenbarer Panzer".
Nibelungenwerk	–	900	–	–	—
Ein weiterer Hersteller	–	900	–	–	Hersteller unbekannt.
Nicht zuordenbare Panzer	75	700	300	–	Keine Herstellernamen ermittelbar.
	400	2700	2000	650	

(Quelle: s. Tabelle 1)

Deutschlands zu verschieben, gelang es einfach nicht, die produzierten Stückzahlen der Alliierten zu erreichen. Wie aus Tabelle 3 hervorgeht, wurden allein in Amerika – abgesehen von 1940 – jedes Jahr mehr Panzer als in Deutschland gefertigt, ungeachtet der Tatsache, daß die Produktion dort im Grunde genommen von Null anfangen mußte. Großbritannien stellte sogar während der Zeit der schweren Luftangriffe (1940/41) nahezu ebenso viele Panzer wie Deutschland im Jahre 1940 her. Später überholte es nicht nur die deutschen Stückzahlen, sondern baute den Vorsprung ständig aus.

TABELLE 3: DIE PANZERPRODUKTION IM VERGLEICH

Jahr	Deutschland	Großbritannien	USA
1940	1459	1399	331†
1941	3256	4841	4052
1942	4098	8611	24997
1943	6083	7476	29497
1944	8466	2476*	17565
1945	988	k. A.	11968
Gesamt	24350	24803	88410

* nur 1. Hj.
† erstes Quartal
(Quelle: US Army in World War II – The Technical Services – The Ordnance Department)

Die deutschen Panzerkonstrukteure schienen sich einander in diesem Wettbewerb nicht besonders unter die Arme zu greifen. Anstelle ihre Anstrengungen auf die Produktion der bewährten und siegreichen Tiger und Panther zu konzentrieren, vergeudeten sie wertvolle Kapazitäten für die geplanten superschweren Panzer, wie den 140-Tonner E 100, denn 188 Tonnen schweren Maus und angeblich sogar einen Feldüberwachungspanzer mit monströsen 1000 Tonnen Gewicht! 1945 hatte sich die Begeisterung für diese Supermonster weitgehend gelegt, obwohl die größere Ausführung des Tiger, der 68 Tonnen schwere Königstiger, trotz seiner Wartungsprobleme als durchaus praktikable und gefechtstaugliche Waffe galt. Der Panther erwies sich noch immer als überaus zuverlässiger mittelschwerer Panzer, während die Produktion des allgegenwärtigen Panzer IV noch bis März 1945 auf Hochtouren lief. Deutschland hatte sich mittlerweile größtenteils auf die Fertigung von Panzerkampfwagen mit begrenztem Schwenkbereich, wie den „Jagdtiger" und den „Jagdpanther" verlegt. Erstgenannter war mit 70 Tonnen und einer 12,8 cm-Kanone der leistungsstärkste Panzerkampfwagen, der im Krieg eingesetzt wurde.

Wartungs- und Ersatzteilprobleme

Deutsche Panzer waren etwa genau so kompliziert und umständlich gebaut wie ihre britischen Gegenstücke. Dies bedeutete nicht nur mehr Mühe zu ihrer Herstellung, sondern auch mehr Aufwand bei ihrer Wartung im Vergleich zu den zweckmäßigeren und unkomplizierten Sherman oder T-34. Aufgrund seiner begrenzten industriellen Kapazitäten war Deutschland nicht in der Lage, ausreichend Panzer und Ersatzteile zugleich herzustellen. Die deutsche Panzerwaffe litt daher während des größten Teils des Krieges unter einem ständigen Ersatzteilmangel. Im Sommer 1942 fielen die Bestände auf ein kritisches Niveau und konnten danach nie wieder zufriedenstellend aufgefüllt werden. Eine Ursache dafür war, daß einige Verantwortliche für die Rüstungsproduktion die Bedeutung von Ersatzteilen verkannten. Während sie bei neuen Panzern auf eine Steigerung der Produktionszahlen drängten, vernachlässigten sie den dringenden Bedarf an Ersatzteilen bis es schließlich zu spät war und irreparabler Schaden entstanden.

Das Produktionsregime

Generell kam bei der Herstellung und Montage von Panzerbaugruppen das Prinzip der fließenden Fertigung zum Einsatz. Dazu mußten die Fahrzeuge durch eine Abfolge stationärer Arbeitsschritte gehoben oder befördert werden, ehe sie endgültig zusammengebaut und zum Testbetrieb hinausgefahren wurden. Aufgrund des Gewichts und des Kranbetriebs mußten die schwereren Panzer stationär gefertigt werden bis der fertige Rumpf mit der Aufhängung versehen war. Daran schloß sich der Einbau von Motor, Getriebe, Fahrwerk etc. an. Dann wurde der Aufbau von oben aufgesetzt und mit Nieten am Rumpf befestigt. Vervollständigt wurde die Grundmontage mit dem Anbringen von Turm, Bewaffnung, Kanonenplattform etc. Der Einbau der Innenausstattung, wie Meßgeräte, Munitionsbehältern, Beobachtungsblock etc. bildete den Abschluß. Dieser Ablauf erforderte selbstverständlich eine

Aufnahme aus der Tiger-Fabrikhalle bei Henschel mit im Bau befindlichen Tiger. Wie aus dem Bericht in Anhang A hervorgeht, handelt es sich um das Werk Mittelfeld.

Jagdpanther im Bau. Unten rechts im Bild sieht man auch den Panther Ausf G. Das Foto stammt wahrscheinlich aus der Maschinenfabrik Niedersachsen Hannover (MNH) in Hannover, die als einzige beide Panzertypen produzierte.

reibungslose Abstimmung bei der Produktion von Haupt- und Kleinkomponenten, die in anderen Fabrikteilen oder extern bei Spezialfirmen allesamt getestet und vormontiert werden mußten, ehe sie in der Haupthalle eintrafen.

Die Inspektion deutscher Panzerfabriken

Das Oberkommando der Alliierten Expeditionsstreitkräfte inspizierte unmittelbar nach dem Krieg deutsche Panzerfabriken und gelangte u.a. zu dem Schluß, daß die Panzerproduktion zweifelsohne im Werkzeugmaschinenbau eine besondere Rolle gespielt hatte und man äußerst erfindungsreich bei der Einrichtung großer Bearbeitungsschritte, wie dem Bohren von Panzerrümpfen, Türmen etc., vorgegangen war. In vielen Fällen hatte man verschiedene Standard-

Sehr gute Ansicht der Werkshalle einer deutschen Panzerfabrik, in der gerade der PzKpfw III produziert wird.

Maschinenwerkzeuge in eine Spezialvorrichtung integriert. Eine weitere Errungenschaft waren ausgezeichnete motorbetriebene Greifer für Schweißarbeiten, die beim Bau von Rümpfen und Türmen eingesetzt wurden. Sie waren speziell für einen bestimmten Arbeitsgang entwickelt worden, aber die meisten vielseitig einsetzbaren Spezial-Werkzeugvorrichtungen für Panzerfahrzeuge bestanden aus Standardteilen, die auch in normalen Friedenszeiten im Maschinenbau eingesetzt werden konnten. In den Fabriken hatte man umfangreiche Entwicklungsarbeiten zur Umformung, Härtung und Herstellung von Panzerplatten unternommen, um die Stückzahlen zu erhöhen, wobei es offenbar nicht an Werkzeugmaschinen mangelte. In dem Bericht heißt es: „Es besteht wenig Zweifel, daß Deutschland während des gesamten Krieges über einen äußerst leistungsfähigen Werkzeugmaschinenbau verfügte."

Die Aussagen stützten sich auf stichprobenartige Besuche in etwa acht Betrieben, auf dem Panzerversuchsgelände Sennelager und in der Panzerausbildungsschule in Paderborn. Ein Muster der angefertigten Berichte ist in Anhang A am Ende des Buches abgedruckt. Es betrifft die Fabrik Henschel & Sohn in Kassel, den Alleinhersteller des Tiger.

Schäden durch Luftangriffe

Bis Mitte 1943 war die Panzerindustrie nur mittelbar Ziel der alliierten Bombenangriffe gewesen, wobei keines der Panzermontagewerke nennenswerte Schäden erlitt. In der Folgezeit wirkten sich zweifelsohne die großen Verwüstungen im Ruhrgebiet und andernorts auf die Lieferungen wichtiger Panzerbaugruppen aus.

Ab dem 2. Halbjahr 1943 wurden die Montageanlagen selbst Zielschiebe von Luftangriffen. Den ersten derartigen Zwischenfall gab es bei Daimler-Benz im Marienfelde. Dieses Werk wurde immer wieder bombardiert, ebenso der Montagebetrieb Alkett in Berlin-Borsigwalde. Beide Firmen dürften auch durch die verheerenden örtlichen Schäden an Wohngebäuden und Transporteinrichtungen arg in Mitleidenschaft gezogen worden sein. Beim Wiederaufbau der Montageeinrichtungen nach einem Luftangriff bedurfte es einer gehörigen Portion Erfindergeist. Das gleiche galt für die Verteilung der Werkzeugmaschinen, wenn die wichtigsten Werkstätten von Bomben getroffen worden waren. Ungeachtet dessen wurde selbst unter äußerst schwierigen Bedingungen stets ein gewisses Produktionsvolumen aufrecht erhalten.

Der Platz einer Frau

Das Thema Panzerproduktion kann nicht abgeschlossen werden, ohne auf einen weiteren interessanten Unterschied in der Kriegsproduktion zwischen Deutschland und den Alliierten hinzuweisen: die Arbeiter in den Rüstungsfabriken. Je größer die Streitkräfte aller kriegführenden Länder wurden und je mehr die Rüstungsindustrie expandierte, desto prekärer wurde das Arbeitskräfteproblem. Die Alliierten riefen die weibliche Bevölkerung zur Mithilfe auf. Frauen gingen in die Fabriken und übernahmen die Arbeitsplätze der in den Kampf eingezogenen Männer. Mehr als drei Millionen amerikanische und 2 1/4 Millionen britische Hausfrauen, Mütter und Töchter waren während des Krieges in der Produktion tätig.

In Deutschland war die Lage vollkommen anders. Der Platz einer Frau war zu Hause. Die „Neue Ordnung" achtete darauf, daß dies auch so blieb. Lediglich 182 000 Frauen waren jemals in deutschen Rüstungsfabriken beschäftigt, und ihre Anwesenheit wurde nur widerwillig akzeptiert. Erst am 25. Juli 1944 verfügte Hitler, daß alle deutschen Frauen im Alter zwischen 17 und 50 für Arbeitsdienste erfaßt werden sollten. Allerdings konnten sie damals schon nicht mehr viel ausrichten, und nur einige Hundert meldeten sich tatsächlich zum Dienst. Anstelle von Frauen setzte das Vaterland ausländische Zwangsarbeiter und Gefangene ein, um das Arbeitskräfteproblem im Reich zu lösen. In den Panzerfabriken waren im Durchschnitt etwa die Hälfte aller Arbeiter Ausländer. Dieser Aspekt mußte zweifelsohne bei der Einrichtung der Betriebe berücksichtigt werden, um diesen hohen Anteil ungelernter Kräfte möglichst effizient einzusetzen.

2

Aufbau der Panzerwaffe und Truppenausbildung

Die Grundlage für die Panzerstreitkräfte des Dritten Reiches, die 1939–40 im Triumph über Europa hinwegfegen sollten, schuf Generaloberst Hans von Seeckt, der erste Oberbefehlshaber der Reichswehr (27. März 1920 bis 6. Oktober 1926), in den Jahren der Weimarer Republik. Er war davon überzeugt, daß ein künftiger Krieg ein bislang unbekanntes Maß an Beweglichkeit erfordern würde, und daß eine siegreiche Armee über mobile Teilstreitkräfte verfügen müsse, die massiv aus der Luft unterstützt würden. Er schrieb dazu: „Kurz gesagt, ich meine, die daß die gesamte Kriegführung in Zukunft auf dem Einsatz mobiler Truppen beruht, d.h. relativ kleiner, aber äußerst leistungsfähiger Teilarmeen, deren Schlagkraft durch den Einsatz von Flugzeugen deutlich erhöht wird ...“.[8] Seeckt ließ seinen Worten Taten folgen, indem er dafür sorgte, daß jeder Angehörige seiner kleinen Streitmacht (die nur 4000 Offiziere und 96000 Soldaten umfaßte) sowohl zur Führungskraft als auch zum Ausbilder qualifiziert wurde, gerüstet für den Tag, an dem wieder an Expansion zu denken war. Ferner unterstützte er rückhaltlos das verdeckte Wiederaufrüstungsprogramm und ergriff jede Gelegenheit, um seine Offiziere ins Ausland zu schicken. Sie sollten ihre Besuche bei anderen Streitkräften nutzen, um sich zu informieren und mit neuen Ideen vertraut zu machen. Auf diese Weise fielen die revolutionären neuen Theorien der motorisierten Kriegführung, die in Großbritannien von Leuten wie Fuller, Broad und Liddell Hart erdacht wurden, auf weitaus fruchtbareren Boden bei den deutschen Militärs als bei den Streitkräften ihres eigenen Landes. Heinz Guderian[9] beispielsweise äußerste sich lobend über die entscheidende Rolle, die den Panzerdivisionen in Zukunft zugedacht worden war. Und doch betrachtete er die Panzer von Anfang an lediglich als eine Komponente im Zusammenspiel verschiedener Waffengattungen, die weder für sich allein zu voller Leistung auflief, noch sich der Infanterie vollkommen unterordnen durfte. Er war auch nicht zu stolz, sich der Ideen anderer zu bedienen. So ließ er Broads erste Abhandlung über die motorisierte Kriegführung mit dem Titel *Mechanised and Armoured Formations* (in der britischen Armee wegen der Farbe ihres Einbandes als „Die Purpurfibel“ bekannt) aus dem Englischen übersetzen und an alle Panzertruppen als Grundausbildungsmaterial verteilen. Während die britischen Panzereinheiten unter Einschränkungen wegen drastischem Geldmangel, politischen Verpflichtungen im Rahmen des Empire sowie einer allgemeinen Ablehnung und allgegenwärtigem Mißtrauen vieler führender Offiziere im Hinblick auf die Motorisierung litten, konnte sich die neue Philosophie in Deutschland durchsetzen, das damit einen nicht zu unterschätzenden Vorsprung vor seinen ehemaligen Siegern erlangte.

In seinem Buch *The Other Side of the Hill* berichtet Sir Basil Liddell Hart von einer Unterredung mit General Ritter von Thoma im Jahre 1945, in dem dieser von der Gründung der ersten ordnungsgemäß ausgerüsteten Panzereinheiten erzählte und seiner Freude über die ersten „richtigen“ Panzer Ausdruck verlieh, nachdem man vorher so viele Jahre mit irgendwelchen Behelfsfahrzeugen auskommen mußte.

„1934 wurde unser erstes Panzerbataillon unter der Bezeichnung ‚Motor-Instruktionskommando‘ in Ohrdruf gegründet, dessen Leitung ich übernahm. Es war sozusagen die Stammutter aller weiteren Einheiten und wurde in der Folgezeit zu einem Regiment mit zwei Bataillonen ausgebaut, während in Zossen zwei weitere gegründet wurden.“ General von Thoma schilderte außerdem, wie die neuen Einheiten langsam mit den kleinen PzKpfw I und II ausgerüstet wurden und wie später die PzKpfw III und IV hinzukamen. „Nach und nach wurde unsere Truppe immer größer. 1935 gründete man zwei Panzerbrigaden, eine für jede der beiden damals bestehenden Panzerdivisionen.“

1934 und 1935 waren wahrscheinlich die beiden bedeutendsten Jahre in der Frühzeit der Schaffung und Formierung der Panzerwaffe. Mit rückhaltloser Unterstützung des Führers kam es zur Gründung der Panzertruppe mit Lutz als Kommandant und Guderian als Stabschef. Im Oktober 1934 wurde die erste Panzereinheit – das

Gelungenes Gruppenfoto von Offizieren des 1. Panzerregiments. Sie tragen ein Lederkoppel mit Schulterriemen, auf den man bereits kurz nach Kriegsausbruch verzichtete. Der Adjutant trägt außerdem rechts eine Achselschnur. (Horst Riebenstahl)

Panzerregiment 1 – aus der Taufe gehoben. Bereits am 11. Januar 1934 hatte ein historisches Treffen im Heereswaffenamt stattgefunden, in dessen Rahmen die Grundanforderungen für die PzKpfw II und IV festgelegt wurden. Später wurde der Bedarf an einem weiteren mittleren Panzer, dem PzKpfw III, deutlich. Ende 1935 hatte man nicht nur den PzKpfw II in Dienst gestellt, sondern auch der erste Prototyp des PzKpfw IV lag inzwischen vor.

Die ersten Panzerdivisionen

Zur Gründung der ersten drei Panzerdivisionen kam es am 15. Oktober 1935. Ihr Aufbau erinnerte im wesentlichen an die Struktur der Panzerversuchstruppen der britischen Armee von 1927. Die 1. Panzerdivision wurde in Weimar, die 2. in Würzburg und die 3. auf dem Übungsgelände Wünsdorf gebildet. Letztere hatte ihren Stab in Berlin und legte sich den Berliner Bären als Divisionszeichen zu. Jeder der drei neuen Divisionen umfaßte eine Panzerbrigade, eine motorisierte Schützenbrigade sowie unterstützende Waffen und Dienste. Die Panzerbrigade wiederum umfaßte zwei Regimenter mit jeweils zwei Abteilungen, die sich ihrerseits aus je vier Kompanien zusammensetzten. Eine Kompanie besaß 32 PzKpfw I und II, und eine Brigade verfügte insgesamt über 561 Panzer einschließlich Befehlswagen. Zur Schützenbrigade gehörte neben einem Lkw-gestützten Regiment mit zwei Abteilungen eine Abteilung Kradschützen. Unterstützung boten ein Artillerieregiment mit 24 Haubitzen (10,5 cm), eine Abteilung Panzerjäger mit gezogenen Panzerabwehrkanonen (3,7 cm), eine Pionierabteilung, die schnell über ihren ursprünglichen Kompanieumfang hinauswuchs, eine Aufklärungsabteilung aus Panzerwagen und Krädern, sowie Nachrichten- und Versorgungseinheiten.

Die Legion Condor

Ein Teil der neuen Panzertruppen erwarb wertvolle Kampferfahrung im Rahmen der Legion Condor. Sie bestand aus „Freiwilligen“, die auf Seiten von General Franco im spanischen Bürgerkrieg kämpften, der am 17. Juli 1936 ausbrach. Den Kern dieser Legion bildeten vier Panzerabteilungen und 30 Panzerjägerkompanien. Sie konnten neue Taktiken, einschließlich der Luft-Boden-Unterstützung ausprobieren und vervollkommnen.

Mobilmachung

Als nächste wurden die 4. und 5. Panzerdivisionen 1938 in Würzburg bzw. in Oppeln gegründet. Im April des darauffolgenden Jahres, weniger als einen Monat nach dem Einmarsch der Wehrmacht in die Tschechoslowakei, stellte man

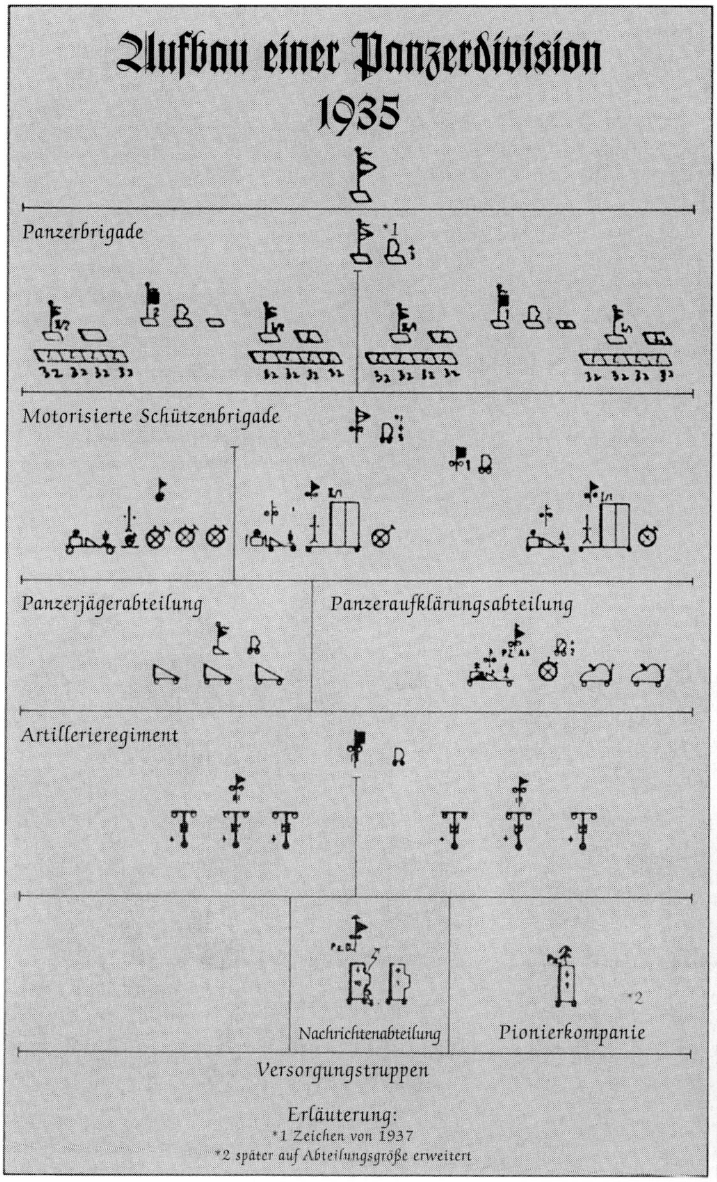

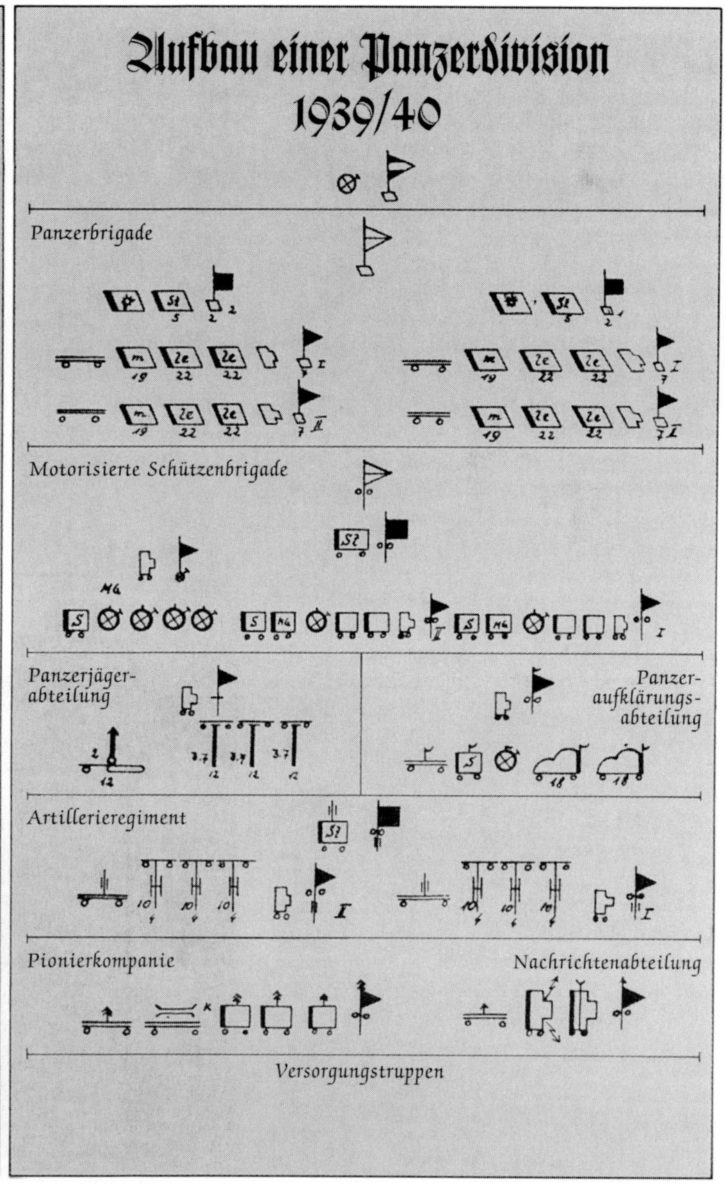

die 10. Panzerdivision in Prag zusammen. Übungen in Friedenszeiten zeigten, daß die Schlagkraft der Schützenbrigade nicht ausreichte, so daß sie um ein viertes Bataillon erweitert wurde. Im Falle der 1., 2. und 3. Panzerdivision wurde das Schützenregiment von zwei auf drei Abteilungen aufgestockt, während die Kradschützenabteilung eigenständig blieb. Bei den drei übrigen Divisionen wurde die Brigade in zwei Regimenter mit jeweils zwei Abteilungen umstrukturiert.

Somit waren bis zum Ausbruch des 2. Weltkrieges insgesamt sechs Panzerdivisionen entstanden, die allesamt im Polenfeldzug eingesetzt wurden. Bei der Mobilmachung wurden jedoch die vierten Kompanien aller Panzerabteilungen zu Depot- und Verstärkungseinheiten für das Regiment umfunktioniert, während der Rest der Abteilung in eine mittlere und zwei leichte Panzerkompanien umstrukturiert wurde. Diese Änderungen führten zu einer Verringerung der Panzerzahlen innerhalb einer Division von 561 auf etwa 300. Da die Einheiten aber inzwischen zum großen Teil mit den leistungsstärkeren mittleren PzKpfw III und IV ausgestattet waren, hatte sich ihre Schlagkraft bedeutend erhöht. Die eigentlich vorgesehene Anzahl von Panzern schwankte von Division zu Division. So sollte die 1. Panzerdivision kurz vor Beginn des Polenfeldzuges über 56 Mk I, 78 Mk II, 112 Mk III und 56 Mk IV, d. h. insgesamt 302 Panzer verfügen, während alle übrigen Divisionen angeblich jeweils 124 Mk I, 138 Mk II, nur 20 Mk III und 24 Mk IV, d. h. insgesamt 306 Panzer, besaßen. Als die deutschen Panzer nach Polen einfuhren waren diese Vorgaben nicht in jedem Fall, vor allem nicht bei mittleren Panzern, erreicht. Der Polenfeldzug machte deutlich, daß der PzKpfw I für den Kampf vollkommen untauglich war und sich der Mk II als ausschließlich für Aufklärungsaufgaben geeignet herausstellte. Die Panzereinheiten mußten demzufolge mit einer größeren Anzahl mittlerer Panzer der Typen Mk III und Mk IV ausgerüstet werden. Der PzKpfw IV als der schwerere von beiden wurde wegen seiner Effizienz von Guderian für die Massenproduktion ausgewählt. Und in der Tat wurde er während des gesamten Krieges produziert. Obwohl der Mk II eine Zeitlang als Aufklärungsfahrzeug diente, wurden die meisten Mk I- und Mk II-Fahrgestelle als Plattformen für die Sturmgeschütze der Panzerjäger genutzt. Guderian empfahl ebenfalls einige taktische und strukturelle Veränderungen in den Panzereinheiten, so unter anderem, daß die Stäbe der Abteilungen und Regimenter weiter nach vorn verlagert werden sollten, um die Kampfhandlungen besser führen zu können. Sie sollten auf wenige Panzerfahrzeuge begrenzt und mit ausreichend Funktechnik ausgestattet sein.

Leichte Panzerdivisionen

Im Zuge der Gründung der ursprünglichen Pan-

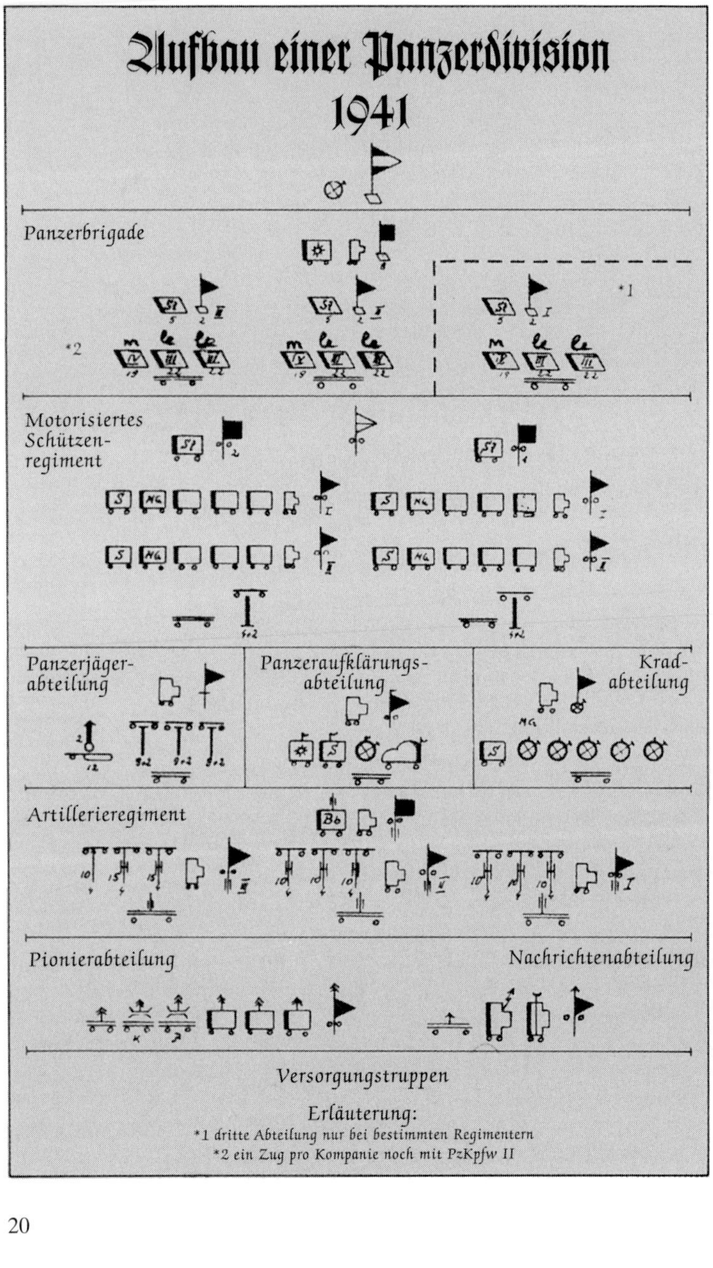

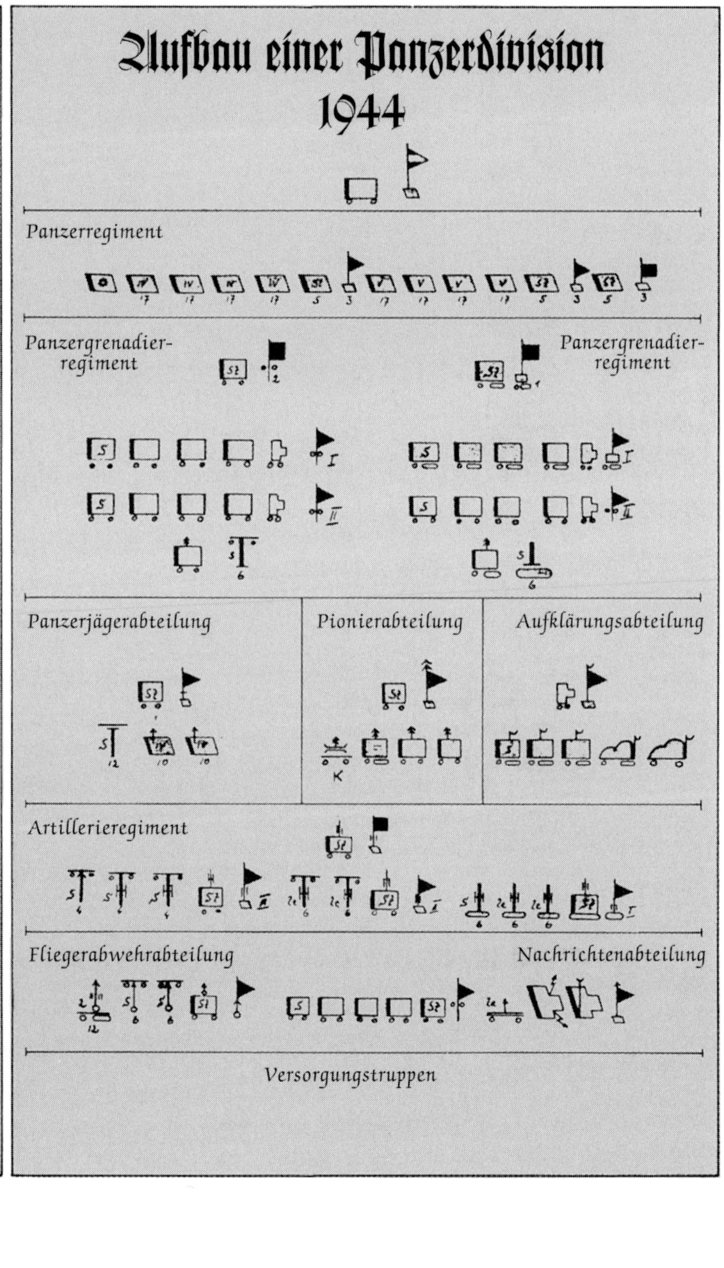

zerdivisionen kam es ebenfalls zur Bildung von vier leichten Divisionen, wobei die deutsche Kavallerie im Rahmen eines vollkommen eigenständigen Programms motorisiert wurde. In gewisser Weise glich diese separate Motorisierung einer Entwicklung in den USA, wo die neuerdings ebenfalls motorisierte Kavallerie ihre Panzer „Combat Cars" (Kampfwagen – d.Ü.) nennen mußte, um nicht den Zorn der Infanterie auf sich zu ziehen, da jener als einziger Waffengattung der Besitz von Panzern erlaubt war, nachdem das Panzerkorps der US Army kurz nach dem 1. Weltkrieg aufgelöst worden war. Bei den leichten Divisionen handelte es sich um kleine motorisierte Formationen mit einem Panzerelement in Abteilungsstärke mit ca. 90 leichten Panzern, wohingegen das motorisierte Infanterie-Element vier Schützenabteilungen umfaßte. Die Unterstützungseinheiten, wie Artillerie, Pioniere und Aufklärer, glichen sehr stark denen der Panzerdivisionen. 1938 kamen vier leichte Divisionen unter das Kommando von Guderians Truppenaufsichtsbehörde. Nach dem Polenfeldzug wurden daraus die 6., 7., 8. und 9. Panzerdivision, deren Schlagkraft durch die Verstärkung mit einem Panzerregiment mit drei Abteilungen erhöht worden war. Eine Ausnahme bildete die 9. Panzerdivision, die lediglich über ein Regiment mit zwei Abteilungen verfügte.

Die Erweiterung der Panzerdivisionen

Die spektakulären Erfolge der Panzerdivisionen zu Beginn des Krieges untermauerten ihren Ruf als Instrument des Überraschungsangriffs, der mit den tatsächlichen Stückzahlen in keiner Weise im Einklang stand. Wie bereits erläutert, besaßen die Alliierten mehr Panzer als Deutschland, dessen Panzerdivisionen blitzschnell im Triumph auf die Häfen am Ärmelkanal vorgerückt waren. Inzwischen galten diese Einheiten als entscheidendes Element des Landkrieges, so daß Hitler deren massive Erweiterung befahl. Die Anzahl der Panzerdivisionen sollte verdoppelt werden. Allerdings konnten die benötigten zusätzlichen Panzer nicht aus der Luft gegriffen werden, wenngleich die Deutschen alle eroberten Panzerfahrzeuge ihrer Feinde soweit wie möglich nutzten und außerdem die große Zahl der ausgezeichneten tschechischen Panzer einsetzten, die ihnen „zugefallen" waren. Allgemein gesagt, wurde die viel gerühmte Erweiterung durch eine Notlösung bewerkstelligt, indem die Anzahl der Panzereinheiten aller Panzerdivisionen reduziert und anstelle dessen der Infanterieanteil erhöht wurde. Dies wirkte sich nachteilig auf die Feuerkraft und -dichte der Panzerdivisionen aus und führte somit zu einer Schwächung ihres Gefechtspotentials. Allerdings wurde diese aus der Not geborene Kriegslist später auch von den Alliierten kopiert. Der Befehl zur Bildung

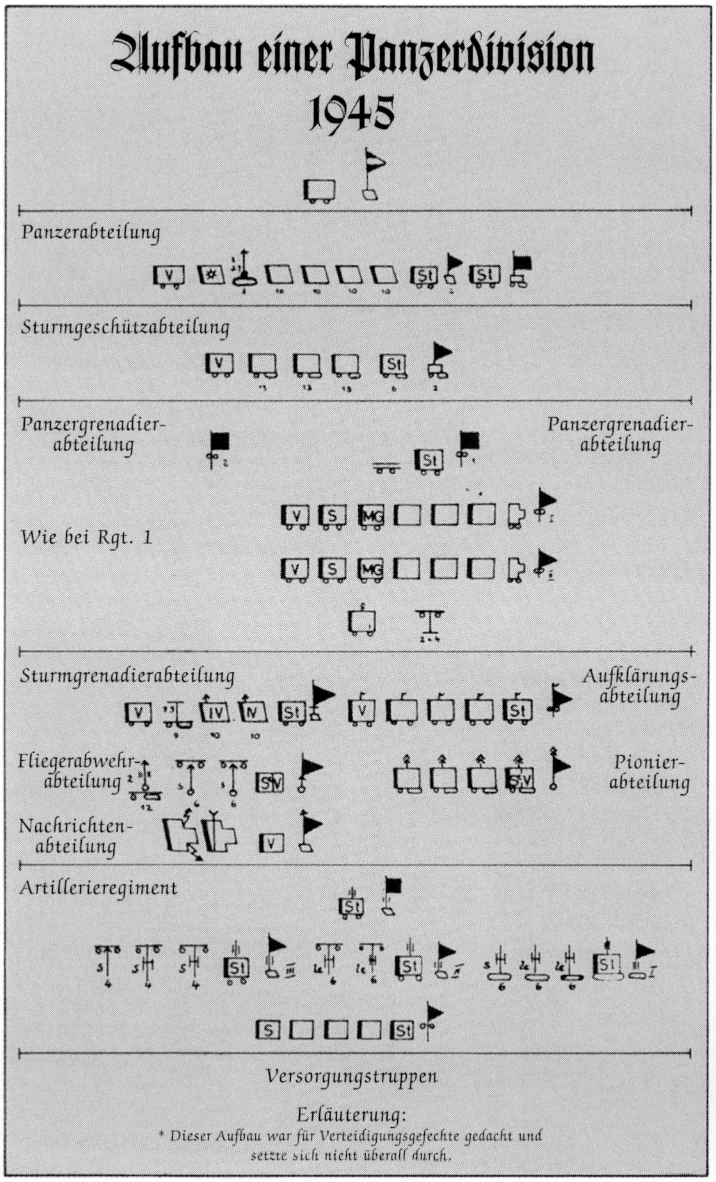

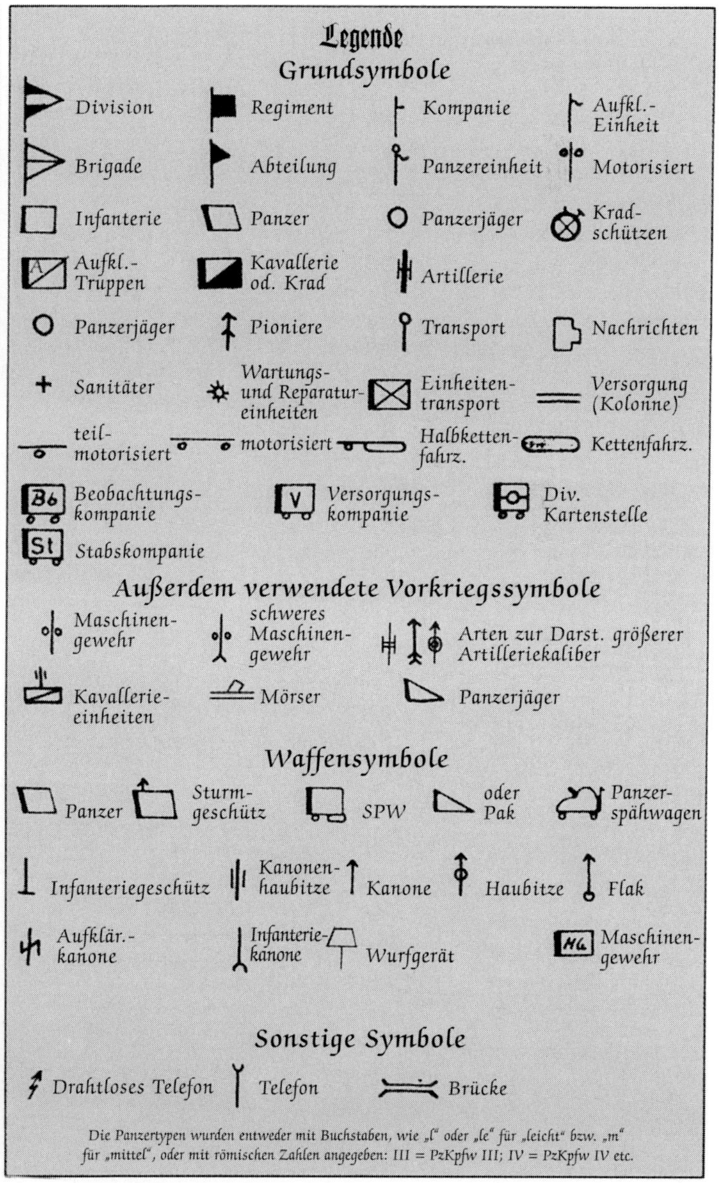

Eine andere Parade in einer anderen Kaserne, dieses Mal mit Bewaffnung. Sie fand am 20.4.1936 in der Kaserne der 2. Abteilung des 3. Panzerregiments der 2. Panzerdivision statt. Das Regiment war ein Jahr zuvor motorisiert worden (Oberst aD von Boxberg).

der neuen 11. bis einschließlich 20. Panzerdivisionen wurde erlassen, und so entstanden diese Einheiten zwischen August und November 1940. Sie waren damit bereits gefestigt und hatten gemeinsame Übungen hinter sich, als sie ein Jahr später in den BARBAROSSA-Feldzug abkommandiert wurden.

Anhang B zeigt, wie die Panzerdivisionen etwa im Jahre 1941 aufgebaut waren. Im wesentlichen beschränkte sich der Panzeranteil inzwischen auf lediglich ein einziges Regiment mit zwei Abteilungen, wenngleich einige wenige Divisionen weiterhin Regimenter mit drei Abteilungen besaßen. Die Anzahl der Panzer mag zwar abgenommen haben, aber die Feuerkraft war erneut gestiegen, da jede Abteilung nunmehr über eine mittlere Panzerkompanie mit PzKpfw IV und zwei leichte Panzerkompanien mit PzKpfw III verfügte, während man die PzKpfw I und II, wie bereits erläutert, für andere Aufgaben nutzte. Die Infanteriekomponente der Schützenbrigade war standardmäßig auf zwei Regimenter mit je zwei Abteilungen plus eine Kradabteilung festgelegt. Bei den Unterstützungstruppen fanden andere Veränderungen statt.

Zwischen August und November 1941 wurden mit der 21., 22., 23. und 24. vier weitere Panzerdivisionen gebildet, die alle die für 1941 ausgewiesene Struktur besaßen. Damit verfügten nun alle Divisionen über 200 Panzer. Selbstverständlich gab es zwischen den Divisionen Unterschiede, wie besonders am Deutschen Afrika Korps (DAK) unter Erwin Rommel deutlich wurde, da Rommel seine eigenen Regeln aufstellte. Sein Einsatzort lag weit genug von Berlin entfernt, um nach eigenem Gutdünken verfahren zu können. Die beachtlichen Verluste an der russischen Front waren einer Verbesserung der Lage nicht gerade zuträglich, und obwohl sich die deutschen Panzerhersteller redlich mühten, kam die Zahl der produzierten Panzer nicht über jenen Durchschnitt hinaus. Zahlreiche Divisionen besaßen sogar weit unter 200 Panzer.

Panzer des 1. Panzerregiments bei einer Übung. Die PzKpfw I werden von einem PzKpfw II angeführt (Horst Riebenstahl).

Veränderungen während des Krieges

Im Jahre 1942 wurden drei weitere Panzerdivisionen (25., 26., 27.) gebildet. Sie waren die letzten mit einer fortlaufenden Numerierung, wenngleich noch weitere 17 Divisionen zusammenstellt wurden, wie die Übersichten auf den Seiten 19 bis 21 zeigen. 1942 kam es ebenfalls zu einer Reihe organisatorischer Veränderungen: Die Kradabteilung ging in der Aufklärungsabteilung auf; der Stab der Schützenbrigade wurde aufgelöst, und die beiden Motschützenregimenter wurden der Division direkt unterstellt. Die Infanterietruppe erhielt darüber hinaus eine andere Bezeichnung: Aus „Schützen" wurden „Panzergrenadiere". Panzerseitig schlugen sich die Neuerungen in der Schaffung einer vierten Panzerkompanie in jeder Panzerabteilung nieder. Die Panzerkompanie umfaßte nunmehr 22 Panzer (PzKpfw III oder IV), wobei der PzKpfw IV mit einer 7,5 cm-Kanone (lang) ausgerüstet wurde, was seine Funktion als Kampfpanzer veränderte. Starke Unterstützung boten teilweise die PzKpfw III mit 7,5 cm-Kanonen (kurz), wodurch sich die Rolle der beiden Panzertypen genau umkehrte. Im gleichen Jahr wurden die Aufklärungstruppen der Kompanien abgeschafft, während sie auf Abteilungs- oder Regimentsebene auf sieben Panzer pro Zug aufgestockt wurden. Dies bedeutete, daß ein Regiment auf dem Papier nur noch 164 Panzer besaß, die Anzahl seiner echten Kampfpanzer aber in Wirklichkeit immer noch bei 130 lag. Einige Kompanien wurden außerdem mit dem neuen schweren PzKpfw VI (Tiger) ausgerüstet, wobei diese Kompanien nicht in die reguläre Divisionsstruktur integriert waren, sondern Einheiten unter der Kategorie „Heerestruppen", wie Armeen, Korps oder Divisionen, je nach den taktischen Erfordernissen unterstellt wurden. Im darauffolgenden Jahr hatte sich die Anzahl der Panzer pro Regiment nicht verändert, aber mit dem PzKpfw V (Panther) wurde ein weiterer neuer Panzer eingeführt. Es wurde daher bald zur Regel, eines der beiden Bataillone mit Mk III und IV und das andere mit dem schweren PzKpfw Panther auszurüsten. 1944 wurden alle motorisierten Divisionen „Panzergrenadiere" genannt, deren Kontrolle von der Inspektionsbehörde der Panzertruppen übernommen wurde.

Außerdem durchliefen die Panzerdivisionen im Sommer 1944 erneut eine strukturelle Veränderung. Dieses Mal wurde die Panzerstärke aller Kompanien von 22 auf 17 verringert. Schließlich kam es im März 1945 zu einer erneuten Reduzierung, bei der jedes Regiment auf eine Abteilung mit vier Kompanien zu je zehn Panzern – zwei mit PzKpfw IV und zwei mit PzKpfw V – zurückgestuft wurde. Die zweite Abteilung wurde durch eine Panzerwagenabteilung ersetzt. Auf diese Weise wurde die Schlagkraft einer Panzerkompanie im Laufe des gesamten Krieges schrittweise geschwächt. Von ihren 32 Panzern vor dem Krieg blieben ihr am Ende ganze zehn. Trotz der verbesserten Leistungsparameter der einzelnen Panzertypen war diese Zahl taktisch vollkommen indiskutabel, selbst wenn man die Gefechtsverluste vorerst außer Acht läßt.

Paradierender Fahnenträger in einem frühen PzKpfw II. Er trägt die Halsberge des Regiments-Fahnenträgers und die rosafarbene Schwalbenschwanzstandarte des Regiments (Oberst aD von Boxberg).

SS-Panzerdivisionen

Obwohl die SS-Panzerdivisionen der Waffen-SS streng genommen nicht zur Wehrmacht gehörten, sollen sie an dieser Stelle nicht unerwähnt bleiben. Diese Einheiten, von denen es insgesamt sieben gab, wurden 1942–43 gebildet. Ursprünglich handelte es sich hierbei um Panzergrenadierdivisionen, die im Oktober 1943 allesamt zu SS-Panzerdivisionen wurden (1., 2., 3., 5., 9., 10., 12.) Ihr Aufbau glich im wesentlichen der Struktur der Wehrmachts-Divisionen, mit der Ausnahme, daß ihre Panzergrenadierregimenter eine dritte Schützenabteilung besaßen. Außerdem wurden sie generell besser mit Technik und Verstärkung bedacht.

Gemischte Kampfverbände

Die in Anhang B aufgeführten Strukturen entsprechen den festgelegten „Normen" bzw. offiziellen Vorgaben. Allerdings gab es eine Reihe von Abweichungen, die nicht allein durch Feindeinwirkung zu erklären sind. In der Regel reichte die Anzahl der Panzer in allen Formationen während des Krieges größtenteils nicht aus, so daß die Panzergrenadiere gezwungen waren, immer mehr Aufgaben zu übernehmen. Gemischte Kampfverbände – heute die bevorzugte Gefechtsstruktur motorisierter Streitkräfte, befanden sich im 2. Weltkrieg auf beiden Seiten erst noch in der Testphase. Die Deutschen erwiesen sich auf diesem Gebiet vielleicht als erfolgreichere Kämpfer, und zweifelsohne erwarben sich die Panzerdivisionen einen guten Ruf aufgrund ihrer taktischen Fähigkeiten, wie der folgende Auszug aus einem Band der „Geschichte der US Army im 2. Weltkrieg" unter dem Titel *The Ordnance Department, Procurement and Supply* prägnant beschreibt. Im Zusammenhang mit der Darstellung der Panzerzahlen auf beiden Seiten heißt es: „Diese Angaben sollen allen zeigen, daß die Erfolge der deutschen Panzer vor allem auf einer besseren taktischen Nutzung und dem Einsatz schwerer deutscher gegen mittlere alliierte Panzer basierten und nicht auf die unzureichende Belieferung der Streitkräfte durch die amerikanische Industrie."

Höhere Kommandobehörden

Den Panzerdivisionen übergeordnet waren das Panzerkorps, das eine bestimmte Anzahl von Einheiten befehligte, in denen Panzer- und Panzergrenadierdivisionen dominierten, sowie die Panzerarmee, die zwei bis sieben Panzerkorps umfaßte. Die Wehrmacht besaß insgesamt fünf Panzerarmeen, eine SS-Panzerarmee und natürlich die einmalige Panzerarmee Afrika.

Dieser PzKpfw III wird bei der Fahrt durch Böhmen 1938 von den Massen bejubelt (Oberst aD von Boxberg).

Die Hauptquartiere aller deutschen Divisionen, Korps, Armeen und Armeeverbände bestanden aus einheitlich organisierten Kommandobehörden. Stäbe auf der Ebene des Korps bzw. darüber nannte man höhere Kommandobehörden. Ihnen stand ein Stabschef vor, während in den Divisionen der Erste Generalstabsoffizier für Gefechtswesen gleichzeitig mit der Führung des Stabes beauftragt war. Die Stabsabteilungen trugen römische Ziffern zur Angabe der Abteilung, sowie Buchstaben zur Kennzeichnung der Verantwortlichkeiten. Ursprünglich waren die Positionen I-a, I-b, I-c und I-d den Offizieren des deutschen Generalstabskorps vorbehalten, aber 1944 kam es häufig vor, daß die Bezeichnungen I-c auf Divisionsebene und I-d auf Armee- oder Armeeverbandsebene nicht an Generalstabsoffiziere vergeben wurden.

Das Hauptquartier eines Armeeverbands war ähnlich wie das einer Armee aufgebaut, wobei die Offiziere in vergleichbaren Funktionen höhere Dienstgrade hatten. Auch das Hauptquartier eines Korps ähnelte in seiner Struktur dem einer Armee, wobei hier jedoch häufiger die Spezialoffiziere das Kommando im Feld über alle Einheiten ihrer jeweiligen Waffengattung übernahmen, unabhängig davon, ob es sich um Stammeinheiten oder zugeteilte Einheiten handelte. Das Hauptquartier einer Division war ähnlich aufgebaut, wobei die meisten Spezialoffiziere des Stabes gleichzeitig die Einheiten ihrer jeweiligen Waffengattung befehligten, d. h. der kommandierende Offizier des Artillerieregiments der Division (Artillerieführer bzw. Arfü) beispielsweise war auch im Stab des Divisionskommandeurs speziell für die Artillerie zuständig. Als die Artillerieeinheiten des Generalstabes den Divisionen zugeteilt wurden, unterstellte man diese Arfü einem gesonderten Artilleriekommandeur, dessen kleiner Sonderstab im Gefecht durch den regulären Stab des Artillerieregiments der Division

Die Legion Condor in Spanien. PzKpfw I Ausf A im Dorf Grandella auf dem Wege zur katalanischen Front.

Panzer beim Vormarsch in die Normandie (Rudolf Wulff).

Dieses 15 cm siG 33 (Sf) auf PzKpfw I Ausf B passiert interessante Straßenschilder auf seinem Weg durch Frankreich (Rudolf Wulff).

verstärkt wurde. Zwar wurden einige dieser Bezeichnungen für Stabsoffziere und Abteilungen auf allen Befehlsebenen der höheren Kommandobehörden durchgängig verwendet, aber einige dieser Rangbezeichnungen variierten je nach Dienstgrad und Befehlsebene, auf der die Betreffenden dienten.

Es sei außerdem darauf hingewiesen, daß die wichtigsten Versorgungskanäle über die Armee zur Division verliefen, während der Armeeverband und das Korps in erster Linie taktische Stabsaufgaben erfüllten.

Panzereinheiten in anderen Formationen

Neben ihrem regulären Einsatz im Rahmen von Panzer- oder SS-Panzerdivisionen waren die Panzertruppen fester Bestandteil einer ganzen Reihe verschiedener Einheiten in anderen Formationen. Jede Panzergrenadierdivision verfügte über eine Panzerabteilung mit ähnlicher Struktur wie die Panzerabteilungen der Panzerdivisionen. In manchen Fällen wurde diese Abteilung durch eine Sturmgeschützabteilung ersetzt. Schwere Panzerabteilungen (Tiger) mit durchschnittlich 45 PzKpfw VI wurden häufig den Korps als Korpstruppen zugeteilt; ebenso ähnlich aufgebaute Pantherabteilungen. Selbständige Flammenwerferabteilungen, bestehend aus drei Kompanien mit gepanzerten Flammenwerfern (PzKpfw II oder III) gehörten normalerweise zu einem Panzerkorps. Schwere Panzerkompanien (Tiger) (Funklenkwagen – FKL) mit 14 Tiger und 36 ferngesteuerten B-IV Sprengpanzern waren Teil der Panzerdivisionen des Generalstabes. Schließlich gab es Panzerjägereinheiten, manchmal auch als Sturmgeschütze bezeichnet. Die leistungsstärksten Panzerjägereinheiten waren mit solch riesigen Kampfmaschinen, wie dem 65 Tonnen schweren Elefant, ausgerüstet.

Die Ausbildung der Panzerbesatzungen

Die Hauptausbildungsziele der deutschen Panzertruppen wurden in einer geheimen Kriegsmitteilung zusammengefaßt, die an die Panzereinheiten der britischen Armee verteilt wurde. Als grundlegende Ausbildungsziele der deutschen Panzerwaffe galten schnelle Geländebewegungen in der Formation bei Tag und Nacht; Fähigkeit zur baldmöglichen Feuereröffnung; Feuergenauigkeit; Wartung und Instandhaltung von Fahrzeugen und Technik; Schaffung und Durchsetzung des „Panzerwaffengeistes".

Fahren Panzerfahrer wurden mit großer Sorgfalt ausgewählt, und jeder Kandidat, der nicht die gewünschten Fortschritte erzielte, wurde auf einen anderen Posten umgesetzt, beispielsweise auf den eines MG-Schützen. Beherrschte eine Panzereinheit das Formationsfahren, wurde sie in

Straßenkämpfe während des Blitzkrieges, der im Sommer 1940 Frankreich heimsuchte (Horst Riebenstahl).

die Bewegung mit anderen Einheiten der Panzerdivision – beginnend mit Artillerie- und Aufklärungseinheiten – eingewiesen. Nach Meisterung dieser Phase wurden gemischte Kolonnen der verschiedenen Einheiten der Panzerdivision gebildet und auf zwei- bis dreitägige Übungsmärsche geschickt, wobei die Einheiten nachts biwakierten. Wer die Anforderungen dieser Ausbildung nicht erfüllte, wurde umgehend versetzt. Angeblich wurde das Kurshalten von Navigationsausbildern der deutschen Marine gelehrt.

Feuereröffnungsgeschwindigkeit Richt- und Ladeschützen wurden mit der Stoppuhr ausgebildet, und erst wenn sie die Geschütze in der vorgegebenen Zeit laden und abfeuern konnten, wurden sie als tauglich eingestuft.

Feuergenauigkeit Angeblich wurden die Ladeschützen deutscher Panzerregimenter von Luftwaffenausbildern geschult. Es galt als ehernes Gesetz, daß jeder, der sich nicht als guter Schütze erwies, abzuweisen war. Ladeschützen mußten ausgiebig trainieren, wobei auf Munitionsausgaben keine Rücksicht genommen wurde.

Instandhaltung von Fahrzeugen und Technik Wartung galt als einer der wichtigsten Aspekte bei der Ausbildung von Panzerbesatzungen. Fahrer mußten sich ohne Einschränkung in der Instandhaltung ihrer Fahrzeuge auskennen und Schützen alle Ladehemmungen beseitigen können. „Ein ordnungsgemäß gewartetes Fahrzeug oder Geschütz fällt niemals aus", war eine häufig wiederholte Maxime der Panzerdivisionen. Die Sauberkeit von Fahrzeugen und Technik wurde bis zum Äußersten getrieben und trug zweifelsohne dazu bei, daß deutsche Panzer bei jedem Wetter und in jedem Gelände einsatzbereit waren.[10]

Die Entwicklung des „Panzerwaffengeistes" Erste Voraussetzung war körperliche Fitness. Bei den Übungen begann der Tag für die Besatzungen mit Geländeläufen und Gymnastik. Außerdem galten entschlossenes Fahren in jedem Gelände, Geschicklichkeit, Wendigkeit und Besonnenheit als Merkmale jenes „Panzerwaffengeistes".

Horst Riebenstahl aus Weilburg/Lahn diente im Panzerregiment 1 und fuhr dort alle Panzertypen vom PzKpfw I bis hin zum Panther. Er berichtete: „Bei größeren Übungen in Rußland mußte der Fahrer im Gegensatz zum Rest der Besatzung während der Pausen in seinem Fahrerstand bleiben, und zwar sowohl bei sengender Sommerhitze als auch bei winterlicher Eiseskälte. Im Gefecht spielten die Fertigkeiten des Panzerfahrers eine entscheidende Rolle. Es war die Aufgabe des Fahrers, unter Aufsicht des Kommandeurs eine geeignete Feuerstellung zu suchen und schnell einzunehmen, um der Turmbesatzung ihre Aufgabe zu erleichtern. Nicht selten hing das Schicksal der gesamten Besatzung von den Fähigkeiten des Fahrers ab. Er mußte daher unbedingt über taktische Kenntnisse und tech-

Auftanken eines PzKpfw III vor Rouen. Im Hintergrund sieht man bedrohliche Rauschschwaden aufsteigen (Rudolff Wulff).

Eine gemischte Kolonne aus Panzern und B-Fahrzeugen überquert die Somme in Pont Rémy (Rudolf Wulff).

nisches Wissen verfügen. Die Besatzung bildete eine Einheit. Das Versagen eines Mitglieds hatte häufig tödliche Folgen für die übrigen.

Die Vernichtung eines feindlichen Panzers galt als Großtat der gesamten Besatzung. Der Kommandeur versuchte, seinen Fahrer möglichst immer bei sich zu haben für den Fall, daß er aus irgendwelchen Gründen plötzlich das Kommando über einen anderen Panzer übernehmen mußte. Die Leistung einer Panzermannschaft ist nur so gut wie die Leistungen der einzelnen Besatzungsmitglieder."

Ganz sicher war dies auch die Meinung anderer Angehöriger der Panzertruppe, unabhängig von ihrer jeweiligen Aufgabe.

Panzer in Aktion

Was war das für ein Gefühl, in einer Panzerdivision in den Kampf zu ziehen? Eine Beschreibung dessen gibt der folgende Bericht von Leutnant Dr. Kurt Wolff vom 5. Panzerregiment, das ursprünglich zur 3. Panzerdivision gehörte, im August 1941 jedoch in der 5. Leichte Division aufging und nach Nordafrika abkommandiert wurde, wo es Teil von Rommels DAK wurde. Die 5. Leichte Division wurde nach ihrer Verstärkung am 1. Oktober 1941 in 21. Panzerdivision umbenannt. Bei der Landung in Nordafrika hatte das 5. Panzerregiment ca. 120 Panzer, von denen nur die Hälfte PzKpfw III und IV waren. Der folgende Bericht wird mit freundlicher Unterstützung des „Kameradenkreises ehem. Panzerregiment 5 und Panzerbataillon 143/Stadtallendorf" angeführt. Wolff schrieb: „Ein Panzerregiment ist eine gigantische Organisation. Munitionsfahrzeuge und Treibstoffwagen rücken vor und werden häufig während des Gefechts in die Luft gejagt. Feldküchen und Verpflegungs-Lkw suchen nach den Kettenspuren der Panzer ihrer Einheit. Die wichtigen Bewegungen werden jedoch bei Einbruch der Dunkelheit von den Reparaturtrupps ausgeführt. Männer, die Motoren reparieren, Vergaser reinigen und einstellen. Federn, Kettenräder und Kettenglieder müssen überprüft und ausgebessert werden. Kanonen und Maschinengewehre sind zu kontrollieren. Man hört die Flüche der Männer bei ihrer harten Arbeit und das Schlagen der Hämmer durch die feuchtkalte Nacht. Sobald sich die Sonne durch den Morgennebel schiebt, rückt das Regiment weiter vor. Tausende anderer Dinge kommen zusammen, ehe eine Schlacht gewonnen ist."

Welches Schicksal viele Panzer ereilte, zeigt diese Aufnahme „nach der Schlacht". Liegengebliebene und brennende Panzer und B-Fahrzeuge sind über das Gelände verstreut, Libyen, Dezember 1941.

Der „Wüstenfuchs" Erwin Rommel mit seinem Erkennungszeichen, einer britischen Schutzbrille an der Schirmmütze (Rommel-Museum Herrlingen).

„Im gelben Mondlicht rollen lange Lkw-Konvois entlang der Küstenstraße. Ab und zu werden sie von englischen Bombern angegriffen. Wir verteilen uns in der Wüste. Unser Tacho zeigt an, daß wir 40–50 km pro Stunde vorankommen. Wasser, Treibstoff, Muni, Brot, Proviant und Menschen – all das wird durch die dunkle Nacht transportiert, in der die Hitze wie tagsüber anhält."

„Das beste sind jedoch die Angriffe. Oh Gott, ich erinnere mich an den 2. Juli! Meine Augen brennen. Mehr als 100 Panzer befanden sich in unserem Bereich, alle zerschossen oder brennend – soweit das Auge reichte. Unser Tag fing nicht gut an, fast hätte man uns den Garaus gemacht. Unser Reparaturtrupp lag 60 km hinter uns und hatte alle fahruntauglichen Panzer auf die Straße geschleppt, um den Durchbruch zu stoppen."

„Doch dann kamen die deutschen Panzer! Unsere schönen, mächtigen, lebhaften Panzer! Wir sind insgeheim stolz darauf, daß uns jeder braucht, wenn die Gefahr am größten ist! Panzer, Panzer voran!"

„In der Nacht waren die Neuseeländer an unserer rechten Flanke durchgebrochen. Wie viele, das wußte keiner. Wir zogen unseren Verteidigungsring enger zusammen. Zwei Mann hielten bei jedem Panzer Wache, einer an der Panzerkanone, einer draußen mit einem Schmeisser-MG. Beide lauschten in die Nacht. Der Mond war bereits zeitig untergegangen, so daß die Sicht nicht mehr als 20 Meter betrug."

„Ich stand ganz nahe beim Kommandeur. Außer mir war da noch ein Melder. Der Telefonanschluß zur Division stand. Würden die Neuseeländer angreifen? Englische Jagdflieger und Bomber warfen Christbäume [Fackeln] ab, um das Gelände auszuleuchten. Wollten sie damit ihren eigenen Truppen den Weg zeigen?"

„Weiter hinten fielen reihenweise Bomben auf die Versorgungslinien unseres Transportes. Die Artillerie schwieg. Es war ziemlich zermürbend. In der vorangegangenen Nacht hatten sie uns nicht schlafen lassen. In dieser gespenstischen Nacht sind nur unsere Reparaturtrupps hart am Arbeiten."

„Um ca. 2.00 Uhr kam unser Horchposten mit einem Gefangenen zurück, der sich verlaufen hatte. Er brachte einen verwundeten deutschen Unteroffizier mit. Der Uffz. war bewußtlos und stöhnte nur. Um 3.00 Uhr traf überraschend der Befehl ein. Eine englische Schützenbrigade war eingedrungen und mußte vernichtet werden. Unsere eigenen Schützen waren überrumpelt worden. Panzer waren die letzte Rettung. Die Kompanie war im Nu einsatzbereit. Die Motoren liefen warm, über Funk trafen die Befehle ein, die Einheit formierte sich und rollte los. Noch

Panzer schießen sich beim Einmarsch nach Rußland den Weg durch die Verteidigungslinien frei (Ernst J. Dohany).

Infanterietruppen werden zu Beginn des deutschen Vorstoßes nach Rußland auf dem Heck von PzKpfw III transportiert. Die Panzer ähneln den Gefährten von Kesselflickern, da sie unzählige Dinge mitführen mußten, um nicht auf fremde Hilfe angewiesen zu sein.

immer ist es duster, im Osten erblickt man den langsam erlöschenden Morgenstern. Der Morgennebel wird vom Wind vertrieben."

„Nur der Lärm der Panzer breitet sich über das gelbsandige Gelände aus. Dank strikter Befehle nehmen wir die Anhöhe zu unserer Rechten langsam ein. Wenig später melden unsere Aufklärer englische Fahrzeuge in 1200 Metern Entfernung. Unsere Richtschützen orten das Ziel. Der Kampf hat begonnen. Die Neuseeländer scheinen aus dem Schlaf gerissen und rennen umher, als ob sie geglaubt hätten, die Deutschen würden ihre Stellung nicht finden. Als sie schließlich ihre Kanonen aufgestellt hatten, stand ihr Transport bereits teilweise in Flammen. Es war ein kurzes Gefecht, in dem wir bis auf 800 Meter herankamen und uns gegenseitig stets Deckung gaben, da wir in der Vergangenheit oftmals auf unbekannte englische Panzerabwehrstellungen gestoßen waren. Wir konnten nun auch sehen, daß deutsche Panzerjäger das Feuer von rechts, d.h. an der linken Flanke des überraschten Feindes, eröffneten und den Gegner damit vollkommen verwirrten."

Wintereinbruch. Das 31. Panzerregiment, 5. Panzerdivision, muß auf dem Wege nach Moskau schmerzlich erfahren, was ein russischer Winter bedeutet (Rudolf Wulff).

Nicht alle Kämpfe in Rußland fanden auf freiem Feld statt. Viele harte Gefechte spielten sich auch in bebautem Gelände, wie hier in einem Vorort von Stalingrad ab (Ernst J. Dohany).

„Ich weiß nicht, wie es passierte, aber als ich ein englisches Kettenfahrzeug vernichtete und meinen Treffer mit dem Fernglas beobachtete, explodierte eine aus einem amerikanischen Panzer abgefeuerte Granate neben mir. Ich konnte gerade noch den Kopf einziehen. Dann fühlte ich den Schmerz in meinem rechten Arm und sah, wie Blut auf die Schulter meines Richtschützen tropfte. Dieser nahm den Verbandskasten, rollte meinen Ärmel auf und verband mich. Glücklicherweise hatte ich nur einen kleinen Splitter einen Zentimeter über meinem Ellbogengelenk abbekommen. Mein Kommandant fragte über Funk an, ob seine Nr. 1 verletzt sei. Ich hatte meinem Fahrer befohlen, einen Augenblick anzuhalten, so daß wir zurückgefallen waren. Der Angriff ging mit hoher Geschwindigkeit weiter. Die übriger Panzerfahrzeuge waren mir 400 Meter voraus. Ich konnte ihnen nun nacheilen, wobei ich lachend meinen Verband zeigte."

„Was dann geschah, grenzte an ein Wunder. Während die eine Kompanie vorrückte und dabei einige feindliche Panzer in 1500 Metern Entfernung angriff, drang der Rest unserer Einheit in die englischen Stellungen ein. Wo erst nur ein paar Artilleriegeschütze, einige Panzerabwehrkanonen und Kettenfahrzeuge standen, stiegen plötzlich erst zehn, dann fünfzig und schließlich sechshundert Tommys aus Bodenlöchern und winkten uns zu. Einige grüßten zögernd, andere warfen ihre Waffen weg und marschierten in Reihe auf uns zu. Die gesamte neuseeländische Kampfeinheit ergab sich."

„Unser Kommandeur lächelte. Endlich haben wir wieder einen Sieg errungen nach den tagelangen englischen Artillerieangriffen. Endlich konnten wir etwas vorweisen: vier brennende Panzer, vielleicht zehn Selbstfahrlafetten, acht Kanonen, eine Reihe von Kettenfahrzeugen, Maschinengewehre, Bazookas. In den Gräben konnten wir Schützen mit aufgepflanzten Bajonetten sehen. Diese Hunde, dachten wir! Die uns nachfolgende Schützenabteilung hätte den Jungs zeigen können, wo's langgeht."

„Unser Kommandant befahl anzuhalten, damit sich unsere Einheiten neu formieren konnten. Dann begannen wir, die südliche Stellung des Djebelhangs anzugreifen, die von feindlichen Panzern gehalten wurde. Unsere Vorhut meldete etwa 14 Stück."

„Unsere Granaten schlugen in die Reihen der sich zurückziehenden Neuseeländer ein. Zu die-

Der Stab der 24. Panzerdivision in Stalingrad (Ernst J. Dohany).

sem Zeitpunkt erhielten wir über Funk eine irreführende Meldung der Division. Südlich vom Punkt Hügel 63 (ungefähr in der Gegend, in der wir die Nacht verbracht hatten), hatte eine starke englische Panzerbrigade unsere Gefechtslinien durchbrochen. Ihre ersten Einheiten kämpften gegen unsere Flakgeschütze. Jetzt begriffen wir, worin der Plan der Engländer bestand. Die neuseeländische Brigade, die – was der englische General nicht wußte – nicht mehr existierte, hatte uns von Süden her angreifen sollen, die Panzer hätten den Ring dann von vorn und von der rechten Flanke kommend geschlossen. Bei einem Erfolg dieser Aktion und eventueller Kopflosigkeit in unseren Reihen, wäre ein großer Teil der deutschen Kräfte, zumindest aber unsere Panzerdivision vernichtet worden. Wie wir später von gefangenen Panzerbesatzungen erfuhren, hatten sie den Befehl gehabt, bis zur Küstenstraße und mit nachfolgender Verstärkung sogar bis nach Tobruk vorzudringen. Unser Kommandant stand heute besonders stramm. Ich weiß, dieser Augenblick gehörte zu seinen stolzesten Momenten."

„In unserer Nähe sind weder ein General, Panzerabwehrgeschütze, Flaks oder Artillerie, sondern nur die zusammengeschrumpfte Panzereinheit, die aus der Gegend von Derna zu uns gestoßen ist und sich mehr als 1000 Kilometer bis nach El Alamein durchgekämpft hatte. Sie hatte mehr als 250 feindliche Panzer, viele Artilleriegeschütze, Panzerabwehrkanonen und Kettenfahrzeuge zerstört."

„Jetzt steht der Feind links vor uns und hinter uns, stärker denn je. Seine Stellung ist vielleicht besser als je zuvor während des Feldzuges. Sie wissen, daß sie überlegen sind – doch egal, was geschieht, wir sind dran mit dem nächsten Schachzug."

„Wir haben es geschafft! Zunächst führte unsere Einheit ungefähr eine Kehrtwende aus (was einfacher gesagt als getan war), als ob es uns nichts ausmachen würde, daß 12 oder 20 feindliche Panzer hinter uns standen. Zug für Zug bewegten wir uns unsicher von links und rechts, den Feind stets hinter uns und ständig von dringenden Funksprüchen der Division unterbrochen, die uns zur Eile um jeden Preis antrieben. Schließlich rollten wir, während die schweren Panzer sich vom Schlachtfeld zurückzogen, um sich neu zu formieren. Dann ging es vorwärts auf die Anhöhe, wo wir unseren Augen nicht trauten: Es war unglaublich, aber wir befanden uns genau an der rechten Flanke der vorrückenden englischen Panzerbrigade! Wir brauchten keine Befehle! Unsere Aufstellung verhieß Erfolg. Wir handelten ruhig, ganz ruhig und überlegt, ohne Hast. Unsere Köpfe waren klar für die Schlacht."

„Während unser Panzerschütze zum zweiten Mal lädt, sehen wir bereits den Rauch und das Feuer vom Einschlag der ersten Granate in die feindlichen Panzer."

„Der unmittelbar neben mir stehende Kommandant und ich atmen auf. Was für ein Anblick. Man muß sich diese flache, von West nach Ost verlaufende Anhöhe und dahinter eine ca. 800 m breite Senke in gleicher Richtung vorstellen. Die Engländer marschierten in diese Senke und kamen in unsere Schußlinie."

„Der Führer der 4. Kompanie schoß sieben Panzer ab, ein anderer fünf. Nahezu jeder konnte später von zwei oder drei Treffern berichten. Abgesehen von meiner lächerlichen Verletzung, die mir erst später wieder einfiel, hatten wir zwei Tote und zwei Verwundete. Das ist unbedeutend im Vergleich zu den 60 Feindpanzern, die wir anschließend zählten. Die meisten waren ausgebrannt. Die übrigen mußten vor einem unsichtbaren und unerwarteten Feind fliehen. (Wir hatten hinter der Anhöhe gestanden, so daß unsere Geschützrohre kaum über die Spitze hinausragten.) Sie endeten auf einem Minenfeld, das sie am Morgen noch durch eine enge Schneise passiert hatten. Jetzt wurde es ihnen zum Verhängnis. Eine Stunde später kamen wir langsam die Anhöhe herunter und fuhren, überwältigt vom Anblick des Sieges, nach Osten. Wir nahmen unsere alte Stellung wieder ein, als sei nichts geschehen."

„Die feindlichen Panzer, die anfangs in unserem Rücken standen, wurden von unserer Haubitzenbatterie und unseren Panzerjägern vertrieben. Der Schweiß rann uns nach einer zufriedenstellenden Aktion verdientermaßen über unsere schmutzigen Gesichter."

Panzer und Infanterie bereiten sich im Gebiet Rostow auf einen neuen Angriff vor. Dieser PzKpfw III Ausf J unterstützt eine Infanteriekolonne.

„Die Division erhielt am laufenden Band Berichte. Wie wir später erfuhren, wurden die englischen Einheiten an der Spitze der Brigade von unseren Flaktruppen in Stücke geschossen. 12 Mk II und Mk IV dürften übrig geblieben sein, den anderen gab der Direktbeschuß unserer Flak- und Panzerabwehrgeschütze den Rest."

„Am Abend erlebten wir schweres und drohendes Artilleriefeuer der Engländer. Unser Oberkommando sprach von 131 zerstörten PzKpfw."

„Der nächste Tag war wiederum heiß und äußerst drückend. Wie sollte man das aushalten? Hunderte, je Tausende Fliegen laufen einem über das Gesicht. Moskitonetze haben wir schon lange nicht mehr. Wir verharren geduldig. Der Stahl unserer Panzer glüht; das Wasser ist kaum trinkbar. Unsere einzige Hoffnung ist es, daß zu Mittag ein Sandsturm aufkommt ...".

„Es ist noch Nacht. Wir sind wachsam, müde, ungewaschen und ölverschmiert. Wir stehen in der afrikanischen Nacht auf Wacht für Deutschland."

3

Der PzKpfw I und seine verschiedenen Ausführungen

Hintergrund der Entwicklung

1933 veröffentlichte das Heereswaffenamt eine Ausschreibung für die Entwicklung eines Panzerkampfwagens in der Klasse bis 5 Tonnen mit zwei Maschinengewehren in einem rundum schwenkbaren Turm und mit einer Panzerung, die dem Beschuß durch Infanteriewaffen standhalten sollte. Die folgenden fünf Unternehmen wurden zur Angebotsabgabe aufgefordert: Daimler-Benz AG/Berlin-Marienfelde, Henschel und Sohn/Kassel, Friedrich Krupp AG/Essen, Maschinenfabrik Augsburg-Nürnberg (MAN)/Nürnberg, Rheinmetall-Borsig/Düsseldorf. Nach eingehender Prüfung erteilte das Heereswaffenamt dem von Krupp eingereichten Modell (das in großen Teilen dem englischen Carden Lloyd-Panzerwagen entsprach) den Zuschlag und beauftragte zwei Firmen mit letzten Veränderungen. Krupp übernahm Fahrgestell und Getriebe; Daimler-Benz Aufbau und Turm. Krupp hatte seiner Ausführung die Bezeichnung „LKA 1“ gegeben und auch das Projekt „LKA/LKB“ genannt. Das Heereswaffenamt zog allerdings den Decknamen „Landwirtschaftlicher Schlepper“ (La S) vor, um den wahren Einsatzzweck des Fahrzeugs zu verheimlichen. Die ersten drei Prototypen wurden Ende 1933 bei Henschel gebaut und Anfang Februar 1934 getestet. Die Bezeichnungen La S und LKA 1 hielten sich bis 1938, als die Wehrmacht zur Verwendung militärischer Gattungsnamen und Ausführungsnummern überging. Im vorliegenden Fall änderte sich die Bezeichnung in „Panzerkampfwagen (MG) (SdKfz 101) I Ausf. A“. Die ersten Modelle hatten einen offenen Rumpf und keinen Turm („ohne Aufbau“). Sie eigneten sich daher ideal als Fahrschulfahrzeuge und für taktische Grundübungen.

Von Ausf A „ohne Aufbau“ wurden nur etwa 15 Stück gebaut. Henschel nahm die Serienfertigung der Ausf. A im Juli 1934 auf. Der Auftrag belief sich auf insgesamt 150 Fahrzeuge. Die genaue Zahl der gebauten Ausf. A läßt sich nur schwer feststellen. Angaben in verschiedenen britischen und deutschen Quellen schwanken zwischen lediglich 300 und über 800. Walter J. Spielberger als Kenner der Materie führt in seinem Buch „Die Panzer-Kampfwagen I und II“ aus, daß die Fahrgestellnummern der Ausf A von 10 001 bis 10 477 reichten, d. h. es dürften insgesamt 477 Stück gebaut worden sein.

Deutschland schien sich von Anfang an der Verwundbarkeit dieser leichten Panzer bewußt zu sein, denn sie eigneten sich wirklich nur als Exerzierpanzer für Übungszwecke und waren wahrscheinlich niemals ernsthaft für den Kampfeinsatz konzipiert worden. Doch, wie sich noch zeigen wird, mußten sie ungeachtet dessen ins Gefecht, wo ihre Anfälligkeit deutlich wurde.

Die Ausf. A war der erste deutsche Panzer, der in Großserie hergestellt wurde. Die Produktion fand in den Jahren 1933–34 statt. Auf dem Nürnberger Reichsparteitag 1935 wurde er der Öffentlichkeit erstmals vorgestellt.[11]

Der PzKpfw I Ausf A

Die Ausführung A hatte ein Kampfgewicht von 5,4 t und ohne Aufbau von 3,5 t. Sie war für zwei Mann Besatzung (Kommandant, der gleichzeitig die Maschinengewehre bediente, und Fahrer) ausgelegt. Bewaffnet war dieser Panzer mit zwei 7,92 mm MG 13, für die 1525 Schuß Munition mitgeführt wurden. Der luftgekühlte Vierzylinder-Benzinmotor Krupp M305 hatte 57 PS. Der Panzer erreichte eine Höchstgeschwindigkeit von etwas mehr als 37 km/h und eine Reichweite von 145 km. Die beiden in den hinteren Ecken des Fahrerstands eingebauten Tanks faßten 145 l Treibstoff. Der Motor befand sich im Heck, so daß der Antrieb mittels eine Welle über eine Trockenscheibenkupplung zum Getriebe im Vorderteil des Panzers und vorn dort aus zu den Antriebsrädern geführt werden mußte. Es gab fünf Vorwärtsgänge und einen Rückwärtsgang. Der Fahrer saß vorn links und steuerte den Panzer mit Hilfe von zwei Griffen – einen zur normalen Lenkung und einen zweiten mit einem Daumenhebel, der als Ersatz für die nicht vorhandene Handbremse diente. Das Armaturenbrett des Fahrers enthielt eine Öltemperaturanzeige, einen Drehzahlmesser und einen Tacho. Der Fahrer schaute durch einen Sehschlitz, der sich direkt vor ihm befand und der durch eine mit Scharnieren befestigte gepanzerte Klappe (mit zwei kleinen Sichtöffnungen) geschützt war. Vorn und hinten an beiden Seiten des Rumpfes gab es zwei weitere Sehschlitze, die mit gepanzerten Schutzklappen (mit einer Sichtöffnung) versehen waren. Der Turm war nach rechts versetzt und hatte vier Sehschlitze (zwei hinten und einen an jeder Seite), die ebenfalls alle mit gepanzerten Schutzklappen verschließbar waren (wobei aber nur die hinteren über Sichtöffnungen verfügten). Die

LKA 1, der Krupp-Prototyp für den Panzerkampfwagen I.

Nahaufnahme einer Ausf A ohne Aufbau in einer Fahrschule 1935 (Oberst aD von Boxberg).

Ähnliche Ansicht einer Ausf B ohne Aufbau (Oberst aD Hermann Rothe)

Fahrschule mit einer Ausf B ohne Aufbau in der Kaserne des 5. Panzerregiments (3. Panzerdivision) in Wünsdorf (Oberst aD Hermann Rothe).

PZKPFW I AUSF A (SDKFZ 101)	
Jahr der Indienststellung	1934
Gewicht (t)	5,4
Gesamtmaße (m) **Länge**	4,02
Höhe	1,72
Breite	2,06
Mitgeführte Bewaffnung/Munition	
Erstbewaffnung	2 × 7,92 mm MG 13
	2250 Schuß
Zweitbewaffnung	entf.
Panzerung (mm)	max. 13
	min. 6
Motor **Typ**	Krupp M 304
PS / U/min	57 / 2500
Besatzung	2
Höchstgeschwindigkeit (km/h)	35
Reichweite (km)	145

beiden Maschinengewehre[12] waren koaxial angebracht, konnten aber unabhängig voneinander abgefeuert werden. Die Waffen ließen sich auf +18° nach oben bzw. auf –12° nach unten schwenken. Als Sichtgerät war ein Zeiss RFZ2-Teleskop mit einer Vergrößerung von 2,5 eingebaut. Die Panzerung war am Vorderteil, ebenso seitlich und hinten an Turm und Rumpf 13 mm stark, während sie an Dach und Unterseite nur 6 mm betrug. Die Aufhängung umfaßte das vordere Antriebsrad, fünf Laufrollen und das hintere Antriebsrad, das etwas größer als die anderen war und auch als Leitrad fungierte. Die erste Laufrolle war separat mit einer Schraubenfeder und einem hydraulischen Stoßdämpfer gefedert, während die übrigen paarweise angeordnet und durch einen Träger miteinander verbunden waren. Über den Laufrollen waren drei Stützroller angebracht; die Ketten hatten 64 Glieder. Die Funktechnik bestand aus einem FuG2[13] mit einem Kurzwellenempfänger (27 200 – 33 300 KHz), der nur als Höranlage mit einer Reichweite von ca. 3,3 km für Sprach- und von 6,6 km beim Morseempfang diente.

Gelungene Aufnahme einer Aufstellung von PzKpfw I Ausf A des 1. Panzerregiments (1. Panzerdivision), die auf die Vorbeifahrt an ihrer Kaserne warten (Horst Riebenstahl).

Der PzKpfw I Ausf B

Die Ausf A erwies sich bald als zu schwach, so daß es zum Bau der stärkeren Ausf B kam, die über einen wassergekühlten Sechszylindermotor NL 38 TR von Maybach verfügte. Der größere Motor erforderte ein (um 410 mm) längeres Fahrgestell und eine geänderte Aufhängung, da das Modell jetzt über ein separates Leitrad und fünf Laufrollen verfügte, die alle gleich groß waren. Die vordere Laufrolle war noch immer separat, der Rest paarweise gefedert. Außerdem besaß jede Kette jetzt vier Stützroller und 100 Glieder. Die Kettenlänge wurde über das hinten, auf einem Kurbelarm angebrachte Leitrad eingestellt. Außerdem erfolgte eine Anhebung der Kettenkonstruktion, so daß sich die in tatsächlichem Bodenkontakt befindliche Kettenlänge nicht vergrößerte und die Beweglichkeit des Panzers nicht beeinträchtigt wurde. Das Kampfgewicht stieg auf 6 Tonnen. Ungeachtet dessen verbesserte der stärkere Motor Leistung und Geschwindigkeit. Die Ausf B wurde 1935 erstmals an die Truppe ausgeliefert und bis 1939 produziert, obwohl die Fertigung bestimmter Komponenten, einschließlich des Fahrgestells, bis 1941 fortgesetzt wurde. Insgesamt wurden etwa 1500 Fahrzeuge hergestellt, darunter eine ganze Reihe ohne Aufbau, die als Exerzier- oder als Werkstattpanzer dienten. Für Bergungseinsätze wurde diese Ausführung jedoch als zu klein befunden, so daß sie recht bald vor allem für Übungszwecke genutzt wurde.

PZKPFW I AUSF B (SDKFZ 101)	
Jahr der Indienststellung	1935
Gewicht (t)	6,0
Gesamtmaße (m) **Länge**	4,42
Höhe	1,72
Breite	2,06
Mitgeführte Bewaffnung/Munition	
Erstbewaffnung	2 × 7,92 mm MG 13
	2250 Schuß
Zweitbewaffnung	entf.
Panzerung (mm)	max. 13
	min. 6
Motor **Typ**	Maybach NL 38 TR
PS / U/min	100 / 3000
Besatzung	2
Höchstgeschwindigkeit (km/h)	40
Reichweite (km)	140

Ein Zug Ausf B beim Exerzieren. Die Besatzung ist zum Appell ausgestiegen (Oberst aD von Boxberg).

Deutliche Aufnahme von Bodenplatte, Ketten und Aufhängung eines PzKpfw I.

Nahaufnahme der Bedienelemente des Fahrers eines PzKpfw I.

Weiterentwicklungen

Es gab zwei Weiterentwicklungen des PzKpfw I, die Ausführungen C und F. Die Ausf C wurde anfangs unter VK 601, einer Bezeichnung für Versuchsfahrzeuge, geführt. Sie war ausgelegt als schnelles Aufklärungsfahrzeug mit stärkerer Panzerung (10–30 mm) und verbesserter Bewaffnung (eines der beiden MG 13 wurde durch ein 2 cm-Geschütz ersetzt). Die Ausf C mit ihren etwa 8 Tonnen erreichte eine Spitzengeschwindigkeit von nahezu 80 km/h und hatte eine Reichweite von ca. 300 km. Angetrieben wurde sie von einem Maybach-Motor HL 45 P mit 150 PS. Die verbesserte Aufhängung besaß versetzte Laufrollen und verzichtete auf die oberen Stützräder. Krauss-Maffei erhielt einen Auftrag zum Bau von 40 Stück, der 1942 ausgeführt war. Lediglich eine kleine Anzahl wurde im Kampf eingesetzt und beurteilt, die übrigen gingen an Reserveeinheiten. Die Produktion der Ausf C wurde dann eingestellt.

Ende Dezember 1939 schrieb das Heereswaffenamt einen weiteren Auftrag zur Entwicklung eines Panzers aus, der zunächst VK 1801 genannt, später aber unter der Bezeichnung PzKpfw I Ausf F bekannt wurde. Ausgangspunkt war der VK 601, wobei die Panzerung des kleinen Fahrzeugs so weit wie möglich verstärkt (bis zu 80 mm) werden sollte, damit es zur unmittelbaren Infanterieunterstützung im Gefecht durch schnelles MG-Feuer eingesetzt werden konnte. Der PzKpfw wog über 20 Tonnen, hatte eine ähnliche Aufhängung wie die Ausf C mit versetzten Laufrollen, war aber zwangsläufig robuster gebaut, um dem zusätzlichen Gewicht der Panzerung Rechnung zu tragen. Angetrieben wurde es mit dem gleichen Motor wie die Ausf C, was die Spitzengeschwindigkeit erheblich reduzierte, nämlich auf etwas über 25 km/h. Die Reichweite verringerte sich ebenfalls (150 km). Krauss-Maffei produzierte eine Reihe dieser übergewichtigen kleinen Panzer. Obwohl zwei davon im Gefecht in Rußland erprobt wurden, gibt es keine Belege dafür, daß diese Ausführung je an die Truppe ausgeliefert wurde.

Motorraum eines PzKpfw I von hinten.

Kleiner Panzerbefehlswagen (Kl PzBefWg) SdKfz 265

Für dieses leichte, zu Kommandozwecken eingesetzte Kettenfahrzeug wurde das gleiche Fahrgestell wie für die Ausf B verwendet, obwohl auch eine kleine Anzahl dieser Fahrzeuge auf der Basis der leicht veränderten Ausf A gebaut wurden. Anstelle des regulären, schwenkbaren Turms besaß der Kleine Befehlswagen einen festen Aufbau, der ausreichend Platz für ein zusätzliches Funkgerät (FuG6 – UKW-Empfänger und 20 W-Transmitter, beide im Frequenzbereich 27 200 – 33 300 KHz mit einer Reichweite von ca. 10 km für Sprach- und ca. 13 km für Morseempfang), einen Funker und einen kleinen Kartentisch bot. Die Bewaffnung bestand aus einem MG 34 mit Kugelblende, für das 900 Schuß Munition mitgeführt wurden. Das Oberteil der Kuppel bestand aus zwei Halbluken, die auf beiden Seiten gelenkig befestigt waren. Von diesem Modell wurden zwischen 1935 und 1937 etwa

Der PzKpfw I Ausf C wurde nur in kleinen Stückzahlen gebaut. Gut sichtbar sind die versetzten Laufrollen. Dieser Typ ist auch als Aufklärungsfahrzeug VK 601 bekannt.

Der PzKpfw I Ausf F (stark gepanzerter Infanteriesturmpanzer VK 1801) wurde nur in geringer Stückzahl für Beurteilungszwecke gebaut und ging nie in Serie.

200 Stück gebaut und an die Stäbe der Panzereinheiten von der Kompanie- bis zur Brigadeebene ausgeliefert. Im Dienst blieben diese Fahrzeuge bis Ende 1942.

Weitere Ausführungen

Auf der Basis der Grundversion des Fahrgestells der Ausf A oder B entstanden eine ganze Reihe weiterer Varianten. Der PzKpfw I Ausf A diente als Vorlage für einen Munitionsschlepper (SdKfz 111), einen gepanzerten Brückenleger und einen gepanzerten Flammenwerfer. Die Ausf B hingegen war Ausgangspunkt für ein schweres Infanteriegeschütz (15 cm sIG 33(Sf)), ein Panzerjägergeschütz (4,7 cm Pak(t)(Sf)) und einen Ladungsleger, die in den gezeigten Abbildungen dokumentiert sind. Vom Munitionsschlepper und den beiden Selbstfahrgeschützen wurden die meisten Stückzahlen gebaut, da sie die optimale Gelegenheit boten, die Nutzungsdauer eines veralteten Panzerfahrgestells zu verlängern. Die beiden Schützenpanzer wurden bis Ende 1943 eingesetzt. Mehr als 200 Fahrgestelle der Ausf B wurden zu Panzerjägern und nahezu 40 zu dem schweren Infanteriegeschütz umgebaut. Der Brückenleger erwies sich als viel zu leicht für seinen gedachten Zweck, aber sowohl der Flammenwerfer als auch der Ladungsleger kamen erfolgreich um Einsatz, wie aus dem folgenden Abschnitt hervorgeht.

Einsatzhistorie

Die Ausf A und ihr Nachfolger, die Ausf B, kamen beide in der Panzertruppe der „Freiwilligen"-Legion Condor zum Einsatz, die auf Seiten der Nationalisten von General Franco im spanischen Bürgerkrieg kämpften. Kommandant der Heerestruppe war Oberst Ritter von Thoma, der sich am 4. November 1942 als Panzertruppengeneral den Briten bei El Alamein ergab. Er galt als einer der vielversprechendsten Panzeroffiziere des Dritten Reiches. Seine Aufgabe war die Ausbildung der Panzertruppe der Nationalisten, wobei er sich gleichzeitig Kampferfahrungen für die Zukunft aneignen sollte.[14] Zwei Panzerkompanien machten sich im September 1936 von Deutschland aus auf den Weg und weitere sollten folgen. Obwohl sich keine genauen Angaben zur Stärkte der deutschen Panzertruppen in Spanien ermitteln lassen, dürften es auf dem Zenit des Krieges vier Abteilungen mit jeweils drei Kompanien gewesen sein, von denen jede 15 Panzer besaß. Von diesen insgesamt 180 Panzern waren etwa 120 PzKpfw I Ausf A und Ausf B; bei den übrigen handelte es sich um eroberte russische Panzer vom Typ T-26B mit einer 45 mm-Kanone. Sie waren die wichtigsten Panzer auf der Seite der Republikaner. Obwohl von Thoma mit seinen Panzern einige Erfolge verbuchen konnte, insbesondere, wenn sie in großen Verbänden eingesetzt wurden, ließen sich in Spanien bestenfalls die Grundzüge der Truppentaktik erlernen. Allerdings eigneten sich die Panzertruppen Kampferfahrungen an, und außerdem machte dieser Einsatz den Bedarf an einem Panzer mit besserem Schutz und stärkerer Feuerkraft nachhaltig deutlich.

1938, im Jahr des Anschlusses Österreichs, rollten erneut Panzer. Zwar mußten sie dieses Mal nicht einen drohenden Schuß abfeuern, hatten aber einen langen Weg zurückzulegen. Auf den mehr als 640 km blieben einige Panzer liegen, was eine ziemlich kontroverse Debatte auslöste. Aus der Sicht der Truppe war dies eine sehr nützliche und notwendige Erfahrung, die zu einer vollständigen Neukonzeption und Verstärkung der Reparatur- und Bergungsdienste führte, welche die Panzerdivisionen unterstützen sollten. In Verbindung mit dem Ausbleiben glänzender Siege in Spanien mehrte sich allerdings die Zahl der ernsten Zweifler an der Effizienz der Panzertruppe. Sie verstummten sehr bald wieder angesichts der Blitzkriegtaktik in den anschließenden Feldzügen in Polen und Frankreich. Der PzKpfw I kam in beiden Operationen zum Einsatz. Obwohl sich ihre Verletzbarkeit und ihre mangelnde Feuer-

Neue Einsatzvariante eines Befehlswagens – als Krankenwagen.

kraft erneut zeigten, wurden sie taktisch klug eingesetzt und begründeten damit in nicht unerheblichem Maße den Mythos von der Unbesiegbarkeit deutscher Panzer. In geringem Umfang wurden PzKpfw auch bei den Überfällen auf Dänemark und Norwegen genutzt. Einige blieben auch nach 1941 für Aufgaben in Rußland und Nordafrika im Dienst. In der Mehrzahl waren diese kleinen Panzer auf das Exerzieren beschränkt oder sie wurden, wie an früherer Stelle bereits erwähnt, für andere Zwecke umfunktioniert.

Oberst aD Hermann Rothe kam als Kadett 1938 zum 5. Panzerregiment in Wünsdorf bei Berlin. An die Anfangszeit, in der er das Soldatenhandwerk auf einem Panzer I erlernte, erinnerte er sich wie folgt: „Das Absolvieren der Militärfahrschule in den ersten Monaten gehörte zu den wichtigsten Abschnitten unserer Ausbildung. Die Fahrstunden mußten wir meistens auf einem Panzer I absolvieren. Unsere Lehrer – Unteroffiziere – ließen uns spüren, daß sie es nicht leiden konnten, wenn wir den Motor abwürgten oder eine Kette verloren. Zur Strafe mußten wir einige Zeit auf dem Übungsgelände hinter dem Panzer her rennen. Die meisten von uns hatten bereits einen zivilen Führerschein, so daß wir uns wirklich konzentrieren mußten, um beim Wenden nicht auf die Bremse, sondern auf das Gaspedal zu treten. Allerdings hat uns die Ausbildung Spaß gemacht und später, als wir selbst schon Panzer kommandierten, großen Respekt unseren Fahrern eingeflößt. Das Fahren der Panzer I bis IV stellte enorme physische Anforderungen. Die Bedingungen für die Fahrer waren in den ersten Kriegsjahren äußerst hart, denkt man an die Hitze und die Kälte, den Staub und die schlechte Sicht bei geschlossenem Sehschlitz, sowohl auf dem Schlachtfeld als auch beim normalen Vormarsch. Ich würde sogar soweit gehen zu behaupten, daß sie an die Grenze der menschlichen Leistungskraft gingen. Aus diesem Grunde genoß ein guter Fahrer hohes Ansehen und wurde von seiner Besatzung stets umsorgt. Panther und Tiger verfügten als erste über eine Hilfssteuerung. Diese Systeme erforderten Fingerspitzengefühl anstelle roher Gewalt, so daß man einige Zeit brauchte, um sich daran zu gewöhnen."

Was für ein Gefühl war das, in einem PzKpfw I Dienst zu tun? Oberst aD von Boxberg beschrieb es so: „Zu den größten Problemen zählte, daß wir den Befehl hatten, die Turmluke während des Einsatzes geschlossen zu halten, was dem Kommandant die Beobachtung erschwerte, da er nur durch die Sehschlitze blicken konnte. Der Kommandant mußte sich also entweder auf den Fahrer verlassen, der durch die Sehschlitze im Rumpf hindurch beobachten konnte, oder er verstieß gegen die Vorschriften und ließ die Turmluke offen. Zum Befehlen und Steuern benutzten wir in den ersten Jahren (1935–37) sechs Signalflaggen, mit denen jeder Panzer ausgestattet war. Sie wurden auf verschiedene Weise aus dem Turm gehalten, um den Kommandanten der anderen Panzer der Einheit oder Teileinheit neue Anweisungen zu geben. Dadurch wurde die Flaggenausbildung zu Fuß ein wichtiger Bestandteil der Schulung von Panzerbesatzungen. Im Gefecht blieb die Turmluke stets geöffnet, so daß man mit Verletzungen oder Kopfwunden rechnen mußte, wenn man rundum beobachten wollte.

„Ich erinnere mich an ein großes gemischtes Ausbildungsmanöver 1936 auf einem Übungsgelände bei Münster. Ich sollte die Aufgabe eines Schiedsrichters übernehmen. Man gab mir ein Auto, damit ich den Angriff der Panzer und der Motschützenabteilung besser sehen konnte. Laut Befehl mußten alle Turmluken geschlossen bleiben, um die Übung so wirklichkeitsnah wie möglich wirken zu lassen. Die Zug- und Kompanieführer gaben die ersten Flaggensignale, die ordnungsgemäß bestätigt und befolgt wurden. Doch gleich nach Gefechtseintritt war jede Spur von Kontrolle verschwunden. Die Panzer fuhren aufs Geratewohl in alle Richtungen. Die meisten endeten in einem Sumpf, wo sie stecken blieben. Die Auswertung verlief äußerst kritisch, und die Angelegenheit war anschließend Gegenstand einer Beratung. Sicher war das Ganze kein Fehler der Befehlshaber, sondern auf die Unzulänglichkeit der Befehlsinstrumente zurückzuführen, was viele Offiziere bereits befürchtet hatten."

Ladungsleger im Einsatz

Die Broschüre der US Army mit dem Titel *Small Unit Actions – German Campaign in Russia 1941–45* enthält einen interessanten Bericht über den Einsatz eines Ladungslegers bei der Einnahme zweier Brücken während des deutschen Vorstoßes 1941. Laut dem Bericht handelte es sich bei den Fahrzeugen um PzKpfw II mit speziellen Auslegern am Heck, die zum Legen von Sprengladungen oder zur Beseitigung von Hindernissen dienten. Der einzige Ladungsleger I, den ich je gesehen habe, basierte allerdings auf dem PzKpfw I, so daß ich mich entschlossen habe, den genannten Bericht hier zu referieren. Die erste der beiden Brücken führte über eine Straße und wurde nach heftigen Nahkämpfen gegen die russischen Verteidiger erfolgreich eingenommen. Der Truppenkommandant konzentrierte sich dann ausschließlich auf die zweite, eine Eisenbahnbrücke, auf der sein Sturmkommando in Schwierigkeiten geraten war. Die Ereignisse wurden wie folgt geschildert: „Als die ersten drei Sturmkommandos, die unterwegs zur Hauptstraße waren, kurz nach 02.00 Uhr in

Ladungsleger auf PzKpfw I mit eingeklapptem Sprengarm beim Überwinden einer Pontonbrücke.

Gelungene Ansicht eines schweren 15 cm-Infanteriegeschützes, die deutlich zeigt, wie die Kanone auf dem Rumpf des PzKpfw I Ausf B befestigt war. Das Foto wurde am Fluß Desna in Rußland gemacht (Rudolf Wulff).

Reparatur eines Kettenschadens an einem 15 cm siG 33 (Sf), einem schweren Infanteriegeschütz der 704. Kompanie, in Frankreich (Rudolf Wulff).

Rückansicht des Panzerjägers 4,7 cm Pak (t), aufgenommen in der School of Tank Technology.

Varpas nach Osten abbogen, setzte der andere Transporter seinen Weg in Richtung Norden auf der Hauptstraße fort, die direkt zur Eisenbahnbrücke führte. Ein paar Hundert Meter vor der Brücke, wo die parallel zum Fluß verlaufende Straße kreuzt, lag eine alte Festung, die der Lkw außen passieren mußte. Als das Fahrzeug nach rechts auf die Straße am Fluß abbog, wurde es von der Festung aus mit Handfeuerwaffen beschossen. In Sekundenschnelle fing der Transporter Feuer und wurde eilig verlassen. Der Trupp versuchte dann, sich die ca. 450 Meter zu Fuß bis zur Brücke durchzukämpfen. Die Männer wurden zwar von russischem Gewehrfeuer niedergehalten, krochen aber dennoch langsam und mühevoll auf die Brücke zu. Gerade als das Kommando sich nahe genug an die Brücke herangepirscht hatte, um sie zu erstürmen, ertönte eine furchtbare Explosion. Die Russen hatten die Absichten der Deutschen scheinbar erraten und Sprengladungen an den Stahlpfeilern gezündet. Nachdem sich der Rauch verzogen hatte, zeigte sich, daß die Detonation keinen großen Schaden angerichtet hatte. Die Brücke war noch intakt. Die Holzplanken und die Eisenbahnschwellen hatten jedoch Feuer gefangen, so daß die Gefahr der Zündung weiterer Sprengsätze bestand, die in der Regel unter bestimmten Trägern der Fachwerkabschnitte angebracht wurden. Das Sturmkommando mußte also schnell handeln, wenn es das Feuer löschen und die Brücke retten wollte.

Um 03.30 Uhr trafen der 2. und der 5. Zug der Kompanie C am Osteingang der Festung ein, der durch ein schweres Stahltor versperrt war. Da der Brand auf der Eisenbahnbrücke noch immer nicht unter Kontrolle war und die Löschtechnik nicht vorrücken konnte, so lange die Russen die Brücke unter Beschuß nehmen konnten, erhielten die beiden Züge den Befehl, die Festung im Sturm zu erobern.

Die Männer des 5. Zuges, die abgesessen waren und eine Sprengladung nahe am Tor plazieren wollten, gerieten in den Kugelhagel der Russen. Eine Einschätzung der Lage ergab, daß es nicht ratsam war, das Tor ohne Panzerunterstützung zu erstürmen. So wurde einer der speziellen Ladungsleger des 2. Zuges damit beauftragt, rückwärts auf das Tor zuzustoßen und eine 50 kg schwere Sprengladung zu legen. Unmittelbar nachdem der Panzer anschließend wieder ausreichenden Abstand gewonnen hatte, wurde die Ladung gezündet. Eine furchtbare Explosion zerstörte das Tor und ließ die Russen in unmittelbarer Nähe vor Schreck erstarren. Als die deutschen Panzer durch die Bresche vorstießen, gerieten sie wieder unter Beschuß. Eine zweite Mauer hinderte sie am weiteren Vorrücken. Die Mauer besaß wiederum ein Stahltor, das zum Fluß hin führte. Erneut mußte ein Ladungsleger einen 50 kg-Sprengsatz deponieren, dessen Detonation die gleiche Wirkung wie der erste hatte. Jetzt mußten die Russen aufgeben. Der Rest der Garnison, etwa 20 Mann leisteten vom Kommandoposten aus Widerstand, der sich in einem Gebäude in der Festungsmitte befand. Während die Russen in der Festung verzweifelt versuchten, den deutschen Angriff zurückzuschlagen, rückte die Feuerwehrtechnik der Kompanie C zur Eisenbahnbrücke vor und löschte den Brand. Mit Hohlladungen und Handgranaten gelang es dem 5. Zug schließlich, die Russen aus ihren letzten Widerstandsnestern in der Festung zu treiben. Um 04.00 Uhr wurden die Gefechte um die Festung eingestellt. 70 Angehörige der russischen Kompanie, die die Festung verteidigt hatte, wurden getötet, 30 gerieten in Gefangenschaft.

Die gesamte Aktion war in Windeseile abgelaufen. Zwischen dem Beginn der Erstürmung und der Einnahme der Festung lag nur eine halbe Stunde. Bei ihrem Verhör sagten die russischen Gefangenen aus, man hätte ihnen befohlen, so lange wie möglich auszuharren, selbst wenn die Brücke zerstört worden wäre. Sie sollten die Deutschen daran hindern, Brückentechnik über die Hauptstraße zu befördern, und das Vorrücken der Deutschen so lange wie möglich aufhalten.

Nachdem beide Brücken sich fest in deutscher Hand befanden, war die Aufgabe der Kompanie C erfüllt. Die heftigen Kämpfe gingen bis zum Abend weiter, als die 8. Panzerdivision Dwinsk einnahm, und weiter nach Nordwesten in Richtung Leningrad vorrückte.

Das obige Beispiel zeigt, in welchem Umfang der Einsatz von Panzertechnik in Situationen, in denen es auf Schnelligkeit ankommt, wesentlich zum Erfolg beitragen kann. Die Eroberung der beiden Brücken in Dwinsk war vor allem möglich, weil die vier eroberten russischen Lkws der Kompanie C als Vorhut vorausgeschickt wurden. Die Russen wurden überrascht und konnten die Brücken vor dem Eintreffen der Deutschen nicht mehr zerstören. Daß die Kompanie C mit dieser Aufgabe betraut wurde, ist durch die Feuerkraft ihrer Ladungsleger und Spezial-Halbkettenfahrzeuge gerechtfertigt, welche die Russen nördlich der Straßenbrücke in Schach hielt und den Weg für den Vormarsch der Division nach Dwinsk ebnete. In den Kämpfen um die Festung erwiesen sich die Spezialpanzer bei der Zerstörung der beiden Tore erneut als unverzichtbar. Nur mit gepanzerten Fahrzeugen konnte man sich den Toren ausreichend nähern, um die Sprengladungen unter dem Beschuß der Russen zu deponieren."

4

Der PzKpfw II und seine verschiedenen Ausführungen

Hintergrund der Entwicklung

Als deutlich wurde, daß die Produktion der neuen mittleren Panzer – Zugführerwagen und Bataillonsführerwagen – länger als angenommen dauern würde, entschloß man sich zum Bau eines weiteren leichten Exerzierpanzers, der – wie der PzKpfw I – relativ kostengünstig und problemlos herzustellen war. Der neue Panzer sollte schwerer, besser gepanzert und stärker bewaffnet sein als sein Vorgänger. Dementsprechend vergab das Heereswaffenamt im Juni 1935 Entwicklungsaufträge für einen Panzer in der Klasse 10 Tonnen an die drei Firmen Krupp, Henschel und MAN. Die von Krupp vorgestellte Lösung basierte auf dem Prototyp LKA I für den PzKpfw I, hatte aber einen größeren Turm mit einer automatischen 20 mm-Kanone und einem Maschinengewehr. Dieses Drei-Mann-Fahrzeug erhielt die Bezeichnung „LKA II". Die von Henschel und MAN eingereichten Vorschläge ähnelten – abgesehen von der Aufhängung – dem LKA II. Im Anschluß an die Versuche entschied man sich zur Weiterentwicklung der Lösung von MAN, die später unter dem Decknamen „Landwirtschaftlicher Schlepper 100 (La S 100)" bekannt wurde. MAN wurde mit dem Bau des Fahrgestells, Daimler-Benz mit Aufbau und Turm beauftragt. Verschiedene andere Hersteller, insbesondere die Firmen Wegmann aus Kassel (1935), Famo aus Breslau und MIAG aus Braunschweig (1936), sollten die Panzerfertigung unterstützen.

Die erste Serie umfaßte 25 Fahrzeuge, die 1935 unter der Bezeichnung 1/La S 100 hergestellt und in Dienst genommen wurden. Ab 1938 nannte man sie PzKpfw II Ausf A1. Diese Grundausführung lag mit lediglich 7,2 Tonnen deutlich im Bereich des zulässigen Kampfgewichts. Sie erforderte drei Mann Besatzung; ihre Bewaffnung bestand aus einer automatischen 2 cm KwK 30 und einem koaxialen 7,92 mm MG 34, mit dem die Panzer ab diesem Zeitpunkt standardmäßig ausgerüstet wurden. Der Sechszylindermotor vom Typ HL 57 TR von Maybach hatte 130 PS. Das Fahrzeug besaß eine Scheibenkupplung und ein nicht synchronisiertes Sechsganggetriebe. Die Aufhängung bestand aus sechs paarweise angeordneten kleinen Laufrollen mit Blattfedern, die über einen balkenartige Trägerkonstruktion miteinander verbunden waren. Hinten gab es ein verstellbares Leitrad, und oben am Rumpf befanden sich drei Stützroller. Von dieser Grundausführung wurden zwei weitere Serien hergestellt. Die erste mit 25 Stück hatte eine verbesserte Motorkühlung und wurde als Ausf A2 bekannt, die zweite mit 50 Exemplaren erhielt den Namen Ausf A3. Diese dritte Variante zeichnete sich durch Weiterentwicklungen im Bereich Kühlung, Ketten und Aufhängung aus. Bei allen drei Ausführungen war die Schnauze abgerundet und bis zu 13 mm gepanzert (bzw. 15 mm an der Blende).

Der 2/LA S 100 (PzKpfw II Ausf B) mit einem Maybach-Motor vom Typ HL 62 TR kam 1936 auf, nachdem sich der HL 57 TR als zu schwach erwiesen hatte. Diese und weitere kleinere Veränderungen erhöhten das Gewicht auf 7,9 Tonnen. Die Aus B, von der insgesamt 100 Stück gebaut wurden, erhielt außerdem ein Untersetzungsgetriebe und breitere Ketten. 1937 stieg Henschel voll in das Fertigungsprogramm der Ausf C (3/LA S 100) ein. Dieses Modell wies größere Veränderungen an der Aufhängung auf und hatte verkleinerte Laufrollen. Die Trägerkonstruktion wurde ersetzt durch fünf mittel-

PZKPFW II AUSF A1 (SDKFZ 121)	
Jahr der Indienststellung	1935
Gewicht (t)	7,2
Gesamtmaße (m) **Länge**	4,38
Höhe	1,95
Breite	2,14
Mitgeführte Bewaffnung/Munition	
Erstbewaffnung	1 × 2 cm KwK 30 180 Schuß
Zweitbewaffnung	1 × 7,92 mm MG 34
Panzerung (mm)	max. 15 min. 5
Motor **Typ**	Maybach HL 57 TR
PS / U/min	130/2600
Besatzung	3
Höchstgeschwindigkeit (km/h)	40
Reichweite (km)	200
Bemerkungen:	Auch bekannt als 1. Serie La S 100.

Pilotausführung des PzKpfw II, bekannt als La S 100.

Parade des PzKpfw II Ausf B. Dahinter der PzKpfw I. Gut zu erkennen sind die Veränderungen im Vergleich zur Ausf A: breitere, aber kleinere Stützroller oben, breitere Laufräder, neues Antriebsrad.

große Räder, die alle an Viertelfedern aufgehängt waren. Die Anzahl der Stützroller erhöhte sich von drei auf vier. Dieser Aufhängungstyp setzte sich in der Folge als Hauptmerkmal des PzKpfw II durch und wurde bei allen weiteren Serien der Ausf A, B und C beibehalten. Mit der Ausf C endete die Entwicklung, und die Massenfertigung des Panzers wurde aufgenommen. Den Auftakt dieser Herstellung in großem Maßstab bildete die Ausf A im Jahre 1937. Sie wurde bei MAN produziert und war mit der Ausf C identisch. Ihr folgten 1938 die Ausf B und C mit nur geringfügigen Abweichungen. Zwischen 1937 und Mitte 1940 wurden mehr als 1100 Exemplare hergestellt, wodurch der PzKpfw II bei Kriegsbeginn der am weitesten verbreitete Panzer war. Es sollte die Hauptlast der Gefechte in Polen und Frankreich tragen und erwies sich, wie sein Vorgänger, recht bald als zu schwach gepanzert und zu leicht bewaffnet.

Der PzKpfw II Ausf A, B und C

Das Kampfgewicht dieses Panzers betrug 8,9 Tonnen. Die dreiköpfige Besatzung bestand aus dem Kommandanten, der gleichzeitig als Schütze fungierte, einem Funker und einem Fahrer. Bewaffnet war die Ausführung mit einer automatischen 2 cm KwK 30 links auf dem rundum schwenkbaren geschweißten Turm. Die Kanone wog 63 kg und hatte eine zyklische Feuergeschwindigkeit von 280 U/min. Ihre Magazine, von denen zehn Stück mitgeführt wurden, faßten jeweils 18 Geschosse. Koaxial auf der rechten Seite befand sich ein 11,6 kg schweres MG 34 mit einer zyklischen Feuergeschwindigkeit von 800–900 U/min, das über einen metallenen Patronengurt mit 150 Schuß beschickt wurde. Diese Gurte (von denen sich 17 an Bord befanden) waren in entsprechenden Gurttaschen[15] verstaut. Der wassergekühlte Maybach-Benzinmotor HL 62 TR hatte eine Leistung von 135 PS und eine Drehzahl von 2600 U/min. Der PzKpfw II erreichte eine Spitzengeschwindigkeit von 40 km/h, besaß eine Reichweite von etwa 200 km und konnte 200 l Treibstoff aufnehmen. Der Motorraum befand sich nach rechts versetzt im Heck. Eine Kardanwelle leitete den Antrieb nach vorn zum Getriebe, das – ebenfalls nach rechts versetzt – im Fahrerstand untergebracht war. Dabei handelte es sich um ein nicht synchronisiertes Getriebe mit sechs Vorwärtsgängen und einem Rückwärtsgang.

Der Fahrer saß auf der linken Seite hinter einem Visierschlitz mit herausnehmbarem Glasblock. Seine Einstiegsluke befand sich an der vorderen Schrägblende. Zwei weitere Sichtöffnungen an beiden Vorderseiten des Aufbaus waren durch Panzerklappen mit Sehschlitzen geschützt. Der Funker hatte seinen Platz auf dem Rumpfboden im hinteren Teil des Gefechtsstands. Für ihn befand sich ein Sehschlitz hinten

Eine frühe Ausführung des PzKpfw Ausf C mit dem abgerundeten Vorderrumpf beim Überqueren von Eisenbahngleisen. (Oberst aD Hermann Rothe).

PZKPFW II AUSF A, B & C (SDKFZ 121)
Jahr der Indienststellung 1937
Gewicht (t) 8,9
Gesamtmaße (m) **Länge** 4,81
Höhe 1,99
Breite 2,22
Mitgeführte Bewaffnung/Munition
Erstbewaffnung 1 × 2 cm KwK 30
180 Schuß
Zweitbewaffnung 1 × 7,92 mm MG 34
Panzerung (mm) max. 15
min. 5
Motor **Typ** Maybach HL 62 TR
PS / U/min 135/2600
Besatzung 3
Höchstgeschwindigkeit (km/h) 40
Reichweite (km) 200
Bemerkungen: Ab 1940 mit zusätzlich aufgenieteten 20 mm Panzerplatten an der Vorderblende.

Frühe Variante des PzKpfw II mit Kettenschaden in Polen, September 1939 (Rudolf Wulff).

am Aufbau, während seine Einstiegsluke neben dem Motor hinter dem Turm angebracht war. Der Platz des Kommandanten war im Turm, der keinen Boden hatte, so daß sein Sitz von der Turmwandung abgehängt war und der Turmbewegung folgte. Im Turm gab es vier Sehschlitze: zwei links und je einen rechts bzw. hinten. Auf dem Dach befand sich ursprünglich lediglich eine zweiteilige Luke, die später (ab Ende 1940) durch die Kommandantenkuppel mit acht Episkopen zur Rundumbeobachtung und einer ungeteilten, mit Scharnieren befestigten Einstiegsklappe. Der Turm war nicht maschinell, sondern manuell mit Hilfe einer Klauenkupplung schwenkbar. Drei Einstellungen waren möglich: EIN (Schwenkgang eingelegt; Sperre ausgekuppelt; AUS (Schwenkgang und Sperre ausgekuppelt), EST (Schwenkgang ausgekuppelt; Sperre eingelegt). In der Stellung AUS ließ sich der Turm mit Hilfe von zwei Griffen am Turmring schwenken. Der Kommandant bediente die 20 mm-Kanone mit Hilfe eines Abzugs am Höhenrichtrad (zu seiner Linken) und das MG 34 durch einen Abzug am Schwenkrad (zu seiner Rechten). Zur Beobachtung diente ein Zielfernrohr TZF 4 mit einer Vergrößerung von 2,5. In der Geschützblende waren zwei Aussparungen vorgesehen, um das Maschinengewehr ohne Sichtbehinderung abfeuern zu können. An der Rückseite des Panzers befand sich ein Gestell für fünf Nebelzünder, die mit Hilfe eines Drahtes aus dem Gefechtsstand herausgelöst werden konnten, um eine Nebelwand zu erzeugen, falls der Panzer auf offenem Gelände aufgebracht werden sollte. Die Nebelzünder wurden von einer straffen Feder aus dem Gestell herauskatapultiert.

Die vom deutschen Oberkommando 1939 herausgegebenen Ausbildungsvorschriften für die Panzerwaffe enthielten folgende Angaben zur Bewaffnung des PzKpfw II: „Die 2 cm KwK 30 besitzt eine ausgezeichnete Durchschlagskraft und eine hohe Feuergeschwindigkeit. Sie gilt daher in erster Linie für die Panzerabwehr. Feindliche Panzer sollten aus festen Feuerstellungen auf eine Entfernung von 600 m angegriffen werden. Die Kanone kann auf eine Reichweite von 500 m außerdem zur Bekämpfung gegnerischer Panzerjäger eingesetzt werden, sofern eine Umgehung der gegnerischen Geschütze und der MG-Beschuß unmöglich sind.[16] Ein Zugführer kann das Feuer der übrigen Panzer unter seinem Befehl auf ein Ziel lenken, indem er es zunächst mit seiner Erstwaffe angreift. In der Regel werden Ziele aus Feuerstellungen oder aus der Bewegung heraus mit kurzen Feuerstößen mit zwei bis drei Geschossen bekämpft. Kanonen und Maschinengewehre können gleichzeitig gegen Ziele, wie Geschützbesatzungen oder Truppenansammlungen eingesetzt werden. Das koaxiale Maschinengewehr zeichnet sich durch hohe Feuergeschwindigkeit und Zielgenauigkeit aus und empfiehlt sich daher als ideale Waffe zur Bekämpfung ungeschützter Ziele, wie Schützen oder die Besatzungen von Maschinengewehren, Panzerabwehr – oder Artilleriegeschützen. Insbesondere eignet sie sich zum Angriff auf Infanterietruppen, weniger jedoch zur Bekämpfung eingegrabener, geschützter Ziele. Gegnerische Stellungen dieser Art sollten umgangen werden. Sowohl im Stellungskampf als auch aus der Bewegung heraus werden in der Regel kurze Feuerstöße abgegeben, während eine wiederholte Folge gut plazierter Feuerstöße die Wirkung auf das Ziel noch verstärkt."

Die Grundversion verfügte über 15 mm starke Panzerplatten vorn, seitlich und hinten an Turm und Rumpf. Oben war die Panzerung 10 mm stark. Eine Ausnahme bildeten die oberen Platten an Vorder- und Rückseite des Aufbaus mit einer Stärke von 15 mm. An der Bodenwanne betrug die Panzerung 5 mm. Ende 1940 wurde bei allen drei Ausführungen eine zusätzliche Panzerung aufgenietet, die vorn an Rumpf und Turm 20 mm bzw. vorn an Schräg- und Geschützblende 15 mm Dicke aufwies. Diese Maßnahme dürfte aufgrund der Kampferfahrung in Polen getroffen worden sein. In der Grundversion bestand die Platte der Bodenwanne sowie des Ober- und Unterteils der Schnauze aus einem Stück, was der Schnauze ihr typisches frühes Aussehen verlieh. Die zusätzlichen Platten waren hingegen gerade und ließen die Schnauze von da an eckig erscheinen. Die Funktechnik bestand aus zwei Empfängern und einem Transmitter. Alle Besatzungsmitglieder verfügten über Mikrofone und Kopfhörer. An der linken hinteren Ecke des Aufbaus befand sich eine 2 m lange Stabantenne, die manuell vom Gefechtsstand nach innen gezogen wurde. Im eingezogenen Zustand wurde die Antenne in einem Holzkasten auf dem Kettenschutz aufbewahrt. Kommandant und Fahrer standen über ein Hörrohr miteinander in Verbindung. Ab Ausf A wurde der Panzer funkentstört, um eine Überlagerung von Motorgeräuschen und Funkverkehr zu verhindern.

Der PzKpfw II Ausf D und E

Der sog. Schnellkampfwagen 8/La S 138 (PzKpfw II (2 cm) (SdKfz 121) Ausf D und E) wurden von Daimler Benz 1938 speziell für die motorisierte Kavallerie entwickelt. Er besaß eine Drehstabfederung mit vier großen, doppelrädrigen Laufrollen anstelle der mittelgroßen Laufräder bei den Ausf A, B und C. Der Maybach-Motor HL 62 TRM und diese neuartige Aufhängung erhöh-

Ausf A mit verändertem, verstärkten Rumpf. Im Hintergrund ein PzKpfw I.

PZKPFW II AUSF D & E (SDKFZ 121)		
Jahr der Indienststellung		1938
Gewicht (t)		10,0
Gesamtmaße (m)	**Länge**	4,64
	Höhe	2,02
	Breite	2,30
Mitgeführte Bewaffnung/Munition		
	Erstbewaffnung	1 × 2 cm KwK L/55 180 Schuß
	Zweitbewaffnung	1 × 7,92 mm MG 34
Panzerung (mm)		max. 30 min. 5
Motor	**Typ**	Maybach HL 62 TRM
	PS/U/min	140/2600
Besatzung		3
Höchstgeschwindigkeit (km/h)		55
Reichweite (km)		200
Bemerkungen:		Ursprünglich für die motorisierte Kavallerie gebaut. Einige Exemplare wurden zu Flammpanzern umgebaut.

PzKpfw II Ausf D/E von der Seite, während ein PzKpfw I eingewiesen wird.

Gelungene Nahaufnahme eines PzKpfw II Ausf F bei der Ankunft in Nordafrika.

ten die Spitzengeschwindigkeit auf über 55 km/h für diesen 10 Tonnen schweren Panzer. Besatzungsstärke, Bewaffnung und Panzerung wurden allerdings von der Ausf C übernommen. Ursprünglich sollten die Panzereinheiten der leichten Divisionen damit ausgestattet werden. Allerdings wurden weniger als 50 Exemplare davon gebaut, von denen man einige später zu Flammenwerfern umrüstete.

Die Ausf F

Diese zwischen Anfang 1941 und Ende 1942 bei FAMO produzierte Ausführung bildet den Abschluß der regulären Serienfertigung. Der späte Fertigungszeitraum gab den Firmen die Möglichkeit zur Berücksichtigung von Veränderungen aufgrund der Kampferfahrungen. Im Zuge dessen wurde die Panzerung der Ausf F vorn auf 35 mm und an den Seiten auf 20 mm verstärkt, was zu einer Erhöhung des Kampfgewichts auf 9,5 Tonnen und im Vergleich zu den Ausf A, B und C der Hauptserie insgesamt zu einer Verlangsamung führte. Zu weiteren Änderungen gehören ein kegelförmiges Leitrad und ein Blindvisier neben dem normalen Fahrervisier, letzteres wahrscheinlich um das „echte" Fahrervisier weniger unter Beschuß geraten zu lassen. Die Attrappe bestand aus einem Alugußstück, hinter dem sich keinerlei Öffnung verbarg. Ein Bericht der School of Tank Technology vom November 1943 enthält folgende Aussagen zur Ausf F: „Die Neuerungen haben die Grundausführung nicht verändert und scheinen gar nicht der Rede wert, da das Fahrzeug ohnehin überholt ist. Alle in jüngster Zeit vorgenommenen Umstrukturierungen der deutschen Panzerdivisionen zeigen, daß die Anzahl der PzKpfw II ständig abnimmt." Selbstverständlich wußten die Briten nicht, daß sich Hitler im Juli 1941 zur Erweiterung der Panzerwaffe entschlossen hatte. Diese Entscheidung erhöhte den Bedarf an immer mehr Panzern. Daher war es einfacher, die vorhandenen Fertigungslinien zu behalten, als auf neue Typen umzustellen, das bis zu deren vollständiger Einrichtung unweigerlich zu Produktionseinschränkungen führen mußte. Auch der Arbeitskräftemangel stellte ein Handicap dar. Die Kosten für den Bau des PzKpfw II beliefen sich (ohne Bewaffnung und Funktechnik) auf 50 000 Reichsmark.[17]

Sonstige Ausführungen

Vom PzKpfw II wurden eine Reihe weiterer Ausführungen gebaut, unter anderem die:

Ausf G Dabei handelte es sich um einen leichten Aufklärungspanzer, der ursprünglich die Bezeichnung VK 901 neuer Art trug. Er wog ca. 9,2 Tonnen und besaß wiederum eine vollkommen neue Aufhängung mit fünf Paar versetzten

Zielfernrohr des Schützen eines PzKpfw II.

Nahaufnahme des Fahrwerks eines PzKpfw II.

Laufrollen und einer Drehstabfederung. Hiervon wurde lediglich eine geringe Stückzahl gebaut, die aber nicht in Dienst gestellt wurden. Lediglich der Turm wurde später in einigen Fällen als kleiner Bunker genutzt.

Ausf J Diese Ausführung – der VK 1601 – mit einer ähnlichen Aufhängung wie die Ausf G markiert den Versuch, den PzKpfw II so stark wie möglich zu panzern, ohne deshalb seine Grundmerkmale zu verändern. Vorn wurde die Panzerung auf 80 mm, an den Seiten und hinten auf 50 mm sowie oben auf 25 mm verstärkt. Diese zusätzliche Panzerung erhöhte das Gewicht des Panzers auf 18 Tonnen. Der Maybach-Motor HL 45 p mit 150 PS schaffte eine Spitzengeschwindigkeit von knapp 31 km/h. Auch von der Ausf J wurde lediglich eine geringe Stückzahl hergestellt, von denen wiederum nur wenige im Kampf eingesetzt wurden.

Ausf L Das SdKfz 123 „Luchs" entstand auf der Basis der Erfahrung beim Bau der Ausf G und J. Er glich äußerlich dem früheren VK 901. Das Kampfgewicht betrug nicht einmal 13 Tonnen. Der Auftrag belief sich zunächst auf ca. 800 Fahrzeuge, von denen die ersten 100 mit einer 2 cm KwK 38 L/55 und einem koaxialen MG ausgerüstet wurden. Erstbewaffnung der übrigen war eine 5 cm-Kanone. Die Ausf L bot vier Mann Besatzung Platz und erreichte eine Spitzengeschwindigkeit von 60 km/h. Die ersten 100 Luchs wurden an die Aufklärungseinheiten einiger Panzerdivisionen ausgeliefert. Von dem Modell mit der 5 cm-Kanone wurden nur wenige Exemplare gebaut, man ehe die Fertigung im Mai 1943 einstellte.

VK 1602 Der sog. „Leopard" mit seinen ca. 26 Tonnen wurde als schwerer Panzerkampfwagen für die Gefechtsfeldaufklärung entwickelt. Es kam jedoch nicht bis zur Fertigung. Allerdings nutzte man den von Daimler-Benz konstruierten Geschützturm später für den „Puma".

Der PzKpfw II Flamm (SdKfz 122)

Besonders erfolgreich hat sich der PzKpfw II als leichter Flammpanzer bewährt, bei dem das Fahrgestell der Ausf D und E genutzt wurde. Eine ganze Reihe entstand durch Umrüstung bestehender Fahrzeuge, andere wurden neu gebaut. Die Bewaffnung bestand lediglich aus einem MG 34, das in einem weitaus kleineren Turm als gewöhnlich untergebracht war, sowie aus zwei Flammenwerfern, die sich jeweils in einem kleinen, separaten Turm auf dem Kettenschutz vorn außen befanden. Jeder Flammenwerfer

PzKpfw II Ausf G, auch VK 901 genannt, mit versetzten Laufrollen und Drehstabfederung.

Der PzKpfw II Ausf J, auch VK 1601 genannt, wurde als schwer gepanzertes Aufklärungsfahrzeug entwickelt, aber nur in geringer Stückzahl gefertigt.

wurde aus einem direkt dahinter liegenden und durch Schutzschilde abgeschirmten Treibstofftank (1591 Fassungsvermögen) versorgt. Beide Kanonen waren um 180° drehbar und im Winkel von 10° bis 20° höhenverstellbar. Sie konnten vom Armaturenbrett im Turm einzeln bedient werden. Ihre Reichweite betrug 32 m, und eine Tankfüllung reichte für etwa 80 Feuerstöße von jeweils zwei bis drei Sekunden Dauer. Der Treibstoff wurde durch komprimierten Stickstoff zugeführt und mit einer Azetylenflamme gezündet. In der Regel wurden die Flammenwerfer vom Panzerkommandanten abgefeuert. Ihre todbringende Wirkung zeigten sie bei der Bekämpfung feindlicher Bunker und Befestigungsanlagen in Rußland. Allerdings waren sie aufgrund der außen angebrachten Treibstofftanks selbst äußerst verletzbar.

Vorderansicht eines PzKpfw II Ausf L, „Luchs", der nur in geringem Maße in den Aufklärungseinheiten der Panzerdivisionen eingesetzt wurde.

Rückansicht eines PzKpfw II Flamm im Rahmen von Tests nach der Eroberung durch die Russen. Diese Version basiert auf der Ausf E. Gut sichtbar die Abschußvorrichtungen für die Nebelzünder.

Sturmpanzer

Wie beim PzKpfw I gab es auch hier eine Ausführung mit einem schweren 15 cm-Infanteriegeschütz, dem sIG 33 auf Sf II bzw. Sturmpanzer II, die nur in geringen Stückzahlen hergestellt wurde und ausschließlich in Rommels DAK in Nordafrika zum Einsatz kam. Drei weitaus erfolgreichere Schützenpanzer mit dem gleichen Fahrgestell waren:

SdKfz 132 Diese Version trug eine eroberte russische 7,62 cm-Panzerabwehrkanone. Mehr als 200 dieser als „Marder II" bekannten Panzer wurden 1942–43 auf diese Weise umgerüstet.

SdKfz 131 Das ebenfalls Marder II genannte Fahrzeug hatte eine 7,5 cm Pak 40/2 und wurde während des gesamten Krieges von Panzerjägereinheiten genutzt.

SdKfz 124 Der zweifelsohne bekannteste Schüt-

Nahaufnahme einer der beiden Flammenwerfer, die an den vorderen Ecken des Panzers befestigt waren.

Schweres Infanteriegeschütz siG 33 (15 cm).

zenpanzer mit PzKpfw II-Fahrgestell war der „Wespe“, eine leichte Feldhaubitze mit einem 10,5 cm 1e FH 18 M Geschütz, die 1943 – 44 in großen Stückzahlen (über 670) produziert wurde. Der Name „Wespe“ wurde auf einen Befehl des Führers vom Februar 1944 hin nicht mehr verwendet. Das Kampfgewicht lag bei 11,8 Tonnen. Die Besatzung bestand aus fünf Mann. Mitgeführt wurden 32 Schuß Munition. Außer dem Wespe wurden gut 150 Munitionsleger gebaut, von denen einige im Feld in den Wespe umgebaut wurden. Seinen ersten Einsatz erlebte der Wespe 1943 in Kursk.

Für die eroberten russischen 7,62 cm-Kanonen wurde beim SdKfz 132 das Fahrgestell der Ausf D oder E genutzt.

Sonstige Ausführungen und Varianten

Andere Ausführungen des PzKpfw II waren der Schwimmpanzer II mit entsprechenden Spezialvorrichtungen an den Seiten und vorn; ein Brükkenleger mit einer zweiteiligen Gleitbrücke, sowie der Pionier-Kampfwagen II, der durch Abnahme des Turms bei der Überholung der alten PzKpfw II entstand.

Der Marder II (SdKfz 131) wurde in größerer Stückzahl hergestellt und mit einer 7,5 cm Pak bestückt. Er erwies sich während des gesamten Krieges als erfolgreich.

Einsatzhistorie

Zum Zeitpunkt seiner Fertigung war der PzKpfw II ein zuverlässiges Fahrzeug, das es mit jedem feindlichen Panzer vergleichbarer Größe und Gewichtsklasse aufnehmen konnte. Allerdings war er selbstverständlich auch anfällig gegenüber Panzerabwehrkanonen und Geschützen schwererer Panzer. Eingesetzt wurde das Fahrzeug im Frühjahr 1936 zunächst bei den Panzereinheiten, später auch in Polen und Frankreich. Nach offiziellen Angaben waren im Mai 1940 insgesamt 2009 PzKpfw II im Einsatz, darunter 17 Ausf F. Ein Jahr später, im Mai 1941, waren noch 1024 Stück, darunter 85 Ausf F, gefechtstauglich, und sogar im Januar 1942 verfügten die Panzereinheiten noch über etwa 1250 Exemplare (einschließlich 89 Ausf F). Der PzKpfw II wurde auf allen Kriegsschauplätzen verwendet und bildete bis zur Einführung der PzKpfw II und IV zweifelsohne das Rückgrat der Panzerdivisionen.

Aus taktischer Sicht stellte der PzKpfw II 1939–40 das schwere Element innerhalb der Leichtpanzerkompanie eines Panzerregiments dar. Jede Panzerdivision besaß 160 dieser Fahrzeuge. Bei der Umstrukturierung in den Jahren 1940–41 wurde der PzKpfw II vom Kampfpanzer zum Aufklärungspanzer „degradiert". Allen Kompanien, Abteilungen und Regimentsstäben wurden fünf für diesen Zweck vorgesehene Fahrzeuge zugewiesen. Dies bedeutete eine drastische Reduzierung der Anzahl von PzKpfw II pro Division. Lediglich 65 der insgesamt 201 Panzer waren PzKpfw II. Im März 1942 wurde ihr Anteil sogar noch weiter verringert. Auf Kompanieebene wurden die Aufklärungszüge abgeschafft, auf Regiments- und Abteilungsebene wurden sie von fünf auf sieben Panzer aufgestockt. Damit verfügte eine Panzerdivision nur noch über 28 PzKpfw II bei insgesamt 164 Panzern. 1943 wurde dieser Typ dann schließlich ausgemustert.

Oberst aD Hermann Rothe erinnert sich an seine erste Zeit als Panzerkommandant eines PzKpfw II im 5. Panzerregiment. „Kurz nach dem Einmarsch in Polen am 1. September 1939 übernahm ich eine Gruppe eines Panzerzuges, zu der ein Panzer I und ein Panzer II gehörten. Ich selbst befehligte den Panzer II. Mir standen ein äußerst versierter Uffz. als Fahrer und ein junger Gefreiter als Funker zur Seite. Als Kommandant mußte ich sowohl die 2 cm KwK und das Maschinengewehr bedienen. Wenn ich mich richtig erinnere, faßten die Magazine der KwK entweder 10 oder 20 Geschosse.[18] Dieses Geschütz war ausgezeichnet, wenn es denn ordnungsgemäß funktionierte. Bei starker Staubentwicklung machte es sich lautstark bemerkbar. Dann mußte ich unter zahlreichen Verwünschungen und Flüchen den Ladevorgang prüfen! Das Maschinengewehr war unsere Hauptwaffe und erwies sich als besonders nützlich bei massiven Infanterieangriffen, zur Bekämpfung von Kavallerie, Lastkraftwagen und leichten Panzerwagen.

Die wahrscheinlich bekannteste Geschützausführung mit PzKpfw II-Fahrgestell war der Wespe (SdKfz 124) mit seiner 10,5 cm-Haubitze. Dieses Foto wurde im Herbst 1943 in Rußland aufgenommen. (Rudolf Wulff)

Noch heute läuft es mir kalt den Rücken hinunter, wenn ich an jene vollkommen überraschende Attacke der polnischen Kavallerie-Elite denke. Die Brigade griff uns weit auseinandergezogen mit blanken Säbeln an. Wahrscheinlich war dies das letzte Mal, daß jenes klassische Manöver im Rahmen der modernen Kriegführung angewandt wurde. Unser Regimentskommandeur befahl uns, ausschließlich mit Maschinengewehren zu feuern und dabei auf die Beine der Pferde zu zielen. Die Gefangenen, die wir nach diesem Gefecht machten, berührten immer wieder ungläubig unsere Panzer. Dies versetzte uns einigermaßen in Erstaunen, bis wir den Grund dafür herausfanden: Man hatte den Leuten gesagt, die Panzer der Deutschen bestünden lediglich aus Pappe. Und daher hatten sie uns mit gezogenen Säbeln angegriffen!

Mit meinem Panzer II legte ich in weniger als drei Wochen und ohne Pause mehr als 2000 km zurück. Wahrscheinlich ist dies vor allem meinem

Munitionsträger für den Wespe, hier nach der Eroberung durch französische Widerstandstruppen.

ausgezeichneten Fahrer zu verdanken, der genau wußte, wie er sich um sein Fahrzeug kümmern mußte.“

Es gibt nur sehr wenige ausführliche Berichte, die sich ausschließlich auf die Kampfeinsätze des PzKpfw II beziehen, obwohl dieser die Hauptlast der Auseinandersetzungen in Frankreich 1940 trug. Die Geschichte des 35. Panzerregiments der 4. Panzerdivision umfaßt zahlreiche Schilderungen von Gefechten während dieses Feldzuges, wie die folgende von der Einnahme von Seine-Brücken bei Romilly.

„Wir passierten La Frère und bewegten uns bei Mont St. Père auf die Marne zu. Der Vormarsch dauerte lange, da sich zur gleichen Zeit auch eine Infanteriedivision auf der Straße befand und es außerdem heftig regnete. Auf der anderen Flußseite war der Boden sehr morastig, und die Bedingungen verschlechterten sich zusehends. Sämtliche Panzerwagen mußten von den Panzern aus dem Schlamm gezogen werden...

Am 13. Juni hatte das Regiment bei Einbruch der Dämmerung endlich übergesetzt und setzte seinen Kurs Richtung Süden fort. Unsere Nachhut folgte langsam. Wir kamen an Montmirail vorbei und fuhren weiter nach Maclaunay, wo wir auf das andere Regiment unserer Brigade trafen. Um 12.00 Uhr bezog unser Regiment allein Gefechtsstellung. Die Artillerie folgte. Ziel des Angriffs war Sesanne. Zunächst kamen wir schnell voran, doch bald leisteten feindliche Artillerie und Panzerjäger Widerstand. Unsere Artillerieaufklärer wiesen unserer Artillerie erfolgreich deren Ziele zu. Die ersten Gefangenen liefen mit erhobenen Händen an uns vorbei nach hinten. Die Panzer der 2. Abteilung erledigten fünf Panzerabwehrgeschütze. Bei Les Essarts stießen wir erstmals auf feindliche Panzer, von denen wir zwei vernichteten. Die übrigen ergriffen hastig die Flucht. Die französische Infanterie wurde nahezu ausgelöscht. Ihre Überreste zogen sich überstürzt zurück. Zum Sammeln und Neuformieren wurde ein kurzer Halt befohlen. Eine Artillerieabteilung und eine Fliegerabwehrbatterie schlossen sich uns an, und um 18.00 Uhr setzten wir unseren Vormarsch auf Sesanne fort.

Feindliche Truppen wurden nicht gesichtet. Während die 2. Abteilung die Stadt umzingelte, fuhr der Regimentsstab, gefolgt von der 1. Abteilung, geradewegs in die Stadt. Am südlichen Ende stießen wir nahe des Bahnhofs auf drei schwere Panzer des Gegners. Da uns außer unseren leichten 2 cm-Kanonen keine andere Bewaffnung zur Verfügung stand, konnten wir den starken Panzerplatten nichts anhaben. Glücklicherweise ergriff der Feind bei unserem Anblick die Flucht. Die 2. Abteilung eröffnete das Feuer auf die sich zurückziehenden feindlichen Konvois und nahm zahlreiche Gefangene. Auf einem nahe gelegenen Flugplatz erbeuteten wir sechs intakte Flugzeuge. Wir nahmen den Bahnhof ein und hinderten sämtliche Züge an der Weiterfahrt, indem wir das Feuer unter den Dampfkesseln löschten. Anschließend übergaben wir die Stellung an das 36. Regiment und fuhren weiter nach Süden.

Überall trafen wir auf zurückweichende feindlichen Kolonnen. Wir eröffneten das Feuer und machten buchstäblich Hunderte von Gefangenen. So nahmen die leichten Panzer allein in St. Troy 500 Mann gefangen. Allerdings leistete der Gegner teilweise Widerstand, und wir gerieten in jedem Dorf unter Beschuß. Bardonne wurde eingenommen. Es war bereits 18.30 Uhr, als unser Regiment den Befehl erhielt, bis zur Seine vorzudringen, die Brücke in Marcilly einzunehmen und in Romilly einen Brückenkopf zu bilden.

Ab diesem Zeitpunkt kümmerten wir uns nicht mehr um irgendwelche feindlichen Kolonnen. Wir wurden zwar von ihnen beschossen, als wir sie überholten, aber wir hatten zum Teufel noch mal nur ein Ziel – die Seine! Es war bereits Abend, aber vor uns lag noch ein langer Weg. Bei Marcilly trafen wir auf gegnerische Infanterietruppen, die bei unserem Angriff allerdings ihre Waffen wegwarfen und wegliefen. Bei unserer Ankunft in Marcilly war es bereits 22.00 Uhr. Hier war die Lage völlig anders, denn wir wurden aus Häusern, von Dächern und aus Kellern massiv beschossen. Wir hörten das schwerfällige „tack-tack“ der französischen Maschinengewehre. Unsere 7,5 cm verschaffte uns einen gewissen Respekt, doch das Feuer des Gegners flackerte immer wieder auf. Die 2. Abteilung kämpfte sich unter großer Anstrengung langsam zur Brücke durch. Unmittelbar davor hatte man mehrere Barrikaden errichtet, so daß wir unter Beschuß durch Panzerjäger und Maschinengewehre gerieten. Die Lage war kritisch, denn wir konnten das gegenüberliegende Ufer nur undeutlich erkennen. Der Abteilungsadjutant, Oberleutnant Malgruth, entschloß sich, das vor uns liegende Gelände zu Fuß auszukundschaften. Dabei wurde er vom Regimentskommandanten Guderian begleitet. Ein Panzer ging in Stellung, um den beiden Feuerschutz zu gewähren.

Anschließend wurden unsere Pionier- und Aufklärungszüge vorgeschickt. Sie stürmten die Häuser an der Brücke und besetzten sie, um den Feind am anderen Ufern angreifen zu können. Plötzlich rannten drei Pioniere und Leutnant Stoff über die Brücke, um diese in einem nahezu selbstmörderischen Versuch einzunehmen. Die Brücke war mit Sprengsätzen übersät, aber glücklicherweise hatte der Feind keine Zeit zu ihrer Zündung gehabt. Die Oberleutnante Malgruth und Guderian folgten den Pionieren. Guderian sprang von der Brücke geradewegs in einen französischen Schützengraben. Die Dinge standen sehr gefährlich für ihn, aber dank einer gezielten Handgranate entkam er unverletzt. Die Franzosen wurden schließlich nach kurzem, aber erbittertem Widerstand zur Aufgabe gezwungen. Oberleutnant Malgruth setzte seine Panzer, gefolgt von den übrigen Truppen, über.

Der Gegner wehrte sich nicht, so daß die Kompanie unbehelligt nach Romilly weiterfuhr. Zuerst erbeuteten wir einen nagelneuen Brückenleger, dann einen 28 cm Mörser. An einer Straßensperre stießen wir allerdings mit einer feindlichen Kolonne zusammen. Wir eröffneten das Feuer und pusteten sie weg. Bald darauf erreichten wir die Stadt und nahmen zwei unbeschädigte Brükken ein. Der Gegner hatte unser Eintreffen nicht einmal bemerkt. Wir trafen auf dem Marktplatz ein, wo das Regimentskommando Stellung bezog. Eine Gruppe der 2. Abteilung und die leichte Panzergruppe des Regiments bemühten sich, die Lage in Romilly zu ordnen. Die Zahl der Gefangenen, die auf den Markt geführt wurden, wuchs zusehends. Die 5. Kompanie unter Oberleutnant Malgruth kundschaftete den Ort und die Strecke bis zum nächsten Dorf aus, wobei sie unterwegs einen weiteren feindlichen Konvoi ausschaltete.

Es war nach Mitternacht, ehe das ganze Regiment in Romilly eingetroffen war. Der Brückenkopf über die Seine war gesichert. Obwohl das Regiment in den vorangegangenen 36 Stunden ununterbrochen im Einsatz gewesen war, mußten die Panzer in Bereitschaft bleiben, um einen eventuellen Gegenangriff abzuwehren. Auf einem nahegelegenen Flugplatz hatten wir 33 Flugzeuge, darunter sieben schwere Bomber, erbeutet. Im Bahnhof wurden sämtliche Züge an der Weiterfahrt gehindert, wodurch sich die Zahl der Gefangenen weiter erhöhte. Ferienzüge wurden angehalten, und wir bereiteten den Reisenden einen freundlichen Empfang.

Am nächsten Morgen traf Verstärkung aus unserer Division ein und löste uns ab, so daß wir endlich zu unserer wohlverdienten Pause kamen. Die 2. Kompanie eroberte am 14. Juni in Sauvage eine weitere Seine-Brücke und nahm eine große Anzahl von Gefangenen. Die 2. Abteilung rückte auf Mazière und Chatres vor, wo es zu erbitterten Kämpfen kam. Die leichten Panzergruppen sollten die 8. Kompanie unterstützen. Am Ende hatten wir Hunderte Gefangene gemacht. Gegen Mittag hatten wir unsere Befehle ausgeführt. Dieser Erfolg war vor allem der Initiative des einzelnen Soldaten zu verdanken. Plötzlich brach der Widerstand der Franzosen zusammen. Der Nachmittag verlief friedlich, und beide Abteilungen richteten sich in den Dörfern östlich von Romilly ein. Alle hofften auf eine ruhige Nacht ohne Zwischenfälle, selbst wenn einige von uns Bereitschaftsdienst schieben mußten.

Am 15. Juni setzten wir unseren Vormarsch in Richtung Süden fort, wobei wir aber vorher einen Durchbruchversuch des Feindes in der Nähe von La Belle Etoile abwehren mußten. Dabei wurden einer unserer Männer getötet und zwei durch Panzerjäger verletzt.

Endlose Kolonnen französischer Soldaten zogen an uns vorbei. Viele von ihnen warfen einfach ihre Gewehre weg und fragten nach dem Weg ins Kriegsgefangenenlager. Manche blickten etwas ängstlich drein, andere grüßten uns freundlich. Viele waren betrunken. Die Zivilbevölkerung verhielt sich ruhig, einige lächelten uns sogar zu. Wir fuhren, bis wir keinen Treibstoff mehr hatten. Das war in der Gegend von Chables. Das Auftanken sollte an einer Straßenkreuzung in der Nähe stattfinden. Plötzlich gerieten wir unter Beschuß. Leutnant von Gerdtell, Feldwebel Janneck und Feldwebel Drew fuhren in einen nahen Wald und versuchten, die Franzosen zur Aufgabe zu überreden. Bei dieser Gelegenheit wurden 40 Gefangene genommen. Bei einem zweiten MG-Angriff entkamen die Gefangenen. Die beiden Unteroffiziere wurden zwar verwundet, aber es gelang Gerdtell, seinen Panzer zu erreichen, und die zwei zu retten. Inzwischen war es 22.00 Uhr. Entschlossen stieß Oberleutnant Malgruth mit seinem Panzer II vor. Ihm folgte ein Panzer I. Mehrere Leute rieten ihm, es nicht allein mit den Franzosen aufzunehmen, aber Malgruth winkte lachend ab. Er vernichtete das feindliche MG-Nest und forderte die Franzosen auf, aus ihren Verstecken zu kommen und sich zu ergeben, um weiteres Blutvergießen zu verhindern. In diesem Moment traf ihn eine feindliche Kugel am Kopf. Er sank in die Arme von Leutnant Königstein und starb. Die Nachricht verbreitete sich in Windeseile im gesamten Regiment. Er war der unermüdlichste und mutigste Offizier gewesen, und er hatte einen solchen Tod nicht verdient. Wir nahmen seinen Leichnam mit und beerdigten ihn am darauffolgenden Tag in Braux. Wir setzten unseren Vormarsch die ganze Nacht hindurch bis zur Ankunft in Nevers fort. Auf Feinde trafen wir nicht. Allerdings holten wir ein paar Gefangene aus zerschossenen Fahrzeugen und schalteten einen MG-Posten an der Stadtgrenze aus. Um 03.00 Uhr trafen wir ein und verbrachten den Rest der Nacht frierend in unseren Fahrzeugen."[19]

5

Die PzKpfw 35(t) und 38(t) mit ihren verschiedenen Ausführungen

Entwicklungshintergrund

Am 15. März 1939 hörte die Tschechoslowakei als freier, souveräner Staat auf zu existieren. Hitler annektierte Böhmen und Mähren und unterstellte sie dem Dritten Reich als Protektorat. Die Slowakei blieb zumindest theoretisch unabhängig, wenngleich sie sehr enge Beziehungen zu Deutschland unterhielt. Sämtliche Waffen und Technik der ehemals gut ausgerüsteten tschechischen Armee wurden übernommen. Die tschechische Rüstungsindustrie kam unter deutsche Kontrolle und produzierte weiterhin Waffen, Fahrzeuge und Kriegsgerät in hoher Qualität für die deutschen Streitkräfte, darunter auch eine beträchtliche Anzahl von Panzern und Panzerfahrzeugen. Vor dem Krieg hatten sich die Tschechen einen viel beneideten Ruf als exzellente Waffenhersteller erworben. Bekannte Unternehmen, wie Skoda und CKD (Ceskomoravska Kolben Danek) in Prag, produzierten Panzerwagen sowohl für den Binnenmarkt als auch für den Export.

Den größten Stellenwert unter den zur Zeit des Anschlusses in der tschechischen Armee eingesetzten Panzern hatte der LT vz 35 mit einem Anteil von nahezu drei Vierteln der 400 Fahrzeuge der Panzertruppen. Zu den Prototypen, die außerdem in nennenswerten Stückzahlen produziert wurden, gehört der LT vz 38. Die beiden Fahrzeuge, die im deutschen Heer die Bezeichnungen PzKpfw 35(t)[20] bzw. PzKpfw 38(t) erhielten, gehörten zu den am weitesten verbreiteten Panzern ausländischer Bauart in der Wehrmacht. Ferner wurden tschechische Panzer auch von den Verbündeten Deutschlands auf dem Balkan – Rumänien, Bulgarien – sowie in Ungarn und natürlich in der Slowakei genutzt. Auch die Russen reparierten die eroberten 38(t) und setzten sie wieder ein.

Bis zum Krieg blühte der tschechische Panzerexport. Einer der Hauptabnehmer war Schweden. In seiner äußerst erfolgreichen Ausführung als Panzerjäger Hetzer überdauerte der 38(t) den Krieg. Die Schweiz erwarb über 150 dieser Fahrzeuge von den Tschechen und setzte sie bis Anfang der 70er Jahre ein.

Der PzKpfw 35(t)

Der in den Jahren 1934–35 bei Skoda entwickelte Leichtpanzer LT vz 35 hatte eine moderne Form und zahlreiche neue Merkmale, die in der Anfangszeit leider Probleme verursachten. Sie waren jedoch zum Zeitpunkt der Indienststellung dieses Typs in der Wehrmacht, wo er bis 1941–42 als Schützenpanzer und danach als Schlepper (ohne Turm) eingesetzt wurde – bereits gelöst. Allerdings verfolgte ihn der Ruf der Mangelhaftigkeit, und er reichte an den 38(t) nicht heran. Als sich das deutsche Heer diese tschechischen Panzer einverleibte, wurden sie in „Panzer-Kampfwagen 35(t)“ umbenannt. Ihr Kampfgewicht betrug 10,5 Tonnen. Ihre Erstwaffe war eine Skoda A-3 Panzerabwehrkanone 37 mm vz 34,

Vorderansicht des tschechischen LT vz 35 mit den ursprünglichen Tarnanstrich in ocker, grün und braun und Original-Nummernschild. Diese Merkmale wurden bei der Nutzung des Fahrzeugs durch die Schnelle Division der Slowakei beibehalten.

PZKPFW 35(T)

Jahr der Indienststellung	1934	
Gewicht (t)	10,5	
Gesamtmaße (m)	**Länge**	4,90
	Höhe	2,35
	Breite	2,10
Mitgeführte Bewaffnung/Munition		
Erstbewaffnung	1 × 3,7 cm vs 34 72 Schuß	
Zweitbewaffnung	2 × 7,92 mm MG (vz 35 oder 37)	
Panzerung (mm)	max. 35 min. 8	
Motor	**Typ**	Skoda T 11
	PS / U/min	120/ 1800
Besatzung	4 Mann (in der Version für die deutsche Panzerwaffe)	
Höchstgeschwindigkeit (km/h)	40	
Reichweite (km)	200	
Bemerkungen:	Von Skoda als tschechischer Leichtpanzer LT vz 35 entwickelt.	

deren Rückstoßzylinder zum Schutz mit einem gepanzerten Aufsatz versehen war, da der Zylinder vorn aus dem rundum schwenkbaren Turm herausragte. Neben jener Erstwaffe gab es ein 7,92 mm-MG vz 35 bzw. vz 37 mit Kugelblende, das jedoch abgekoppelt werden konnte, so daß sich die beiden Geschütze sowohl gleichzeitig als auch einzeln abfeuern ließen. Im Turm war in einer Kugelpfanne an der linken Wand vor dem Fahrer ein zweites 7,92 mm-MG eingebaut. Es konnte in einer Geradeausposition arretiert und vom Fahrer aus der Bewegung heraus bedient werden.

Für die 37 mm-Kanone wurden 90 Schuß Munition mitgeführt. Sie hatte ein Zielfernrohr, eine manuelle Schwenkeinrichtung und war in der Höhe von – 10° bis + 25 ° verstellbar. Die genietete und verschraubte Panzerung war an Schnauze und Blende 35 mm, an den Seiten, hinten und oben 16 mm stark. Beim Aufprall einer feindlichen Granate bestand die Gefahr „umherfliegender“ Bolzen, denn durch die Geschwindigkeit des Geschoßaufpralls wurden die Nietenköpfe weggeschert, während die Bolzenkörper im Inneren des Panzers wie Geschosse wirkten. Angetrieben wurde das Fahrzeug durch einen wassergekühlten Benzinmotor vom Typ Skoda T11 mit 120 PS und 1800 U/min. Der 35(t) erreichte eine Spitzengeschwindigkeit von 40 km/h bei einer Reichweite von 200 km. Da die Antriebsräder des Panzers hinten eingebaut waren, entfiel im Gegensatz zu den PzKpfw I und II die durch den Rumpf führende Antriebswelle. Getriebe und Lenkung funktionierten pneumatisch, um den Fahrer weniger zu strapazieren. Leider ergaben sich aus diesen Neuerungen zahlreiche Probleme, insbesondere aufgrund des extremen Wetters in Rußland, wo zusätzlich eine Heizung eingebaut werden mußte, um ein Einfrieren des Lenkungssystems zu verhindern. Die Aufhängung besaß acht kleine Kettenräder auf jeder Seite, die paarweise angeordnet waren. Jedes Paar hing an einer großen Blattfeder, die ihrerseits am Rumpf vernietet war. Diese gute und zuverlässige Federung gestattete dem Fahrzeug lange Geländeeinsätze ohne Pannen. Die Lebensdauer der Ketten erhöhte sich auf 8000 km. Erwähnt sei ferner ein kleines separates Kettenspannrad unmittelbar vor dem vorderen Leitrad. Die ursprünglich dreiköpfige Besatzung wurde nach Übernahme durch die Deutschen auf vier erhöht und umfaßte einen Kommandanten, einen Richtschützen, einen Ladeschützen/Funker und einen Fahrer.

Die erste Serie wurde im Sommer 1936 von der tschechischen Armee getestet, mußte aber anschließend zur Reparatur ins Werk zurückgeschickt werden. Bis November 1936 wurden insgesamt 103 technische Veränderungen vorgenommen, doch ergaben weitere Versuche der Streitkräfte im Jahre 1937, daß die Panzer maximal 2000 Kilometer ohne größere Instandsetzung zurücklegen konnten. Kliment und Doyle[21] zufolge verfügte die tschechische Armee im März 1939 über 297 LT vz 35. 79 dieser LT vz 35 erhielten die slowakischen Streitkräfte, wo sie in der 3. sog. „Schnellen“ Division eingesetzt wurden. Diese Einheit war in der Slowakei stationiert und kämpfte an der Seite der deutschen Panzerdivisionen in Rußland. Die übrigen 218 Fahrzeuge gingen in deutsche Hände über. Oberst aD Helmut Ritgen beschreibt in seiner Geschichte der 6. Panzerdivision, wie Mitte April 1939 bei der 1. leichten Division (aus der später die 6. Panzerdivision hervorging) 130 LT vz 35 von Skoda eintrafen, die für das 11. Panzerregiment und die 65. Panzerabteilung bestimmt waren. Nach seiner Meinung waren sie eine „gute und zuverlässige Weiterentwicklung des 6 Tonnen-Panzers von Vickers, der zur Unterstützung der Infanterie für drei Mann Besatzung gebaut worden war“. Er erläutert, wie der Komman-

Seitenansicht des LT vz 35 mit seinem markanten Fahrwerk mit 8 kleinen, paarweise verbundenen Laufrädern und seiner 37 mm-Kanone mit einem gepanzerten Aufsatz über dem Rückstoßzylinder, der vorn übersteht.

Ins kalte Wasser für die Kamera! Gute Aufnahme eines PzKpfw 35(t) beim Durchfahren eines Flußlaufs. Der Fahrer sieht allerdings etwas durchnäßt aus!

dant der 11. Panzerdivision befahl, diese Ausführung für einen Ladeschützen als vierten Mann (ohne Sitz oderBeobachtungsschlitz) auszubauen und deutsche Funkgeräte zu benutzen. Trotz des Mangels an tschechischen Lehrern und an Handbüchern, ging es mit der Ausbildung gut voran. Im Juli wurde der Beschluß gefaßt, sämtliche PzKpfw I und einige PzKpfw II aller Divisionen durch die tschechischen Panzer zu ersetzen.

„Die Division und das 11. Panzerregiment umfaßten nunmehr zusammen ein Panzerregiment mit drei Abteilungen mit jeweils eigenem Stab, einer mittleren und zwei leichten Panzerkompanien. Das ergab 65 PzKpfw II, 114 PzKpfw 35(t) und 42 PzKpfw IV, also insgesamt 221 Panzer, mehr als jedes andere Panzerregiment zu jener Zeit besaß.“[22]

Oberst aD Dipl.-Ing. Icken leitete damals die Planungsstelle der Regierung und erinnert sich wie folgt: „Am 15. März 1939 marschierte die 3. Panzerdivision, zu der auch das 6. Panzerregiment gehörte, in die Goldene Stadt Prag ein. In meiner Funktion als Technischer Adjutant des 6. Panzerregiments mußte ich die Überprüfung der tschechischen Kampfpanzer LT vz 35 überwachen, die auf dem militärischen Übungsgelände im nahegelegenen Milowitz stationiert waren. Später wurde diesem Panzer die deutsche Bezeichnung ‚Panzer-Kampfwagen 35(t)‘ gegeben. Gemeinsam mit den anderen Panzerkommandanten führte ich in der Gegend von Milowitz und auf einer Hindernisstrecke Versuche mit einigen Fahrzeugen durch. Die tschechischen Soldaten gaben uns viele nützliche Informationen zu den für uns neuen Panzern. Die tschechischen Offiziere glaubten, sie würden von der Wehrmacht übernommen, aber davon wußten wir nichts. Sie zeigten großes Interesse an einer solchen Möglichkeit und wiesen darauf hin, daß es bereits in der Doppelmonarchie so etwas gegeben hatte. Es soll keinesfalls verschwiegen werden, daß unsere Zusammenarbeit mit den Tschechen nahezu durchweg ausgezeichnet war. Es gab nie Reibereien, Sabotage oder irgendwelche Widerstände. Der 35(t) erwies sich als brauchbares, bewegliches Fahrzeug mit einer für den damaligen Entwicklungsstand beachtlichen Feuerkraft (3,7 cm-Kanone und 2 MGs). Außerdem bot er interessante technische Lösungen für Getriebe und Lenkung. Der genietete Rumpf stellte sich wegen der Anfälligkeit unter Beschuß als unvorteilhaft heraus. In diesem Sinne fiel auch mein Bericht aus, der an die 3. Panzerdivision weitergeleitet wurde.“[23]

PzKpfw 35(t) bei der Fahrt durch leicht verschneites Gelände (8. März 1940).

„Skoda" bei Bergungsarbeiten an der russischen Front 1941. Man beachte die beträchtliche äußere Ladung mit allem, was die Panzerbesatzungen auf den langen Strecken in unwirtlichem Gelände zum Leben und Kämpfen brauchten. (Charles Kliment).

Einsatzhistorie

Der PzKpfw 35(t) kam im September 1939 erstmals in Polen zum Einsatz, wo die leichte Division einen wesentlichen Beitrag zum Sieg über die tapfere polnische Armee leistete. Nur wenige dieser zuverlässigen tschechischen Panzer wurden zerstört und so entwickelte sich dieser Typ bald zum Rückgrat der Division. Ihren Wert stellten sie erneut unter Beweis, als die Division mit Artillerie- und Luftunterstützung die Maginotlinie durchbrach und dann an der Spitze der deutschen Truppen die Maas überquerte. Nach dem erfolgreichen Abschluß des Frankreich-Feldzuges kam es zu weiteren Umstrukturierungen, in deren Ergebnis das 11. Panzerregiment über drei Abteilungen mit zwei leichten Panzerkompanien, von denen jede 22 PzKpfw 35(t) besaß, und eine mittlere Kompanie mit 14 PzKpfw IV und 5 PzKpfw II verfügte.

Trotz der Tatsache, daß der 35(t) langsam in die Jahre kam und im Frühjahr 1941 für nicht länger gefechtstauglich erklärt wurde, blieben sie im Dienst und wurden im Juni 1941 beim Einmarsch der Deutschen in Rußland an der äußersten Nordflanke im Rahmen der 4. Panzergruppe, die auf Leningrad vorrückte, erneut eingesetzt. Je kälter es wurde, desto mehr machte den 35(t) das Einfrieren der Pneumatik von Kupplung, Bremse und Lenkung zu schaffen. Die sowjetischen T-34 und KW1 machten kurzen Prozeß mit den dünn gepanzerten Fahrzeugen aus tschechischer Produktion. „Der allerletzte Panzer des 6. Panzerregiments – „Anton der Letzte" genannt – fiel am 10. Dezember bei Klin aus und wurde wenige Tage darauf liegen gelassen."[24]

Sonderausführungen

Eine kleine Anzahl von PzKpfw 35(t) wurde zu Befehlspanzerwagen umgebaut und kam in der 6. Panzerdivision zum Einsatz. Sie erhielten ein zusätzliches Funkgerät und eine zusammenklappbare Rahmenantenne, die hinten auf dem Rumpf aufgestellt werden konnte. Als der Panzer aus dem unmittelbaren Fronteinsatz herausgelöst wurde, baute man ein paar Fahrgestelle zu Mörserzugmitteln bzw. Zugkraftwagen mit einer Zugkraft von bis zu 12 Tonnen um, die in den Wartungsgruppen der Panzereinheiten genutzt wurden. Beide Sonderausführungen waren für eine zweiköpfige Besatzung ausgelegt und hatten keinen Turm. Der offene Rumpf war mit einer Plane abgedeckt.

Der PzKpfw 38(t)

Die tschechische Armee wandte bei ihrer Modernisierung Mitte der 30er Jahre erhebliche Mittel für den Kauf einer großen Anzahl leichter Panzer auf. Wie bereits erwähnt, hielten die Mängelberichte vom Kampfeinsatz des LT vz 35 von Skoda vom Kauf weiterer Panzer dieses Typs zurück. Anstelle dessen wurde ein Ausschuß zur Beurteilung von Panzern ins Leben gerufen, der alle vorhandenen Neuentwicklungen auf Herz und Nieren prüfen und der besten den Zuschlag erteilen sollte. Skoda fertigte zwei, CKD vier Ausführungen. Testsieger war unumstritten der TNHP-S, ein von CKD für den Export gebauter Panzer. In den 3 ½ Versuchsmonaten legte dieser Typ 5584 km, davon 1533 km in unwegsamem Gelände, ohne einen einzigen nennenswerten Schaden zurück.[25] Darüber hinaus war der neue Panzer nicht sehr wartungsintensiv. Pro Tag reichten weniger als 30 Minuten aus. Die Wahl fiel auf den TNHP-S als standardmäßigen Leichtpanzer der tschechischen Armee. Er erhielt die offizielle Bezeichnung „LT vz 38". Im Juli 1938 wurden 150 Stück bestellt, von denen die ersten 20 am Ende des gleichen Jahres ausgeliefert werden sollten. Die internationale Lage zwang jedoch zur Produktionsdrosselung, so daß

Diese PzKpfw 35(t) zeigen die Ausführung als Panzerbefehlswagen mit großer Rahmenantenne auf dem Heck. Es fehlen Bug-MGs. (Charles Kliment)

PZKPFW II 38(T) AUSF A
Jahr der Indienststellung 1939
Gewicht (t) 9,4
Gesamtmaße (m) **Länge** 4,61
Höhe 2,40
Breite 2,12
Mitgeführte Bewaffnung/Munition
Erstbewaffnung 1 × 3,7 cm Skoda A-7
72 Schuß
Zweitbewaffnung 2 × 7,92 mm MG
Panzerung (mm) max. 25
min. 8
Motor **Typ** Praga EPA
PS/U/min 125/2200
Besatzung 4 Mann (in der Version für die deutsche Panzerwaffe)
Höchstgeschwindigkeit (km/h) 40
Reichweite (km) 250
Bemerkungen: Von CKD als TNHP-S, tschechischer Leichtpanzer LT vz 38, gebaut.

Erster Prototyp des tschechischen TNHP mit tellerförmigen Laufrädern. Die Bewaffnung bestand aus einer 37 mm-Kanone Skoda A-7 und zwei schweren MGs ZB vz 37.

vor dem Einmarsch der Deutschen noch keiner der neuen Panzer fertiggestellt worden war. Erst im Mai 1939 standen die ersten Exemplare bereit. Die ersten neun wurden von den Deutschen am 22. Mai 1939 direkt am Fließband übernommen. Sie zeigten sich sehr beeindruckt, denn dieser leichte Panzer war ihren eigenen PzKpfw I und II sowohl in bezug auf Panzerung als auch Feuerkraft deutlich überlegen. Sie beauftragten CKD – bzw. die Böhmisch-Mährische Maschinenfabrik, wie der Betrieb unter der neuen deutschen Geschäftsführung nunmehr hieß – nicht nur mit der schnellstmöglichen Fertigstellung der besagten 150 Panzer, sondern bestellten weitere 325. Das Fahrzeug erhielt nunmehr die Bezeichnung „Panzer-Kampfwagen 38(t)".

Oberst Icken erinnert sich wie folgt an den PzKpfw 38(t): „Die tschechischen Offiziere in Milowitz verrieten mir damals, daß die Serienfertigung eines neu entwickelten Panzers unmittelbar bevorstünde. Dieses Fahrzeug – der spätere PzKpfw 38(t) – hatte ein Kampfgewicht von 9,7 Tonnen und die gleiche Bewaffnung wie der 35(t). Die deutschen Streitkräfte wußten nichts von diesen Plänen. Im Anschluß an unseren Aufenthalt in Milowitz, wohin wir leicht bewaffnet und in Uniform mit einem leichten offenen Wagen gefahren waren, besuchten wir die Firma Ceskomoravska Kolben Danek (CKD) in Prag. Es handelte sich dabei um die bekannte Böhmisch-Mährische Maschinenfabrik, die bereits 1907 als Prager Automobilfabrik die Produktion von Kraftfahrzeugen aufgenommen hatte. Das Unternehmen hatte bis 1918 neben Personenwagen auch Schwerlasttransporter und Zugmaschinen für die österreichisch-ungarische Armee hergestellt. Die Fabrikgebäude machten einen soliden, aber altmodischen Eindruck, wenngleich sie zugegebenermaßen intensiv genutzt worden waren.

Der Pförtner erzählte uns in gebrochenem Deutsch, daß die Produktion inzwischen eingestellt und die Fabrik geschlossen sei. Da wir aber nun einmal vor Ort waren, rief er einige Ingenieure an, die früher in der Konstruktionsabteilung beschäftigt gewesen waren. Obwohl wir eine offizielle Genehmigung besaßen, führten sie uns im gesamten Gelände herum, zeigten uns, wo man Maschinenteile aller Art zusammenbauen konnte, und berichteten von dem neuen Panzer, der in die Serienfertigung übergeleitet worden war. Während dieses Besuches schlußfolgerte ich, daß die Lieferung eines Panzers mit einem durchkonstruierten, einfachen Laufwerk mit Blattfederung und vier großen Laufrollen, einem neu entwickelten Wilson-Getriebe mit Vorwärtsgangschaltung, Lenkgetriebe und mit einer leistungsstarken Kanone durchaus möglich war. Diese Fahrzeuge wurden unter extremen Bedingungen produziert. Nachdem ich Major Thomale, einem Panzerfachmann beim OKH AHA AgK Ing6, recht brauchbare Informationen über den neu entwickelten tschechischen Panzer übermittelt hatte, reiste eine Kommission des OKH in Prag an. Sie bestand aus sechs Mitgliedern des Ing6 des Heereswaffenamtes, des WA Prüf6 (Entwicklung) und des WA B6 (Beschaffung).

Die Beschaffungsstelle WA B6 stellte ihrerseits im April 1939 einen Vertrag auf, demzufolge die Firma CKD (bzw. „Böhmisch-Mährische Maschinenfabrik") in deutsche Hände überging. Er wurde planmäßig und widerspruchslos unterzeichnet. Ab April wurden etwa 100 der neuen Panzer vom Typ 38(t) an die deut-

Gelungene Aufnahme von PzKpfw 38(t) beim Auftanken während des Einmarschs nach Frankreich 1940. (Charles Kliment)

Typische Szene am Ende des slowakischen Aufstands 1944 mit verlassenen Fahrzeugen am Straßenrand, darunter dieser slowakische PzKpfw 38(t). Deutschland schlug den Aufstand innerhalb von 2 Monaten nieder. Ende Oktober 1944 hatten sich die Überlebenden in die Tatra zurückgezogen. Ein original PzKpfw 38(t) Ausf S steht als Denkmal in Banska Bystrica, dem Zentrum des Aufstands. (Charles Kliment)

schen Streitkräfte ausgeliefert. Die Übernahme dieser modernen, einfachen und durchdachten Panzer wurde vom WA Prüf6 niemals voll unterstützt, da weder Entwicklung noch Planung von dieser Dienststelle ausgeführt worden waren. Oberst Dipl.-Ing Wilhelm Philipps, Leiter WA Prüf6 und ehemaliger Kommandant des Panzerregiments II war ab 1937 für die deutsche Panzerentwicklung zuständig. So oblag ihm die Anpassung des 35(t) an die Anforderungen der deutschen Streitkräfte. Er vollendete diese Arbeit in bemerkenswert kurzer Zeit: Er schuf Platz für einen Ladeschützen, sah den Einbau deutscher Funktechnik und einer Wechselsprechan-

Sehr gute Nahaufnahme der Turmbewaffnung des als Denkmal aufgestellten (und noch funktionstüchtigen) PzKpfw 38(t) Ausf S aus Banska Bystrica. (Charles Kliment)

Ähnliche Nahaufnahme des Bug-MGs. Dieser Panzer nimmt jedes Jahr an der Parade zum Jahrestag des Aufstands teil. (Charles Kliment)

Vorderseite des PzKpfw 38(t) Ausf A.

lage (eine abgewandelte Variante der Sprechanlage auf Schiffen, die sich auch für den PzKpfw 38(t) eignete) vor."[26]

Produzierte Ausführungen

Von der Ausf A als erstem Modell wurden zwischen Mai und November 1939 insgesamt 150 Exemplare gebaut. Im wesentlichen glich die Ausf A dem TNHP-S, abgesehen von der Erhöhung der Besatzungsstärke durch die deutsche Panzerwaffe auf vier Mann, indem ein Ladeschütze für die Erstwaffe ergänzt wurde. Platz für den vierten Mann wurde durch den Verzicht auf die drei Munitionsbehälter mit je sechs Geschossen geschaffen. Später kamen die Ausf B, C und D auf den Markt (Produktionsvolumen von Januar – November 1940: 325 Stück), bei denen geringe Änderungen vorgenommen wurden, z.B. die Mitführung von Nebelgranaten am Panzerheck, die Entfernung der Gefechtsantenne (das Antennen-„Rohr" an der linken Seite der Ausf A war ein gutes Erkennungszeichen) und der Einbau einer deutschen Beleuchtung. Zwischen November 1940 und Oktober 1941 folgten die Ausf E und F, von denen BMM insgesamt 525 Stück fertigte. Sie berücksichtigten die Kampferfahrung in Polen in Form einer zusätzlichen Panzerung. Auf allen Frontflächen wurden 25 mm starke und an den Seiten 13 mm starke Platten aufgenietet. Die Ausf S entstand in Ausführung eines 1939 erteilten schwedischen Auftrages über 90 Panzer von BMM, der allerdings bis zum Abschluß der deutschen Aufträge verschoben wurde. Deutschland entschied sich dann, diese Panzer zu behalten und trat mit Schweden über die Erteilung einer Lizenz zum Bau des 38(t) in Verhandlungen. Die Ausf S ähnelte den Ausf A, B und C, da Entwicklung und Baubeginn zwar in die gleiche Zeit wie die von Ausf A fielen, aber erst nach dem Produktionsstart für die Ausf F beendet wurden. Die schließlich in Dienst gestellte Version des 38(t) war die Ausf G. Bei ihr hatte man noch stärkere Panzerplatten als bei früheren Modellen aufgeschweißt, wodurch sich das Gewicht auf 9,5 Tonnen erhöhte. Nicht alle produzierten Fahrgestelle wurden tatsächlich für Panzer verwendet. Eine nicht geringe Anzahl wurde auch für Schützenpanzer eingesetzt.

Von den Ausf A bis G wurden insgesamt folgende Stückzahlen produziert:

Ausf	Stückzahl	Ausf	Stückzahl
A	150	S	90
B	110	G	500 (davon lediglich 321 Panzer)
C	110		
D	105		
E	275		
F	250		

(Quelle: Kliment und Doyle)

Rückansicht eines PzKpfw 38(t) Befehlswagen. Der 38(t) gab allerdings keinen zufriedenstellenden Befehlswagen ab, da sein Turm nicht genug Platz für die erforderlichen Zusatzausrüstungen bot. (Oberst aD Hermann Rothe).

Die Ausf G entstand als Antwort auf die Forderung nach mehr Sicherheit. Die Grundplatten an der Vorderseite sind 50 mm stark.

Somit wurden vom PzKpfw 38(t) insgesamt 1411 Exemplare und drei Prototypen gebaut. Anfang 1942 wurde in geringer Stückzahl schließlich noch der PzKpfw 38(t) „neuer Art“, ein Beobachtungspanzer, produziert. Seine Konstruktion basierte auf dem 38(t), wobei die Panzerung aber vor allem aus aufgeschweißten Platten mit einer Dicke von 25 mm bestand. Angetrieben wurde er von einem Praga-Achtzylindermotor. Dieser Panzer wog knapp 15 Tonnen und erreichte eine Spitzengeschwindigkeit von fast 62 km/h. Allerdings kam diese Ausführung nicht über die Entwicklungsstufe hinaus und wurde nie im Gefecht eingesetzt.

Allgemeine Beschreibung

Der PzKpfw 38(t) brachte es in der Ausf A auf ein Gewicht von 9,4 Tonnen. Er war ausgelegt für vier Mann Besatzung (Kommandant/Schütze; Funker; Fahrer und – wie bereits oben beschrieben – der neu hinzugekommene Ladeschütze). Bewaffnet war er mit einer 37 mm-Kanone vom Typ Skoda A-7 (deutsche Bezeichnung: 3,7 cm KwK 37(t)). Die Zweitbewaffnung bestand aus zwei 7,92 mm-Maschinengewehren, von denen eines im Turm eingebaut war und sowohl koaxial als auch separat vom Ladeschützen bedient werden konnte, und das andere sich an der Vorderseite in einer kreisförmigen Vorrichtung befand und in beweglicher Stellung vom Funker bzw. in fixierter Position vom Fahrer abgefeuert werden konnte. Die Panzerung war vorn 25 mm, an den Seiten und hinten 15 mm sowie oben 10 mm

Der Panzerjäger 38(t) mit 7,5 cm Pak 40/3, Ausf M, kurz: Marder III, wurde als Reaktion auf Hitlers Befehl gebaut, die gesamte 38 (t)-Produktion ab Mitte 1942 zur Herstellung von Panzerabwehrgeschützen zu nutzen. Der Marder III diente ab etwa Mai 1943 an allen Fronten. Dieses Foto entstand im Liri-Tal bei Aquino (Italien) im Mai 1944.

Das schwere 15 cm-Infanteriegeschütz war unter dem Namen „Grille" bekannt. 1943–44 wurden 282 Stück davon produziert. (In einigen Quellen wird das Fahrzeug irrtümlich als „Bison" bezeichnet.) Das 15 cm-sIG wurde sowohl auf die Fahrgestelle des PzKpfw 38(t) Ausf H als auch auf die neue Sonderausführung K montiert.
Das hier gezeigte Grille wurde von der 1. US-Armee in Belgien erobert, nachdem es den Alliierten gelungen war, die Offensive der Deutschen in den Ardennen zu stoppen. (US Army)

stark. Der 4,6 m lange Panzer wurde von einem wassergekühlten Sechszylinder-Benzinmotor von Typ Praga EPA angetrieben, hatte 125 PS und eine Drehzahl von 2200 U/min. Seine Spitzengeschwindigkeit lag bei 40 km/h, und seine Reichweite betrug ca. 250 km/h. Zum Fahrwerk gehörten vier große, gummibereifte Laufräder auf jeder Seite, die auf Achsschenkeln saßen und paarweise an halbelliptischen Blattfedern aufgehängt waren. Ein vorderes Antriebsrad, ein hinten angebrachtes Leitrad und zwei kleine Stützroller trugen die 293 mm breite Manganstahlkette. Ein Praga-Wilson Fünfganggetriebe mit Vorwahlschaltung setzte die Antriebsräder mit Hilfe eines zweistufigen Umlauf-Lenkgetriebes in Bewegung. Um die Haftung der Ketten auf verschneitem oder vereistem Untergrund zu erhöhen, konnten zusätzlich Spikes aufgesetzt werden. Für die 37 mm Erstwaffe wurden 90 Geschosse, für die Maschinengewehre noch einmal 2400 Schuß Munition mitgeführt.

Der Turm war mit einem Handrad schwenkbar. Bei Auskopplung konnte der Kommandant/Schütze den Turm mit Hilfe einer Schulterstütze bewegen. Er peilte das Ziel mit der Kanone durch ein koaxiales Richtfernrohr an und hob bzw. senkte die Waffe mit seiner Schulterstütze im Winkel von –10° bis +25°. Es gab keine Turmgondel. Die Kommandantenkuppel war starr, hatte eine einteilige Einstiegsluke und vier Periskope. Das Funkgerät FuG 37(t) befand sich vorn links im Rumpf und ließ dem Funker in der Tat wenig Bewegungsfreiheit. Eine 3 m lange Stabantenne verlieh dem Gerät eine Reichweite von 5 km. Außerdem hatte das Fahrzeug eine stationäre Gefechtsantenne, die an der linken Panzerseite entlang führte und eine Reichweite von weniger als 1 km besaß. Eine Wechselsprechanlage war nicht vorhanden, aber der Kommandant konnte dem Fahrer einige Befehle mit Hilfe eines Systems farbiger Lichtsignale übermitteln (rot, gelb und blau). Außerdem gab es drei in den gleichen Farben gehaltene Klingelknöpfe, deren Oberfläche unterschiedlich ausgeformt war, damit man sie im Dunklen problemlos ertasten konnte.

Britische Versuche

Im Februar 1939 versuchte CKD die britische Armee für den TNHP zu interessieren. Im März wurde ein Prototyp aus Weichstahl zu Testzwekken nach Großbritannien versandt. Der ausführliche Bericht über diese Versuche wird heute in der Bibliothek des Britischen Panzermuseums aufbewahrt. Er enthält zahlreiche interessante Aussagen, von denen einige im folgenden angeführt werden. Generell schien die britische Armee nicht besonders beeindruckt vom TNHP gewesen zu sein, ungeachtet der Tatsache, daß dieser Typ ihren damaligen leichten Panzern in bezug auf Feuerkraft und Leistung überlegen war und im Vergleich zu ihrem A-9 besser abschnitt.

„Dieses Fahrzeug wurde zwischen dem 17. 3. 39 und dem 29. 3. 39 getestet und legte dabei eine Strecke von ca. 470 km zurück, davon 165 km im Gelände. Das Sichtfeld des Kommandanten ist nicht optimal. Die Entfernungen lassen sich durch das Episkop und die drei Periskope schwer schätzen. Sein Platz ist zufriedenstellend konstruiert, obwohl die eingebaute Spezialvorrichtung keine bequeme Stellung hinter der Kanone zuläßt. Das Sichtfeld des Schützen im Rumpf deckt das gesamte Schußfeld ab. Das Funkgerät schränkt seine Bewegungsfreiheit ein; die Kopfhöhe ist unzureichend. Der Fahrer hat eine ausreichende Sicht, außer beim Fahren in Kolonne, wo ein Besatzungsmitglied außen auf dem Rumpf sitzend als Lotse agieren muß. Der Fahrerstand ist bequem, die Bedienanzeigen sind an der richtigen Stelle, lediglich die Kopfhöhe ist zu gering. Das Fahrzeug ist unzureichend belüftet; die Abgase des Lenkgetriebes werden nach kurzer Zeit unangenehm. Vorsicht ist beim Befahren von Straßen geboten, da das Fahrzeug bei Betätigung der epizyklischen Handbremse heftig reagiert. Unter normalen Bedingungen tritt kein Schlupf auf. Das Fahrzeug

Der Hetzer war einer der erfolgreichsten Panzerjäger, die jemals produziert wurden. Seine lange Einsatzdauer verdankt er der Schweizer Armee, die über 150 dieser Fahrzeuge bis Anfang der 70er Jahre nutzte.

ist auch unter Höchstgeschwindigkeit sicher. Auf seitlich abfallendem Gelände ist es leicht zu handhaben; eine Gegenlenkung ist nicht spürbar. Bei Bergabfahrten ist die Lenkung schwer und widerspenstig. Die Motorleistung ist bei geöffnetem und geschlossenem Fahrzeug angemessen.

Das Fahrwerk läßt den Panzer als Geschützplattform ungeeignet erscheinen, da es in kurzen vibrierenden Bewegungen um etwa 5 cm ausschlägt. Ansonsten ist die Federung gut. Im Gelände verhält sich das Fahrzeug ähnlich wie der Panzerwagen A-9 Mark I, wenngleich das Vibrieren die Leistung auf der Straße beeinträchtigt. Die zulässige Höchstgeschwindigkeit auf der Teststrecke Nr. 12 betrug 16 km/h. Die Fähigkeit dieses Fahrzeugs zur Überwindung natürlicher Hindernisse entspricht nicht seinem Einsatzzweck. Es kann zwar einen 1,50 m tiefen Bach und wahr-

Dieser Hetzer hatte weniger Glück. Das Foto zeigt ihn mit einem amerikanischen Scharfschützen mit einer Bazooka in Oberhofen. Soldat Kenneth C. Walker posiert stolz neben seiner „Beute“ wie ein echter Großwildjäger vor dem Krieg! (US Army)

scheinlich auch einen 2 m tiefen Graben mit befestigten Wänden überqueren, aber es scheitert an einer 1,20 hohen Sandbank. Etwa 65 cm darf ein Hindernis maximal hoch sein, damit es sicher überwunden werden kann. Die Auspuffanlage ist sehr ruhig. Im Gelände ist die Geräuschbelastung gering, während die Ketten auf der Straße enormen Lärm verursachen. Bei Eintreffen des Fahrzeugs waren die Ketten zwar nicht mehr neu, wobei die Abnutzung kaum der Rede wert ist und auch der Verschleißgrad nicht sehr hoch zu sein scheint. Die Kettenkonstruktion ist robust und erwies sich während der Tests als äußerst stabil.

Der Schwenktrieb läßt sich auskuppeln, wodurch der Turm dann vom Schützen beliebig bewegt werden kann. Allerdings sind Zweifel angebracht, ob der Turm so akkurat ausbalanciert ist, daß dies auch bei hohem Gefälle möglich ist… Der Panzerkommandant kann das Turm-MG nur unter großen Mühen laden bzw. im Falle von Ladehemmungen erreichen. Um den dritten Mann für diese Aufgabe einzusetzen, ist es an seinem Platz ziemlich eng. Für eine Kiste mit acht Schuß Munition für die 37 mm-Kanone ist ein günstiger Platz vorgesehen. Das Gurtmagazin für das Turm-MG kommt dem Fahrer in die Quere, wenn der Turm geradeaus bzw. nach links vorn gerichtet wird.

Herstellung und Detailausführung machen im allgemeinen einen guten Eindruck und sind nicht überzogen. Die Kosten pro Tonne dürften unter denen für britische Panzer liegen. Der Komfort für die Besatzung und die Evakuierung von Verwundeten lassen zu wünschen übrig.

Insgesamt entspricht das Fahrzeug in etwa unseren Panzerwagen. Bei den Gefechtseinrichtungen ist von Erfahrung oder Experimenten wenig zu spüren. Die erreichte Leistung geht zu Lasten der Besatzung und der allgemeinen „Kampftauglichkeit“.

Für die Besatzung sind folgende Plätze vorgesehen:

	In der Bewegung	*Im Stand*
Kommandant-Schütze:	Als Befehlshaber in der Kuppel.	Bedient das Turm-MG.

Aus dem oben Gesagten geht eindeutig hervor, daß der Panzer in der Bewegung unterbewaffnet und im Stand nicht reaktionsschnell genug ist. Ein Mann kann nicht gleichzeitig befehlen und schießen. Vorgeschlagen werden zwei Veränderungen, die auf einem leicht vergrößerten Turm und einer vierköpfigen Besatzung beruhen:

Funker-MG-Schütze:	Bedient das MG im Rumpf.	Ladeschütze.
Fahrer:	Fahrerstand.	Fahrerstand.

I	II
Komm./Ladeschütze (in der Kuppel rechts)	Komm. (in der Kuppel hinten links)
Schütze/Funker (Funkgerät in Ausbauchung)	Schütze (rückt vor)
Rumpfschütze	Ladeschütze/Funker (Funkgerät in Ausbauchung; kein Rumpf-MG)
Fahrer	Fahrer

Wären die Antriebsräder hinten angebracht und würde man die Gelenkwelle aus dem Gefechtsraum entfernen, ließe sich ein umlaufender Boden einbauen. Der Boden des derzeitigen Gefechtsraumes bietet Richt- und Ladeschütze keine Trittsicherheit. Aufgrund der Vibration des Fahrwerks ist die Geschützplattform der unserer leichten Panzer weit unterlegen… Ein Schütze, der das Turm-MG nur mit einer Hand bedienen kann, ist gehandikapt, denn auch wenn die Munition der 37 mm-Kanone zum großen Teil in der Ausbauchung gelagert ist, beträgt seine maximale Feuergeschwindigkeit (im Stand) wahrscheinlich bei Sprengladungen 6 Geschosse/min. und bei panzerbrechender Munition 8 Geschosse/min. Das koaxiale MG kann nicht von ihm geladen werden. Lädt der Schütze im Panzerrumpf die Kanone, erhöht sich zwar die Feuergeschwindigkeit, aber der Schütze kann sich kaum bewegen. Mit einem separaten Ladeschützen braucht man weniger Munition in der Ausbauchung, so daß dieser Platz mit dem Funkgerät mit seinem konstanten Gewicht ausgefüllt werden kann.

Die Fahrt im Panzer war einigermaßen bequem. Legt man die Art und Weise zugrunde, wie er Hindernisse überwindet, so besteht für die Besatzung wenig Gefahr für Verletzungen beim Passieren von unbekanntem Terrain. Die starre Aufhängung verursachte im Turm allerdings ein Vibrieren bzw. Schlagen (wodurch dieser seitlich scheinbar locker zu sein schien), was ein gezieltes Anlegen der Kanone bzw. MGs bei Geschwindigkeiten von mehr als 8 km/h unmöglich machte. Doch bereits unter diesem Tempo waren die Schießergebnisse nicht zufriedenstellend. Weitere Faktoren, die sich beim Schießen während der Fahrt als problematisch erwiesen, waren mangelhafte und unwillkürliche Bewegung von Höhenricht- und Schwenktrieb (freie Kanonenführung war unmöglich), mangelhafte Schießmechanik, lockere An- und Einbauten, das Fehlen eines Stirnschutzes, ein ungenügendes Fernrohr, eine fehlende Beobachtungsmöglichkeit der Trefferquote, eine mangelhafte Abstimmung zwischen Kanone und Turm. Insgesamt stellt dieses Fahrzeug eine Geschützplattform dar, die denen unserer leichten Panzer Mark V bis VIB weit unterlegen ist.“ (Saure Trauben, wenn man bedenkt, daß die leichten Panzer der Briten nur mit Maschinengewehren bewaffnet waren!)

Einsatzhistorie

Der PzKpfw 38(t) wurde erstmals in der 67. Panzerabteilung der 3. leichten Division im Sommer 1939 in Polen eingesetzt. Von jenen insgesamt 59 PzKpfw 38(t) wurden sieben beschädigt und später repariert.[27] Eine geringe Anzahl 38(t) wurde im April 1940 während der „Weserübung Nord“ – dem Überfall auf Norwegen – verwendet. Diese Fahrzeuge wurden allerdings später zurückgeführt, da sie beim Angriff auf Frankreich erneut genutzt werden sollten. Sowohl die 7. als auch die 8. Panzerdivision führten tschechische Panzer. 229 Stück kamen bei diesem Feldzug zum Einsatz. Die Schäden waren größer als in Polen, aber wiederum wurde der größte Teil der Fahrzeug geborgen und repariert, so daß die tatsächlichen Verluste sich sehr in Grenzen hielten. In Rußland allerdings wurde eine große Anzahl 38(t) jedoch außer Gefecht gesetzt. Nach Angaben von Kliment und Doyle beliefen sich die Verluste an 38(t) in den ersten sechs Monaten dieses Feldzuges auf 796, wobei die Panzer aus tschechischer Produktion mehr als ein Viertel der Gesamtstärke der Panzerformationen ausmachten. Wie der 35(t) erwies sich auch der 38(t) als ungeeignet für die unmittelbare Konfrontation Panzer gegen Panzer, so daß man für sein äußerst zuverlässiges Fahrwerk und seine Komponenten nach anderen Verwendungszwecken suchte. Einige der leichten Panzer übergaben die Deutschen an ihre Verbündeten, andere wurden zur Wahrung der inneren Sicherheit in den besetzten Gebieten genutzt, beispielsweise zur Bekämpfung von Partisanen, als Polizeifahrzeuge o.ä. Damit wurde eine große Anzahl der PzKpfw 38(t) auch in späteren Kriegsjahren aktiv genutzt.

Oberst aD Dipl.-Ing. Heinrich Wust schrieb über seine Erfahrungen mit dem PzKpfw 38(t): „*Panzermarsch von Prag nach Eisenach.* Im Anschluß an den Polenfeldzug Herbst 1939 hatte der gute alte PzKpfw I „Krupp-Sport“ seine Schuldigkeit getan. Wir sollten neben den PzKpfw II und IV künftig den tschechischen PzKpfw 38(t) einsetzen. Wir mußten einige Fahrzeuge dieses Typs im Prager Werk abholen, um uns mit den neuen Panzern vertraut zu machen. Wir hatten, ausgehend von unseren bisherigen Erfahrungen mit Panzern, für die 350 km lange Strecke etwa vier bis fünf Tage veranschlagt. Kalkulierte man unerwartete Zwischenfälle ein, rechneten wir insgesamt mit einer Woche. Wir waren allerdings vollkommen sprachlos, als wir bereits zweieinhalb Tage nach Abreise des Überführungskommandos den Lärm der Panzer vernahmen. Die

Der leichte Einheitswaffenträger kam Anfang 1945 über die Prototyp-Stufe nicht hinaus. Er war sowohl für ein 10,5 cm-Geschütz (wie abgebildet) als auch für eine 8,8 cm-Kanone ausgelegt.

Kolonne der PzKpfw 38(t) schwenkte in elegantem Bogen in die Kaserne ein und kam auf die Sekunde genau zum Stehen. Der Kommandant teilte uns mit, die Panzer seien so ruhig gelaufen, daß sich lange Wartungsaufenthalte erübrigt und sie die Strecke nahezu ohne Zwischenhalt zurückgelegt hätten. Die Panzerdivision nahm die Nachricht mit großer Freude zur Kenntnis und zollte der Beweglichkeit der Panzer auch in der Folge immer wieder Respekt.

Verglichen mit den PzKpfw II und IV war der 38(t) schwächer und bot weniger Schutz, war aufgrund seiner höheren Beweglichkeit und effektiveren Bewaffnung jedoch den deutschen Panzern der damaligen Zeit jedoch durchaus ebenbürtig. Seine Leistung auf der Straße war sogar so ausgezeichnet, daß später mehrere recht effiziente Varianten – wie Marder und Hetzer – gebaut wurden, um diese Ausführung so lange wie möglich nutzen zu können. Die einzelnen Bauteile des 38(t) ließen sich nach Bedarf kombinieren, worin eine Quelle für die außergewöhnlich hohe Beweglichkeit des Fahrzeugs liegt. Motor, Lenkung und Getriebe bilden eine Einheit. Erwähnt werden sollen auch die günstigen Wartungs- und Reparaturparameter des Panzers. Lange technische Ausfälle waren eine absolute Ausnahme.

Der Somme-Durchbruch. Ein Teil der 7. Panzerdivision nahm am 5. Juni 1940 einen drei Kilometer tiefen Brückenkopf am südlichen Ufer der Somme ein. Um 16.00 Uhr begann der Großteil der Division mit dem Angriff im Süden, an dem das 25. Panzerregiment mit drei Abteilungen beteiligt war. Das täuschend flache Gefälle erwies sich in Wirklichkeit als ziemlich steil und mußte beim Angriff im Winkel überwunden werden. Die leichten Kompanien mit ihren 38(t) schafften das Hindernis ohne jegliche Schwierigkeiten. Die Infanterie der schweren Kompanie hatte hingegen größere Probleme; die meisten Panzer verloren unterwegs ihre Ketten. Dadurch verzögerte sich der Durchbruch. Es gab nahezu keine Situation, nicht einmal das Fahrtraining in Sandgruben, mit der die 38(t) nicht fertig geworden wären. Dies zeigte sich in ihrer Überlegenheit an den Ufern der Somme, wo die PzKpfw 38(t) mit Leichtigkeit an den langsam schnaufenden PzKpfw IV vorbeizogen.

Die Phantom-Division. Nach dem Durchbrechen der Weygandlinie wurde die Stadt St. Valéry an der Kanalküste am 12. Juni eingenommen. Bei der Kapitulation erkundigte sich einer der französischen Generäle bei General (und später Feldmarschall) Rommel, von welcher Division seine Truppen geschlagen worden wären. Als Rommel voller Stolz antwortete: „von der 7. Division", erwiderte der Franzose: „Verdammt, schon wieder die Phantom-Division! Erst in Belgien, dann an der Somme, jetzt hier. Wir sind dieser Division überall begegnet. Sie geht in Frankreich wie ein Gespenst um." Der Name „Phantom-Division" wurde später zur Ehrenbezeichnung der 7. Panzerdivision. Selbstverständlich galt der Einsatz des PzKpfw 38(t) nicht als alleinige Ursache für diese ehrenvolle Auszeichnung, aber er trug wesentlich dazu bei. So stieg General Rommel morgens kurz nach dem Frühstück an Bord eines 38(t) und begab sich zusammen mit der Besatzung und Oberst Rothenburg, dem Kommandanten des 25. Panzerregiments, auf Aufklärungsfahrt. Oft drangen sie 20 bis 30 km hinter die Frontlinie vor und ließen den Rest der Division nachkommen. Ganz sicher hätte Rommel diese „Ausflüge" auf feindliches Territorium nicht in einem Panzer III oder IV unternommen, denn diese Typen waren zu langsam und störanfällig. Der schnelle, bewegliche und zuverlässige PzKpfw 38(t) hingegen war für solche Aktionen geradezu prädestiniert."[28]

Varianten

Marder III Der erste jener äußerst erfolgreichen Panzerjäger, die mit dem Fahrgestell des 38(t) ausgerüstet wurden, wurde bereits am Anfang des Rußlandfeldzuges aus der Taufe gehoben, nachdem sich herausgestellt hatte, daß die vorhandenen deutschen Panzerjäger keine Wirkung gegen die schwereren russischen Panzer zeigten. Einzig die erbeutete russische 7,62 cm-Feldkanone erwies sich dafür als geeignet. Ende Dezember 1941 erhielt das Heereswaffenamt den Befehl zum Bau einer Zwischenlösung eines Panzerjägers, die aus einem vollständigen russischen Waffenträger bestehen sollte, welcher auf dem Panzerfahrgestell (ohne Turm) zu montieren ist. Für die Geschützbesatzung war vorn und an den Seiten ein gewisser Schutz durch feste Panzerplatten gegeben. Eine andere Ausführung dieses Panzerjägers mit dem 38(t)-Fahrgestell wurde mit der deutschen 7,5 cm Pak 40/3 ausgerüstet. Außerdem wurden einige Exemplare mit dem 15 cm-sIG 33 gebaut (Stückzahl Anfang 1943: 90). Bei den späteren Ausführungen des Marder III wurde der Motor mittig im Fahrgestell plaziert, wodurch der Besatzungsraum weiter nach hinten rückte und besseren Schutz bot. Von dieser Version wurden 1943–44 eine große Anzahl gebaut. Unter der Bezeichnung Panzerjäger 38(t) mit 7,5 cm Pak 40/3 (SdKfz 138) bildeten sie das Rückgrat der Panzerjägertruppen.

Hetzer Der Marder III stellte jedoch nur eine Zwischenlösung des Problems dar, ebnete aber den Weg zur Herstellung eines der erfolgreichsten Panzerjäger des Krieges. Dazu wurden die bewährten Komponenten des PzKpfw 38(t) genutzt, gleichzeitig aber entwickelte man eine völlig neue Konstruktion mit breitem, niedrigem Profil, 60 mm starker Frontalpanzerung und genug Platz für die vierköpfige Besatzung, außerdem mit 41 Schuß Munition für die Hauptwaffe plus 1200 Schuß für das auf dem Dach montierte MG 34.

Ein verbesserter Praga-Motor verlieh dem Panzerkampfwagen eine Spitzengeschwindigkeit von mehr als 42 km/h. Der Hetzer bestand seine Feuertaufe im Mai 1944 und kam anschließend in großer Stückzahl zum Einsatz. Bis März 1945 wurden 2584 Exemplare davon gebaut. Zu den Sonderausführungen des Hetzer gehörten der Bergepanzer 38(t) und der Flammpanzer 38(t) Hetzer. Das Fahrgestell des 38(t) wurde darüber hinaus für weitere Panzerfahrzeuge verwendet, u. a. für Munitionsträger mit Ketten, eine Flak-Selbstfahrlafette und sogar ein Exerzierfahrzeug zur Fahrerausbildung, das mit einem holzbefeuerten Gasgenerator angetrieben wurde, um wertvolles Benzin zu sparen!

Nachtrag

Den wahren Wert der tschechischen Panzer für die Wehrmacht brachte Oberst aD Helmut Ritgen in Walter Spielbergers Buch *Die Panzer-Kampfwagen 35(t) und 38(t) und ihre Abarten* auf den Punkt: „Bis zu dem Zeitpunkt, an dem ich mich zur Mithilfe an der Entstehung dieses Buches entschloß, wußte ich nicht, daß – wenn ich mich nicht irre – alle 1940–41 neu gebildeten Panzerregimenter, d.h. das 29., 39., 27. und 21., mit PzKpfw 38(t) ausgerüstet waren. Das bedeutet, daß wir ohne den PzKpfw 38(t) und die tschechischen Produktionsstätten vier Panzerdivisionen weniger zur Verfügung gehabt hätten. Und ohne diese wäre ein Angriff auf die Sowjetunion unmöglich gewesen."

6

Der PzKpfw III und seine verschiedenen Ausführungen

Entwicklungshintergrund

Mitte der 30er Jahre hatte sich Deutschland bei der Ausrüstung künftiger Panzerformationen für zwei Grundausführungen – einen leichten und einen mittleren Panzer – entschieden. Die Mehrzahl der Panzer in den Panzerdivisionen sollten dem zuerst genannten Typ angehören, leicht, schnell und mit einer 2 cm-Kanone bewaffnet sein. Die langsamere, schwerere Variante sollte eine Mehrzweckbewaffnung erhalten und vor allem Feuerschutz im Nahkampf bieten. Anfangs spekulierte man darauf, daß der leichte Panzer mit seiner 2 cm-Kanone es mit den meisten feindlichen Panzern aufnehmen, gleichzeitig aber auch Aufklärungsaufgaben übernehmen könne, während die schwerere Panzertechnik des Gegners von der Infanterie mit Panzerjägern aus der Tiefe heraus bekämpft werden sollte. Je mehr man sich allerdings mit diesen zukünftigen Schlachtfeldszenarien beschäftigte, desto klarer geriet man zu der Einschätzung, daß die unzureichend bewaffneten und dünn gepanzerten Panzerkampfwagen niemals in der Lage sein würden, in der direkten Konfrontation mit feindlichen Panzern zu bestehen. Es bedurfte eindeutig eines neuen Panzers, dessen Gewicht irgendwo zwischen dem der beiden bisherigen Typenklassen liegen und dessen Waffe kraftvoll genug sein sollte, um die Panzerung der meisten gegnerischen Fahrzeuge zu durchdringen. Guderian und seine Panzertruppen-Inspektion befürworteten die Bewaffnung dieses neuen Leichtpanzers mit einer 5 cm panzerbrechenden Kanone, aber das Heereswaffenamt hielt mit der Begründung, eine Standardisierung mit dem Infanterie-Panzerjäger zu erreichen, ein 3,7 cm-Kaliber für ausreichend. Obwohl Guderian mit Nachdruck darauf hingewiesen hatte, daß die Panzerung der in Frage kommenden gegnerischen Fahrzeuge mindestens eine 5 cm-Kanone erfordern dürfte, mußte er sich widerwillig mit dem kleineren Kaliber begnügen, setzte aber zumindest durch, daß der Panzer einen Turmring erhielt, der groß genug war, um zu gegebener Zeit eine Waffe mit stärkerem Kaliber zu tragen. Außerdem wurde festgelegt, daß der neue mittlere Panzer, der ab 1936 unter der Bezeichnung „Zugführerwagen" und später als Panzerkampfwagen III (SdKfz 141) bekannt wurde, dem schwereren Bataillonsführerwagen in bezug auf Größe, Form und Anordnung stark ähneln sollte. Beide Fahrzeuge waren für fünf Mann Besatzung ausgelegt: Panzerkommandant, Lade- und Richtschütze hatten ihren Platz im Turm, Fahrer und Funker im Rumpf. Der Kommandostand sollte nach Möglichkeit erhöht zwischen Richt- und Ladeschütze plaziert sein und eine eigene Kuppel mit Rundumsicht haben. Der Kommandant sollte mit dem anderen Besatzungsmitgliedern über ein Kehlkopfmikrofon kommunizieren, welches standardmäßig zur Funkausrüstung des Panzers gehörte. Eine Reihe von Firmen erhielt 1935 Entwicklungsverträge für den neuen Panzer, um im darauffolgenden Jahr wurden einige Prototypen gebaut und intensiv getestet. Die Wahl fiel auf die Konstruktion von Daimler-Benz, und 1939 ging die Ausf A als erstes Modell des neuen Typs in Serie.

Daimler-Benz fertigte 1936–37 zehn Ausf A (SdKfz 141) unter der Bezeichnung „1/ZW". Als Erstwaffe besaßen sie eine 3,7 cm KwK L/46,5 und ein Zwillings-MG 34 im Turm sowie ein weiteres MG 34 im Rumpf (das vom Funker bedient wurde). Während die Form von Rumpf und Turm wegweisend für künftige Modelle waren, unterschied sich das Fahrwerk deutlich. Seine fünf großen Doppellaufrollen auf beiden Seiten waren an Spiralfedern aufgehängt. Es verfügte vorn über ein Antriebsrad, hinten über ein Leitrad und zwei Stützroller. Angetrie-

PZKPFW III AUSF A (SDKFZ 141)

Jahr der Indienststellung	1937	
Gewicht (t)	15,4	
Gesamtmaße (m)	**Länge**	5,70
	Höhe	2,34
	Breite	2,81
Mitgeführte Bewaffnung/Munition		
Erstbewaffnung	1 × 3,7 cm KwK L/46,5 150 Schuß	
Zweitbewaffnung	3 × 7,92 mm MG 34 (2 Türme, 1 Rumpf)	
Panzerung (mm)	max. 15 min. 5	
Motor	**Typ**	Maybach 108 TR
	PS / U/min	250/3000
Besatzung	5 Mann	
Höchstgeschwindigkeit (km/h)	32	
Reichweite (km)	165	
Bemerkungen:	Von der 1. Ausführung wurden nur 10 Stück gebaut.	

Der hier gezeigte MKA war der von Krupp entwickelte Prototyp gemäß den Spezifikationen des Heereswaffenamts für den Zugführerwagen.

Der ursprünglich von Krupp vorgesehene Turm des PzKpfw III Ausf A besaß eine 3,7 cm KwK L/46,5 mit einer eingebauten Geschützblende. Sie feuerte 3,7 cm Pzgr. 40 AP mit einer Anfangsgeschwindigkeit von 1020 m/s und durchschlug homogene Panzerplatten von 34 mm Dicke aus einer Entfernung von 500 m.

ben wurde der 15,4 Tonnen schwere Panzer von einem Maybach-Motor 108 TR, mit dem er eine Spitzengeschwindigkeit von 32 km/h erreichte. Die Panzerung betrug maximal 15 mm. Nach seiner Indienststellung 1937 erfüllte er jedoch nicht die Erwartungen und wurde Anfang 1940 wieder ausgemustert. Auch von der Ausf B (2/ZW) produzierte Daimler-Benz 1937 nur eine geringe Anzahl (lediglich 15). Eine wesentliche Neuerung betraf das Fahrwerk, das auf beiden Seiten nunmehr acht weitaus kleinere Laufräder, die paarweise an Blattfedern aufgehängt waren, und drei Stützroller hatte. Wie die Ausf A wurde auch der 2/ZW an die Truppe ausgeliefert, kam in Polen zum Einsatz und wurde Anfang 1940 wieder eingezogen. Es folgte die Ausf C (3a/ZW) mit weiteren Änderungen am Fahrwerk. Durch zusätzliche Blattfedern war jedes Laufrad jetzt einzeln aufgehängt. Allerdings erging es dieser Version nicht anders als ihren Vorgängerinnen. Die 15 hergestellten Exemplare wurden kurz vor dem Frankreichfeldzug wieder außer Dienst gestellt. Die vierte Variante, Ausf D (3b/ZW) verfügte trotz Beibehaltung der acht kleinen Laufräder über ein verbessertes Fahrwerk mit winkligen Blattfedern, neuen Antriebsrädern, Leiträdern und Übertragung. Außerdem erhielt sie eine neue Kuppel. Etwa 30 Stück wurden davon gebaut und 1938 an die Panzereinheiten ausgeliefert. Nach ihrem Einsatz in Polen wurden sie bis auf einige Exemplare, die noch 1940 in Norwegen Dienst taten, wieder aus dem Verkehr gezogen. Den Auftakt zu einer Art Großserienproduktion (mit 96 Stück) bildete die Ausf E (4/ZW). Sie war vorn stärker gepanzert (bis zu 30 mm), hatte einen besseren Motor (Maybach HL 120 TR) und eine vollkommen überholte Fahrwerkkonstruktion mit sechs einzelnen aufgehängten Laufrädern und neuem Getriebe. Mit diesen Änderungen erhöhte sich das Kampfgewicht auf 19,5 Tonnen.

Im September 1939 wurde bekanntgegeben, daß der Panzerkampfwagen III nach erfolgreichen Truppenversuchen übernommen werde. Etwa zur gleichen Zeit stellte man fest, daß Guderian auf der ganzen Linie Recht hatte und die 3,7 cm-Kanone sich als zu schwach erwies. Man genehmigte also den Einbau einer 5 cm-Kanone und verzichtete auf eines der Zwillings-MGs. Allerdings nahm die Herstellung der neuen Waffe viel Zeit in Anspruch, so daß die anschließende Ausf F bei Produktionsbeginn weiterhin mit der kleinkalibrigen Kanone gebaut wurde. Das letzte Viertel der 435 Exemplare wurde dann jedoch mit der 5 cm-Waffe geliefert. Darüber hinaus wurden einige Ausf E und F mit der neuen Kanone nachgerüstet. Von der nächsten Variante, der Ausf G, stellten sieben verschiedene Firmen sechshundert Stück her. Die wesentlichen Verbesserungen bestanden in einer stärkeren Panzerung hinten am Rumpf (30 mm) und in einer neuen Kuppel (nur bei den letzten Modellen). Die Ausf H (von der 308 gebaut wurden) wies Neuerungen an Turm, Getriebe und Fahrwerk auf. Außerdem hatte sie als erste einen Kübelturm und eine zusätzliche, 30 mm starke Panzerplatte an der Vorderseite, die es den damaligen Panzern und Panzerjägern der Alliierten relativ unmöglich machte, die Panzerung auf normale Kampfentfernung zu durchschlagen. Bei der Ausf J (SdKfz 141/1), von der

Von der Ausf A des PzKpfW III wurden lediglich zehn gebaut. Das Foto zeigt das typische Fahrwerk mit fünf Laufrollen, Spiralfedern und nur zwei Stützrollern, wodurch es sich von den Fahrwerken anderer PzKpfw III unterschied. 1940 wurde dieser Typ ausgemustert. (Oberst a D Hermann Rothe)

Die PzKpfw III B, C und D besaßen alle ähnliche Fahrwerke mit acht kleinen Laufrädern auf beiden Seiten. Von der hier gezeigten Ausf D wurden etwa 30 gebaut, die bis Anfang 1940 im Dienst blieben. Einige kamen in Norwegen zum Einsatz.

PZKPFW III AUSF J (SDKFZ 141 & 141/1)
Jahr der Indienststellung 1941
Gewicht (t) 22,3
Gesamtmaße (m) **Länge** 5,52
Höhe 2,50
Breite 2,95
Mitgeführte Bewaffnung/Munition
Erstbewaffnung 1 × 5 cm KwK L/42
84 Schuß
Zweitbewaffnung 2 × 7,92 mm MG 34
Panzerung (mm) max. 50
min. 10
Motor Typ Maybach 120 TRM
PS / U/min 300/3000
Besatzung 5 Mann
Höchstgeschwindigkeit (km/h) 40
Reichweite (km) 155
Bemerkungen: Ab Ende 1941 mit der KuK 39 L/60 mit längerem Lauf bestückt.

PZKPFW III AUSF N (SDKFZ 141/2)
Jahr der Indienststellung 1942
Gewicht (t) 23
Gesamtmaße (m) **Länge** 5,65
Höhe 2,50
Breite 2,95
Mitgeführte Bewaffnung/Munition
Erstbewaffnung 1 × 7,5 cm KwK L/24
64 Schuß
Zweitbewaffnung 2 × 7,92 mm MG 34
Panzerung (mm) max. 57
min. 10
Motor Typ Maybach HL 120 TRM
PS / U/min 300/3000
Besatzung 5 Mann
Höchstgeschwindigkeit (km/h) 40
Reichweite (km) 155
Bemerkungen: Später nur noch zur Unterstützung anstelle des PzKpfw IV eingesetzt.

Von der Ausf E wurden 96 Exemplare produziert, die stärker gepanzert waren und eine vollkommen neue Fahrwerk-Konstruktion mit sechs einzeln gestützten Laufrädern hatten. Viele wurden mit der 5 cm KwK L/42 äußeren Geschützblende bewaffnet. (Horst Riebenstahl)

zwischen März 1941 und Juli 1942 2616 Stück, mehr als von jeder anderen Variante des PzKpfw III, in Serie gingen, war diese Extrapanzerung bereits in die Grundkonstruktion integriert. Anfangs war die Ausf J noch mit einer 5 cm KwK L/42 (kurz) bewaffnet, die bei den letzten mindestens 1000 produzierten Exemplaren auf persönliche Anweisung Hitlers durch die L/60, eine Kanone mit längerem Lauf, ersetzt wurde. Außerdem war das Fahrzeug standardmäßig besser gepanzert (bis zu 50 mm); der Fahrer hatte ein besseres Visier; und für das Rumpf-MG war eine Kugelpfanne vorgesehen. Das Gesamtgewicht betrug 21,5 Tonnen. Die Ausf L (von der 650 Stück im 2. Halbjahr 1942 gefertigt wurden) stellte einen weiteren Versuch zur Verstärkung des PzKpfw III dar. Zu diesem Zweck wurde der Aufbau mit einer 20 mm dicken Abstandspanzerung vorn am Aufbau und an der Geschützblende verstärkt, wodurch der Panzer 200 kg schwerer wurde. Die Ausf M (250 Exemplare) unterschied sich nur geringfügig von ihrem Vorgängermodell, besaß aber eine bessere Watfähigkeit. Etwa 100 von MIAG gebaute Modelle wurden an die Fa. Wegmann übergeben, welche sie zu Flammpanzern umrüstete (siehe weiter unten). Als die Entwicklung der Ausf N (SdKfz 141/2) als letzter Version der Hauptserie abgeschlossen war, gelangte man zu der Ansicht, der PzKpfw III sei seinen Gegnern einfach nicht gewachsen. Andererseits bestand einfach keine Möglichkeit mehr, die Panzerung zu verstärken oder die Schlagkraft seiner Erstwaffe zu erhöhen. Mitte 1942 war klar, daß sich der PzKpfw IV als wichtigster Kampfpanzer durchsetzen und beide Modelle ihre Rollen tauschen würden. Die Ausf N erhielt eine 7,5 cm KwK L/24 Haubitze mit kurzem Lauf als Nahkampfwaffe. Ihre verstärkte Panzerung brachte das Gewicht auf 23 Tonnen. 663 Stück wurden hergestellt.

Der PzKpfw III besaß drei Funkgeräte (zwei Empfänger, einen Sender), die alle im Rumpf am Platz des Funkers bzw. Schütze eingebaut waren. Die beiden Empfänger befanden sich links vom Funker über dem Getriebe. Der Sender war vor dem Funker unter der Abschrägung montiert. Alle äußeren Geräteteile waren geerdet. Spannung wurde über Drehtransformatoren zugeführt, die von den Panzerbatterien gespeist wurden. Es gab drei Bediengeräte im Panzer: für den Kommandanten, den Fahrer und den Funker. Lade- und Richtschütze hatten keine Kommunikationsmöglichkeiten, obwohl sich Kommandant und Richtschütze ab Ausf L über ein Sprachrohr verständigen konnten. Die drei mit Bedienteilen ausgestatteten Besatzungsmitglieder hatten Kehlkopfmikrofone und Kopfhörer mit zwei Hörmuscheln, wobei die Ausrüstung des Funkers sich leicht von der der anderen beiden unterschied. Der Kommandant konnte die Funkgeräte weder direkt regeln, noch zwischen den Geräten hin und her wechseln bzw. auf die interne Sprechanlage des Panzers gehen, da alle Schaltvorgänge vom Funker ausgeführt wurden. Kommandant und Funker kommunizierten über ein System von Signalanzeigen. Es umfaßte je eine Lampe im Turm und eine neben dem Funker. Jede besaß zwei farbige Glühlampen (rot und grün). Später wurde das System effizienter und einfacher gestaltet. Die 2 m lange Stabantenne war unten 28,5 mm und an der Spitze 6 mm stark. Sie wurde rechts hinten am Gefechtsstand befestigt und konnte mechanisch eingezogen werden.

Grundbeschreibung

Angesichts dieser breiten Palette ist es nicht möglich, über eine allgemeine Beschreibung der „Basisnorm" für den PzKpfw III hinaus zu gehen. Die folgende Schilderung stammt aus einer geheimen Publikation des Generalstabes der Alliierten Streitkräfte für Europa vom Oktober 1944 unter dem Titel *A Summary of German Tanks*: „Der PzKpfw III ist ein leichter Marschpanzer mit einem Gewicht von 22 Tonnen. Seine Bewaffnung besteht aus einer 5 cm KwK (L/60), einem koaxialen MG am Turm und einem MG am Rumpf rechts vorn am Aufbau. Darüber hinaus werden Handfeuerwaffen mitgeführt, wie Maschinen-Karabiner, Eierhandgranaten, Leuchtpistolen, und außerdem hat jedes Besatzungsmitglied einen Revolver.

Der Panzer ist in der Länge in drei separate Abteile untergliedert. Vorn befindet sich der Fahrerstand. Der Fahrer sitzt auf der linken Seite und hat die Steuerknüppel und Pedale unmittelbar vor sich. Das Getriebe (über dem die Instrumententafel angebracht ist) und die Gangschaltung sind zu seiner Rechten, die Handbremse zu seiner Linken eingebaut. Die Steuerung mittels einer Art Lenkbremse funktioniert entweder hydraulisch oder mechanisch. Die Sichtöffnung ist durch Sicherheitsglas und eine äußere Panzerblende geschützt, um die Beobachtung nach vorn zu gewährleisten. Bei geschlossenem Visier bringt der Fahrer ein Episkop in Stellung; zu diesem Zweck sind oberhalb des Visiers zwei Löcher in die Frontplatte des Aufbaus gebohrt. Bei Nutzung des normalen Sehschlitzes sind diese beiden Öffnungen innen durch eine Platte verdeckt. Hinter der linken Schulter des Fahrers befindet sich ein weiterer Sehschlitz, der durch einen Glasbaustein bei Bedarf geschlossen werden kann.

Rechts neben dem Fahrer sitzt der Funker. Er bedient ein in einer Kugelpfanne sitzendes MG im Rumpf, das mit einer Kopfstütze gelenkt wird, die ihrerseits mit der Kugelpfanne verbunden ist. Stirnband und Okular sind ebenfalls mit der Vorrichtung gekoppelt, so daß das Auge des Fahrers bei jeder Kopfbewegung zur Lenkung des MG stets im Zentrum des Sichtfelds bleibt. Das Funkgerät ist generell links vom Funker über dem Getriebe eingebaut, wenngleich auch in manchen Fällen ein kleines Gerät unter der Geschützplatte vor ihm angebracht ist. Auf Höhe

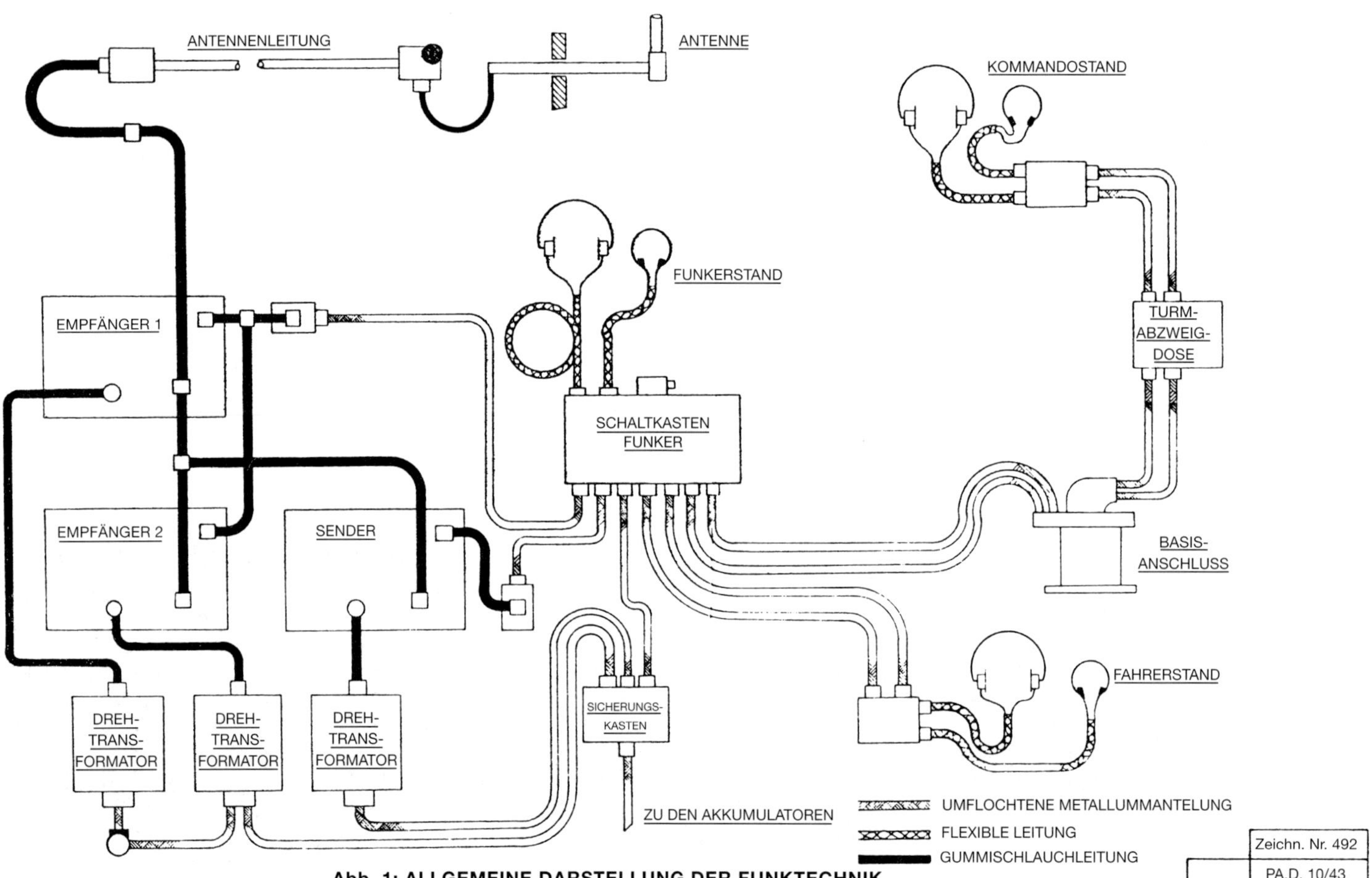

Abb. 1: ALLGEMEINE DARSTELLUNG DER FUNKTECHNIK IN DEN KZKPFW III UND IV

Diese beiden PzKpfw III Ausf F patrouillieren in Brest vor dem Stab der 5. Panzerdivision. Einige Ausf F waren 1944 im Einsatz. (Rudolf Wulff)

seiner rechten Schulter befindet sich eine Revolveröffnung auf der rechten Seite des Aufbaus. Weder Fahrer noch Funker besitzen eine Einstiegsluke oben am Aufbau.

Der Gefechtsstand mit dem darüber liegenden Turm bildet die Mitte. Der PzKpfw III hat keinen Turmboden; die Sitze von Kommandant und Richtschütze sind von den Turmwänden abgehängt. Der rechts von der Kanone stehende Ladeschütze hat keinen Sitz und muß der Turmbewegung ständig folgen. Seine Beobachtungsöffnung ist durch einen Glasbaustein und eine Außenklappe an der rechten Turmseite geschützt. Der Richtschütze sitzt links von der Kanone in Fahrtrichtung. Die 5 cm-Kanone wurde mit Hilfe eines Abzugs am Handrad des Turm-Schwenktriebs elektrisch abgefeuert, während das koaxiale MG durch ein Fußpedal mechanisch bedient wurde. Ein Beobachtungsschlitz,

Vom PzKpfw III Ausf G wurden 600 gebaut und mit Ausnahme der ersten 50 mit einer 5 cm-Kanone mit Außenblende (wie abgebildet) bewaffnet.
Dieser Panzer bringt während der Besetzung von Tobruk Verwundete in ein Feldlazarett.

Neu an der Ausf H waren der Turm, Getriebe, Antriebs- und Leiträder. Diese Ausf H wurde im April 1941 in Saloniki fotografiert, als sie am kommandierenden General vorbei defiliert.

Mit einer Frontalpanzerung von 50 mm (anstelle 30 mm) und einer neuen Kugelblende für ihr Bug-MG wurde die Ausf J in einer größeren Stückzahl als alle anderen Modelle gebaut. Dieser Panzer überquert gerade den Fluß Desna (Rußland) im Oktober 1941. (Rudolf Wulff).

ähnlich dem des Ladeschützen, befindet sich an der linken Seite des Turms. Der Kommandant sitzt in der Mitte an der Turmrückwand, direkt hinter der Erstwaffe. Seine Kuppel ist fest mit dem Turm verbunden. Sechs Beobachtungsöffnungen, die mit Panzerglasblöcken und Stahlschiebern gesichert waren, boten Rundumsicht. Die Luke in der Kuppel besitzt zwei mit Scharnieren befestigte Einstiegsklappen. Ein zusätzlicher Griff zum Schwenken des Turms auf der Seite des Ladeschützen ermöglicht doppelte Kontrolle bei der schnellen Bewegung des Turms, da der Panzer nicht über einen motorisierten Schwenktrieb verfügt.

Der Motorraum befindet sich im hinteren Teil und ist durch eine Zwischenwand vom Gefechtsstand abgetrennt. Zu beiden Seiten des in der Mitte eingebauten Motors finden sich der Treibstofftank und ein Batteriekasten. Hinter dem Motor verlaufen zwei Kühler über die gesamte Panzerbreite. Eine Kardanwelle führt unter dem „falschen" Boden des Gefechtsstandes durch den Panzer nach vorn. Auf beiden Seiten des Rumpfes ist ein Notausstieg in Höhe des Gefechtsstands vorgesehen.

Die regulären Ziel- und Turmpositionsanzeigen sind für den Kommandanten bzw. den Richtschützen zugänglich. Für den Fahrer wurde ein Kurskreisel eingebaut."

Einsatzhistorie

Zwischen 1935 und 1945 wurden 15 350 ZW-Fahrgestelle produziert[29], was auf die Zuverlässigkeit und den Stellenwert dieser Fahrzeuge innerhalb der deutschen Streitkräfte hinweist. Die ersten 98 PzKpfw III wurden in Polen im Gefecht eingesetzt. Sie bildeten jedoch bei dieser Operation nur eine winzige Teilstreitmacht der deutschen Panzerwaffe. Bis zur Zeit der Feldzüge in Frankreich und den Niederlanden hatte sich die Anzahl der PzKpfw III auf 349 erhöht. Auch danach stieg sie weiter. Die PzKpfw III wurde schnell zur wichtigsten Waffe in der direkten

Die Ausf L wurde 1942 gebaut und besaß vorn stärkere Panzerplatten sowie eine Abstandspanzerung an der Geschützblende (wie hier deutlich zu sehen) und an der Vorderseite des Aufbaus. Außerdem wurden Schürzen angebracht, die zusammen mit einer Zusatzpanzerung um den Turm Schutz vor Panzerabwehrgeschossen bieten sollten. Als Waffe wurde inzwischen eine L/60 (lang) eingebaut.

Die Ausf M war hauptsächlich als Ersatz für die Kampfverluste gedacht. Im Winter 1942/43 wurden 250 Exemplare davon gebaut.

Panzerkonfrontation, nachdem sich die PzKpfw I und II als zu verwundbar erwiesen hatten und der PzKpfw IV zur Unterstützung der Infanterie dienen sollte. In der Anfangszeit stellte das Fahrzeug seinen Wert mehr als deutlich unter Beweis, aber sehr bald zeigte sich die Notwendigkeit zur stärkeren Bewaffnung und Panzerung. Später wurde der PzKpfw III in Nordafrika, Rußland und Nordwesteuropa genutzt. Wie bereits erwähnt, wurde er zunächst besser bewaffnet und stärker gepanzert, um seine Überlegenheit aufrecht zu erhalten, mußte aber dennoch die Position des wichtigsten Kampfpanzers der Wehrmacht an den PzKpfw IV abtreten, der seinerseits durch den Panther abgelöst wurde und nicht mehr im unmittelbaren Panzerkampf, sondern vor allem in der Nahunterstützung zum Einsatz kam. Bryan Perret bemerkt in seinem Buch über den PzKpfw III (erschienen in der Osprey-Vanguard-Reihe): „In der heißen Phase des Blitzkriegs war er die einzige Waffe im Bestand der deutschen Panzertruppen, die wirklich ernst zu nehmen war. Wie Napoleons *‚vieux moustaches'* war er nicht nur Zeuge geschichtlicher Umwälzungen, sondern er selbst schrieb Geschichte vom Ärmelkanal bis an die Wolga und von der Arktis bis zu den Wüsten Nordafrikas… Mit dem PzKpfw III hätte Hitler seine kühnsten Träume fast in die Tat umsetzen können."

Über die Verdienste der PzKpfw III im Hinblick auf ihre Feuerkraft im Vergleich zu denen vergleichbarer gegnerischer Fahrzeuge, beispielsweise im Wüstenkrieg, ist viel geschrieben worden. Anfangs waren die Alliierten davon überzeugt, daß die Durchschlagkraft des britischen Hochleistungs-Zweipfünders und der amerikanischen 37 mm-Hochgeschwindigkeitskanone höher war als die langsame 5 cm-Kanone des PzKpfw III mit ihrem kurzen Lauf. Noch 1959, also lange nach dem Krieg, vertrat Liddell-Hart die Ansicht, der Zweipfünder sei besser. Seine Auffassung basierte auf Zahlen aus der offiziellen britischen Geschichte des Wüstenkrieges. Allerdings wurden diese Angaben in einem späteren Band dieses Werkes revidiert, wo man zu dem logischen Schluß kam, die 5 cm KwK sei doch die überlegenere Waffe gewesen. Außerdem beruhten die Berechnungen auf der Leistung dreier Kanonen beim Beschuß einer homogenen Panzerplatte, während viele PzKpfw III ab Ende 1941 beispielsweise im vorderen Bereich mit zusätzlichen, oberflächengehärteten Platten verstärkt waren, denen der Zweipfünder und die 37 mm-Kanone bestenfalls auf sehr kurze Entfernungen etwas anhaben konnten. Britische Panzerschützen der damaligen Zeit klagten häufig darüber, daß ihre panzerbrechenden Geschosse von den Panzern des Gegners einfach abprallten.

Der gefürchtete Major (und spätere Oberst) George B. Jarrett, der in der offiziellen Geschichte des Waffenamtes der US Army als „technische Einmann-Artilleriegruppe der Militärischen Nordafrika-Mission (MNAM)" charakterisiert wird, traf im Februar 1942 im Nahen Osten ein, um alle Panzerabwehrgeschütze der Deutschen und der Alliierten zu testen. Er kam zu der Schlußfolgerung, die britischen und amerikanischen Kanonen seien im Einsatz gegen die PzKpfw III und IV wirkungslos, wohingegen die 5 cm KwK kurz und die 7,5 cm KwK den Panzern der Alliierten – vielleicht abgesehen von der Matilda – enorme Verluste bescherten. Sogar über große Entfernungen (ca. 1800–2750 m) konnten die feindlichen Granaten den Ketten und Fahrwerken gefährlich werden und Panzer somit außer Gefecht setzen.[30] Selbstverständlich gab es auch Ausnahmen, und die Amerikaner müssen sehr mutig gewesen sein, als sie Ende 1942 im Norden Tunesiens deutsche Panzer aufbrachten. Mehrere mit M3 Stuarts ausgerüstete Kompanien der 1. Panzerdivision lockten am 26. Novem-

Den Abschluß der Baureihe bildete die Ausf N, die mit einer 7,5 cm Haubitze (kurz) bewaffnet war und den PzKpfw IV im Nahkampf ablöste. Diese Ausf N wurden bei der Übergabe an die Alliierten in Norwegen fotografiert.

Fahrersitz in einem PzKpfw III mit Lenkhebeln und anderen Reglern.

Deutliche Aufnahme der Bewaffnung eines frühen PzKpfw III mit Geschützblende und 3,7 KwK L/46 sowie zwei Maschinengewehren.

ber 1942 eine kleine Gruppe von sechs „Spezial"-PzKpfw IV und drei oder mehr PzKpfw III in einen Hinterhalt. „Die Stuarts umkreisten die deutschen Panzer und feuerten mit ihren 37 mm-Kanonen aus nächster Nähe auf Flanken und Hecks, wobei es ihnen gelang, alle PzKpfw IV und einen PzKpfw III auszuschalten."[31] Allerdings räumt der Kriegsbericht ein, dieser Sieg sei „... eher dem zahlenmäßigen Vorteil als der Überlegenheit der Kriegstechnik" zuzuschreiben.

Die Indienststellung leistungsfähigerer Panzer durch die Alliierten, beispielsweise den mittleren M3 Grant und den mittleren M4 Sherman, wendete das Kräfteverhältnis eine Zeitlang. Aber Mitte 1942 erhielten auch die Deutschen neue Panzer, wie die Sonderausführungen des PzKpfw III (d. h. ab Ausf J mit stärkerer Panzerung und Kanonen mit langem Lauf). Ab Mitte Juni kamen einige Sonderausführungen des PzKpfw IV mit den neuen, leistungsstarken 7,5 cm KwK 40 (lang) hinzu, jene „ominösen Vorläufer der ausgezeichneten Kanone des Panther, die in Italien ihre Feuertaufe bestehen sollte".

Es liegen zahlreiche Gefechtsschilderungen von Besatzungsmitgliedern dieser äußerst zuverlässigen Panzer vor. Ich habe einen ausgewählt, der mir von Justus-Wilhelm v. Oechelhauser zugesandt wurde und aus einem Buch stammt, in dem er seine Kriegserinnerungen zu Papier gebracht hat. Es trägt den Titel *Wir zogen in das Feld*, und ich bedanke mich beim Autor für die Genehmigung, diesen Bericht verwenden zu dürfen. Er beschreibt in lebhaften Worten einen Auftrag zweier PzKpfw III in Rußland. „Die Kompanie hat einen neuen Leutnant. Er ist von Beruf Lehrer und hat den Rang eines Reserveoffiziers. Für die Innenmaße unseres Panzer war er eigentlich viel zu groß. Seine erste Aufgabe war die Suche nach einem Fahrzeug mit drei Stabsoffizieren und dessen Bergung. Es war von den Russen bei eine Aufklärungsmission aufgebracht worden und befand sich den Funksprüchen zufolge irgendwo im Gelände. Zwei Panzer sollten die Suche aufnehmen. Der „lange" Leutnant, der bislang noch kein Fahrzeug befehligt hatte, übernahm das Kommando von Panzer Nr. 921 – meines Panzers.

Ich warf den Ladeschützen raus und setzte mich selbst auf den schmalen Platz zwischen Muni-Gestell und Kanone. Endlich legten wir los, und als wir etwa eine Viertelstunde von unserer Kompanie entfernt waren, erblickte ich durch meinen kleinen Sehschlitz russische Infanterie nur wenige Meter entfernt in einem kleinen Wäldchen. Der Leutnant hatte die schattenhaften Gestalten nicht bemerkt und schaute noch immer bis zur Hüfte aus der geöffneten Turmluke. Ich gab ihm einen Tritt in die Kniekehlen, so daß er in den Panzer rutschte. ‚Was ist los, Sie Idiot! Verdammt noch mal!, schrie er mich verärgert an. Doch da lief bereits brennendes Öl in den Turm. Der Leutnant schrie vor Schmerz. Die Russen hatten einen Molotow-Cocktail in die geöffnete Turmluke geworfen, dessen brennender Inhalt über Genick und Rücken des Leutnants in den Panzer rann.

Zuerst wollte ich raus, doch dann dachte ich daran, daß der Iwan draußen auf uns wartete. In diesem Moment der Unentschlossenheit sah ich

Turmluke eines PzKpfw III Ausf J.

einen Feuerlöscher in Reichweite, der ordentlich in seiner Halterung klemmte. Im allgemeinen sind die Feuerlöscher in Panzern leer. Dieser war Gott sei Dank voll und funktionstüchtig. So schnell das Öl aufflammte, so schnell wurde es vom Schaum gelöscht, der den Flammen den Sauerstoff entzog.

Ruhn, der Richtschütze, hielt den Leutnant an den Beinen fest, weil dieser in seinem enormen Schmerz aus dem Turm springen wollte. Schließlich wurde er ohnmächtig und sank wieder in den Turm zurück. Ich spritze den restlichen Schaum über ihn und löschte sämtliche Flammen. Ich kletterte über ihn hinweg auf den Platz des Kommandanten, wo ich schwere Geschosse hörte, die auf uns gerichtet waren. Zwei Granaten explodierten auf dem Heck des Panzers und an den Seiten traf ein MG-Hagel. Unser Panzer bewegte sich mit mäßigem Tempo. Ich wußte nicht wohin, da ich nichts sehen konnte. Irgend etwas verdeckte meine Beobachtungsöffnung. Die Turmklappe, die ich lieber geschlossen haben wollte, stand noch immer offen. Mein Blick nach oben fiel in einen wolkenlosen Sommerhimmel. Ruhn schob etwas zu mir herüber. Beim genaueren Hinsehen erkannte ich die halb verbrannten Kopfhörer, die er dem Leutnant abgenommen hatte. Das Funkgerät war noch in Betrieb, und ich konnte die aufgeregte Stimme von Feldwebel Rietsch hören, der den Panzer hinter uns befehligte. ‚Stop', rief er, ‚Stop, 921, stop! Wohin fahrt ihr? Seht ihr Idioten denn nicht, daß das Gebiet voller Russen ist?! Kehrt um, aber paßt auf. Vor eurem Panzer liegen zwei Russen, und ein dritter sitzt auf dem Turm. Schließt eure Luke, damit er euch keine Handgranaten in den Panzer werfen kann. Ich versuche, sie abzuschießen. Fahrt langsam und dreht um.'

Nicht nur vor meinem Sehschlitz, sondern auch vor dem des Fahrers saß ein Russe. Wir fuhren blind durchs Gelände. Ich hatte kein Mikrofon für das Funkgerät. Ich zwängte mich am röchelnden Leutnant vorbei hinunter zum Fahrerstand. Inzwischen feuerte Ruhn einen Patronengurt nach dem anderen leer. Als ich bei Logo, unserem Fahrer anlangte, schlug ich ihm auf die linke Schulter. Wie man es ihm eingebleut hatte, betätigte er den linken Lenkhebel. Der Panzer holte zu einer weiten Drehung aus, wobei der Lärm jegliche Unterhaltung unmöglich machte. Plötzlich hatte der Fahrer freie Sicht. Der Russe versteckte sich zu seinem Schutz hinter dem Turm, denn Titsch nebelte unseren Panzer mit MG-Feuer ein. Da war wieder die Stimme im Kopfhörer: ‚Das ist gut, etwas weiter herum. Jetzt geradeaus – langsamer, oder ihr bleibt stecken. Einem der Iwans haben wir's gegeben, die anderen müßt ihr schon selber beseitigen.'

Ich dachte an die Eierhandgranaten, aber deren Splitter würden ganz sicher durch die Luftschlitze in den Maschinenraum fliegen. Ich entschloß mich, die Glasblöcke aus den Beobachtungsschlitzen herauszunehmen und mit meiner Pistole in den schwarzen Stoff zu schießen. Zwei-, drei-, viermal. Ich leerte das Magazin. Das schwarze Etwas draußen bewegte sich, und ich hatte bereits Hoffnung … Doch plötzlich verdunkelte sich die offene Turmluke. Über meinem Gesicht sah ich einen baumelnden Arm mit einer schmutzigen Hand, eine erdfarbene Schulter und den Teil eines Kopfes. Meine Pistole war leer. Ich rutsche nach unten und schrie ‚Ruhn', aber er konnte mich nicht hören. Beim Feuern konzentrierte es sich auf das Zielfernrohr. Ich ließ meine 08 in meiner Verzweiflung fallen und griff nach einer Leuchtpistole. Ich zielte nach oben und drückte ab. Die Raketen zischten nach oben. Ich habe ihn sicher nicht getroffen, dachte ich bei mir. Jetzt, jetzt hat er den Molotow-Cocktail geworfen, jetzt zieht er die Handgranate … jetzt. Ich zog mich in die hinterste Ecke der Ladeschützenposition zurück und zitterte am ganzen Körper. Die Turmluke war noch immer verdunkelt, doch nichts geschah. Ich hatte beim Springen meinen Kopfhörer verloren. Draußen hämmerte ein MG.

Gelungene Nahaufnahme eines PzKpfw III, dessen Besatzung mit einer Fieseler Storch den Luftraum beobachtet. (Emil Thran)

Jemand zog mich am Bein. Ich drehte mich um und blickte in das blasse Gesicht unseres Funkers. Er gab mir eine geladene Pistole. Gott sei Dank. Wieder hielt ich meinen Arm in den Turm und drückte ab. Dieser verdammte Teufel muß von der Einstiegsluke verschwinden. Noch zwei Schüsse. Nichts! Noch immer ist es dunkel. Plötzlich kommt der Panzer zum Stehen. Was nun? Ich zwänge mich wieder in den Turm und schaue nach oben. Warmes Blut tropft mir ins Gesicht.

Ich gab mir einen Schubs und stieß mit aller Kraft den herunterhängenden Arm und die blutende Schulter zurück. Es war nicht schwer, ihn wegzuschieben. Endlich konnte ich den Himmel wieder sehen.

Das Feuer draußen war nicht sehr stark. Schnell schob ich meinen Kopf aus dem Turm und blickte direkt in die beiden Mündungsöffnungen von Ritschs Panzer-MGs. Aus einer Entfernung von lediglich drei Metern gab er uns Feuerdeckung. Ein toter Russe lag auf dem Heck, der zweite, den ich zur Seite geschoben hatte, auf dem Turm. Er hatte zwei Molotow-Cocktails und ein paar Handgranaten bei sich. Von dem anderen Russen war weit und breit nichts zu sehen. Ritsch manövrierte seinen Panzer vorsichtig rückwärts. Er hielt seinen Kopfhörer empor zum Zeichen, daß er etwas mitteilen wollte. Ich kroch wieder auf den Kommandantenplatz und trat dabei dem Leutnant auf die Brust. Ruhn blickte noch immer durch das Fernrohr und schwenkte den Turm hin und her. Er feuerte einen weiteren Patronengurt in Richtung Wald. Ich verlangte den Kopfhörer von ihm, aber wegen des Lärms konnte er mich nicht hören. Erst als ich dem Funker die leere Pistole ins Kreuz warf, drehte er sich um und reichte mir entschuldigend Kopfhörer und Mikro. Endlich konnte ich mich mit Ritsch unterhalten.

Ritsch sagte, sein Panzer sei voll einsatzfähig. Ich antwortete, wir seien nicht mehr kampftüchtig und müßten zurück in die Kompanie. Außerdem brauche der Leutnant ärztliche Hilfe. Ritsch stimmte mir zu, daß es besser sei, umzukehren. Da ich den Leutnant verbinden wollte, ließ ich Logo einfach hinter dem anderen Panzer herfahren.

In unserem Panzer herrschte ein furchtbarer Gestank nach Pulver, Schaum und verbranntem Fleisch. Nach einer Viertelstunde waren wir wieder im Bereich unserer Kompanie. Ich sprang aus dem Panzer, ehe er zum Stillstand gekommen war, und rannte ins Gebüsch. Ich wollte mich übergeben. Ich weinte und blieb auf dem Boden liegen, bis Ruebener, unser Sanitäter, mich fand. Wortlos ging er wieder weg und kam mit einem Zinneimer, der uns als Kochtopf und Abwaschschüssel diente. Er wusch mich wie ein Kind mit kaltem Wasser und verband meinen Arm. Ich hatte beim Löschen des Feuers Verbrennungen erlitten. Als er fertig war, sagte er zu mir: ‚Geh' zum Chef und erstatte ihm Bericht.'

Charley saß zwischen den beiden Ketten seines Panzers. Neben ihm auf einer Trage lag der lange Leutnant mit einem dicken weißen Verband. Ich grüßte und machte Meldung. ‚Warum haben Sie die Suche nach den Offizieren nicht fortgesetzt? Es gehört sich nicht, einfach umzukehren. Wenn Sie später Kommandant sein wollen, müssen Sie zunächst einmal lernen, Befehle auszuführen und sich nicht von solchen Unterbrechungen aus dem Konzept bringen zu lassen. Der Krieg ist keine Tanzstunde.'

‚Jawohl, Herr Oberleutnant.'

‚Sind Sie schwer verwundet?'

‚Nein, Herr Oberleutnant.'

‚Dann fahren Sie mit Ritsch noch einmal hinaus, wo Sie das Gebiet ja jetzt kennen, und führen Ihre Befehle aus.'

‚Jawohl, Herr Oberleutnant.' Ich machte einen Schwenk, wobei mit fast die Tränen kamen. Oh Gott, noch einmal in diese Hölle.

Die beiden Panzer waren bereit zum Ausrükken. Ritsch hatte bereits in seinem Turm Stellung bezogen. Ich zog mich am Kanonenlauf hoch und kletterte hinein. Als der Motor angelassen wurde, wischte ich mir Nase und Augen mit dem Zipfel meines Verbandes. Ich mußte ein paarmal geschluckt haben, denn Ritsch fragte über Funk, was mit meinem Funkgerät sei; es gebe glucksende Töne von sich.

Wir erreichten unsere frühere Position. Mit beiden Maschinengewehren nahmen wir den Wald unter heftigen Beschuß und näherten uns der Lichtung, wo das Stabsfahrzeug stand. Weit und breit waren keine Russen zu sehen. Ein grauer Leichnam lag vor dem Wagen, im Gras daneben lag der Fahrer, ein Feldwebel. Wir fuhren näher heran. Ritsch stieg aus und war in zwei Sätzen am Fahrzeug. Er warf sich neben den Leichnam und drehte ihn auf den Rücken, um ihm die Erkennungsmarke abzunehmen. Dann kroch er zurück, sah mich fragend an und zuckte mit den Schultern. Von den Offizieren war nichts zu sehen. Ich suchte das dunkelgrüne Gebüsch um die Lichtung herum mit dem Fernglas ab. Ich sah mir das Gelände an und überlegte, wo ich Deckung suchen würde, wenn mich der Feind überrascht hätte. Ich dirigierte meinen Panzer dorthin, und tatsächlich lagen ein Oberst, ein Major und ein blutjunger Leutnant in jenem flachen Graben. Unsere Besatzung legte die Toten hinten auf den Panzer und kehrte wieder um.

Ich erstattete Meldung beim Chef, der sich noch immer an derselben Stelle befand. Die anderen luden inzwischen die Toten ab. Er hörte mir schweigend zu, unterbrach mich nicht und blieb auch ruhig, als ich fertig war. Der lange Leutnant, der mein Verhalten hätte rechtfertigen können, war zum Hauptverbandsplatz gebracht worden. Seine Trage war weg. Es entstand ein unangenehmes Schweigen. Endlich vernahm ich Charleys Stimme:

‚Wenn Sie beim erstem Mal dran geblieben wären und Ihre Befehle ausgeführt hätten, wären die vier möglicherweise noch am Leben.'

Ich konnte nichts darauf erwidern, fühlte aber, daß er Recht hatte."

Gelungene Aufnahme eines weiteren PzKpfw III (Befehlswagen) mit einer Rahmenantenne am Heck. Das Fahrzeug gehörte zur 24. Panzerdivision in Rußland. (Ernst J. Dohany)

Eine Gruppe von Funkwagen der 15. Panzerdivision in der Wüste. Zu sehen sind vier- und achträdrige Panzerwagen und ein Befehlswagen vom Typ PzKpfw III. (Karl Wilhelm)

Varianten

Tauchpanzer III Der Tauchpanzer entstand 1940 aus dem PzKpfw III, Ausf F, G, H oder Befehlswagen für den geplanten Überfall auf England (Operation „SEELÖWE"). Alle äußeren Öffnungen wurden mit einer speziellen Abdichtung verschlossen, um ein Eindringen von Wasser zu verhindern. Der Spalt zwischen Rumpf und Turm wurde mit einem (aufblasbaren) Gummiring verschlossen. Kuppel, Geschützblende und Rumpf-MG erhielten wasserdichte Abdeckungen. Unter Wasser sog der Motor die Luft über einen 18 m langen Schlauch an, der an einem Schwimmer festgemacht war. Die Abgase entwichen über zwei große Rohre mit Rückschlagventilen. Die Atemluft für die Besatzung kam von einem anderen Rohr, das ebenfalls an einem Schwimmer befestigt war und eine Funkan-

Gelungene Aufnahme eines Zuges PzKpfw III des 7. Panzerregiments der 10. Panzerdivision (deren Divisionszeichen vorn am Aufbau zu sehen ist) kurz vor Beginn der Operation „Barbarossa", dem Überfall auf Rußland, im Sommer 1941. (Major Karl-Heinz Maaß)

tenne beherbergte. Der Tauchpanzer konnte 20 Minuten lang in Tiefen bis zu 15 m eingesetzt werden. Als die Operation SEELÖWE abgesagt wurde, entschied man sich zum Umbau der Mehrzahl der168 Tauchpanzer, die zur Unterquerung von Flüssen gedacht gewesen waren. Sie erhielten ein festes Schnorchelrohr, das in die Kommandantenkuppel führte. Ihre „glorreichen Momente" erlebten die Tauchpanzer beim Übersetzen über den Fluß Bug am 22. Juni 1941 zu Beginn der Operation BARBAROSSA. Anschaulich beschrieben ist dies in Paul Carells Buch *Hitler's War on Russia.* Der Autor schildert, wie das 18. Panzerregiment an den U-Boot-Panzern arbeitete, bis sie schließlich am ersten Tag der Operation einsatzbereit waren. „Um 04.45 Uhr rückte Feldwebel Wierschin mit dem Tauchpanzer Nr. 1 bis an den Bug vor. Die Infanterietruppen sahen ihm entgeistert nach. Das Wasser schwappte über dem Panzer zusammen. Sie spielten U-Boot! ... Ein Panzer nach dem anderen – die gesamte erste Abteilung des 18. Panzerregiments unter ihrem Kommandanten Manfred Graf Strachwitz – tauchte in den Fluß ab ..." Nach Aussagen von Carell war die Aktion ein voller Erfolg: „Jetzt krochen die ersten wie rätselhafte Amphibien auf der anderen Seite an Land. Mit einem leichten Blubb wurden die Gummiüberzüge von den Geschützmündungen entfernt. Die Ladeschützen ließen die Luft aus den Fahrradschläuchen um den Turm ... 80 Panzer hatten den Grenzfluß unter Wasser passiert. 80 Panzer gingen nun zum Angriff über."

Ein überaus interessanter Bericht über Tauchpanzer stammt von einem Augenzeugen, der am 1. Dezember 1944 bei Saarbrücken in Gefangenschaft geriet. Darin geht es nicht nur um den PzKpfw III, sondern auch um den Panther sowie um verschiedene Aspekte von Unterwassereinsätzen.

Panzer für den Unterwassereinsatz

Nach Aussagen von General PW begannen die deutschen Versuche mit Tauchpanzern kurz nach Ende des Frankreichfeldzuges. In Putlos wurden eine Versuchsstation und eine Ausbildungseinrichtung gegründet (GSGS 408/9). Bei der Auswahl der Panzerbesatzungen wurde insbesondere auf Intelligenz, die Fähigkeit, hohen Druck auszuhalten, die Trommelfelle u.a. geachtet. PW war zu dem Zeitpunkt, als das gesamte Vorhaben im Herbst 1941 aufgegeben wurde, 10–12 Tage an besagter Schule.

Tauchexperimente von PW PW erhielt keine offizielle Einweisung in Putlos. Er nahm an zwei Tauchgängen teil, von denen einer 15 Minuten und der andere 5 Minuten dauerte. Speziell für diesen Zweck wurde eine Betonpiste am Strand von Putlos gebaut. PW selbst tauchte in beiden Fällen bis in 25 m ab, berichtet aber von Tauchtiefen von bis zu 40 m in Putlos.

Spezialeinheiten und Kampfeinsätze PW schreibt über die Gründung von Versuchs-Pz. Tauch-Abt. im Herbst 1941 in Deutschland. Sie bildeten die reguläre 3. Abt. des 3., 18. und 6. Panzerregiments und trugen die Bezeichnungen A, B und C. Sie besaßen jeweils etwa 60 Panzer vom Typ PzKpfw III, die für Taucheinsätze umgebaut waren. Die 3. Abt. des 6. Pz-Rgts (Versuchs-Pz. Tauch-Abt. C) unter Ritterkreuzträger Hauptmann v. Schneiderkostellki passierte 1941 den Dnjepr in PzKpfw III. PW zufolge war der Fluß an dieser Stelle etwa 3000 breit und 10–15 m tief. Bei dieser Flußüberwindung blieben zwei Panzer im Schlamm stecken und mußten zurückgelassen werden. PW glaubt, daß 1941 außerdem eine Überquerung des Bug stattfand. PW verfügt über keinerlei Kampferfahrung mit Tauchpanzern und gehörte zu keinem Zeitpunkt einer Versuchs-Pz. Tauch-Abt. an. Die Versuchs-Pz. Abt. C büßte ihre Panzer im Rußlandfeldzug ein und wurde zur regulären 3. Abteilung des 6. Panzerregiments.

Obltn. Wisnewsky, der später im Gefecht fiel, galt als großer Fachmann für Tauchpanzer.

Typen PW zufolge wurden folgende Typen speziell für sog. U-Fahrten genutzt: PzKw II, III,

Nach Problemen dieser Art sehnten sich die Panzerbesatzungen wahrlich nicht. Zwei PzKpfw III versuchen, einen dritten während des Vormarschs im Sommer 1941 aus überschwemmtem Gelände in Rußland zu bergen. (Major Karl-Heinz Maaß)

Ein PzKpfw III des 7. Panzerregiments bei der Überquerung einer Pontonbrücke über die Beresina im Sommer 1941. (Major Karl-Heinz Maaß)

Beredtes Foto einer Kolonne PzKpfw III des 7. Panzerregiments im tiefsten russischen Winter 1941/42. (Major Karl-Heinz Maaß)

IV, V, VI. Die PzKw II und IV wurden vor allem für Versuchszwecke produziert, während verschiedene PzKw III ausschließlich als Tauchpanzer konzipiert wurden.

Luftzufuhr beim Panther PW zufolge wird bei Tauchgängen des Panther ein Gummischlauch mit Schwimmern verwendet. Er hat zwar den Anschluß für den Schlauch am hintersten Lufteinlaßventil der Motorhaube gesehen, ihn aber nie im praktischen Einsatz erlebt.

Funkantenne am PzKw III Nach Aussagen von PW wird die Antenne des PzKw III vom Schwimmer des Luftschlauchs gestützt, der zu diesem Zweck mit einem Spezialhaken versehen ist. PW kann nicht verbindlich sagen, ob diese Konstruktion beim Passieren des Dnjepr verwendet wurde. Es wurde in jedem Fall in Putlos genutzt, wo die Panzer auf ihren Tauchgängen über Funk gesteuert wurden. Die Bewegungsrichtung konnte anhand des Gummischwimmers und des Antennenmastes eindeutig verfolgt werden.

Sauerstoffkapseln PW zufolge beabsichtigte man bei Tiefen von mehr als 30 m die Verwendung von Sauerstoffkapseln, wobei er jedoch niemals welche gesehen hat.

Motorstillstand unter Wasser Nach Aussagen von PW wurden Versuche zum Motorneustart unter Wasser nach einem Ausfall durchgeführt, die allerdings zu keinem Ergebnis kamen. Folglich mußte die Besatzung aussteigen und den Panzer zurücklassen. Bei den Experimenten in Putlos wurden die liegen gebliebenen Panzer mit Bergungsschiffen aus dem Wasser gezogen, im Gefecht mußten die Fahrzeuge jedoch gesprengt werden.

Versuche, den Panther tauchtauglich zu machen. PW schreibt, daß Geschützblende, Luken u.a. mit einer Beschichtung aus einer speziellen Gummilösung abgedichtet wurden. Die KwK wird mit einer Gummihülse versiegelt. Der Geschützlauf selbst wird nicht umhüllt, so daß das eintretende Wasser vor dem nächsten Schuß erst einmal entweichen muß, indem man den Lauf nach unten senkt.

Unterwasserorientierung Zur Richtungsanzeige unter Wasser dient ein herkömmlicher Kurskreisel, der in allen Panzern zum Einsatz kommt. Andere Orientierungshilfen sind nicht vorgesehen.

Betätigung der Wasserpumpe Erreicht der Wasserstand im Panzer eine Höhe von 5 cm, schaltet der Fahrer die Lenzpumpe ein.

Brandbekämpfung unter Wasser Es gibt weder spezielle Vorsichtsmaßnahmen noch Sonderausrüstungen zur Bekämpfung eines Brandes im Panzer während eines Tauchgangs. Es wird der normale Feuerlöscher verwendet.

Gefahr einer Kohlenmonoxidvergiftung Während des gesamten Tauchgangs ist der Ladeschütze zur Prüfung des CO-Gehaltes mit Hilfe einer chemischen Flüssigkeit verpflichtet. Bei Feststellung von Kohlenmonoxid muß die Besatzung den Panzer über den Notausstieg verlassen. Dazu muß vor dem Öffnen der Luken der Gefechtsstand geflutet werden, um den Druck auszugleichen.

Griffigkeit der Ketten unter Wasser PW zufolge wird vor dem Versuch der Unterquerung eines Flusses erst die Beschaffenheit des Flußbetts ausgekundschaftet. Der Untergrund sollte relativ stabil sein. Der Auftrieb eines Panzers verringert seinen Druck auf den Boden, so daß die Haftung der Ketten erheblich reduziert wird. PW hatte bei seinem ersten Tauchgang ein ungewöhnliches Erlebnis, denn der Kurskreisel drehte durch. Er fand heraus, daß er den linken Lenkhebel zu stark angezogen hatte und der Panzer sich im Kreis drehte.

Vorbereitung zum Tauchgang PW erlebte die Vorbereitung eines PzKw III auf den Unterwassereinsatz. Der gesamte Vorgang, an dem die fünf Mitglieder der Besatzung beteiligt waren, dauerte 45 Minuten. Das Lüftergetriebe war abzuschalten, die UK-Tauchklappen mußten ebenso geschlossen werden wie alle übrigen empfindlichen Stellen, an denen die Gummidichtungen befestigt waren.

PW berichtete, daß sich die Luft im Gefechtsstand nicht so stark wie befürchtet erhitzte. Das kalte Wasser bot ein perfektes Kühlsystem für Gefechtsstand und Motor."[33]

Der PzKpfw III (Flamm) (SdKfz 141/3) Anfang 1943 wurden 100 dieser mittleren Flammpanzer gebaut. Ausgangspunkt war vor allem die Ausf M. Anstelle der 5 cm-Kanone wurde der Turm mit einem 1,5 m langen Flammenwerfer ausgestattet, der sich in der Höhe von –10° bis +20° bewegen ließ. Als Treibstoff diente

Ein PzKpfw III L/M bei der Anfahrt auf den Kasserine-Paß 1943. (Major Karl-Heinz Maaß)

ein schwarzes, klebriges Öl, das nach Kreosot roch und für 70–80 Feuerstöße von jeweils 2–3 Sekunden Dauer reichte. Die Waffe hatte eine Reichweite von 50–60 m. Die 1023 l Treibstoff wurden in Tanks mitgeführt, die sich links und rechts an den Innenseiten befanden. Zusätzlichen Schutz boten 30 mm starke Panzerplatten, die vorn auf den Rumpf aufgeschweißt waren.

Folgendes Beispiel für den Einsatz der Flammpanzer ist in einem Kriegsbulletin des US-Militärgeheimdienstes angeführt: „Zwei deutsche Flammpanzer unterstützten zusammen mit drei anderen Panzern einen deutschen Zug bei einem Angriff auf eine vorgelagerte Stellung, die von einem Zug der US-Infanterie gehalten wurde. Dem Angriff ging ein einstündiges Sperrfeuer von Artillerie und Mörser voraus. Die Panzer rückten vor und beschossen die Stellung mit Granaten und Maschinengewehren aus einer Entfernung von knapp 50 Metern. Als die US-Truppen versuchten, sich aus dem Abschnitt zurückzuziehen, wurden die Flammpanzer ins Gefecht geworfen und setzten ihre Waffen gegen die feindlichen Truppen ein. Die mit Maschinenpistolen bewaffnete deutsche Infanterie rückte mit den gepanzerten Fahrzeugen vor. Die Flammpanzer mit einer Reichweite von angeblich 27 m wurden über einen Zeitraum von insgesamt 30 Minuten immer wieder zwischendurch eingesetzt."[34]

Panzerbefehlswagen Eine kleine Anzahl von Ausf D, E und H (insgesamt 220 Stück) wurden als Befehlswagen mit starrem Turm, einer Kanonenattrappe und einer großen, festen Rahmenantenne über dem Heck gebaut. Ihnen folgten zwei „richtig" bewaffnete Befehlswagen mit rundum schwenkbarem Turm, nachdem es seitens der im Einsatz befindlichen Besatzungen von Befehlswagen immer wieder Anfragen nach solchen Fahrzeugen gegeben hatte. Bis dahin hatten sie lediglich ihre personengebundenen Waffen und ein einziges MG zur Verteidigung im Kampf zur Verfügung gehabt. Obwohl die Panzer damit weniger verwundbar wurden, verengten diese Veränderungen die Türme zugleich. Der Panzerbefehlswagen mit 5 cm KwK L/42 bildete den Auftakt. 81 Stück wurden vollkommen neu gebaut, weitere 104 entstanden durch den Umbau von Schützenpanzern. Daran schloß sich die Herstellung von 50 Panzerbefehlswagen mit 5 cm KwK 39 L/60 (auch als Ausf K bekannt) an, deren Rumpf im wesentlichen dem der Ausf M glich. Die Rahmenantenne wurde durch eine bedeutend kleinere Sternantenne ersetzt, wodurch der Panzer im Gelände weitaus schlechter sichtbar war.

Karl Wilhelm aus Dieburg diente als Funker im Nachrichtenzug der 15. Panzerdivision, die damals zu Rommels Afrikakorps gehörte. Er schrieb: „Die meisten gepanzerten Funkwagen unserer Kompanie wurden auf vier deutsche Transportschiffe verladen, die anschließend versuchten, durch das Mittelmeer von Neapel aus nach Tripolis zu gelangen. Der Konvoi wurde angegriffen, wobei alle vier Schiffe von einem britischen Marineverband aus Kreuzern und Zerstörern am 16. April 1941 auf der Höhe von Sfax (Tunesien) versenkt wurden. So mußte die Nachrichtenkompanie in den ersten Monaten des Nordafrika-Feldzuges mit ungepanzerten Fahrzeugen auskommen. Sogar leichte Lkw vom Typ Opel Blitz dienten als Funkwagen. Wir fühlten uns in diesen Fahrzeugen alles andere als sicher und mußten unser Fahrzeug häufig buchstäblich im letzten Moment verlassen, um bei den Angriffen der britischen Kampfflugzeuge oder bei Granatenbeschuß in einem Graben oder hinter einer niedrigen Anhöhe Deckung zu suchen. Als wir während dieser Überraschungsüberfälle Nachrichten absetzten, konnten wir den Empfängern nicht einmal ein „Warte"-Zeichen geben, obwohl diese sicher erraten konnten, daß die Unterbrechung auf Feindeinwirkung zurückzuführen war. Nicht selten verursachte dies erhebliche Verzögerungen, insbesondere bei längeren Meldungen.

Einige Monate später standen uns neue Funkpanzer III und vier- bzw. achträdrige Spähfahrzeuge zur Verfügung. Wir fühlten uns in ihnen viel sicherer als in unseren improvisierten Funkfahrzeugen. Jetzt konnten uns zwar weder MG-Geschosse noch Granatsplitter etwas anhaben, aber bei den Angriffen britischer Kampfflugzeuge mit ihren Kanonen bot die dünne Panzerung unserer Spähfahrzeuge keinen ausreichenden Schutz. Trotzdem waren wir in unseren Funkpanzern insgesamt sicher. Die Funker der Gruppe, die dem 8. Panzerregiment der 15. Pan-

Ein PzKpfw III L/M des 7. Panzerregiments überholt ein erbeuteten britischen Artilleriefahrzeugs. (Major Karl-Heinz Maaß)

zerdivision zugeteilt waren, besaßen nur vierrädrige Spähwagen und mußten bei Beschuß häufig hinter dem Panzer des Regimentskommandeurs Deckung suchen. Die Aufrechterhaltung des Funkverkehrs stellte unter solchen Bedingungen eine ungeheure Belastung dar, so daß den Mitgliedern dieser Funkmannschaft für ihre aufopferungsvolle Pflichterfüllung in vielen Panzerschlachten das Eiserne Kreuz verliehen wurde.

Während der deutsch-italienischen Offensive in El Alamein gegen Ende August 1942 (bekannt als das sog. „Sechstagerennen") wurden wir tagsüber unaufhörlich von den Bombern der britischen Luftwaffe angegriffen, denen wir ziemlich schutzlos ausgeliefert waren. Mit unseren achträdrigen Spähfahrzeugen unterstanden wir Feldmarschall Rommel als Teil seiner direkten Eskorte, die aus zwei ehemals britischen, mit 2 cm-Flak bestückten Lastwagen und unserem Funkwagen bestand. Wir hatten den Vorteil, von Zeit zu Zeit aus diesem furchtbaren Flächenbombardement herauszukommen, so daß wir geringeren Belastungen unterlagen als die Kampfeinheiten. Die pausenlose Bombardierung brachte schlagende Ergebnisse und begründete den Sieg der 8. Britischen Armee in El Alamein sowie den anschließenden großen Rückzug bis nach Tunesien, der für uns mit einem Marsch in die Gefangenschaft endete."

Oberst aD Hermann Rothe vom 5. Panzerregiment diente ebenfalls in einem Panzer III-Befehlswagen. Er schreibt wie folgt darüber: „Erst im Frühjahr 1941 erhielt der Regimentsstab ordentlich ausgerüstete Befehlswagen vom Typ Panzer III. Sie besaßen hölzerne Kanonen, alle notwendigen Antennen und fünf Besatzungsmitglieder – Kommandant, Fernmeldeoffizier, zwei Funker und einen Fahrer – sowie ein Batterieladesystem. Die außen angebrachten Zinnbehälter dienten zur Aufbewahrung unserer persönlichen Dinge, Verpflegungsrationen etc. Leider wurde unser Befehlswagen am ersten Tag des Überfalls auf Rußland durch einen direkten Treffer in den Motorraum außer Gefecht gesetzt. Das war ziemlich brenzlig. Glücklicherweise konnten wir uns alle in Sicherheit bringen, aber trotzdem breitete sich das Gerücht von unserem Tod wie ein Lauffeuer aus. Allerdings waren wir an Bord unseres Reservepanzers gegangen. Einem Aberglauben zufolge überlebt ein irrtümlich für tot erklärter Soldat alle Dinge, die ihm später passieren. Für uns erwies er sich als wahr, denn wir überlebten den Krieg alle!"

Weitere Ausführungen Es wurden eine Reihe anderer Ausführungen gebaut, darunter 1943 der Artillerie-Panzerbeobachtungswagen mit vier Mann Besatzung. Mit ihm sollten die Artillerie-Aufklärungsoffiziere Panzerformationen im Gefecht begleiten. Er ersetzte ein leichtes Kettenfahrzeug, das von den Feldoffizieren in der Anfangszeit des Krieges genutzt worden war. Als einzige Waffe trug er ein MG 34 mit Kugelblende, während im Turm ein Artillerie-Kartentisch und zusätzliche Funkgeräte untergebracht wurden. Einziges Fahrzeug, das in nennenswerter Stückzahl hergestellt wurde, war ein Bergepanzer. Dazu wurden vorhandene Panzerfahrgestelle umgebaut, ebenso für den Schlepper III und den Pionierpanzer III. Diese drei Typen erhielten generell die sog. Ostketten für den Einsatz in Rußland. Andere Ausführungen, die aber über den Prototyp nicht hinauskamen, wa-

Ein frühes StuG in einem verschneiten russischen Dorf mit einer deutschen Kolonne. Das 7,5 cm StuK 37 L/24 (kurz) hatte eine geringe Anfangsgeschwindigkeit (450 m/s) und eine geringe panzerbrechende Wirkung. Es bot der Infanterie gepanzerte Deckung.

ren u. a. ein Minenräumpanzer und ein Schienenkettenfahrzeug zur Bekämpfung von Partisanen.

Sturmgeschütze

So, wie sich der PzKpfw III während seines langen Einsatzlebens durch Zuverlässigkeit und Anpassungsfähigkeit auszeichnete, erwies sich das auf dem gleichen Fahrgestell basierende Sturmgeschütz als hervorragend für das Schlachtfeld geeignet. Auf sein Konto gehen weit mehr Feindpanzer als auf das des herkömmlichen PzKpfw III. Der Beschluß zur Entwicklung eines speziellen gepanzerten Sturmgeschützes zur Nahunterstützung der Infanterie und für die Panzerabwehr wurde im Juni 1936 getroffen. Als Kanone wurde die 7,5 cm L/24 gewählt. Um die Konstruktion so flach wie möglich zu halten, entschied man sich, die Kanone nicht in einen schwenkbaren Turm einzubauen, sondern direkt auf dem Rumpf zu befestigen. Der Produktion wurde das Fahrgestell der Ausf F des PzKpfw III zugrunde gelegt. So entstand ein StuG von lediglich 1,95 m Höhe im Vergleich zu den 2,44 m des PzKpfw III Ausf F. Auch ohne Turm wog das StuG 19,6 Tonnen, da es vorn stärker gepanzert war als die Ausf F (bis zu 50 mm). Das StuG Ausf A entstand 1940, hatte eine vierköpfige Besatzung, eine Höchstgeschwindigkeit von 40 km/h und eine Reichweite von 160 km. Für die Erstwaffe wurden 44 Geschosse mitgeführt, wobei ein zusätzliches Maschinengewehr erst mit der Ausf E hinzugefügt wurde. Die ersten Panzerkampfwagen dieser Art kamen 1940 in Frankreich zum Einsatz. Ihnen folgte das StuG III Ausf B mit geringfügigen Abweichungen, daß 1940–41 in großen Stückzahlen produziert wurde. Im September 1941 wurde auf persönlichen Befehl des Führers stärkere Panzerung und Bewaffnung für das StuG III festgelegt. Als Waffe verwendete man die 7,5 cm StuK 40 L/43, aber die Serienfertigung des StuG III Ausf F mit der neuen Kanone und der vorn auf 80 mm verstärkten Panzerung begann erst im Februar 1942. Die genannten Änderungen erhöhten das Gewicht des StuG auf 22,8 Tonnen. Nach etwa 120 produzierten Exemplaren entschloß man sich zum Einbau der längeren 7,5 cm StuK 40 L/48, die bis 1945 genutzt wurde. Zusätzlichen Schutz bot eine Abstandspanzerunge an den Seiten. Beim StuG III Ausf G als letztem Modell waren Aufbau und Blende teilweise gegossen (von den Besatzungen wegen der Ähnlichkeit „Saukopf" genannt"). Varianten dieses Fahrzeugs waren eine Sturmhaubitze mit einer 10,5 cm StuH 42 L/28, ein Flammenwerfer und ein Munitionsträger. Insgesamt wurden vom StuG III mehr als 9000 Exemplare gebaut, die meisten von der Ausf G (über 7000). Die Stückzahlen bei der StuH liegen bei über 1200.

Wie war ein solches StuG zu bedienen? Max Flemming, der heute in England lebt, gehörte dem Fallschirmpanzerkorps HG („Hermann Göring") an, in das er im April 1942 eintrat, Nach der Grundausbildung im niederländischen Utrecht schickte man ihn in ein Heeresausbildungslager für Panzertruppen in Luckenwalde bei Berlin, wo er das Fahren eines StuG erlernte. Von dort aus wurde er nach Frankreich abkommandiert, wo das Korps HG zur Panzerdivision aufgestockt wurde. Dann ging es weiter nach Italien. Er schreibt darüber: „Das Sturmgeschütz ohne Turm ist ansonsten ein vollwertiger Panzer, sollte aber nicht mit den verschiedenen Typen von Selbstfahrgeschützen oder offenen Kettenfahrzeugen verwechselt werden. Es nutzte das Fahrgestell des Panzer III und hatte dieselbe Antriebsgruppe. Die 7,5 cm-Kanone wurde kurz nach den Erfahrungen an der Ostfront bei den Auseinandersetzungen mit den russischen T-34 gegen die 7,7 cm lange ausgetauscht. Die begrenzte vertikale und horizontale Verstellbarkeit (nur 20°) bürdete dem Fahrer zusätzliche Verantwortung auf, da er das Fahrzeug so zum Ziel positionieren mußte, daß der Schütze zielen und feuern konnte. Ein MG 34, bzw. später ein MG 42, wurde hinter einem aufklappbaren Panzerschild angebracht und bot dem Ladeschützen Deckung bei feindlichem Beschuß. Der größte Vorteil gegenüber herkömmlichen Panzern war seine flache, geduckte Form. Ein guter Fahrer konnte sich die niedrige Silhouette vor dem Horizont und im Gelände nutzen, beispielsweise flache Senken, Anhöhen oder andere natürliche bzw. künstliche Gegebenheiten, um die Gefahr zu verringern, selbst ins Visier zu geraten.

Eine gut ausgebildete Besatzung ist wie eine Familie und sollte um jeden Preis zusammenge-

Ein StuG III Ausf C/D bei der Überwindung eines steilen, schlammigen Abhangs während einer Ausbildungsfahrt.

Ein StuG III (wahrscheinlich Ausf G) wird mit Bomben bestückt. Die 7,5 cm StuK 40 L/48 (lang) hatte deutlich höhere Leistungsparameter.

Auf dem Weg an die russische Front. Diese Zugladung StuG III Ausf G gehörte zur 24. Panzerdivision. (Ernst J. Dohany)

Innenansicht eines StuG III mit dem Verschluß der Erstwaffe.

Es bedurfte eines schwereren Geschützes als Ergänzung zur 7,5 cm-Kanone. Daher wurde ab Anfang 1943 die StuH 42 in Dienst gestellt. Mehr als 1200 Exemplare dieser schlagkräftigen Sturmhaubitze mit ihrer 10,5 cm StuH 42 L/28 wurden produziert. Das hier gezeigte späte Modell hat seine Mündungsbremse verloren und ist mit einem ferngesteuerten Maschinengewehr ausgerüstet.

Max Flemming (stehend rechts) und andere Angehörige des Fallschirmpanzerkorps HG in Ausgehuniform vor einem StuG III. (Max Flemming)

halten werden. Ein guter Kommandant fördert das Gefühl der Zusammengehörigkeit und Kameradschaft, häufig unter Umgehung der strengen offiziellen militärischen Ordnung, welche das Verhältnis zwischen Offizier, Unteroffizier und Soldat regelte. Ich gehörte einer Elite-Luftwaffendivision an; die Armee mit ihren Versuchs- und Trainingseinrichtungen stellte Ausbilder zu uns ab, und wir nutzten die Panzertestgelände des Heeres zum intensiven Exerzieren mit den Panzerfahrzeugen. Zu den Dingen, die wir übten, gehörte das Ein- und Aussteigen in Windeseile, wobei wir uns jede Menge blaue Flecke holten. Wir fluchten leise vor uns hin, lernten diesen Drill im Gefecht sehr schätzen, als unser Leben von dieser Geschwindigkeit abhing. Fahrübungen bei Tag und Nacht dienten dem Ziel, die Besatzungen noch stärker zusammenzuschmieden.

Darüber hinaus war Kraft gefordert. Einmal gerieten wir in Not, als drei unserer StuG im Angesicht des Feindes nicht mehr weiterkamen. Sie steckten bis zur Bodenwanne in einem Graben entlang eines engen schlammigen Weges fest. Helfer, ein Fahrer und ein Unteroffizier aus jedem Fahrzeug, sowie ein Infanteriezug als Geleitschutz rückten zur Bergung vor. Wir trafen unbehelligt dort ein und konnten das erste Unfallfahrzeug mit Hilfe von vier anderen StuGs herausziehen. Dann gerieten wir unter heftigen Beschuß aus den bewaldeten Hügeln rundum. Die amerikanische Infanterie mußte vorher geschlafen haben. Ich hatte Pech, denn mein StuG war das letzte und hatte außerdem einen Lenkgetriebeschaden. Als die beiden anderen in Richtung auf unsere Linien verschwanden, hatte ich große Mühe, mein Fahrzeug geradeaus zu steuern. Zu allem Unglück ließ mich auch noch mein Leitfahrzeug im Stich. Plötzlich stoppte das Feuer. Ich fühlte mich alles andere als wohl, als ich allein in einem beschädigten StuG in unmittelbarer Nähe der Yanks den Weg zu unseren Stellungen entlang fuhr. Ich mußte eine schmale Brücke über eine kleine, etwa 20 m tiefe Schlucht überqueren. Ich hatte gerade übergesetzt, als mein Fahrzeug nach rechts vom Weg abkam und ich in wenigen Sekunden über dem Abgrund hin und her schaukelte. Ich stieg aus; in der Dunkelheit weit und breit sah ich keine Menschenseele. Ich lief in Richtung unserer Kampflinien und bemerkte, wie sich eine Gestalt auf mich zu bewegte. Ich entsicherte meine Pistole und wartete. Ehe ich abdrücken konnte, fragte mich jemand auf deutsch, was zum Teufel ich da mache. Es war ein Infanterieleutnant. Nachdem ich ihm meine Lage geschildert hatte, befahl er etwa zehn Mann, sich als Gegengewicht hinten auf das StuG zu setzten, während ich wendete und wieder auf den Weg gelangte. Ich fuhr in die Werkstatt hinter unseren Linien. Während ich dort etwas zu essen bekam, gerieten wir unter heftigen Artilleriebeschuß, bei dem ich am Kopf getroffen und in ein Krankenhaus in Deutschland gebracht wurde."

Max Flemming verlieh dem Spitznamen „Saukopf" für das StuG eine neue Bedeutung mit der folgenden, etwas unbeschwerteren Schilderung: „Wie die Verpflegung, so die Bewegung, heißt es bei der Armee. Das traf für uns 1943 hinter der Volturno-Linie in Italien gewiß zu. Unsere StuG-Einheit sollte einige Panzergrenadiere unterstützen. Es war September und noch recht warm. Unsere Feldküche schickte uns warme Mahlzeiten mit einem Motorrad mit Seitenwagen. Das Essen war beim Eintreffen ziemlich durcheinander geschüttelt und häufig sauer. Eigeninitiative war der einzige Ausweg. Zufällig liefen einige Schweine nahe unserer Stellung frei herum, so daß wir als Ergänzung unseres Speiseplans eine Schweinejagd veranstalteten, an der sich einige von uns beteiligten…

Ich hatte ein Stück Strick, das uns von Nutzen war, als wir endlich eines der Schweine auf den Rücken bugsiert hatten. Der Strick wurde an einem der Hinterbeine festgemacht, doch plötzlich befreite sich das Tier. Es rannte wie verrückt über die Felder, so daß es die englischen Artillerieaufklärer bemerkten. Sie wollten unserem Schweinebraten-Essen einen Strich durch die Rechnung machen und bedachten uns obendrein noch mit einem Granatenhagel. Allerdings verlieh mir der Gedanke an ein schmackhaftes Mahl Ausdauer, und mit Hilfe meiner Kameraden gelang es mir, das Schwein an einen sicheren Ort zu schleifen, wo es geschlachtet wurde. Wohlschmeckende Schweinekoteletts über dem Feuer gebraten, die Pfanne von drei Kettenverbindungsbolzen gehalten – das gab uns Kraft für den nächsten Tag!"

7

Der PzKpfw IV und seine verschiedenen Ausführungen

Entwicklungshintergrund

Wie bereits erwähnt, wurde nach einer Beratung des Heereswaffenamtes vom 11. Januar 1934 eine Festlegung über die Grundausstattung der Panzerdivisionen getroffen. In der Folge wurde der PzKpfw IV unter dem unscheinbaren Namen „Mittlerer Traktor" in Dienst gestellt. Später erhielt er einen weiteren Decknamen („Bataillonsführerwagen" – BW), den er behielt, bis alle diese Namen schließlich abgeschafft wurden. Auf jener Beratung wurden die wichtigsten Aufgaben und Merkmale der verschiedenen Klassen von Panzerfahrzeugen vereinbart, wonach dem mittleren Panzer die Unterstützung im Nahkampf zukam. Die Bewaffnung bestand aus einer 7,5 cm-Kanone (kurz). Das Gesamtgewicht lag unter der standardmäßig vorgegebenen Brückenlast von 24 Tonnen. Besatzung, allgemeine Konstruktionsmerkmale und Panzerdicke waren denen des PzKpfw III als zweitem mittleren Panzer identisch, wie im vorangegangenen Kapitel beschrieben.

Die Entwicklungsarbeiten begannen noch im gleichen Jahr. Die Rheinmetall Borsig AG produzierte als erste ein Modell aus Holz, dem 1935 der unter der Bezeichnung VK 2001/Rh bekannte Prototyp folgte. Er wog etwa 18 Tonnen, bestand aus Weichstahl und wurde sofort auf dem Versuchsgelände Kummersdorf[36] getestet. Auch die Krupp AG und MAN reichten ihre Entwürfe 1935 beim Heereswaffenamt ein. Das Krupp-Modell (VK 2001/K) griff auf einige Merkmale ihrer abgelehnten Konstruktion für einen Zugführerwagen zurück. Beim Fahrwerk der MAN-Version (VK 2002/MAN) waren die Laufräder versetzt. Nach Versuchen mit allen drei Prototypen fiel die Entscheidung zugunsten des Krupp-Vorschlags. Das Unternehmen wurde zum Hauptentwickler und -hersteller des neuen Panzers ernannt. Das erste Produktionsmodell mit der Bezeichnung 1/BW kam 1936 heraus. Damit trat der PzKpfw IV seinen Vormarsch gegenüber dem PzKpfw III an. Der Erstauftrag belief sich auf 35 Stück, die alle zwischen Oktober 1937 und März 1938 produziert wurden. Die Fertigung des wichtigsten deutschen Panzers, der während des gesamten Krieges hindurch in Serie gebaut wurde und sich zum Rückgrat der Panzerdivisionen entwickelte, war angelaufen. Die durchdachte Konstruktion, seine Zuverlässigkeit und Kampftauglichkeit zeugten vom Können seiner Entwickler. Sie hatten insbesondere darauf geachtet, daß spätere Aufrüstungen und Panzerverstärkungen ohne radikale Veränderungen des Grundaufbaus möglich waren.

In vielerlei Hinsicht setzte die Ausf A Maßstäbe für die anfänglichen Versionen dieses Panzers. Sie war mit einer 7,5 cm KwK/L 24 und einem koaxialen Maschinengewehr sowie außerdem mit einem zweiten MG im Rumpf bewaffnet. Angetrieben wurde das Fahrzeug von einem Zwölfzylinder-Benzinmotor vom Maybach vom Typ HL 108 TR mit 250 PS. Außerdem verfügte es über einen DKW-Zweitakt-Benzinmotor mit 500 ccm, der den elektrischen Schwenktrieb des Turms übernahm. Das Kampfgewicht lag bei 17,3 Tonnen, die Panzerung bei maximal 20 mm. Das Fahrwerk umfaßte vier Untergestelle mit jeweils einem Paar gummibereifter Laufräder mit Viertelfedern, ein Antriebsrad vorn, ein Leitrad hinten und vier Stützroller. Dieses Fahrwerk wurde zum Erkennungszeichen des PzKpfw IV und blieb während der gesamten Nutzungsdauer nahezu unverändert. Ein weiteres Erkennungsmal war die trommelförmige Kuppel mit acht Beobachtungsschlitzen an der Turmrückseite.

PZKPFW IV AUSF A (SDKFZ 161)

Jahr der Indienststellung		1935 (Produktionsstart 1937
Gewicht (t)		18,4
Gesamtmaße (m)	**Länge**	5,60
	Höhe	2,65
	Breite	2,90
Mitgeführte Bewaffnung/Munition		
Erstbewaffnung		1 × 7,5 cm KwK 37 L/24
		122 Schuß
Zweitbewaffnung		2 × 7,92 mm MG 13
Panzerung (mm)		max. 15
		min. 5
Motor	**Typ**	Maybach HL 108 TR
	PS / U/min	250/ 3000
Besatzung		5 Mann
Höchstgeschwindigkeit (km/h)		32
Reichweite (km)		150
Bemerkungen:		Erstausführung

Der erste der äußerst zuverlässigen PzKpfw IV, des sog. „Rückgrates der Panzerdivisionen", war die Ausf A, von der 1937–38 nur etwa 35 Stück gebaut wurden. Auf dem ursprünglichen Bataillonsführerwagen beruhend, wurde als Erstwaffe eine 7,5 cm KwK 37 L/24 (kurz) verwendet, wodurch das Fahrzeug zu einem mittleren Unterstützungspanzer zur Überwachung der PzKpfw II und später der PzKpfw III wurde. Eingesetzt wurde die Ausf A in Polen, Frankreich und Norwegen.

Eine Ausf B des PzKpfw IV vor einer neuen Panzer kaserne. Diese Ausführung hatte eine stärkere Panzerung, eine neue Kuppelform und einen stärkeren Motor. Sie war von 1938 bis Ende 1943 im Dienst. (Oberst aD Hermann Rothe)

Diese Ausf E wurde am Heck beschädigt, wobei die Laufstege nach oben verbogen wurden. Die Ausf E besaß eine neue Kuppel und verstärkte Panzerung. Hingewiesen sei auf die Mitführung von Ersatzkettengliedern über den Laufrädern. Von dieser Ausführung wurden 1949/41 etwa 220 gebaut.

Die Ausf B wies eine Reihe von Verbesserungen auf, darunter den leistungsstärkeren Maybach-Motor HL 120 TRM mit 320 PS und das neue Sechsganggetriebe SSG 76 anstelle des alten Fünfganggetriebes SSG 75. Die Frontpanzerung wurde auf bis zu 30 mm verstärkt, wodurch sich das Kampfgewicht auf 17,7 Tonnen erhöhte. Von der Ausf B – bekannt als 2/BW – wurden 45 Stück bestellt, von denen aufgrund von Teilemangel bei Krupp jedoch nur 42 fertiggestellt wurden. Auch die praktisch mit ihrem Vorgänger identische Ausf C kam 1938 heraus. Der einzige Unterschied bestand darin, daß das Rumpf-MG ausgebaut und durch eine Beobachtungsöffnung ersetzt wurde. Außerdem hatte dieses Modell über dem koaxialen MG eine gepanzerte Manschette, eine überarbeitete Geschützblende und einen anderen Antennenableiter. Von der mit ca. 19 Tonnen etwas schwereren Ausf C wurden ungefähr 140 Stück produziert. Diese ersten drei Ausführungen besaßen eine Innenblende, die sich aber im Gefecht als instabil erwies und das Eindringen von Geschossen in den Turm nicht verhinderte. So erhielt die Ausf D eine vollkommen neue Geschützblende mit überlappenden Kanten, wodurch die Ansatzstellen besser geschützt waren. Auch das Bug-MG wurde wieder eingeführt. Die Panzerung an den Seiten und am Heck wurden von 15 auf 20 mm verstärkt. Nachdem man die Ausf D auf Herz und Nieren geprüft hatte, kam eine neue Armeevorschrift (Nr. 685 vom 27. September 1939) heraus, derzufolge: „... der PzKpfw IV (7,5 cm) (SdKfz 161) nach erfolgreichen Truppenversuchen hiermit für kampftauglich erklärt wurde."[37] Von den insgesamt 220 Ausf D wurden nur eine Handvoll vor Kriegsausbruch fertiggestellt. Einige mußten nach dem Polenfeldzug nachgerüstet werden. Die Gefechtserfahrung zeigte, daß die Panzerung zu dünn war und durch Platten vorn und an den Seiten verstärkt werden mußte. Nach Berichten des britischen Geheimdienstes aus dieser Zeit geschah dies oft ohne offizielle Genehmigung, denn man hatte einen Befehl aufgefangen, demzufolge keine zusätzlichen Platten nach dem Gutdünken der Einheiten aufgeschweißt werden durften. Nach dem Hinweis, daß dieses Vorgehen bei falscher Ausführung eher zu einer Verringerung des Schutzes als zu seiner Erhöhung führen könne, wies die Vorschrift auf die Befehle des deutschen Generalstabes in bezug auf die Ergänzung zusätzlicher Panzerplatten hin.

Das Nachfolgermodell hatte ein Gewicht von 21 Tonnen und besaß einen neuen Kuppeltyp, der weiter vorn auf dem Turm saß. Außerdem sorgte ein vereinfachtes Antriebsrad für die Verwendung breiterer Ketten.

Die wichtigste Verbesserung an der Ausf F_1 betraf wiederum die Panzerung, deren Grundstärke im gesamten Vorderbereich (Rumpf, Aufbau, Turm) auf 50 mm erhöht wurde, während an den Seiten 30 mm ohne zusätzlich aufgenietete Platten ausreichten. Erstwaffe dieser Ausführung war noch immer die 7,5 cm-Kanone mit ihrer geringen Anfangsgeschwindigkeit. Allerdings wurden die folgenden Versionen auf persönlichen Befehl Hitlers durch den Einbau der 7,5 cm KwK 40 L/43 (lang) waffentechnisch verbessert. Bei der Ausf F_2 mußte der Platz zur Lagerung der Munition verändert werden, um die größeren Geschosse unterbringen zu können. Der Einbau der neuen Kanone änderte die Rolle des PzKpfw IV ein für allemal. Aus dem Unterstützungspanzer wurde der wichtigste Panzerjäger, während der PzKpfw III hinfort nur noch zu unterstützenden Aufgaben eingesetzt wurde. Die Anfangsgeschwindigkeit der neuen Kanone betrug 740 m/s (im Gegensatz zu 385 m/s bei ihrer Vorgängerin). Damit durchschlug sie 89 mm (ehemals 41 mm) starke Stahlplatten auf 460 m bei einem Winkel von 30°. Zweifelsohne verursachte ihr Auftauchen auf dem Schlachtfeld den Alliierten gehörige Bauchschmerzen.

Inzwischen waren ca. 1300 PzKpfw IV der Ausf A bis F_2 fertiggestellt. Mit der Ausf G als nächster Version sollte sich diese Zahl mehr als verdoppeln. Zwischen Mai 1942 und Juni 1943 baute man über 1600 Exemplare. Anfangs glich die Ausf G der F_2 nahezu aufs Haar, aber im Laufe der langen Serienproduktion kam es zu einigen

Die wichtigste Verbesserung bei der Ausf F war ihre stärkere Panzerung. Die mitunter als F_1 bezeichnete Version wurde als letzte mit der 7,5 cm-Kanone (kurz) ausgerüstet. Viele dieser F_1 wurden später mit 7,5 cm Kanonen (lang) umgerüstet. Wer mag sich wohl hier beim Entladen versucht haben? (Ernst J. Dohany)

Veränderungen. Dazu gehörten eine verbesserte KwK L/48 mit einer Anfangsgeschwindigkeit von 750 m/s, zusätzlich aufgenietete Panzerplatten, darunter erstmals dünne Stahllatten an den Seiten, die sog. Schürzen, am Rumpf sowie hinten und seitlich am Turm. Sie sollten Hohlladungswaffen, wie der Bazooka, Paroli bieten und wurden auch bei der Ausf H montiert. Auch diese wurde wiederum in größeren Stückzahlen als jede andere Ausführung der damaligen Zeit hergestellt. Nahezu 4000 Fahrgestelle liefen vom Band, wobei nicht alle zur Panzerproduktion verwendet wurden (siehe unten). Zu den wichtigsten Veränderungen zählten eine nochmalige Verstärkung der Panzerung, die an der Frontplatte nunmehr bis zu 80 mm betrug, ein neues Getriebe (SSG 77) und weitere Modifizierungen, die das Kampfgewicht insgesamt auf 25 Tonnen erhöhten und damit zu einer geringfügigen Leistungseinbuße führten. Die Ausf J bildete den Abschluß der Baureihe. Bis März 1945 wurden über 1700 gebaut. Mit mehr als 8500 PzKpfw IV, die insgesamt hergestellt wurden, ging mehr als ein Drittel der gesamten deutschen Panzerproduktion während des Krieges auf das Konto dieses Typs. Die letzte Ausführung faßte mehr Treibstoff, wodurch sich die Reichweite des Panzers auf 320 km ausdehnte. Allerdings verzichtete man dafür auf den elektrischen Schwenktrieb des Turms, was einen bedauerlichen Rückschritt darstellt.

Grundbeschreibung

Allgemeines Rumpf, Aufbau und Turm bestanden aus einer konventionellen geschweißten Konstruktion. Der Hauptteil des Rumpfes trug einen abnehmbaren Aufbau, der wegen seiner Breite über die Ketten reichte und somit wertvolle Stauflächen und eine ausreichend große Grundfläche für den Turm bot. Dadurch konnten ein großer Turmring und ein Ringschutz verwendet werden. Der Turm besaß einen Notausstieg auf jeder Seite und eine starre Kuppel mit fünf Fenstern, die jeweils mit Glasblöcken ausgestattet waren. Diese kugelsicheren Schutzschilde konnten mit Hilfe eines kleinen Hebels direkt unter dem Fenster aufgestellt oder heruntergeklappt werden. Der Turmboden war mit Tragarmen am Turmring befestigt und bewegte sich mit dem Turm. Die Erstwaffe, bestehend aus 7,5 cm-Kanone (lang oder kurz) und einem koaxialen MG, befand sich in einer Geschützmulde in der Turmfront. Ein weiteres MG, das vom Funker oder dem Richtschützen bedient wurde, war – abgesehen von der Ausf C – bei allen Ausführungen antriebsseitig an der Frontplatte des Aufbaus in einer Kugelpfanne befestigt. Zwei Zwischen-

PZKPFW IV AUSF H (SDKFZ 161/2)

Jahr der Indienststellung	1943
Gewicht (t)	25
Gesamtmaße (m) **Länge**	7,02
Höhe	2,68
Breite	2,88
Mitgeführte Bewaffnung/Munition	
Erstbewaffnung	1 × 7,5 cm KwK 40 L/48, 87 Schuß
Zweitbewaffnung	2 × 7,92 mm MG 34
Panzerung (mm)	max. 80, min. 10
Motor **Typ**	Maybach HL 120 TRM
PS / U/min	300/ 3000
Besatzung	5 Mann
Höchstgeschwindigkeit (km/h)	38
Reichweite (km)	210
Bemerkungen:	mit fast 4000 Stück die wichtigste Ausführung

Diese 7,5 cm-Kanone (lang) wurde als Gegenwehr zur Überlegenheit der russischen T-34 und KW 1 entwickelt. Dieser PzKpfw IV ist sicher auf dem Plattformwagen in Richtung russische Front verladen. (Horst Riebenstahl)

Dieser F_2 wurde in Nordafrika erbeutet. Von der vor der rechten Kette abgebildeten Munition für die Erstwaffe wurden 87 Stück mitgeführt. Die 7,5 cm KwK 40 L/43 besaß dank ihrer mehr als verdoppelten Anfangsgeschwindigkeit gegenüber der kurzen Version eine deutlich erhöhte Leistung.

wände teilten den Rumpf in drei Abteile. Der Motor im hintersten Abteil trieb eine Gelenkwelle an, die ihrerseits unter dem Turmboden bis zu einer Kupplung und einem Getriebe im vorderen Abteil führte. Vom Getriebe aus verlief der Antrieb über ein Kegelgetriebe und Querwellen zu einer Kupplungssteuerung und einem Stirnrad-Untersetzungsgetriebe bis zu den Vorderantriebsrädern. Ein benzingetriebener Hilfsgenerator existierte für den elektrischen Turmschwenkbetrieb auf der linken Seite des Motors, etwa 12–15 cm von der Mittellinie versetzt. Drei Benzintanks mit einem Fassungsvermögen von 477 l befanden sich auf dem Boden des mittleren Abteils im Rumpf unterhalb des Turms. Fahrer und Funker/MG-Schütze saßen im vorderen Abteil zu beiden Seiten des Getriebes, wobei der Platz des Fahrer seinen Sitz links hatte. Platz für die drei übrigen Besatzungsmitglieder (Komandant, Richt- und Ladeschütze) war im Turm.

Panzerung Die Grundpanzerung war durchgehend geschweißt und wurde mit jedem neuen Modell verstärkt. Vorn war sie in der Regel härter und dicker als an den Seiten, aber eine spezielle Oberflächenhärtung kam erst mit der Ausf D auf. Dieses Modell verfügte über eine oberflächengehärtete Nasenplatte. Das Turm-Untergestell wurde durch einen umgekehrten V-förmigen Ring geschützt, der allerdings nicht den gesamten Turm umgab, so daß die hintere und die linke Seite teilweise ungeschützt waren (weil der Turm versetzt war). Schutz vor Geschossen boten spezielle Ablenkschienen am Ausstieg sowie Ablenkplatten oben und unten an der Blendenöffnung. Eine von britischer Seite durchgeführte Studie zur Ausf G mittels des „Poldi" Brinell[38]-Härteprüfers ergab, daß zunehmend oberflächengehärtete Platten verwendet wurden. Dazu bediente man sich offenbar des Brennhärtens mit folgenden Ergebnissen: vordere Nasenplatte 460–490 Brinell; senkrechte Frontplatte außen 500–520 Brinell, innen 250–260 Brinell; Turmfrontplatte außen 490–510 Brinell, innen 270–280 Brinell; Rumpfseite außen 470–500 Brinell. Die seitlichen Turmplatten hatten einen einheitlichen Härtegrad von 340–360 Brinell.

Die letzte „Aufpanzerung" erfolgte durch die bereits erwähnten Abstandsplatten („Schürzen") aus 5 mm Weichstahl. Die Abschnitte waren 114 x 99 cm groß, reichten von der Oberkante des Aufbaus bis zur Oberkante der Laufräder und waren vom Rumpf ca. 38 cm entfernt. Die Abstandspanzerung am Turm bestand aus 6 mm dicken Stahlplatten an den Seiten und am Heck. Die eingebauten Klappen lagen denen im Turm unmittelbar gegenüber.

Bewaffnung Wie bereits erwähnt, wurde das Fahrzeug zunächst (d.h. die Ausf A–F_1) mit der 7,5 cm L/24 (kurz) ausgerüstet. Diese „langsame" Waffe mit einer 24er Kaliberlänge, einem senkrechten Schiebeverschluß und einer Anfangsgeschwindigkeit von 385 m/s (Panzerkern- und Ballistikkernmunition) war bereits auf der Ausf N des PzKpfw III und den ersten StuG III zum Einsatz gekommen. Wenngleich sie für verschiedene Munitionsarten, wie Sprenggranaten, Panzerkern-, Ballistikkern- und Brisanzmunition zur Panzerabwehr, Nebelgeschosse und Kartätschen, ausgelegt war, wurde sie im wesentlichen als Haubitze und zur Feuerdeckung eingesetzt. Zur Höheneinstellung diente ein Zahnstangenantrieb, der mit einem Handrad geregelt wurde, womit sich die Blende um 32° (von –11° bis +21°) richten ließ. Es bedurfte 15 voller Radumdrehungen, um den gesamten Winkel zurückzulegen. Der Rundum-Schwenktrieb erfolgte manuell oder elektrisch. Die Stromzufuhr ließ sich über einen Druckschalter am Handrad regeln, während das Umschalten von Hand- auf Motorbetrieb über einen Hebel am Schwenkgetriebe geschah. Der Hilfsmotor war ein wassergekühlter Zweizylinder-Zweitaktmotor von Auto-Union. Links vom Schützen zeigte eine Vorrichtung, die wie ein Zifferblatt von 1 bis 12 skaliert war, die Position des Turms im Verhältnis zum Rumpf an. Ein weiterer Antrieb betätigte einen Ring mit Innenverzahnung in der Kuppel über einer Kugelgelenkwelle. Auch dieser Ring war von 1 bis 12 skaliert; außerhalb der Kuppel befand sich eine feststehende Markierung, die mit der Bedienerskala übereinstimmte. Auf diese Weise konnte der Kommandant dem Schützen die ungefähre Position eines Ziels mitteilen. Koaxial waren ein MG 34 und ein Zielfernrohr vom Typ TZF 5b eingebaut. Das mit einem Patronengurt ausgerüstete MG wurde vom Schützen mit einem Pedal bedient. Das Teleskop besaß drei Entfernungsskalen für Brisanz- und panzerbrechende Munition (Erstwaffe) bzw. für das MG 34. Für die Erstwaffe wurden 80 Geschosse mitgeführt, zu denen 2700 Schuß MG-Munition kamen.

Von der Ausf G wurden fast 1700 produziert. Zwar wurde ab März 1943 die L/48 anstelle der L/43 eingebaut, aber trotzdem war der PzKpfw IV keine ernste Gefahr für den T-34, so daß irgendwie für zusätzlichen Schutz gesorgt werden mußte. Hier verwendete man Sandsäcke, die allerdings keine große Hilfe gewesen sein dürften. (Oberst aD T. Bock)

Bei dieser Ausf H wurden zum Schutz außerdem sog. Schürzen angebracht. Mit 4000 Fahrgestellen baute man von diesem Modell mehr als von jedem anderen. Allerdings wurden davon nur 3775 zur Panzerproduktion, die übrigen für die StuG IV und den *Brummbär* genutzt (siehe unten).

Ab der Ausf F_2 wurde die Kurzlaufkanone durch die leistungsstärkere KwK 40 L/43 ersetzt, die ab der Ausf H noch einmal gegen die 37,5 cm längere L/48 ausgetauscht wurde. Anfangs waren die Kanonen mit einer Mündungsbremse mit einfachen, später jedoch meistens mit doppelten Leitblechen ausgestattet. Die größere Länge der Kanone führte zu einer Mündungslastigkeit des Waffensystems, was durch eine kräftige Druckfeder ausgeglichen wurde. Sie befand sich in einem Zylinder, vorn im Drehscheibenboden, der nach rechts versetzt verankert war.

Beweglichkeit Zunächst wurde mit dem Zwölfzylinder-Maybach HL 108 TR (250 PS) der gleiche Motor wie beim PzKpfw III verwendet (später durch den leistungsstärkeren HL 120 TR (320 PS) ersetzt), der optimal mit 74 Oktan-Treibstoff lief. Er galt in gemäßigtem Klima generell als äußerst zuverlässig galt, sich in der staubigen Hitze Nordafrikas und Südrußlands jedoch überhitzte und auch in anderer Hinsicht als problematisch erwies. Es mußten also alle Anstrengungen unternommen werden, um die Motortemperatur niedrig zu halten und soweit wie möglich vorsichtig und mit niedrigem Gang zu fahren. Die Motoranordnung unterschied sich von der des PzKpfw III. Der Motorraum hatte eine andere Form, wodurch beide Auspuffanlagen auf die rechte Panzerseite verlegt werden mußten. Die Übertragung glich der von Typ III. Die Dreischeibenkupplung befand sich hinten am Getriebe. Die Lenkung erfolgte mit einer Wilson-Krupp-Kupplungssteuerung. Die Ketten setzten sich auf jeder Seite aus 98 Gliedern zusammen, waren 400 mm breit und bestanden aus Manganstahl. Jede Kette wog 1270 kg. Ihre „Skelett"-Bauweise machte sie leichter; die Spannung wurde durch ein im hinteren Teil montiertes Leitrad gehalten. Es saß auf einer exzentrischen Achse, die mittels eines 1,5 m langen Ringschlüssels bewegt wurde. Eine Sperrad verhinderte ein Zurückschnappen der Achse und damit ein Durchhängen. Eine interessante und wirkungsvolle Vorrichtung zur Kettenreparatur wurde beim PzKpfw IV getestet. Dabei handelte es sich um ein in der Industrie eingesetztes Förderband mit der gleichen Breite wie die Kette und perforierten Rändern, die auf die Zähne des Antriebsrades abgestimmt waren. Barst eine Kette aus irgendeinem Grund, konnte das Förderband an dem gebrochenen Ende angeklemmt und nach vorn über die oberen Stützroller in die Zähne des Antriebsrades eingelegt werden. Nach Anlassen des Motors und Einlegen des Gangs drehte sich das Antriebsrad, zog Förderband und Kette nach vorn, bis die Kette in die Verzahnung des Antriebsrades griff. Jeder, der einmal versucht hat, eine schwere Kette in Regen und Schlamm mit einem Seil über ein Antriebsrad zu ziehen, kann in etwa ermessen, welch ein Segen dieses einfache System für die Besatzungen gewesen sein muß.

Einsatzhistorie

Seinen ersten Gefechtseinsatz – wenngleich er

Sehr gute Nahaufnahme einer Ausf H/J mit Treibstoffkanistern oben am Turm. Diese 20 l-Kanister waren denen der Alliierten deutlich überlegen. (Oberst a D Helmut Ritgen)

Draufsicht auf eine Ausf J, mit der die Baureihe eingestellt wurde. Man sieht den Verzicht auf die meisten Visierschlitze, die wahrscheinlich dem Bestreben geschuldet sind, den verletzbarsten Teil der Panzerkonstruktion besser zu schützen. Außerdem zeigt das Foto deutlich, wie die Schürzen an den Panzerseiten befestigt waren.

nur in geringer Stückzahl – hatte der PzKpfw IV in Polen, wo er sich äußerst zufriedenstellend bewährte. Zwar kamen immerhin etwas mehr als doppelt so viele PzKpfw IV wie PzKpfw III in Polen zum Einsatz, aber das bedeutete trotzdem nur ein Verhältnis von 211 zu 98. Sie erwiesen sich als derart wirkungsvolles Waffensystem, daß Guderian sie für die Großserienfertigung vorschlug. Von den insgesamt 217 Panzern, die vom 1. bis 30. September 1939 ausgeschaltet wurden, gingen nur 19 auf das Konto des Polenfeldzuges.

Der folgende Bericht aus den Annalen des 35. Panzerregiments schildert, welche Rolle der Befehlswagen eines Abteilungsstabes bei dem Kämpfen um Warschau spielte. Er stammt von Hans Schaufler und trägt den Titel „Unter Beschuß in Warschau“: „Vor fünf Tagen war ich als Fernmeldeoffizier in den Stab der Abteilung gekommen. Der Vorort Ochota auf dem Weg zwischen Rawa und Warschau war unser letzter Sammelplatz. Der zweite Angriff auf Warschau stand bevor. Die Panzer warteten in geringen Abständen aufgereiht, hinter ihnen lauerten die Schützen und die Pioniere in Bereitschaft. Es war ungewöhnlich still. Kein Geschütz- oder Maschinengewehrfeuer, und auch die Artillerie auf beiden Seiten schwieg. Nur ab und zu wurde die Ruhe von einem Aufklärungsflugzeug am klaren Himmel durchschnitten.

Ich saß neben General von Hartlieb im Panzerbefehlswagen. Der Abteilungsadjutant, Hauptmann von Harling, breitete die Stellungskarte aus. Es ging eng zu. Beide Funker widmeten sich ihren Geräten. Einer konzentrierte sich darauf, das Codewort der Division zum Losschlagen entgegenzunehmen, der andere hatte seine Hand am Schalter, um den Befehl an die Regimenter weiterzugeben. Der Motor tuckerte vor sich hin, und der Fahrer hatte den Fuß auf der Kupplung. Dann ging plötzlich ein Heulen durch die Luft, dicht um uns herum schlugen die Geschosse ein, einige auf der rechten Seite, dann auf der linken und schließlich ein paar hinter uns. Eine Salve nach der anderen pfiff und sauste durch die Luft. Schon hörte man die ersten Verwundeten des Tages stöhnen. Die polnische Artillerie hatte uns ihr übliches ‚Willkommen‘ bereitet.

Jetzt erhielten wir den Befehl zum Vormarsch, der sofort an die anderen weitergegeben wurde. Die schweren Motoren unserer Panzer fuhren lautstark ins Gefecht. Der große Kampf um die polnische Hauptstadt Warschau hatte soeben, am neunten Tag des Krieges, begonnen. Wir erreichten die Außenbezirke der Stadt. Wir konnten den Rattern der schwere MGs, die dumpfen Explosionen der Handgranaten, das Auftreffen der Granatsplitter auf die Panzerplatten hören. Im Befehlswagen jagte eine Meldung die andere. ‚Straßenbarrikaden voraus‘, berichtete das 35. Regiment. ‚Beschuß durch Panzerjäger – fünf Panzer vernichtet – verminte Barrikade voraus‘, tönte es aus dem Funkgerät. ‚Befehl an das Regiment: Schwenk im Süden‘, brüllte der General. Bei dem Getöse draußen mußte man schreien, um sich verständlich zu machen. ‚Setzen Sie diese Meldung an die Division ab‘, befahl ich. ‚Haben Außenbezirke von Warschau erreicht. Straßen versperrt und vermint. Schwenken nach Süden.‘ Das Regiment meldete: ‚Barrikade eingenommen.‘

Plötzlich regnete es wieder Granatsplitter. Dem folgte erst rechts, dann links ein Einschlag. Jemand stieß mich in den Rücken. ‚Feindliche

Innenansicht des Turms einer Ausf G, aufgenommen durch die rechte Einstiegsluke.

Stellung 300 m voraus', rief der General von seinem Beobachtungsposten im Turm. ‚Rechts abbiegen!' – Die Ketten knirschten auf dem Kopfsteinpflaster, als wir über einen leeren Platz fuhren. ‚Schneller! Schneller!' brüllte der General wutentbrannt, denn die Polen waren gute Schützen. ‚Stehen unter schwerem gegnerischen Beschuß', meldete das 36. Regiment. ‚Meldung an Regiment: Gradnetzmeldepunkt für Artillerieunterstützung angeben', antwortete der General. Steine und Granatsplitter donnerten an die Stahlwände. Die Geschosse schlugen in unmittelbarer Nähe ein. Dann eine weitere Explosion. Ich schlug mit dem Kopf gegen die Meßgeräte. Der Panzer bäumte sich auf und wurde dann zur Seite geschleudert.

Gelbe Funken wurden durch die Turmluke hereingedrückt. Gasmasken, Gurte, Kochgeschirre flogen ums her – ein Artillerietreffer! Es vergingen einige Sekunden voller peinigender Zweifel. Ein Blick zu den anderen, eine kurze Berührung, alles war in Ordnung. Der Fahrer legte den dritten Gang ein. Wir schauten uns erwartungsvoll an. Der Panzer bewegte sich. Allerdings machte Kette und Antriebsrad auf der linken Seite ein verdächtiges Klopfgeräusch. Doch wir schienen vom Fleck zu kommen. Plötzlich brach die Hölle über uns herein. Links und rechts von uns hörten wir dumpfe Aufschläge; aus allen Fenstern zielte man mit Maschinengewehren auf uns. Die Geschosse prallten gegen unsere Panzerung. Aus den Kellern wurden Handgranaten und Benzinbomben auf uns geworfen. Wir waren zahlenmäßig etwa 100 : 1 unterlegen, aber wir gaben dennoch nicht auf.

Umgestürzte Straßenbahnen, Stacheldraht, in den Boden gerammte Straßenbahngleise und Panzerjäger verlangsamten unseren Vormarsch in südlicher Richtung. ‚Bitte laß und jetzt nicht im Stich', beteten wir alle, denn dies hätte unseren sicheren Tod bedeutet. Immer lauter und besorgniserregender ertönte das Klopfen der Ketten. Dann sahen wir eine Obstplantage, in der wir uns zwischen den Bäumen verstecken konnten. Einige Gruppen unseres Regiments hatten bereits den Warschauer Hauptbahnhof erreicht, aber allzu oft erhielten wir die Nachricht: ‚Vormarsch gestoppt, schwerer Beschuß durch den Gegner – Panzer durch feindliche Panzerjäger und Minen vernichtet – brauchen Artillerieunterstützung.'

Unsere Verschnaufpause wurde von einem Artillerieangriff beendet. Die Polen hatten uns entdeckt. Wir konnten weder nach rechts noch nach links ausweichen. Es blieb uns keine andere Wahl als zu versuchen, die beschädigte Kette zu reparieren. Aber wir hatten keine Zeit, denn das Regiment brauchte unsere Unterstützung. Der General ließ eine Meldung nach der anderen absetzen und erteilte reihenweise Befehle. Plötzlich kam es zur erhofften Feuerpause des Gegners. Doch sobald wir die Luken öffneten, trommelte intensives MG-Feuer gegen unsere Panzerplatten. Irgendwo da draußen, versteckt vor unseren Augen, beobachteten uns die Polen. Wir saßen im Brombeergestrüpp und versuchten, nur ja nicht aufzufallen mit unserem Panzer. Unsere Panzerung war vorn verbogen. Der Kettenschutz war geborsten, alle leichten Metallteile fehlten oder hingen lose herab. Ketten und Laufräder hatten Schaden genommen. Wir entfernten alle lockeren Teile und konnten die Ketten frei machen. Dann setzten wir zwei neue Kettenbolzen ein. Vielleicht war uns das Glück hold und ließ uns einige Kilometer zurücklegen. Wir stiegen wieder in unseren Panzer.

Blick durch die linke Einstiegsluke einer Ausf G auf die Bediengeräte des Schützen.

An Unterstützung aus der Luft sei nicht zu denken, teilte uns die Division mit. Unsere Ar-

Dieser Fahrerstand gehört zu einer ursprünglichen Ausf A (Bataillonsführerwagen).

Rechte Einstiegsluke einer Ausf G. Doppeltüren kamen mit der Ausf F auf.

tillerie war viel zu schwach, um dem feindlichen Gegenangriff standzuhalten. Von der Division kam der Befehl: ‚Zurück zum letzten Sammelplatz.‘ Eine Gruppe nach der anderen zog sich im Feuerschutz zurück. An manchen Stellen erwies sich diese Aufgabe als schwieriger als an anderen. Wir im Befehlswagen hatten alle Hände voll zu tun, so daß wir beinahe unsere eigene verzweifelte Lage vergaßen. Nach dem Abzug aller Gruppen war unsere Aufgabe beendet. Nun standen wir vor dem Problem, uns selbst zurückzuziehen. Wieder einmal stand uns ein Spießrutenlauf aus dieser Hölle bevor, der wir beim ersten Mal glücklicherweise entkommen waren. Wir beschlossen, den gleichen Weg zurück zu nehmen.

Es war sehr ruhig da draußen, eigentlich sogar verdächtig ruhig. Dieses Schweigen war nervtötend. Wir spürten, wie uns der Feind wachsam beobachtete. Wir wußten auch, daß er nur den geeigneten Zeitpunkt abwartete. Wir kamen an der Stelle vorbei, wo uns das Geschoß getroffen hatte. Nur noch eine einzige Biegung und wir waren wieder auf der langen geraden Straße. Aber wir mußten auch noch eine Barrikade überwinden, und das bedeutete Vorsicht. Als wir die gerade Straße erreicht hatten, verspürten wir im Innern Erleichterung.

Ein schwerer Aufprall erschüttere die Oberseite des Hecks. Dann noch einer – insgesamt wurden wir viermal getroffen. Panzerjäger! Der Motor hielt durch. Dann eine schrille, ohrenbetäubende Detonation. Der Panzer scherte nach rechts aus und blieb stehen. Im letzten Augenblick vernichtet! Bloß raus! Der nächste Treffer wäre unser sicheres Ende gewesen. Aber draußen waren wieder Himmel und Hölle in Bewegung. Das beste war, die Maschinengewehre hinauszuwerfen und dann seitlich abzuspringen. Doch was war das? Vom Heck her stieg Rauch auf. Als erstes befürchteten wir, der Motor sei in Brand geraten. Allerdings hörten wir dann dieses ungewöhnliche Zischen. Es war nahezu unglaublich, aber ein Panzerabwehrgeschoß hatte die Nebelgranaten gezündet. Leichter Wind trieb den Rauch auf die Barrikade zu. Zweifelsohne glaubte der Feind, unser Panzer würde brennen. Sein Zögern und der uns einhüllende Rauch ermöglichten unser Entkommen.

‚Abteilung an Division‘, diktierte der General, allerdings vergeblich, denn man hatte uns die Antenne weggeschossen. Eine Kette lag der Länge nach hinter uns. Das Heck war stark verbeult. Schweren Herzens mußten wir unseren Panzer zurücklassen. Es war einfach unmöglich, ihn vor Ort zu reparieren. Wir bauten das Maschinengewehr und die Funkgeräte aus und nahmen auch die Geheimunterlagen mit. Ab und zu mußten wir vor Granaten in Deckung gehen. Eigentlich hätten wir unseren Befehlswagen in Brand setzen müssen, aber das brachte keiner von uns fertig. Anstatt dessen tarnten wir ihn mit Ästen. Wer weiß, vielleicht bot sich ja die Möglichkeit, ihn zurückzuholen. Wir gaben uns gegenseitig Feuerschutz, während wir von Haus zu Haus und Garten zu Garten rannten. Wir schafften es alle.

Mit bleischweren Gliedern fielen wir in einen unruhigen Schlaf. Manchmal schreckten wir hoch und erinnerten uns daran, daß wir unseren B O1 schwer getroffen und mit weit geöffnetem Turm nahe einer polnischen Barrikade zurückgelassen hatten. Er mußte sich in einem erbarmungswürdigen Zustand befinden. Ich wachte erneut auf und starrte in die klare Septembernacht. Plötzlich ertönte fragend die rauhe Stimme unseres Fahrers: ‚Kommst du mit?‘ Ich fragte ihn, wohin er wolle. ‚Ich habe ein Bergungsfahrzeug organisiert‘, antwortete er. Wir erhoben uns alle. In jener Nacht gelang es uns, unseren B O1 zu bergen, der – abgesehen von seinem unbeweglichen Turm und seiner Aluminiumkanone – genau wie ein Panzer IV[39] aussah. Einmal schossen die Polen auf uns, aber wir hatten unser Fahrzeug bereits im Schlepp und konnten entkommen. Unser Panzer war zwar beschä-

Auch nachdem dieser Panzer in der nordafrikanischen Wüste außer Gefecht gesetzt wurde, bietet diese Nahaufnahme Modellbauern eine hervorragende Vorlage. Gut sichtbar sind vor allem die Nebelgeräte am Heck und die Verkettung, die vom Turm aus bedient wurde.

digt, aber keiner von uns hätte es fertiggebracht, ihn dem Feind zu überlassen."

Lange Einsätze auf den schlechten polnischen Straßen oder noch holprigerem Gelände verursachten starken Verschleiß bei allen deutschen Panzerfahrzeugen. Außerdem mußten die bestehenden Strukturen zur Reparatur und Bergung beschädigter Panzer optimiert werden. Welchen Erfolg diese Maßnahme brachte, läßt sich vielleicht aus dem folgenden Bericht ablesen. Er wurde damals zunächst in einer deutschen Zeitung veröffentlicht und im Mai 1941 über den militärischen Geheimdienst MI 1O unter den britischen Einheiten verbreitet. Unter der Überschrift „Das Geheimnis der Kampfkraft deutscher Panzerfahrzeuge" schildert er ausführlich, wie die Reparatur- und Bergungseinheiten in den betreffenden Panzerdivisionen aufgebaut waren.

„Das Geheimnis des Erfolges deutscher Panzerfahrzeuge war die straffe Organisation bei der Auswechslung und Reparatur beschädigter Panzer in kürzester Zeit. Je weiter sich die am Vormarsch beteiligten Fahrzeuge vorwagten und von den technischen Diensten entfernten, von denen sie normalerweise abhängig waren, desto wichtiger war es, Wartung und Reparatur im Feld gut zu organisieren. Wie diese Dienste aufgebaut waren, wird unten beschrieben.

(1) Jedes Panzergeschwader und der Stab jeder Panzerabteilung verfügt über einen leichten Hilfszug. Dabei handelt es sich um die kleinste Reparatureinheit, die nahe der Front eingesetzt werden kann. Ihr gehören die Fahrer für die jeweiligen Fahrzeuge, Mechaniker und Funktechniker an. Sie ist mit leichten Lkws für die Ersatzteile und Werkzeuge sowie mit einem umgebauten Panzer zum Transport der Ersatzteile und Mechaniker zu den liegen gebliebenen Panzern im Gelände ausgestattet. Der leichte Hilfszug aller Panzerabteilungsstäbe steht unter dem Kommando eines Offiziers, der erforderlichenfalls den Einsatz aller leichten Hilfszüge an einen beliebigen Frontabschnitt veranlassen kann, an dem ihre Dienste dringend benötigt werden.

Insbesondere ist sicherzustellen, daß die leichten Hilfszüge ausreichend mit Ersatzteilen und allen notwendigen Transportmitteln ausgestattet sind. Der Panzermechaniker des leichten Hilfszuges der Abteilung führt stets einen Sack der am häufigsten benötigten Ersatzteile mit, so daß laufende Kleinreparaturen ohne Zeitverlust ausgeführt werden können. Der leichte Hilfszug aller Geschwader und Abteilungsstäbe besitzen ein mittleres Halbkettenfahrzeug zur Beförderung weiterer Ersatzteilbestände.

Ist ein Panzer so schwer beschädigt, daß zu seiner Reparatur Spezialtechnik erforderlich ist, oder wenn sich die Arbeiten als zu aufwendig erweisen sollten, wird das Fahrzeug an den Hersteller oder einen Wartungsstützpunkt in Deutschland überführt.

(2) Jedes Panzerregiment besitzt eine Werkstattkompanie mit Elektrowerkzeugen mit eigenen Stromgeneratoren, Lichtmaschinen und Batterieladegeräten, die u.a. auch Schweißarbeiten ausführen und Reifen vulkanisieren kann. Zu ihrer Ausrüstung gehören ein Kran, eine Feldschmiede, Fräs-, Schneid-, Bohr- und Werkzeugschleifmaschinen sowie Werkzeugsätze für Schlosser, Zimmerleute, Klempner, Lackierer

Erstklassige Aufnahme eines PzKpfw IV der 24. Panzerdivision bei der Überquerung des Don. (Ernst J. Dohany).

u.a. Somit ist diese Einheit vollkommen selbständig.

Die Werkstattkompanie des Regiments besteht aus zwei gleich aufgebauten Zügen, von denen jeder einer Abteilung des Regiments zugeordnet werden kann. In der Praxis halten sie sich stets hinter dem Regiment, um die Kontinuität der Reparaturarbeiten zu gewährleisten. Jeder Werkstattzug hat mehrere Lkws, die hauptsächlich zum Transport von Ersatzteilen oder für deren Beschaffung aus dem Hinterland eingesetzt werden. Außerdem verfügt die Kompanie auch über einen Pannenzug, der liegen gebliebene Panzer bis zur Werkstattkompanie oder an einen anderen Ort schleppt, von dem aus sie abgeholt und zur Ausführung umfangreicherer

Reparaturen auf dem Schienenweg zurückgesandt werden können. Außer diesen Zügen besitzt die Kompanie eine Werkstatt für Panzerung und Fernmeldetechnik.

(3) Die leichte Kolonne der Panzerabteilung ist auch mit zwei Lkws speziell für den Transport schwerer und sperriger Ersatzkomponenten ausgestattet.

(4) Gibt es geeignete Werkstätten im Hinterland oder in den besetzten Gebieten, werden häufig diese Einrichtungen genutzt, um den Transport einzusparen und das Eisenbahn-Verkehrsaufkommen zu reduzieren. Das erforderliche Personal, die benötigten Ausrüstungen und notwendigen Ersatzteile werden aus Deutschland geliefert.

Ohne diese umsichtige Organisation der Reparatur- und Wartungsarbeiten wäre es unseren Panzerfahrzeugen nicht möglich gewesen, diese riesigen Entfernungen zurückzulegen und die beispiellosen Erfolge des jüngsten Feldzuges zu erzielen."

Zu Beginn der Offensive an der Westfront standen wiederum nur wenige PzKpfw IV –

Das Foto zeigt den herkömmlichen Brückenleger IV, dessen Brückenelement an einem ausfahrbaren Krangerüst befestigt ist, mit dem ein Graben überspannt wird . Der Brückenleger fährt dabei auf ein vorher gelegtes Brückenelement, das am äußeren Ende durch eine interessante Stützkonstruktion getragen wird, die im Graben verankert ist. Wahrscheinlich war die erforderlich, weil ein Element nicht zur Überbrückung ausreichte. Das Ganze sieht ziemlich gefährlich aus. Brückenleger von Daimler und – wie das gezeigte Beispiel – von Magirus gebaut. (Hilary L. Doyle)

nämlich lediglich 278 der insgesamt 2574 Panzer – zur Verfügung. (Zum Vergleich: Die Alliierten besaßen über 3000 Panzer, von denen die meisten den französischen Streitkräften gehörten.) Viele dieser französischen Panzer waren leistungsfähiger, besser bewaffnet und stärker gepanzert als die Handvoll PzKpfw IV, mit denen Guderian operieren konnte. Durch den konzentrierten Kräfteeinsatz und die Blitzkriegstaktik – treffend mit einem von Guderians Lieblingsaussprüchen „Klotzen, nicht kleckern" beschrieben – erzielten die deutschen große und schnelle Kampferfolge, bei denen sich die PzKpfw IV als äußerst effizient erwiesen. Obwohl sich deutlich zeigte, daß sie einer dickeren Panzerung und besserer Kanonen bedurften, umgab die deutschen Panzer eine Aura, welche ihre reale Leistungsfähigkeit bei weitem überstieg.

Auch Rommels Afrikakorps erhielt seinen Anteil an den mittlerweile in größeren Stückzahlen produzierten PzKpfw IV, wenngleich die Fahrzeuge noch immer für unterstützende Aufgaben eingesetzt wurden. Man widmete ihnen sogar einen Sonderartikel in einer Ausgabe der regelmäßig an die britischen Truppen verteilten Nachrichten über die Wehrmacht. Jene Ausgabe vom Februar 1941 beschäftigte sich ausführlich mit dem PzKpfw IV. Sie informierte darüber, daß jede Panzerabteilung ein Geschwader aus zehn PzKpfw IV besaß, die für zwei Hauptaufgaben eingesetzt wurden, zum einen als äußerst bewegliche Artillerie und zum anderen als wichtiger Bestandteil schneller Panzerkolonnen. Da nicht von Anfang an die entsprechende Artillerieunterstützung für die Panzereinsätze vorhanden war, nutzte man statt dessen die 7,5 cm-Kanone des PzKpfw IV. Die beiden wichtigsten Aspekte in diesem Zusammenhang waren, daß die Reichweite der 7,5 cm-Kanone (1800 m effektive und 8000 m maximale Reichweite) vorgab, wann und wo eine Schlacht geschlagen werden mußte, und daß die Geschwindigkeit des PzKpfw IV seine problemlose Beteiligung an schnellen Vorstößen gestattete.

Weiter hieß es in der Mitteilung, daß gelegentlich ein Trupp von sechs PzKpfw IV Artillerieaufgaben gegen vorrückende Kolonnen übernahm, Heckengefechte führte oder britische Panzer aus dem Hinterhalt bekämpfte, in den diese von Panzerwagen gelockt worden waren. Die Nutzung der Fahrzeuge gegen Verteidigungsstellungen wurde an einem Beispiel vom 16. Juni 1941 illustriert, wo sie britische Truppen außerhalb der Reichweite der Panzerabwehr in Capuzzo angriffen. Ihre eigene Beweglichkeit versetzte sie hingegen in die Lage, einem Artilleriebeschuß auszuweichen. Die Nachricht informierte ferner darüber, daß die Briten hinter die von den Deutschen verfolgte „Routine" beim Angriff aus ausgebauten Stellungen gekommen seien: „Die erste Berührung übernehmen Panzerwagen auf breiter Front. Die Fahrzeuge erscheinen in Zweier- oder Dreiergruppen und ziehen sich bei erbittertem Widerstand wieder zurück. Ihnen folgen Infanterie-Lkws und ein massiver Angriff. Geschossen wird auf einem sehr hohen Niveau. Die Panzerbesatzungen lernen, daß die größte Trefferwahrscheinlichkeit bei einem Winkel von 80° – 90° erzielt wird. Ihre eigenen Panzer sind dabei so in Stellung zu bringen, daß Front und Flanke einen spitzen Winkel zum gegnerischen Geschütz bilden. Es wird kaum aus der Bewegung heraus geschossen. Wie bei den PzKpfw II und III wird der Beschuß aus dem Stand vorgezogen, wobei die Panzer schnell die Position wechseln und „aus

Eine begrenzte Anzahl von PzKpfw IV (jeweils ca. 100) wurde für Befehls- oder Beobachtungsaufgaben umgebaut. Das Foto zeigt einen PzBeobWg IV.

Der *Möbelwagen* besaß nur eine 3,7 cm FlaK 43 L/60 und war für sechs Mann Besatzung ausgelegt. Er war trotz seines schwerfälligen Aussehens recht erfolgreich und wurde in ungefähr 240 Exemplaren gebaut. Das Foto zeigt ihn mit seitlich heruntergeklapptem Aufbau.

verdeckter Stellung“ feuern. Manchmal agieren die PzKpfw IV als Feuerwalze, wobei sie ihre Kanonen auf dem Vormarsch abfeuern und keine konkreten Ziele avisieren, sondern auf eine Entfernung von 2700 bis 3000 m voraus zielen. Ziel dieser Maßnahme dürfte die Einschüchterung von Defensivstellungen und Beobachtungsposten sein.“

Zur ersten Auseinandersetzung zwischen amerikanischen und deutschen Panzern in Tunesien kam es am 26. November 1942 in Tunesien. Ein Trupp der 190. Panzerabteilung des DAK rückte von Mateur kommend auf den Chouigui-Paß vor und traf dabei mit der 2. Abteilung des 13. US-Panzerregiments (1. Panzerdivision) zusammen, die sich am Vortag in der Nähe des Tine-Tals am Eingang zum Paß aufgehalten hatte. Der deutsche Panzertrupp bestand aus drei oder mehr PzKpfw III und mindestens sechs Sonder-PzKpfw IV mit 7,5 cm-Kanone (lang). Die „Old Ironsides“-Kriegsgeschichte schildert den Zusammenstoß wie folgt:

„Der feindliche Trupp näherte sich von Norden. Vorher hatte Waters Abteilung Zeit gehabt, seine Panzer und Geschütze in verdeckter Stellung zu plazieren und zu tarnen, tiefe Schützenlöcher zu graben und – allgemein gesagt – sich gut auf die Verteidigung oder möglicherweise auf einen Ruhetag vorzubereiten. Beim ersten Anblick der heranrückenden Kolonne stellte Siglins Kompanie die Gefechtsbereitschaft her, während der Kommandant sich beeilte, vom Befehlsposten der Abteilung zurückzukehren. Der Sturmgeschütz-Zug unter Lt. Ray Wacker rückte aus den Reihen der Kompanie A vor, um den Feind abzufangen und aufzuhalten. Am Rand eines weitläufigen Olivenhains waren in einer Entfernung von etwa 900 m die drei Haubitzen auf ihren Halbkettenfahrzeugen auf die führenden deutschen Panzer gerichtet. In hohem Tempo feuerten sie ihre beste Munition. Die feindlichen Panzer zogen sich unbeschadet im Schutz der Staubwolken zurück und erwiderten den Angriff mit panzerbrechender Flachfeuermunition, die zwar in der Nähe einschlug, aber keinen ernsten Schaden anrichtete. Dann verschoß Wacker auf Abteilungsbefehl Nebelgranaten und brachte seine Kanonen in Sicherheit.

Siglins Einheit griff den Gegner dann mit zwölf leichten M3 an der Westflanke an. Der 1. Zug befand sich rechts am nächsten zum Feind in unmittelbarer Reichweite seiner mächtigen Kanonen und zog die ungeteilte Aufmerksamkeit der deutsch-italienischen Streitmacht auf sich. Innerhalb weniger Minuten verlor die Kompanie A sechs Panzer, doch es gelang ihr, die feindlichen Fahrzeuge in eine Position zu manövrieren, in der Tucks Kompanie B deren leicht verwundbaren Hecks ins Visier nehmen konnte. Sechs PzKpfw IV und mindestens ein Typ III konnten somit ausgeschaltet werden, ehe sich die anderen zurückzogen.“ In den nächsten Gefechten war das Glück den Amerikanern weniger hold. Mehr als ihnen lieb war, wurden sie zur Zielscheibe der überlegenen gegnerischen Streit-

Der *Ostwind I* bzw. Flakpanzer IV besaß eine 3,7 cm FlaK 43 und einen sechseckigen Turm. Er sollte durch den *Kugelblitz* ersetzt werden, aber das Kriegsende kam dem Produktionsstart des neuen Flakpanzers zuvor.

macht. In dieser ersten Auseinandersetzung hatten sie jedoch dank der günstigen Verteidigungsposition zweifelsohne einen nachhaltigen Erfolg erzielt.

Obwohl sich die Anzahl der PzKpfw IV zum Zeitpunkt des bevorstehenden Überfalls auf Rußland deutlich erhöht hatte, machten sie trotzdem nur etwa ein Sechstel der gesamten Panzerwaffe aus (3332 Panzer, davon 439 vom Typ IV). Allerdings gab es zumindest bedeutend mehr PzKpfw III und PzKpfw 38(t) und weit weniger PzKpfw I und II. Die große Mehrheit der – rein zahlenmäßig überlegenen – russischen Panzer war den deutschen Fahrzeugen unterlegen, so daß die Deutschen kurzen Prozeß mit ihnen machten. Eine Ausnahme bildeten allerdings der T-34 und der KW 1. Diese beiden Typen übertrafen in nahezu jeder Hinsicht alles, was Deutschland bis zur Indienststellung von Tiger und Panther produzierte. Der PzKpfw IV, insbesondere die Sonderausführungen mit langem Lauf, waren in der Lage, den T-34 zu besiegen, so daß sich das Kräfteverhältnis bei ihrem Erscheinen 1942 leicht verbesserte. Der folgende Bericht aus den Annalen des 24. Panzerregiments[40] schildert den Kampf eines Sonder-PzKpfw IV gegen einen russischen Panzer beim Angriff auf Woronesch im Sommer 1942: „Am zweiten Tag unseres Angriffs auf Woronesch waren heftige Hauskämpfe an der Tagesordnung. Auch am späten Nachmittag war der Widerstand der mutigen Verteidiger noch nicht gebrochen. Dann versuchten die sowjetischen Panzer, die den Kern der Verteidigung bildeten, unsere Umklammerung zu durchbrechen. Es kam zu direkten Auseinandersetzungen zwischen den Panzern aus nächster Nähe, die wir dank des besseren Kampfgeistes unserer Besatzungen zu unseren Gunsten entscheiden konnten.“

Es folgt der Bericht des damaligen Panzerkommandanten Wachtmeister Freyer über die Gefechte: „Am 7. Juli 1942 bezog ich mit meinem PzKpfw IV (lang) Stellung an einer wichtigen Kreuzung in Woronesch. Gut getarnt standen wir im Garten eines Hauses. Vor dem Panzer befand sich ein Holzzaun, so daß man uns von der Straße aus nicht sehen konnte. Wir hatten den Befehl, unsere Panzergrenadiere bei ihren Bemühungen, die Stadt auszukundschaften, zu unterstützen und sie vor feindlichen Panzern zu schützen. Im Laufe des Tages machten uns lediglich versprengte russische Truppen zu schaffen, aber die Maßnahmen von Freund und Feind in der Stadt hielten uns auf Trab. Der Tag war heiß, aber wir wußten nicht, daß es am Abend noch heißer zugehen sollte. Gegen 20 Uhr tauchte aus einer Seitenstraße links von uns ein T-34 auf und versuchte, in hohem Tempo an uns vorbeizukommen. Ihm folgte eine Kolonne von ca. 30 weiteren Fahrzeugen. Wir mußten diesen Durchbruch verhindern. Wir gaben Feuer und vernichteten in kurzer Zeit die ersten drei T-34. Dann meldete unserer Schütze, Unteroffizier Fischer, eine Ladehemmung. Die Kanone war neu und hatte anfangs einige Probleme bereitet, weil nach jedem zweiten oder dritten Schuß die Hülse im Verschluß hängen blieb. Unser Fahrer, Unteroffizier Schmidt, und ich sprangen aus dem Panzer, schraubten den Rohrwischer zusammen und schoben damit die leere Hülse aus dem Verschluß. Der nächste russische Panzer feuerte wild um sich und verwundete unseren Ladeschützen, Gefreiten Groll, am Kopf. Wir hoben ihn aus dem Panzer. Sein Platz wurde vom Funker übernommen, damit unsere Kanone weiterfeuern konnte. Wir schossen ohne Unterlaß und erzielten viele Treffer. Ein paarmal noch mußten wir festsitzende Hülsen mit dem Rohwischer entfernen und dann schnell in Deckung gehen. Die Russen machten den Zaun vor uns mit ihren Geschossen zu Kleinholz, trafen aber unseren Panzer nicht. Uns hingegen gelang die Vernichtung von elf feindlichen Panzern. Es kamen nur dann

Das StuG IV bestand lediglich aus der Kombination des StuG III-Aufbaus und des PzKpfw IV-Fahrgestells. Nachdem sich diese Lösung als Erfolg erwiesen hatte, wurde sie in großen Stückzahlen gebaut.

Frontal-Nahaufnahme eines StuG IV mit einer 7,5 cm StuK 40 L/48. Der Fahrerstand wurde zusätzlich mit Betonblöcken geschützt. Zu sehen ist außerdem die antimagnetische Minenpaste, mit der die meisten anderen Flächen eingestrichen sind.

Der Jagdpanzer IV wurde als verbesserte Ausführung des StuG IV mit einer 7,5 cm PaK 39 L/48 ausgerüstet. Sein Kampfgewicht betrug 24 Tonnen, die Besatzung bestand aus vier Mann, mitgeführt wurden 79 Schuß Munition. Dieser Jagdpanzer wurde im September 1944 in Warschau fotografiert. (OTL a. D. Rolf Düe)

Der Panzer IV/70 (V) der Fa. Vomag stellte eine verbesserte Ausführung des Jagdpanzers dar. Die 7,5 cm PaK 42 L/70 wurde während der Fahrt in einer beweglichen Führung gehalten. Das Foto zeigt eine späte Ausführung mit nur drei Stützrollern, der in Vilsen auf der Straße nach Bremen außer Gefecht gesetzt wurden. Zwischen August 1944 und März 1945 wurden mehr als 900 Exemplare dieses Typs gebaut.

welche durch, wenn unsere Kanone wieder einmal klemmte. Der Kampf dauerte ca. 20 Minuten. Anschließend brannten vor unseren Augen elf Panzer des Gegners. Die Flammen und Explosionen boten ein schauriges Bild. So fand uns der Rest unserer Kompanie in der Dunkelheit und brachte uns zurück in das Regimentslager am südlichen Stadtrand von Woronesch. Wir konnten nach diesem heißen Tag nicht schlafen. Oberst Riegel verlieh seiner Wertschätzung für diese mutige Tat im folgenden Regimentsbefehl Ausdruck:

REGIMENTSBEFEHL

Der Führer und das Oberkommando verleihen Wachtmeister Freyer, 4. Kompanie, das Ritterkreuz zum Eisernen Kreuz. Wachtmeister Freyer vernichtete mit seinem PzKpfw IV bei Woronesch neun schwere T-34 und zwei leichte Panzer. Als die in der Stadt verbliebene Panzerstreitmacht des Gegners versuchte, mit mehr als 30 Panzern auszubrechen, hielt Wachtmeister Freyer mit beispielhaftem Mut seine Stellung. Er ließ den zahlenmäßig weitaus überlegenen Feind herankommen, um ihn dann zu vernichten. Die aggressive russische Panzerabteilung wurde aufgerieben und zum großen Teil vernichtet. Unsere Infanterie konnte die Stadt nach heftigen Kämpfen einnehmen.

Im Namen des Regiments möchte ich Wachtmeister Freyer zu seinem hohen Kriegsorden beglückwünschen. Unser Regiment blickt mit Stolz und Freude auf unseren Ritterkreuzträger und wünscht ihm weitere Erfolge sowie alles Gute für die Zukunft. Gleichzeitig möchte ich bei dieser Gelegenheit der mutigen Besatzung des Panzerkampfwagens,

Dem Richtschützen	Uffz. Fischer
Dem Fahrer	Uffz. Schmidt
Dem Ladeschützen	Gefr. Groll
Dem Funker	Gefr. Müller,

danken und meine Anerkennung für die Aktion dieses Panzers am 7. 7. 42 zum Ausdruck bringen. Sie wird in die Ehrenrolle unseres ruhmreichen Regiments aufgenommen.

Die Landung der Alliierten in Nordwesteuropa eröffnete dem allgegenwärtigen PzKpfw IV ein weiteres Betätigungsfeld, insbesondere in der Anfangszeit, wo sie defensiv, aus gut getarnten, gründlich ausgekundschafteten Stellungen und noch in ziemlich großen Stückzahlen kämpften. Nur wenige Panzer oder Panzerjäger der Alliierten konnten es aus großer Entfernung mit dem PzKpfw IV aufnehmen oder ihn vernichten. Am erfolgreichsten waren dabei der Sherman Firefly und der M10 Achilles, die beide mit der britischen 17-Pfünder Kanone ausgerüstet waren. Zum Fahren gezwungen, hatten die deutschen Panzer in der geschlossenen Knicklandschaft genau die gleichen Probleme wie jedes andere Panzerfahrzeug. „Nie habe ich einen deutschen Panzer im Alleingang gesehen", schrieb damals ein GI in einem Bulletin[41] des US-Geheimdienstes. „Fast immer war eine Gruppe oder ein ganzer Zug im Einsatz. Ein Panzer versucht dich in ein Gefecht zu verwickeln. Wenn du dann reagierst, wie es die Deutschen erwarten, nehmen dich sofort die übrigen unter Beschuß. Deutsche Panzer treten gern gruppenweise auf und zeigen zumeist ihre Breitseite. Wir merkten, daß sie empfindlich auf Kreuzfeuer auf breiter Front reagieren.

Ich sah, daß der Feind seine Panzer in Gruppen zu sechs oder mehr einsetzte und daß jede Gruppe zwei oder drei verschiedene Fahrzeugtypen fuhr. Am gebräuchlichsten waren PzKpfw IV und VI. Außerdem hatten die meisten ein oder zwei Selbstfahrlafetten. Diese Geschütze sollen, glaube ich, unseren Vormarsch aufhalten für den Fall, daß die Panzer sich zurückziehen müssen oder eine günstigere Stellung beziehen können. Die Deutschen setzen häufig einen einzelnen Panzer als Köder ein, der unsere Aufmerksamkeit auf sich lenken soll, immer in der Hoffnung, daß man selbst zu einem leichteren Opfer wird. Der Hauptfehler des Feindes scheint in der Zusammenziehung seiner Fahrzeuge und in dem Versuch zu liegen, sich zu stark auf eine einzige Vormarsch- oder Rückzugroute zu konzentrieren.

Wird ein deutscher Panzer nicht vollständig zerstört – beispielsweise durch Brisanzmunition in Brand gesteckt – schleicht sich der Feind heimlich wieder hinein und feuert unerwartet aus allen Rohren. Außerdem lassen die Besatzungen ggf. beim Aussteigen aus dem Panzers einen Mann zurück, um uns das Leben schwer zu machen. Einmal haben wir einen Sonder-PzKpfw IV bekämpft und ihn an der Kette getroffen. Die Besatzung kletterte sofort heraus, und wir hielten den Panzer für funktionsuntüchtig. Allerdings war der Schütze nicht ausgestiegen. Nachdem wir uns von dem Fahrzeug abgewandt hatten, feuerte er zwei Geschosse auf uns ab. Glücklicherweise wurden wir nicht getroffen, so daß wir den Panzer im Handumdrehen vernichten konnten."

Der PzKpfw IV wurde trotz der Verluste und der Produktionseinschränkungen aufgrund der Luftangriffe der Alliierten auf die Fabriken bis zum Kriegsende verwendet. Eine stattliche Anzahl dieser Fahrzeuge wurde an die Verbündeten Deutschlands, darunter an Bulgarien, Rumänien und Ungarn, sowie an befreundete Staaten, wie Spanien und Finnland, geliefert. Sie blieben auch nach Kriegsende noch einige Jahre im Dienst. Ihren nachweislich letzten Einsatz hatten die PzKpfw IV auf den Golan-Höhen während des arabisch-israelischen Krieges. Die Syrer besaßen einige alte PzKpfw IV, die sie von den Franzosen geerbt hatten und die sie in ihren Stellungen auf den Golan-Höhen deponierten. Von dort aus konnten sie die israelischen Siedlungen in der zu Füßen liegenden Ebene unter Beschuß nehmen. Die Panzer kamen 1965 und noch einmal 1967 zum Einsatz, wo sie schließlich von den Israelis während des Sechstagekrieges erobert wurden.

Der Beschreibung der verschiedenen Ausführungen soll ein weiterer Bericht über einen PzKpfw IV in Rußland vorangestellt werden. Er schildert sehr deutlich, welchen psychischen Belastungen die Besatzung eines PzKpfw IV während des Kampfes typischerweise ausgesetzt war. Die Erzählung handelt vom Panzer RO-1 der 7. Kompanie des 35. Panzerregiments, der aus der Werkstatt kommend im Oktober 1944 wieder seiner Einheit bei Preklun zugeführt werden sollte. Sie wurde vom Fahrer des Panzers aufgeschrieben.

„Wir brachen nach Süden in Richtung Preklun auf. Es war Mittag, die Sonne lugt schwach hervor. Unterwegs setzte mein Motor aus, die Leistung ließ stark nach, ich mußte aus der Kolonne ausscheren, um nach dem Vergaser zu sehen. Ich baute den Fallstromvergaser aus, um die Düsen, Schwimmer und Ventil zu reinigen. Das war kein Problem für mich, weil ich in Panzerwartung ausgebildet war. Während ich arbeitete, tauchte ein Staffel Kampfflugzeuge am Himmel auf. Das Wetter war ideal zu Fliegen. Sie jagten uns keine Angst ein. Wir waren vorbereitet und hatten unser Turm-MG zur Fliegerabwehr besetzt. Nach einer guten Stunde klang der Motor wieder okay, und so setzten wir unsere Fahrt fort, um unsere Kameraden einzuholen. Unsere Route führte durch Preklun und anschließend in östliche Richtung. Instinktiv folgten wir den Kettenabdrücken, um nicht vom Wege abzukommen. Wieder hatten wir den richtigen „Riecher". Etwa drei oder vier Kilometer hinter der Ortschaft stieg das Gelände an, und auf der Anhöhe sahen wir unsere 7. Kompanie mit ungefähr 13 oder 14 PzKpfw IV, die in einen Kampf verwickelt waren. Nachdem wir sehr nahe herangekommen waren, blickten wir noch einmal vom sog. „Feldmarschallhügel". Wir konnten bereits sehen, daß mehrere Panzer auf Minen aufgefahren waren. Einige von ihnen waren außer Gefecht, andere rollten rückwärts.

Meine Hauptsorge galt der Suche nach einer günstigen Position. Nachdem wir eine günstiges Schlupfloch gefunden hatten, fuhren wir weiter und holten die kämpfende 7. Kompanie ein. An diesem Tag unterstand das Regiment dem Befehl von Oberstleutnant Petreli. Der Angriff kam schleppend voran. Der Iwan verteidigte die Anhöhe mit einer Vielzahl von Panzern und anderem Kriegsgerät. Für uns war die Anhöhe von strategischer Bedeutung, da man von dort oben die gesamten Hauptstraße für die Versorgungstransporte bis nach Libau einsehen konnte. Immer mehr Panzer fielen dem massiven Beschuß des Gegners zum Opfer, wodurch sich unsere Reihen lichteten. Ungeachtet dessen erklommen wir den Hügel gegen den hartnäckigen Widerstand der Verteidiger bis zum Einbruch der Nacht. Mein Kommandant, Unterfeldwebel Ernst, befahl mir, mich nach links in Richtung auf ein brennendes Bauernhaus zu halten. Es brannte lichterloh! Im Schein des Feuers näherten wir uns einer Öffnung in der Tannenhecke, welche das Gut umgab. Als wir auf etwa 20 m an die Durchfahrt herangekommen waren, bemerkte ich zu meinem großen Entsetzen am Ende der Hecke ein schweres Panzerabwehrgeschütz des Gegners, dessen Lauf direkt auf mich gerichtet war! Der Schreck fuhr mir in die Glieder, so daß ich kein Wort herausbrachte. Es schien, als hätten weder der Kommandant noch der Schütze etwas gesehen, denn ich hörte keine Feuerbefehle, und unsere Kanone zielte in eine andere Richtung. Unsere einzige Rettung schien darin zu bestehen, Vollgas zu geben. Die Nadel des Drehzahlmessers sauste in den roten Bereich. Es kam auf die Zehntelsekunde an, während die Mündungsöffnung der Panzerabwehrkanone direkt vor meinem Visierschlitz auftauchte. Wir mußten sie mit den Ketten unseres Panzers vernichten , ehe sie feuern konnten. Ich nahm an, daß die Geschützbesatzung getötet worden war. Im gleichen Augenblick erkannte der Kommandant die Gefahr – beide stießen wir einen Seufzer der Erleichterung aus.

Wir fuhren in eine Senke. Der Schein des brennenden Hauses drang nicht durch die Hecke bis in die Mulde. Bald standen wir wieder auf einem befestigten Pfad mitten in der Dunkelheit. Während unserer ruhigen Fahrt gewahrten wir links und rechts die Umrisse von zwei weiteren Panzern. Wir hielten zwischen ihnen an, lugten hinaus und stellten zu unserem Entsetzen fest, daß es sich um T-34 handelte! Wir verschwanden im Nu wieder im Inneren unseres Panzers und richteten unsere Kanone auf sie, aber es wäre sicher zu spät gewesen, wenn sie noch einsatzfähig gewesen wären. Anstelle dessen mußten wir feststellen, daß sie beide vom Weg abgekommen und im Schlamm stecken geblieben waren. Ihre Besatzungen hatten sie verlassen. Um auf Nummer sicher zu gehen, feuerten wir eine Granate aus nächster Nähe in den Maschinenraum. Das auflodernde Feuer kam gerade recht, denn somit konnten wir feststellen, daß uns nur noch vier eigene Panzer geblieben waren.

Die Spitze der Anhöhe lag in Reichweite, wahrscheinlich nicht mehr als 50 Meter entfernt. Plötzlich ertönte aus unmittelbarer Nähe Geschützdonner. Die drei anderen Panzer waren getroffen und gerieten in Brand. Glücklicherweise konnten wir uns zur Deckung wieder in die Senke zurückziehen, ehe der vierte Schuß abgefeuert wurde. Im Schein der Flammen hätten wir eine gute Zielscheibe für das eingegrabene russische Sturmgeschütz abgegeben. Aufgrund der neuen Lage mußten wir auf die Wiedereroberung der Anhöhe verzichten. Wir verbrachten die Nacht bis zum Morgengrauen allein in einer ungewissen Umgebung. Am frühen Morgen erreichten uns die ersten Panzer von Oberleutnant Petreli. Von da ab bestand unsere Hauptaufgabe darin, Gegenangriffe abzuwehren. Gegen Mittag traf Unteroffizier Goos vom Regimentsstab mit seinem Panzer RO 3 ein. Als er versuchte, eine geeignete Stellung zu finden, geriet er in die Schußlinie des russischen Sturmgeschützes, das wir nicht ausschalten konnten, und wurde abgeschossen. Dabei wurde sein Schütze getötet. Am gleichen Nachmittag unternahmen wir einen Gegenangriff mit unserer Infanterie, um den feindlichen Durchbruch zu stoppen. Am Fuß des Hügels hielten wir uns rechts. Der Boden war mit unzähligen toten deutschen Soldaten übersät. Mit Mühe wichen wir ihnen aus, denn wir wollten nicht gern über Tote hinweg fahren. Es gelang uns, den Einfall zu stoppen, dem Iwan schwere Verluste zuzufügen und unsere Infanterie wieder in ihren alten Schützenlöchern zu plazieren. Wir standen gerade unter massivem Gewehrfeuer, als der Befehl eintraf, wieder zu Oberleutnant Petreli zurückzukehren. Mitten im Getümmel würgte ich den Motor ab. Ich versuchte, ihn wieder zu starten, doch der elektrische Anlasser funktionierte nicht. Funker und Ladeschütze mußten im dichten Geschützhagel des Feindes aussteigen und mit der Andrehkurbel am Schwungradstarter hantieren. Das war keine leichte Aufgabe, aber es gelang ihnen.

Nachdem wir den Hügel umrundet hatten, um wieder auf unsere frühere Position zu gelangen, kamen wir ins Blickfeld eines vorgeschobenen russischen Artilleriebeobachters. Er jagte uns mit schwerem Artilleriefeuer aus mehreren Batterien mehr als eine Stunde lang umher, bis wir außer Sicht waren und Oberleutnant Petreli erreichten. Tage später holte man uns heraus, und ich konnte meinen Anlasser reparieren lassen."

Ausführungen

Allgemeine Umrüstungen Eine kleine Anzahl (ca. 40) PzKpfw IV Ausf D und E wurden zu Tauchpanzern umgebaut, um 1940 Unterwassereinsätze gegen England zu starten. Nach Abbruch der Operation SEELÖWE wurden die Fahrzeuge an das 18. Panzerregiment ausgeliefert und für die Unterquerung des Bug 1941 in Rußland eingesetzt. Diese Ausführung glich dem im vorangegangenen Kapitel beschriebenen Tauchpanzer. 1940 wurden 20 weitere Fahrgestelle der Ausf C und D zur Herstellung des Brückenlegers IV verwendet, der damals von den gepanzerten Brückenzügen der Panzerdivisionen genutzt wurde. Das Gewicht mit Brücke betrug ca. 28 Tonnen. Ein weiterer Brückenträger war der Infanterie-Sturmsteg, von dem allerdings nur zwei Exemplare gebaut wurden. Er ähnelte mit seinem ausfahrbaren Laufsteg der Leiter eines Feuerwehrautos. Bergepanzer wurden unter Verwendung eines turmlosen Fahrgestells, eines kastenförmigen hölzernen Aufbaus und eines Kranes hergestellt. Andere Fahrgestelle wurden für den Transport von Munition oder Vorräten umgebaut (ebenfalls ohne Turm). Von einer Panzerfähre wurden zwei Prototypen gebaut. Sie besaßen ein großes pontonartiges Rumpfoberteil, das auf den Antrieb montiert war, während Motor und Getriebe von der Ausf F übernommen wurden. Allerdings wurde dieses Modell nicht in die Produktion übergeleitet.

Panzerbefehlswagen IV und Panzerbeobachtungswagen IV Vom PzKpfw IV wurden weniger Fahrzeuge für Befehls- und Beobachtungsaufgaben umgebaut als vom PzKpfw III. Erst 1944 kam es zum akuten Mangel an Panzerbefehlswagen mit ausreichendem Schutz, so daß Maßnahmen zur Produktion des PzBefWg IV und des PzBeobWg IV getroffen wurden. Im Sommer und Herbst 1944 waren bislang vor allem bestehende Ausf H umgebaut worden. Sie besaßen die übliche Kanonenattrappe, ein zusätzliches Funkgerät und einen Antennenfuß (mit Sternantenne) wie die anderen Befehlswagen. Die Ausf J wurde als Modell für den Artillerie-Beobachtungspanzer ausgewählt, von der zwischen

Mitte 1944 und März 1945 wiederum etwa 100 Stück umgerüstet wurden. Der Umbau erfolgte gemäß den Artillerieanforderungen, um dem Beobachtungsoffizier eine Rundumkommunikation, einschließlich einer Verbindung zu den Kanonen, zu ermöglichen.

Fliegerabwehrwaffen Nach anfänglichen Kriegserfolgen hatte Deutschland seine Vorherrschaft eingebüßt und – abgesehen von einigen Einzelfällen – nie wiedergewonnen. So wurde der Ruf nach Luftverteidigungswaffen, insbesondere seitens der schnell vorrückenden Panzerkolonnen, laut. Der Einsatz der 8,8 cm Flak zur Panzerbekämpfung schuf keine Abhilfe, obwohl ihre Effizienz als Panzerkiller zum Mythos wurde. Auf das Fahrgestell des PzKpfw IV wurden vier verschiedene Flak montiert:

Bezeichnung	Bewaffnung	Aufbau	prod./umgeb., Anzahl und Baujahr
Wirbelwind	Flakvierling 38 (2 cm)	oben offen; vieleckiger Turm	ca. 90, 1944
Möbelwagen	einfache Flak 43 L/60 (3,7 cm)	viereckiger, oben offener Aufbau, der waagerecht heruntergelassen werden konnte	ca. 240, 1944 – 45
Ostwind	einfache Flak 43/1 L/60 (3,7 cm)	sechseckiger, oben offener Turm	ca. 45, 1944 – 45
Kugelblitz	doppelte MK 103/38 (3 cm)	modern aussehender, flacher Turm, abgerundet, oben offen	nur 2, Anfang 1945

Der *Wirbelwind* hatte eine 16 mm dicke Panzerung, erwies sich durchaus als leistungsfähig und besser für schnelle Gefechte geeignet als der *Möbelwagen*, der nach dem Tieferlegen der Seiten zudem nicht mehr genug Schutz bot. Der *Ostwind* hatte eine noch dickere Panzerung (25 mm), wegen seiner einfachen 3,7 cm-Flak jedoch eine geringere Feuergeschwindigkeit als der 2 cm-Flakvierling, den sie ersetzte. Bis auf den *Kugelblitz* wurden alle Modelle von den Flugabwehrzügen der Panzerregimenter übernommen. Es gab darüber hinaus einen weiteren 2 cm-Flakvierling, der auf ähnliche Weise in den Möbelwagen eingebaut wurde, wobei diese Ausführung nicht über die Stufe des Prototyps hinauskam.

Die Effizienz des *Ostwind* am Boden wurde von Charles B. Macdonald treffend in seinem Bericht über die Ardennenschlacht[42] beschrieben. Er schildert die Erfahrung des Richtschützen Karl Wortmann, der zur Besatzung des dritten von vier Flakpanzern gehörte, welche den führenden „Panthern" der Kampfgruppe Peiper beim Einmarsch in Honsfeld an einem nebligen Morgen in dichtem Abstand folgten. Als der erste Flakpanzer sich um eine S-Kurve vorbei an einigen Gebäuden schob, eröffnete ein amerikanisches Panzergeschütz das Feuer. Das erste Geschoß traf den führenden Flakpanzer, aber er konnte seine Fahrt fortsetzen. Dann wurde der zweite Ostwind getroffen und blieb liegen. „... Der Fahrer von Wortmanns Flakpanzer überholte auf seinem Vormarsch den außer Gefecht gesetzten Panzer. Zwar feuerte die Panzerabwehrkanone zum dritten Mal, aber sie verfehlte Wortmanns Fahrzeug. Wortmann beobachtete, daß das Geschütz aus einer Scheune heraus feuerte, die von einer Hecke verdeckt war. Er zielte mit seiner 37 mm-Kanone darauf und traf beim ersten Schuß."

Panzerjäger Das Fahrgestell des PzKpfw IV diente als Basis für den Bau einer Reihe ausgezeichneter Panzerjäger. Die so entstandenen mehr als 3500 Exemplare wurde mit großem Erfolg im Kampf eingesetzt. Als beste Versionen erwiesen sich (siehe Tabelle unten):

Bezeichnung	Bewaffnung	Aufbau	prod./umgeb., Anzahl und Baujahr
Sturmgeschütz IV	7,5 cm StuK 40 L/48	StuG III-Aufbau auf PzKpfw-Fahrgestell	über 1100, Dez. 1943 – März 1945
Jagdpanzer IV	7,5 cm PaK 39 L/48	verbesserte Ausführung des StuG IV	fast 800, 1944
Panzer IV/70 (V)	7,5 cm PaK 42 L/70	verbesserte Ausführung des JagdPz. IV von Vomag	über 900, Aug. 1944 – März 1945
Panzer IV/70 (A)	7,5 cm PaK 42 L/70	Alkett-Ausführung des JagdPz. IV von Vomag	fast 300, Aug. 1944 – März 1945
Nashorn (auch „Hornisse" genannt)	8,8 cm PaK 43/1 L/71	Kanone auf verlängertem Rumpf; mittig eingebauter Motor	500, 1943 – 45

Das StuG IV hatte ein Kampfgewicht von 23 Tonnen, eine dicke Frontpanzerung (80 mm) und eine vierköpfige Besatzung. Für die Erstwaffe dieses leistungsstärksten Panzerjägers wurden 23 Schuß Munition mitgeführt. Zusammen mit dem StuG III diente es zur Ausrüstung von Artillierie-Sturmabteilungen ab Ende 1943. Es wurde 1944 ersetzt durch den Jagdpanzer IV, nachdem man Hitler im Oktober 1943 eine Pilotausführung vorgeführt hatte. Das Kampfgewicht betrug 24 Tonnen, an Bord befanden sich 79 Schuß Munition. Später wurde Vomag damit beauftragt, die stärkere 7,5 cm-PaK 42 L/70 (lang) in das Fahrgestell einzubauen. Im Mai 1944 entstand ein Prototyp. Die Leistung der Kanone entsprach in etwa der des Panther. Die Version wurde im August 1944 in Dienst gestellt, konnte es mit allen damaligen Panzerfahrzeugen aufnehmen und erhielt den Spitznamen „Guderians Küken". Dem Vernehmen nach ließ sie sich in unebenem Gelände jedoch nur mit Mühe lenken und neigte zudem zur Kopflastigkeit. Die Bezeichnung *Hornisse* wurde in *Nashorn* verändert. Im Frühsommer 1943 wurden die schweren Panzerjägereinheiten mit dieser Ausführung beliefert, wo sie sich als durchaus effektiv erwiesen. Ab Sommer 1944 wurden die Außen-MGs (zur Selbstverteidigung) gegen ferngesteuerte MGs ausgewechselt. Mit ihrer Hilfe konnte das Ziel avisiert und bekämpft werden, ohne daß ein Besatzungsmitglied aus dem Panzer herausschaute.

Selbstfahrlafetten Zu den anderen Waffen, die auf das Fahrgestell des PzKpfw IV montiert wurden, gehörten (siehe Tabelle auf der gegenüberliegenden Seite):

Seitenansicht eines zerstörten *Nashorn*. Diese zwischen Februar 1943 und März 1945 gebauten Fahrzeuge wurden den schweren Panzerjägern zugewiesen.

Bezeichnung	Bewaffnung	Besonderheiten	Anzahl und Baujahr
Brummbär	15 cm StuH 43 L/12	kastenförmiger Aufbau mit schwerem Infanterie-Sturmgeschütz	ca. 300, 1943–45
Hummel	15 cm sFH 18/1 L/30	schwere Haubitze, die ähnlich wie beim Nashorn auf das Fahrgestell aufgesetzt wurde	über 600, an 1944

JAGDPANZER IV AUSF F (SDKFZ 162)
Jahr der Indienststellung 1943
Gewicht (t) 24
Gesamtmaße (m) **Länge** 6,85
Höhe 1,85
Breite 3,20
Mitgeführte Bewaffnung/Munition
Erstbewaffnung 1 × 7,5 cm PaK 39 L/48
79 Schuß
Zweitbewaffnung 1 × 7,92 mm MG 42
Panzerung (mm) max. 80
min. 10
Motor **Typ** Maybach HL 120 TRM
PS / U/min 300/3000
Besatzung 4 Mann
Höchstgeschwindigkeit (km/h) 40
Reichweite (km) 210
Bemerkungen: ausgezeichneter Panzerjäger

Der vor allem für Straßenkämpfe entwickelte Sturmpanzer IV oder *Brummbär* kam erstmals bei der Sommeroffensive um Kursk im Jahre 1943 zum Einsatz. Der *Hummel* mit einem Kampfgewicht von 23,5 Tonnen, einer sechsköpfigen Besatzung und Stauraum für lediglich 18 Geschosse setzte den Schlußpunkt unter die Konstruktion schwerer Panzerhaubitzen. Wie beim *Nashorn* war der Motor mittig plaziert wurden, um den hinteren Rumpfteil für die Kanone frei zu lassen. Die ersten Exemplare verfügten noch über eine Mündungsbremse, auf die jedoch im Laufe der Serie verzichtet wurde. Ferner wurde ein *Munitionsträger Hummel*, von dem ca. 150 Stück gebaut wurden, an die Einheiten ausgeliefert. Die vordere Einstiegklappe konnte bei Bedarf abgeschraubt und die Haubitze eingebaut werden. Das Hauptproblem des *Hummel* waren seine hohe Form und der geringe Schutz, den er seiner Besatzung bot.

Der *Hummel*, hier auf dem Weg ins Gefecht, war ein schwere 15 cm-Haubitze mit dem Fahrgestell eines PzKpfw IV.

Sonstige Zwar wurde eine Reihe weiterer Panzerfahrzeuge mit dem Fahrgestell des PzKpfw IV ausgestattet, wobei allerdings entweder deren Stückzahl keine statistische Bedeutung erlangte oder nie die Serienfertigung aufgenommen wurde. Zur ersten Gruppe gehörte eine Selbstfahrlafette IVa (10,5 cm-Kanone auf Panzer), von der 1941 lediglich zwei produziert wurden. Sie sollte die superschweren Panzer der Alliierten bekämpfen, wozu es jedoch nie kam. Obwohl die beiden hergestellten Ausführungen sehr gute Ergebnisse erzielten, kamen keine weiteren Exemplare hinzu. Zu jenen Konstruktionen, die nie in Großserie gingen, gehörten drei leichte Feldhaubitzen mit der 10,5 cm leFH 18. Sie sollten dem geringen Schutz und der hohen Form von *Hummel* und *Wespe* abhelfen und obwohl vom ersten Typ acht Stück gebaut und in Rußland eingesetzt wurden, kamen die beiden anderen Modelle nicht über den Prototyp hinaus, so daß das Vorhaben wieder ad acta gelegt wurde. Die drei Ausführungen waren die 10,5 cm leFH 18/1 (Sf) auf Geschützwagen IVb, die 10,5 cm leFH 18/1 L/28 auf Waffenträger GW IVb (auch als *Heuschrecke* bekannt) und die leichte PzH 18/40/2 auf Fahrgestell Panzerkampfwagen III/IV (Sf).

Diese *Hummel* gehörten zum 89. PzAR der 24. Panzerdivision. (Ernst J. Dohany)

8

Der PzKpfw V und seine verschiedenen Ausführungen

Entwicklungshintergrund

Einer der größten Schocks, den die Panzertruppen während des Krieges erlitten, war zweifelsohne die erste Begegnung mit dem russischen T-34. In seinem Buch *Panzerführer* berichtet Guderian, wie im Oktober 1941 in der Gegend von Mzensk „zahlreiche russische T-34 ins Gefecht geschickt wurden und den deutschen Panzereinheiten schwere Verluste zufügten." Er beschreibt in der Folge, daß die Panzertruppen ihre Fahrzeuge bis zu diesem Zeitpunkt gegenüber allem, was der Feind produzierte, für haushoch überlegen gehalten hatten und daß das Bild nun entscheidend korrigiert werden mußte. Hätten sich die Verantwortlichen in Deutschland nicht derart in der scheinbaren Überlegenheit ihrer Truppen gesonnt, wäre es möglicherweise nie zu dieser Umkehr des Kräfteverhältnisses gekommen. Ganz offensichtlich teilte Guderian diese Meinung, denn er berichtet von einen Besuch einer russischen Abordnung im Frühjahr 1941, die von Hitler zu einem Besuch von Panzerausbildungseinrichtungen und Panzerfabriken nach Deutschland eingeladen worden war. Er erinnerte sich daran, wie enttäuscht die Russen trotz ihres Drängens gewesen waren, daß man ihnen die neuesten Entwicklungen trotz eines Versprechens des Führers nicht gezeigt hatte. Sie konnten nicht glauben, daß der PzKpfw IV der beste und schwerste in Dienst befindliche Panzer sei. Ihre Skepsis veranlaßte einige Menschen, darunter auch Guderian, zu der Schlußfolgerung, daß die Russen wahrscheinlich bereits über größere und bessere Panzer verfügten.

Dieses Fazit hatte natürlich angesichts der Leichtigkeit, mit der die Wehrmacht anfangs im Rahmen der Operation BARBAROSSA über die russischen Panzertruppen hinwegfegte, keinen Bestand. Daher war das Zusammentreffen mit dem T-34 eine böse Überraschung, der in der Tat auf schnellstem Wege Abhilfe geschaffen werden mußte. In seinem Bericht an die Heeresgruppe ging Guderian auf die deutliche Über legenheit der T-34 über die PzKpfw IV ein und verlangte die unverzügliche Entsendung einer Expertengruppe zur Durchführung einer Untersuchung des Problems vor Ort. Der Gruppe gehörten Vertreter des Heereswaffenamts und des Rüstungsministeriums, Panzerkonstrukteure und -hersteller an. Sie trafen am 20. November 1941 im Frontabschnitt der 2. Panzerarmee ein, untersuchten eroberte und liegen gebliebene gegnerische Panzer, fragten „betroffene" Soldaten nach ihrer Meinung. Viele von ihnen vertraten die Meinung, die beste und einfachste Lösung sei, einen T-34 mit nach Deutschland zu nehmen und in großer Stückzahl herzustellen. Allerdings stimmten die Konstrukteure diesem Vorschlag nicht zu. Guderian bemühte sich um eine Erklärung. Seiner Auffassung zufolge lag die Ursache nicht im „ureigensten Stolz der Entwickler auf ihre eigenen Erfindungen", sondern eher in den praktischen Problemen, die dieser Vorschlag aufwarf. Es wäre beispielsweise unmöglich gewesen, grundlegende Bauteile des T-34, wie dessen Alu-Dieselmotor, en masse zu produzieren angesichts des Mangels an Rohstoffen zur Herstellung von Stahllegierungen, der für Deutschland zu einem unüberbrückbaren Hindernis geworden war. Man entschied sich daher zu einer Kompromißlösung. Sie sah vor, daß die Arbeiten zu Entwicklung und Bau des 60 Tonnen schweren Tiger (siehe nächstes Kapitel) fortgesetzt und gleichzeitig mit der Konstruktion eines neuen Fahrzeuges – eines mittleren Panzers mit einem Gewicht von ca. 35 t), der den Namen „Panther" erhalten sollte – begonnen wurde.

Am 25. November 1941 wurden Daimler-Benz und MAN vom Heereswaffenamt mit der schnellstmöglichen Ausarbeitung von Vorschlägen für diesen neuen mittleren Panzer in der Klasse 30–35 Tonnen beauftragt. Er erhielt die Bezeichnung VK 3002[43] und sollte folgende Parameter besitzen: Panzerdicke (mindestens) – Frontbogen 60 mm, Seiten und Heck 40 mm, Geschützblende vorn und seitlich abgeschrägt wie beim T-34; Geschwindigkeit – max. 55 km/h, 40 km/h (Marschgeschwindigkeit). Die beiden Firmen legten äußerst unterschiedliche Konstruktionslösungen vor. Während der VK 3002(DB) von Daimler-Benz dem T-34 stark ähnelte, orientierte sich der VK 3002(MAN) von MAN stärker an den damaligen deutschen Konstruktionsformen. Die grundlegenden Unterschiede bestanden darin, daß die Ausführung von Daimler-Benz 34 Tonnen wog, ihre Rumpfform stark an den T-34 erinnerte, daß sie einen Dieselmotor MB 507, dessen Antrieb zu den hinten eingebauten Antriebsrädern führte; und paarweise angeordnete Stahl-Laufräder mit Blattfederaufhängung besaß, daß der Fahrer seinen Platz im Turm hatte und daß als Bewaffnung eine 7,5 cm L/48 vorge-

Das Foto zeigt einen der ersten zwanzig Panther, die ursprünglich als Ausf A bezeichnet, später aber in Ausf D_1 umbenannt wurden. Die Kuppel tritt seitlich am Turm hervor. Gut zu sehen sind auch die kugelförmige Mündungsbremse und die Abschußvorrichutngen für die Nebelgranaten an der Turmseite, die typisch für diese frühe Version waren.

Ein frühes Exemplar der Ausf D mit doppelter Mündungsbremse beim Verlassen des Werks zusammen mit zwei Tigern.

sehen war. Die MAN-Version wog 35 Tonnen, ihr Rumpf war höher und breiter als der des T-34, der große Turm war wegen des Überhangs des langen Kanonenlaufs nach hinten versetzt; eingebaut war ein Benzinmotor vom Typ Maybach HL 210 mit Antriebsführung zu den vorderen Antriebsrädern, einer Drehstabfederung mit überlappenden Laufrädern; Fahrer und Schütze saßen im vorderen Teil, der seiner Form nach der herkömmlicher deutscher Panzer glich. Als Bewaffnung wurde eine 7,5 cm L/70 (lang) vorgeschlagen.

Anfangs favorisierte Hitler die Ausführung von Daimler-Benz, wenngleich sie seiner Meinung nach eine stärkere Kanone benötigte. So wurde ein Auftrag zum Bau von 200 VK 3002(DB) erteilt. Der „Panther-Ausschuß" hingegen zog die MAN-Version vor. Der Grund war insbesondere, daß der Dieselmotor MB 507 bislang nicht getestet worden war und weil die neue, von Hitler gewünschte Kanone nicht in den kleinen Turm paßte. Man forderte MAN zum alsbaldigen Bau eines Prototyps aus Weichstahl auf, der im Sommer 1942 fertig war und auf dem betriebseigenen Versuchsgelände in Nürnberg getestet wurde. Der kurz darauf fertiggestellte zweite Prototyp wurde auf dem Versuchsgelände des Heereswaffenamts in Kummersdorf geprüft. Ing. Kniep-

Gelungene Aufnahme einer Ausf D mit Besatzung. Der Kommandant ist Oberfeldwebel Herbert Elsner, um den es auch in einem der Gefechtsberichte am Ende dieses Kapitels geht. Für seine Tapferkeit wurde ihm das Ritterkreuz verliehen. (Herbert Elsner)

Gelungene Dreiviertelperspektive einer späten Ausf D in Rußland. Dieser Panther des 1. Panzerregiments der 1. Panzerdivision besitzt eine verbesserte Kuppel. (Horst Riebenstahl)

kampf[44], Chefingenieur und -entwickler beim Waffenprüfamt 6 kümmerte sich persönlich um die Details bei der Konstruktion des MAN-Modells. Dem Vorhaben wurde höchste Priorität eingeräumt.

Im Ergebnis dieser Versuche entschied man sich, die MAN-Ausführung in die Produktion überzuleiten. Ob der „Panther-Ausschuß" die Kühnheit besaß, sich über den Wunsch des Führers hinwegzusetzen, oder ob dieser seine Entscheidung korrigierte, läßt sich nicht mit Bestimmtheit sagen. Auf jeden Fall wurde der Auftrag an Daimler-Benz geflissentlich ignoriert und später storniert. Das neue Fahrzeug sollte umgehend in die Produktion gehen und erhielt die Bezeichnung PzKpfw V Panther (SdKfz 171). Für den Anfang waren 250 Stück pro Monat geplant. Ende 1942 wurde dieses Produktionsziel auf 600 pro Monat erhöht. MAN konnte einen solchen Riesenauftrag nicht allein ausführen, so daß bei Daimler-Benz schnell auf die Produktion des Panther umgestellt wurde. In der Folge wurde dieser Verbund durch weitere Unternehmen erweitert. Sie waren entweder Hauptauftragnehmer (wie die Maschinenfabrik Niedersachen in Hannover (MNH), Henschel und später DEMAG) oder Subunternehmer für Motoren und andere Baugruppen.

Mitte Juli 1941 erhielt Rheinmetall-Borsig einen Auftrag zur Entwicklung einer Panzerkanone, die auf 1000 Meter Entfernung eine 140 mm dicke Panzerplatte durchschlagen konnte. Gleichzeitig beauftragte man die Firma mit der Konstruktion eines Turmes für das VK 3002-Vorhaben, der die neue Kanone aufnehmen sollte. Bis Anfang 1942 entstand probeweise ein Lauf L/60, der nicht die gewünschten Leistungsparameter erreichte. Man entschied sich für einen Lauf L/70 und legte als Liefertermin Juni 1942 fest. Die Vorgabe wurde eingehalten und die Großproduktion der Kanone aufgenommen. Sie besaß anfangs nur eine Mündungsbremse, die später jedoch verdoppelt wurde. Diese Kanone der Superlative wurde von sämtlichen Panzerbesatzungen der Alliierten gefürchtet.

Damit begann die Entwicklung des Fahrzeugs, das viele Fachleute als den besten Panzer betrachten, der je während des 2. Weltkrieges von einem Land gebaut wurde. Mit insgesamt mehr als 6000 Exemplaren wurde dieser Typ zum wichtigsten Panzer für die Fertigungsstraßen, denn in der gleichen Arbeitszeit ließen sich anstelle eines Tiger zwei Panther herstellen. Die ersten zwanzig Panther liefen Ende November 1942 bei MAN vom Band und erhielten, wie gewöhnlich die Bezeichnung Ausf A, die allerdings – wie später noch ausgeführt wird – noch geändert wurde. Eigentlich hätte die Ausf B mit einem Maybach-Olvar-Getriebe anstelle des speziell entwickelten ZFAK 7-200 ausgestattet werden sollen. Dies erwies sich jedoch als erfolglos, so daß die Bezeichnung nie verwendet wurde. Man könnte die ursprünglichen 20 Ausf A tatsächlich als Vorserienmodelle betrachten, da sie über keine der Verbesserungen verfügten, die infolge der Pilotversuche vorgeschlagen worden waren. Sie wurden gemäß den Grundanforderungen an das VK 3002-Projekt gebaut und hatten demzufolge den Benzinmotor Maybach HL 210, eine bis 60 mm starke Frontalpanzerung, die erste Version der L/70-Kanone und ein ZF 7-Getriebe mit Kupplungssteuerung. Ab Anfang 1943 wurden am Panther einige Verbesserungen vorgenommen. So wurde beispielsweise durch einen größeren Zylinderinnendurchmesser der Hubraum von 21 auf 33 Liter erweitert. Der als HL 230 P 30 bekannte Zwölfzylinder-Benzinmotor hatte 700 PS. Die Frontblende wurde auf 80 mm Dicke verstärkt, und die Turmkuppel

Instandsetzung eines Panthers des 24. Panzerregiments nach einem Gefecht bei Aachen. (Ernst J. Dohany)

wurde etwas nach rechts versetzt (einfach um die Turmherstellung zu vereinfachen). Was aus der Bezeichnung „Ausf C" wurde, ist ein Rätsel. Wahrscheinlich erhielt sie ein Modell, das über das Reißbrett nicht hinauskam. Die erste Serienausführung war damit die Ausf D. Für die Unterlagen wurde das als Ausf A produzierte Los später in Ausf D_1 umbenannt, während die Ausf D in einigen Quellen auch als D_2 geführt wurde.

PZKPFW V AUSF D (SDKFZ 171)

Jahr der Indienststellung		1942 (Vorserie); 1943
Gewicht (t)		43
Gesamtmaße (m)	**Länge**	8,86
	Höhe	2,97
	Breite	3,43
Mitgeführte Bewaffnung/Munition		
Erstbewaffnung		1 × 7,5 cm KwK 42 L/70, 79 Schuß
Zweitbewaffnung		2 × 7,92 mm MG 34
Panzerung (mm)		max. 100; min. 16
Motor	**Typ**	Maybach HL 230 P30
	PS / U/min	700/ 3000
Besatzung		5 Mann
Höchstgeschwindigkeit (km/h)		46
Reichweite (km)		200

Vier Unternehmen – MAN, Daimler-Benz, MNH und Henschel – waren somit an der Herstellung der Ausf D beteiligt, von der zwischen Januar und September 1943 etwa 600 Stück gebaut wurden. Aufgrund der Eile bei der Entwicklung traten bei den ersten Panthern zahlreiche mechanische Fehler auf, und zwar insbesondere an Getriebe und Lenkung, die für leichtere Panzer konzipiert und den Belastungen durch das höhere Motorgewicht und dessen gestiegene Leistung nicht gewachsen waren. Das gleiche galt auch für den Motor selbst, der zur Überhitzung neigte und häufig Brände verursachte.

Im März 1943 bat Guderian bei Hitler um Aufschub. Er erklärte, er hielte es für unwahrscheinlich, daß der Panther vor Juli 1943 in Dienst gestellt werden könne.[45] Doch selbst dieser Termin schien zu optimistisch. Nach dem ersten großen Kampfeinsatz des Panther an der russischen Front[46] schrieb Oberstleutnant von Grundherr schrieb: „... Abschließend kann ich nicht umhin, einige Worte über eine äußerst betrübliche Geschichte hinzuzufügen, auch wenn sie sich genauso zugetragen hat, wie ich es befürchtet habe: den Panther. Sehr viele haben damit gerechnet, daß die Entscheidung mit der neuen, ungetesteten Waffe käme. Der totale Fehlschlag zu Beginn hatte daher eine ziemlich niederschmetternde Wirkung, insbesondere, weil aufgrund des Führerbefehls besondere Hoffnungen geweckt worden waren... Wenn man eine solch wertvolle Waffe baut, dann darf man dazu keine unbrauchbare Benzinpumpe oder defekte Ventile verwenden. Es besteht nicht der geringste Zweifel, daß die meisten technischen Versagen auf den Einsatz von Ersatzmaterial zurückzuführen waren, die einfach nicht der Norm entsprachen."

Eine vernichtende Einschätzung für alle in der Heimat, aber er fügt zumindest folgendes hinzu:

„... Die Schießleistung des Panther verdient Beachtung. Mit dem ersten Schuß wurde ein T-34 aus einer Entfernung von 7224 m außer Gefecht gesetzt."[47] Von den 200 Panthern, die ihre Feuertaufe bestehen sollten, waren am Ende des ersten Tages 160 beschädigt, und neun Tage später waren nur noch 43 übrig. Viele waren zwischen Querstange und Vorderteil gebrochen, wodurch sich das Abschleppen aufgrund ihres Gewichts als sehr problematisch erwies. Selbstverständlich wurden diese Kinderkrankheiten auskuriert, so daß sich der Panther aufgrund seiner Allround-Leistung schnell einen guten Ruf erwarb, obwohl – wie später noch zu lesen sein wird – Probleme nicht ausgeschlossen waren.

Die nächste Serienausführung erhielt aus irgendeinem Grund die Bezeichnung Ausf A und nicht E, wie man erwartet hätte. Sie kam im August 1943 heraus und wurde von den vier Firmen MAN, Daimler-Benz, MNH und DEMAG in etwa 1788 Exemplaren gebaut. Die „zweite" Ausf A besaß eine verbesserte Kuppel für den Kommandanten und ersetzte die alte „papierkorbähnliche" Konstruktion. Sie bot bessere Sicht mittels gepanzerter Fernrohre anstelle von Beobachtungsschlitzen. Das Rumpf-MG hatte eine neue Kugelblende und der Schütze mit dem monokularen TZF 12A eine verbessertes Zielfernrohr anstelle des alten binokularen TZF 12. Auch am Turm nahm man eine Reihe kleinerer Veränderungen vor. So wurde auf die linke Munitionsladeluke verzichtet, die Pistolenschlitze wurden weggelassen, und auf den Turm wurden zur Verteidigung eine Annäherungswaffe[48] und ein Fernrohr für den Ladeschützen gesetzt. Zur Vereinfachung der Produktion und zur Lösung der Gewichtsprobleme wurde die Anzahl der Radschrauben von 16 auf 24 erhöht.

Die abschließende Serienausführung des Panther war die Ausf G, die in größeren Stückzahlen als alle anderen produziert wurde. Zwischen März 1944 und April 1945 fertigten MAN, Daimler-Benz und MNH 3740 Stück. Die Version hatte einen überarbeiteten, stärker geschwungenen Rumpf, seitlich dickere Panzerung (50 mm anstelle von 40 mm), und die Seitenpanzerung bestanden jetzt aus einem Stück. Die Frontblende wurde durch den Ersatz des Fahrer-Visierschlitzes durch ein umlaufendes Fernrohr im Dach des Fahrerstands konsolidiert. Die Luken für Fahrer und Schütze erhielten Scharniere anstelle von Schwenkzapfen sowie Federn, damit sie sich leichter öffnen ließen.

Die Staufläche für die Munition wurde von 79 auf 82 Schuß vergrößert. Spätere Modelle besaßen eine neue Geschützblende und gefederte Stahl-Laufräder. Die letzten Serienmodelle der Ausf G besaßen anstelle des Getriebes ZF AK 7-200 das neue ZF AK 7-400. Die Bezeichnung dieser letzten Ausführung lautete Panther Ausf G, nachdem der Name PzKpfw V aufgrund einer Anordnung des Führers vom 27. Februar 1944 weggefallen war. Für die Ausf G hatte man zwar den Einbau von Infrarot-Nachtsichtgeräten und eines Stabilisierungssystems für die Erstwaffe vorgesehen, aber es kam bis zum Kriegsende nicht mehr zur Umsetzung dieser Änderungen in der Produktion.

Grundbeschreibung

Wie wir dank Ing. Kniepkampf und des „Panther-Ausschusses“ gesehen haben, beruhte die Konstruktion des Panther auf deutschen Panzerstandards: Der Fahrerstand befand sich vorn, Turm und Gefechtsstand in der Mitte und der Motorraum hinten. Der Antrieb wurde durch die Panzermitte zum vorn eingebauten Getriebe und von dort aus zu den Antriebsrädern geführt. Dieser Panzer war – wie nachfolgend ersichtlich – größer und schwerer als jener, den er eigentlich vernichten sollte:

	Panther Ausf D	T-34/76A
Kampfgewicht	43 Tonnen, wobei die Ausf A und G mit je 44,75 Tonnen noch schwerer waren.	26,3 Tonnen. Spätere Ausführungen wogen bis zu 30,9 Tonnen.
Länge (Kanonenspitze)	8,86 m	6,10 m
Gesamtbreite	3,43 m (mit Schürzen)	3,00 m
Gesamthöhe	2,97 m	2,50 m

Der Fahrer saß links und hatte unmittelbar vor sich in der Frontplatte eine Sichtöffnung (die ab Ausf G entfiel), die mit einem gepanzerten Deckel in der Größe 24,8 cm x 10 cm geschützt war, welcher mittels eines federgespannten Hebels bedient wurde. Bei geschlossener Sichtöffnung blickte der Fahrer durch zwei starre Fernrohre im Dach seines Fahrerstandes, von denen eines direkt nach vorn, das andere nach links gerichtet war. Die Sicht war mangelhaft, so daß der Einbau eines voll beweglichen Fernrohrs ab der Ausf G als willkommene Neuerung begrüßt wurde. Der Fahrer verfügte über die herkömmliche Bedientechnik mit einem Schalthebel zu seiner Rechten und einer Handbremse zu seiner Linken sowie einem Armaturenbrett (mit Tacho, Drehzahl-, Öldruck- und Strommesser). Das Armaturenbrett besaß ferner einen Knopf für den elektrischen Anlasser, doch bei sehr niedrigen Temperaturen oder stark entladener Fahrzeugbatterie konnte man auf den Schwungkraftanlasser ausweichen, für dessen Betätigung die Handkurbel in die hintere Panzerplatte eingesteckt wurde. Die Kurbel mußte von zwei Mann bedient werden. Spätere Modelle verfügten über den verbesserten und leichter bedienbaren Durchdrehanlasser.

Der Funker/Schütze saß rechts im Fahrerstand, auf der anderen Seite von Getriebe und Übertragung. Er bediente ein MG 34, das durch eine senkrechte Klappe (die einem Briefkastenschlitz ähnelte) in der Frontblende abgefeuert wurde. Bei späteren Ausführungen wurde anstelle dessen eine ordentliche Kugelblende mit einer Visieröffnung eingebaut. Das Radkastenpodest zu seiner Rechten beherbergte die gesamte Funktechnik, während sich über ihm ähnliche starre Fernrohre für den Fahrer befanden. Für beide waren große rechteckige Notausstiege, die sich beim Öffnen zunächst leicht hoben und dann nach außen drehten (bei der Ausf G mit Scharnieren und Federn versehen).

Zwischen den beiden Besatzungsmitgliedern befand sich das Getriebe vom Typ ZF AK 7-200 mit sieben Vorwärtsgängen und einem Rückwärtsgang. Es ließ sich nicht ganz ohne Probleme bedienen und bedurfte einiger Übung, um die besten Ergebnisse zu erzielen. Bei 2000 – 2 200 U/min arbeitete es in allen Gängen synchron, bei mehr als 2500 U/min oder weniger als 1500 U/min mußte jedoch doppelt ausgekuppelt werden. Der Antrieb verlief vom Getriebe aus durch einen Übertragungskasten und ein Untersetzungsgetriebe zu den vorderen Antriebsrädern. Während die Lenkung durch das Bremsen der Ketten mit Hilfe normaler hydraulischer Scheibenbremsen erfolgte, konnte das Umlaufgetriebe als Lenkhilfe eingesetzt werden, wobei das eine oder andere Antriebsrad entgegen des Hauptantriebs bewegt wurde und damit die Kette auf dieser Seite verlangsamte, so daß sich der Schwenkradius verringerte. Diese Art der kontrollierten Ausgleichssteuerung kam auch beim Tiger zum Einsatz. Die Wendekreise wurden größer, je höher der eingelegte Gang war. Sie lagen zwischen einem Radius von 5 m im 1. Gang und 80 m im 7. Gang. Auch in Leerlaufstellung des Getriebes war eine Kehrtwendung möglich. Die Antriebsräder besaßen geteilte Felgen mit 17 Zähnen.

Fahrwerk und Ketten Das Fahrwerk hatte eine doppelte Drehstabfederung und acht versetzte Doppellaufräder auf jeder Seite. Die Räder waren vollgummibereift, obwohl die Laufräder bei einigen späteren Modellen der Serie (Ausf G)

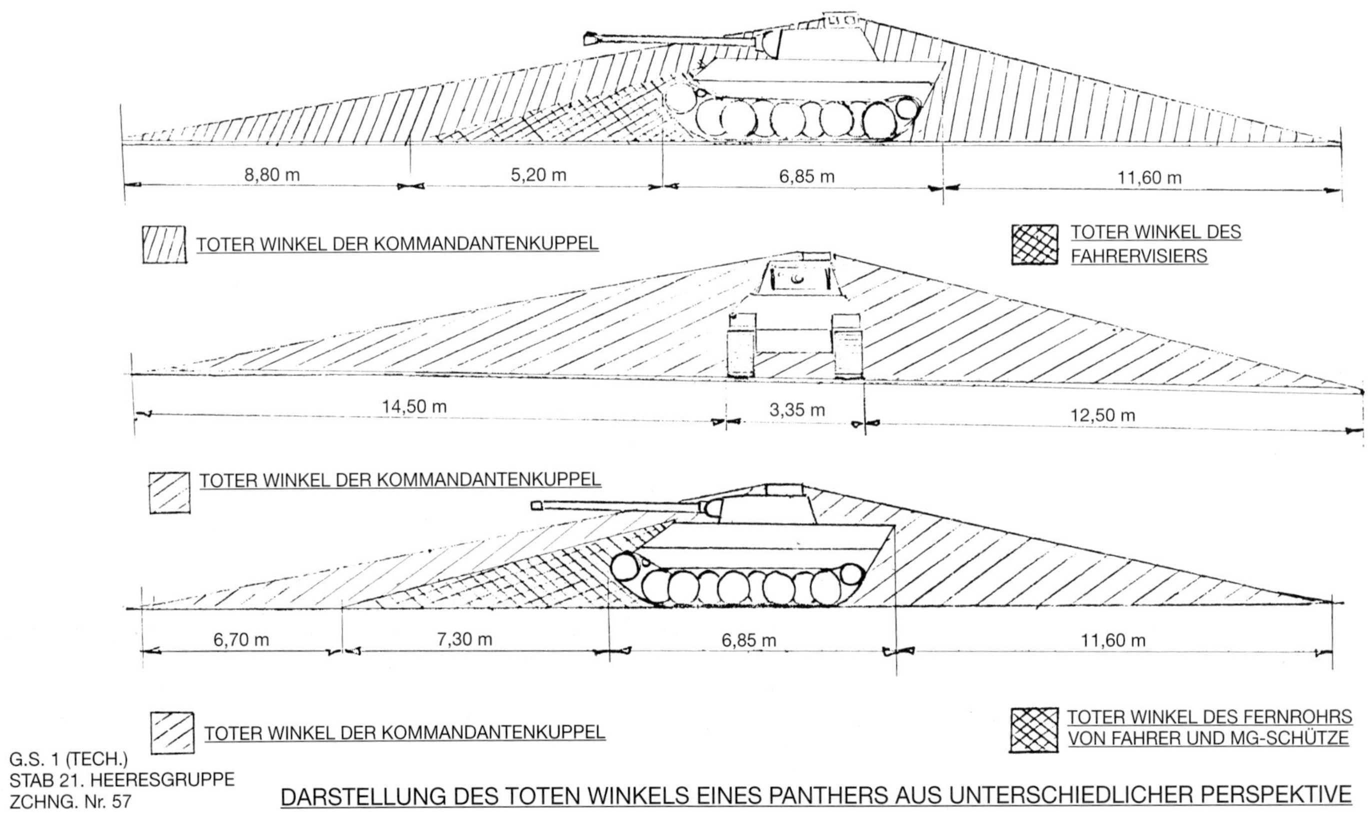

DARSTELLUNG DES TOTEN WINKELS EINES PANTHERS AUS UNTERSCHIEDLICHER PERSPEKTIVE

Entfernung leerer Hülsen und Bestückung mit neuer Munition. Diese aufgereihten Exemplare der späten Ausf D gehören zum 1. Panzerregiment. (Horst Riebenstahl)

durchweg aus Stahl bestanden. Das Fahrwerk war kompliziert, wartungsintensiv und schwer zu reparieren. Andererseits lief es ausgezeichnet und ruhig. Die Ketten waren 660 mm breit und setzten sich aus je 86 Gliedern zusammen. Die Kettenspannung wurde durch die hinteren Leitroller gehalten. Die Antriebsräder befanden sich recht hoch über dem Boden, was dem Panzer eine sehr gute Steigleistung (91 cm) verlieh (im Vergleich: 60 cm beim PzKpfw IV und 79 cm beim Tiger). Für extreme Geländebedingungen konnten an jedem fünften Kettenglied Greifer befestigt werden, wobei deren Einsatz eine drastische Drosselung der Geschwindigkeit erforderte.

Turm Der Turm war mittig auf den Gefechtsstand aufgesetzt, verfügte über eine Seitenkonstruktion und einen Drehboden. Die 7,5 cm KwK 42 L/70 mit Verschluß, Rückstoßbremse und Schließfeder war in einem Führungsgestell befestigt. Der Schütze hatte sein Fernrohr auf der linken und sein koaxiales MG 34 auf der rechten Seite. Die aus Gußmaterial bestehende Frontblende war vor dem Kanonengestell befestigt. Das Gestell ließ sich mittels eines Höhenrichtkranzes von – 8° bis + 20° justieren. An den Seiten bestand der Turm aus zwei großen Platten, die nahe der hinteren Enden so nach innen gebogen waren, daß sie in etwa die Form eines Hufeisens ergaben. Das Dach war zur Frontblende hin um ca. 6° geneigt, während die Seiten und das Heck im Winkel von 65°, die Blende im Winkel von 78° angesetzt waren. Im Turm hatten drei Besatzungsmitglieder (Kommandant, Richt- und Ladeschütze) Platz, wobei der Kommandant hinten unter der Kuppel, der Richtschütze links vorn und der Ladeschütze rechts hinten saßen. Der große Verschluß der Erstwaffe teilte den Turm nahezu in zwei Hälften. Die Kommandantenkuppel war etwa 26 cm hoch und hatte rundum sechs waagerechte Sehschlitze. Verschließbar waren diese Öffnungen mit Hilfe eines Handrades, das einen 56 mm dicken Stahlring um die Kuppel rotieren ließ. Außerdem besaß die Kuppel eine runde Luke, die gehoben oder gesenkt und dann nach der Seite aufgeklappt werden konnte. Wie bereits erläutert, wurde die Kuppel bei der Ausf A durch eine stark verbesserte Version mit gepanzerten Fernrohren ersetzt. Über der Luke befand sich ein Drehkranz für ein MG 34 zur Fliegerabwehr. Wenngleich die verbesserte Kuppel und später auch das Fernrohr für den Ladeschützen etwas Abhilfe schufen, so war die Nahsicht für die Panther-Besatzungen aufgrund der Höhe und Form des Panzers stets gering. Wie die Abbildung zeigt, muß die Aufklärung von Panzerjägern in dicht bewachsenem oder bebautem Gelände ein ständiger Alptraum gewesen sein.

Zu den wichtigsten Bedienelementen des Schützen zählten ein Höhenrichtrad mit eingebautem (elektrischem) Abzug für die Erstwaffe, ein Handrad für den manuellen und den mechanischen Schwenktrieb sowie ein Fußpedal für das koaxiale MG. Er hatte ein binokulares TZF 12 (später ein monokulares TZF 12a), das mit Entfernungsskalen für Panzergranaten, Sprenggranaten, Panzerpatronen versehen war. Die Skala für Sprenggranaten wurde auch für das MG genutzt. Es ermöglichte die doppelte Vergrößerung und umfaßte eine Entfernungs- und eine Visierplatte. Bei der Entfernungsplatte waren die Skala für die Erstwaffe und die Entfernungsangaben für das koaxiale MG am Rand entlang eingetragen. Sie drehte sich um ihre eigene Achse, während sich die Visierplatte mit den Visier- und Zielmarkierungen auf und ab bewegte. Beide Scheiben drehten sich zusammen. Um die korrekte Entfernung zu ermitteln, mußte ein Schütze also die Entfernungsplatte so lange drehen, bis die entsprechende Markierung mit einer Anzeige über dem Visier übereinstimmte. Dann legte er die Visiereinrichtung mit Hilfe des Schwenktriebs und des Höhenrichtrades auf das Ziel an. Angetrieben wurde der hydraulische Schwenktrieb von der Hauptantriebswelle aus über eine Flüssigkeitskupplung. Damit hing die Schwenkgeschwindigkeit von der Motordrehzahl ab. Fahrer und Schütze mußten eng zusammenarbeiten, wenn der Turm schnell geschwenkt werden sollte. Bei einer hohen Drehzahl (z. B. 2500 U/min) konnte der Turm in 17–18 Sekunden geschwenkt werden, während dieser Vorgang bei geringem Tempo (1000 U/min.) 92–93 Sekunden dauerte. Die Feineinstellung wurde am Ende immer von Hand vorgenommen, wobei der mechanische Schwenkhebel auf der rechten Seite des Fahrers dann senkrecht gestellt werden mußte (Leerlauf). Er wurde nach hinten gezogen, wenn nach links geschwenkt werden sollte, bzw. nach vorn gedrückt, wenn eine Rechtsdrehung erforderlich war. Der manuelle Schwenktrieb war nicht einfach zu bedienen, denn eine volle Umdrehung des Handrades bewegte den 7,5 schweren Turm um ganze 0,36°.

Die Kanonenstellung wurde dem Schützen über zwei Peilrosen angezeigt (die linke Peilrose hatte eine Innenskala von 0–12 und eine Außenskala von 0–64 zur Grobeinstellung, während die rechte zur Feinabstimmung in Tausendstel eingeteilt war). In der Kommandantenkuppel lief wie bei einer Uhr ein Zifferblatt von 0–12 auf einem Zahnkranz entlang. Diese Skala funktionierte nach dem Gegenrotationsprinzip, d. h. sie drehte sich bei einem Turmschwenk über ein Ritzel, welches in die Zähne des Turmgestells griff, mit der gleichen Geschwindigkeit in die entgegengesetzte Richtung. Das bedeutete, daß die Ziffer 12 auf der Skala immer auf die Mittellinie des Fahrzeugs ausgerichtet war und unmittelbar nach vorn wies. Der Kommandant nutzte diese Orientierung zur Ermittlung der ungefähren Lage des nächsten Ziels. Diese Anzeige verlor nach dem Einbau der späteren Kuppel an Bedeutung, denn der Kommandant mußte fortan „den Kopf einziehen", um seine Fernrohre zu nutzen und konnte somit die Peilrose selbst sehen.

Die 7,5 cm KwK 42 L/70 galt als ausgezeichnete Waffe. Sie war 5,85 lang und hatte eine Mündungsbremse, konnte 90 mm starke Panzerplatten auf 457 m bzw. 80 mm dicke Panzerung auf 915 m (jeweils im Winkel von 60°) durchschlagen. Einen T-34 konnte sie frontal aus 800 m bzw. einen Sherman aus 1000 m Entfernung außer Gefecht setzen. Für die Bekämpfung von der Seite oder von hinten betrug die offizielle Reichweite 2800 m. Wie bereits erwähnt war sie jedoch in der Lage, feindliche Panzer aus weitaus größerer Entfernung zu bekämpfen, wenn der Schuß richtig plaziert war. Verwendete Munitionsarten waren:

Munitionsart	**Anfangsgeschwindigkeit**
Pzgr.-Patr. 40	1120 m/s
Pzgr.-Patr. 39	935 m/s
Sprgr.-Patr. 42	700 m/s
Hohlladung (Pzgr.-Patr. 38)	keine Angabe

Eine Kugelblende für das Bug-MG ersetzte die „Briefkastenklappe“ früherer Versionen der Ausf A, die auf die Ausf D folgte. (Horst Riebenstahl)

Gute Momentaufnahme einer Ausf A von hinten mit Besatzung. Ein Mann befestigt das MG 34 auf dem Fliegerbeschußgerät, mit dem viele PzKpfw III und IV, Panther und Tiger ab Ende 1943 ausgestattet wurden. (Horst Riebenstahl)

Dieser Panther wurde von der 2. Französischen Panzerdivision in einer Kleinstadt in der Normandie vernichtet. (US Army)

Die Ausf A und D führten 79 (bzw. 82 bei Ausf G) Geschosse für die Erstwaffe mit, die in Gestellen und Kästen in der unteren Hälfte des Gefechtsstands gelagert wurden. Die 4200 Schuß MG-Munition wurden in entsprechenden Taschen aufbewahrt.

Die Ausf D besaß auf jeder Turmseite eine Abschußvorrichtung mit drei Nebelgrananten. Später wurde eine 92 mm-Nahverteidigungwaffe (kurz) mit einem Winkel von 60° auf dem Dach angebracht. Sie ließ sich rundum schwenken, wurde manuell bedient und mittels eines einfachen Spannrings abgefeuert. Eingesetzt werden konnte sie sowohl zur lokalen Einnebelung oder zum Beschuß von Panzerjägern mit Sprenggranaten.

Für den Ladeschützen war bis zur Ausf A kein Beobachtungsschlitz nach draußen vorgesehen. Im Falle es Notausstiegs mußte er durch die große runde Ladeluke an der Turmrückseite entkommen. Ab der Ausf G verzichtete man auf die Pistolenschlitze im Heck und an den Seiten des Turms. Außerdem baute man einen elektrischen Lüfter auf der rechten Seite des Turmdaches ein. Für Turm und Erstwaffe gab es eine Turmzurrung auf der rechten Seite des Laufkranzes, eine arretierbare Höhenverstellung und eine Laufsperre. Diese Laufsperre war gelenkig vorn am Dach des Aufbaus angebracht. Der Lauf wurde mit Hilfe einer Kette und einer Spannmutter im Winkel von 0° befestigt.

Motorraum Der Zwölfzylinder-Maybach-Motor HL 230 P30 befand sich im hinteren Abteil. Er hatte 700 PS bei 3000 U/min. Der Zugang war über eine große Kontrollklappe in der Mitte der Heckabdeckung möglich. Der Motor lief mit zwei Wasserkühlern zu beiden Seiten des Maschinenraums, die durch einen Ausgleichsbehälter verbunden waren. Doppelgebläse saugten die Luft an. Die heiße Luft wurde über Gitter in der Motorabdeckung abgegeben. Ein Teil der Abwärme konnte über einen Lüftungskanal in den Turm geleitet werden, um der Besatzung die Widrigkeiten des bitterkalten russischen Winters etwas zu erleichtern. Außerdem erwies sich die Kühlung des Motors wegen seiner Größe und seiner beengten Lage im Motorraum vor allem im Sommer als problematisch. Das eingebaute Feuerlöschsystem wurde aktiviert, wenn die Motortemperatur über 120° C stieg (die normale Betriebstemperatur betrug 80° C). In einem solchen Fall wirkte automatisch eine spezielle Brandbekämpfungsflüssigkeit aus sechs Düsen auf Kraftstoffpumpe und Vergaser. Gleichzeitig leuchtete eine Warnanzeige im Armaturenbrett des Fahrers auf, so daß er die Möglichkeit hatte, den Motor abkühlen zu lassen. Die 727 l Benzin fanden in insgesamt fünf Treibstofftanks Platz, von denen sich zwei auf jeder Seite des Motorraums und einer im Heck befanden. Der Treibstoffverbrauch schwankte zwischen 0,25 km/l auf der Straße und unter 0,14 km/l im Gelände. Der Panther erreichte eine Spitzengeschwindigkeit von ca. 46 km/h und hatte eine Reichweite von 200 km.

Anfangs sollte der Panther Gewässer mit einer Tiefe von bis zu 1,90 m durchfahren und bis zu 4 m tief tauchen können. In Wirklichkeit war der Panther nur für eine Wassertiefe von 1,70 m ausgelegt. Die geforderten 1,90 m wurden nur bei den Berge- und den Befehlspanzern erzielt (siehe unten). Die Entwicklung einer uneingeschränkt wasserdichten Ausführung wurde nie ernsthaft verfolgt.

Panzerung Die Ausf D war eine vollständig geschweißte Konstruktion. Abgesehen von der gegossenen Blende und Kuppel bestand die gesamte Panzerung aus homogenem Walzblech mit guten Bearbeitungseigenschaften. Ein früher russischer Bericht gibt einen Brinell-Härtegrad der Frontblende von 262 an.

Die Panzerung hatte folgende Stärke: Turm: vorn – 100 mm (bei Ausf a und G 110 mm); seitlich und hinten – 45 mm; Oberseite – 16 mm; Rumpf: oberer Teil – 80 mm; unterer Teil – 60 mm; seitlich und hinten – 40 mm; Oberseite – 16–30 mm, Geschützblende – 100 mm. Die 5 mm starken Schürzen zu beiden Seiten des Fahrwerks reichten bis ca. 76 cm über den Erdboden.

Die Briten führten Ende 1944 umfangreiche Schießübungen auf eine Ausf G aus und kamen zu folgendem Fazit:

Während ihm ebenerdiges Gewehrfeuer nichts anhaben konnte, verursachte der Beschuß mit der gleichen Munitionsart von oben im Winkel von 30° auf die Lufteinlaßschlitze schwere Schäden an den Kühlern. Der Schaden dürfte bei Angriff mit 20 mm-Patronen aus der Luft oder mit luftdetonierenden Sprenggranaten noch größer gewesen sein.

Geschosse (Panzerkernmunition und Sprenggranaten) aus 6 Pfünderkanonen oder noch mächtigeren Geschützen, die unterhalb der Mittellinie der Geschützblende auftrafen, durchschlugen die Panzerung, rissen das Dach des Fahrerstands weg oder ließen den Turm blokkieren.

Seitliche Treffer setzten die Munition oder die Treibstofftanks in Brand. Die gewalzten Platten erwiesen sich als spröde und schuppig. Die Sprödigkeit der Dachpanzerung machte diesen Teil besonders verletzbar gegenüber Sprenggranaten und Luftdetonationen in unmittelbarer Nähe.

Ineinandergreifende Stöße verliehen mehr Stabilität selbst bei beschädigten Schweißnähten.

Der Frontalangriff mit Panzerabwehrmunition [49] waren im Gegensatz zum Flankenangriff nutzlos.

Minen mit einer Sprengladung von 1,8 bis 6,8 kg konnten einer Kette nur dann etwas anhaben, wenn sie genau unter der Kettenmitte detonierten. Allerdings bestand bei solchen Explosionen unter der Kette wenig Gefahr für die Bodenplatten oder deren Seitennähte.

Der Bericht gelangte zu der Schlußfolgerung: „Die Fahrzeugkonstruktion weist eine beachtliche Stabilität auf, wofür insbesondere die ineinandergreifenden Stöße verantwortlich sind. Der Panther ist nach Einschätzung der vorliegenden Versuchsergebnisse eine hervorragende Waffe mit einigen Schwächen. Bei entsprechendem Flankenschutz sollte sein Wert nicht unterschätzt werden.“ [50]

Gute Ansicht der letzten Panther-Ausführung (Ausf G), bei welcher der Beobachtungsschlitz des Fahrers in der Frontblende weggelassen wurde, um die Panzerung zu verstärken.

Meinungen von Benutzern

Panther und Tiger standen gleichermaßen in einem ausgezeichneten Ruf. So war es nur natürlich, daß die maßgeblichen Stellen versuchten, die Überlegenheit dieser Panzer gegenüber denen der Alliierten auszuspielen. Die folgenden Äußerungen zum Panther, die angeblich aus offiziellen deutschen Quellen stammten, wurden im Juni 1944 vom britischen Militärgeheimdienst MI 10 unter der Überschrift „Panther und Tiger (eine Beurteilung aus deutscher Sicht)" verbreitet.

„In den letzten Monaten wurde viel Lob über diese beiden superschweren deutschen Monster verfaßt. Die folgenden Auszüge aus offiziellen deutschen Dokumenten rücken das Thema in ein etwas anderes Licht, das Interesse oder gar Mut wecken dürfte: –

PANTHER

a. Es kommt vor allem darauf an, für die „sensiblen" Seiten des Panthers einen entsprechenden Flankenschutz zu gewährleisten. Der Kommandant des Panzerregiments muß stets eine Panzerreserve in der Rückhand haben, die er im Handumdrehen ins Gefecht werfen kann, um jegliche Gefahr an den Flanken abzublocken... Diese Reserve sollte generell im Abstand von ca. 1000 m folgen. Es hat sich als ratsam herausgestellt, die vorhandenen PzKpfw IV des Panzerregiments als Flankenschutz einzusetzen, wenn die Panther vorstürmen und eine Bresche in die feindliche Stellung schlagen...

b. Trotz verbesserter Motorleistung kam die Panther-Abteilung im Durchschnitt 720 km voran, wobei nur 11 Motoren gewechselt werden mußten. Die Panther sollten vor allem im Winter nicht mehr als 100 km zurücklegen, um keine Schäden im Fahrwerk zu verursachen.

c. Ketten und Kettenanpassung: Die Panther-Kette ist ordnungsgemäß gespannt, wenn sie das zweite Laufrad von vorn gerade berührt, d.h. wenn ein weiteres Spannen die Kette von diesem Laufrad heben würde. Da die letzte Stufe des Spannvorgangs also ziemlich mühe voll ist, lassen unachtsame Fahrer oftmals die Ketten zu locker. Stellringe und Haltestifte fallen leicht heraus. Es kommt also darauf an, daß der Fahrer die Ketten häufig kontrolliert.

d. Die meiste Zeit fährt der Panther im dritten Gang. Bei einem Gangwechsel sollte man daher größte Vorsicht walten lassen. In fünf von sieben Fällen mußte das Getriebe gewechselt werden, weil sich der dritte Gang nicht mehr einlegen ließ. Da die Zahnräder für den dritten Gang ständig beansprucht werden, ist ein Hochschalten unmöglich.

Wenn während der Fahrt vom zweiten in den dritten Gang geschaltet werden soll, muß das Fahrzeug beschleunigt werden, damit es beim Gangwechsel (insbesondere bei unebenem Gelände oder starkem Gefälle) nicht stehen bleibt. Nimmt man sich nicht genügend Zeit für den Gangwechsel, d.h. verlangsamt der Panzer sein Tempo, sollte der Fahrer auf keinen Fall den Fehler begehen, diesen Zeitmangel durch schnelles Schalten zu kompensieren. Eine schneller Gangwechsel beansprucht die Zähne und das Synchrongetriebe übermäßig und überlastet damit den Hauptantrieb. Bei schwerem Vorankommen oder beim Überwinden eines steilen Anstiegs sollte daher vorzugsweise der dritte Gang beibehalten werden.

e. Sammeln sich Fremdkörper an, kommen die Ketten des Panther oder Tiger manchmal ins Rutschen oder die Zähne des Antriebsrades greifen nicht mehr und die Kette klemmt. Die dabei entstehende Kettenspannung ist so groß, daß es in der Regel unmöglich ist, die Kette durch das Herausschlagen eines Kettenbolzens wieder zu lösen. Der deutsche Bericht führt an, daß eine bestimmte Tiger-Abteilung dem Problem Abhilfe geschaffen hat, indem die überspannte Kette mittels einer Handgranate gesprengt wurde, fügt aber gleichzeitig hinzu, daß man diese Methode nicht übernehmen sollte, weil der Panzer dann gleich abgeschrieben werden könne."[51]

Weiterentwicklung

Panther II Die deutschen Panzerentwickler durften sich nie lange auf ihren Lorbeeren ausruhen. Anfang April 1943, also kurz nach Aufnahme der Panther-Produktion, beauftragte das Heereswaffenamt MAN und Henschel mit einem Gemeinschaftsprojekt zur Herstellung verbesserter Ausführungen von Panther und Tiger. Sie wurden aufgefordert, die beiden Panzer soweit wie möglich zu standardisieren, um somit Produktion, Ausbildung, Instandhaltung und Reparatur stark zu vereinfachen. Die beiden neuen Ausführungen erhielten die Bezeichnungen Panther II und Tiger II. Letzterer wurde – wie an späterer Stelle geschildert – erfolgreich in Dienst gestellt, aber vom Panther II wurden lediglich einige Prototypen gebaut. Der neue Panzer sollte 50 Tonnen wiegen, wesentlich stärker gepanzert sein und trotzdem die gleichen Leistungen wie der Panther I bringen. Das Fahrwerk war

Scharfe Nahaufnahme der Kommandantenluke einer Ausf A. Eines der gepanzerten Fernrohre wurde weggeschossen. Der Kranz für die FlaK ist beschädigt.

das gleiche wie beim Tiger II, allerdings mit nur sieben Radsätzen und einfachen Drehstabfedern auf jeder Seite. Es wurden zwei Rumpf-Prototypen gebaut, von denen einer probehalber mit einem Turm der Ausf G bestückt wurde. Diese Ausführung wurde von der US Army erobert und in die USA versandt, wo es noch heute funktionstüchtig im Patton Museum of Armor in Fort Knox (Kentucky) ausgestellt ist und an den meisten Tagen der Offen Tür eine Runde dreht. Die Entwicklung des Panther II wurde von einem neuen Projekt – dem E 50 – überholt, der die Panther I und II ablösen sollte. Allerdings kam diese Idee bis zum Kriegsende nicht über das Reißbrett hinaus.

Panther Ausf F 1945 produzierte Daimler-Benz etwa acht Prototypen vom Serien-Nachfolger der Ausf G, welcher die Bezeichnung Ausf F[52] erhielt. Er besaß das gleiche Stahlgerüst-Fahrwerk wie der Tiger II, allerdings mit acht versetzten Laufradsätzen wie die früheren Panther. Ansonsten unterschied sich das Fahrwerk durch eine veränderte Kugelblende, wodurch der Schütze/Funker das neue, anstelle des MG eingebaute MP/StG 44[53] bedienen konnte. Die größten Neuerungen waren jedoch im Turm zu finden. Dieser sog. Schmalturm wurde für das Panther II/Tiger II-Programm entwickelt und konnte entweder die neue 7,5 cm KwK 44/1 oder die 8,8 cm-Kanone des Tiger aufnehmen. Zu den zahlreichen veränderten Merkmalen gehörten eine stärkere und besser abgeschrägte Panzerung, aber weil die neue Frontplatte und die Geschützblende leichter waren, hatte dies keine Auswirkungen auf das Gewicht (ca. 7,62 Tonnen). Die Turmpanzerung war nunmehr vorn 120 mm, seitlich und hinten 60 mm sowie oben 30 mm dick.

Der Schmalturm hatte eine weitaus leichtere, konische Geschützblende, die ihrer Form nach dem „Saukopf“ beim Tiger II glich, ferner ein verbessertes Höhenrichtrad und einen optimierten Schwenktrieb, die eine Volldrehung in weniger als 30 Sekunden ermöglichten, sowie eine Kanonenstabilisierung. Die neue Kommandantenkuppel besaß sieben Fernrohre (vom Tiger), ein Infrarotfernrohr und eine Scheinwerfergruppe, eine Geschützvorrichtung für ein MP/StG 44 im Heck und eine Vorrichtung für eine Nahkampfwaffe rechts hinten am Dach. Es gab einen diagonal eingebauten Koinzidenzentfernungsmesser sowie einen permanenten Antennenfuß mit entsprechenden Anschlüssen, um den Panzer im Feld schnell zu einem Befehlswagen umbauen zu können. Ferner wurde das koaxiale MG 42 durch das MG 34 ersetzt.

Von diesem neuen Turm wurden drei Exemplare gebaut[54]. Nach dem Krieg wurde je einer, komplett mit der KwK 44/1 in die USA und nach Großbritannien geschickt. Nach Untersuchungen wurde der Schmalturm von den Briten verworfen und diente viele Jahre als Zielscheibe auf dem Armeegelände in Larkhill.

Infrarot-Ausrüstung Am 31. Juli 1945 legte der Technische Geheimdienst der 21. Army Group einen Bericht über die Infrarot-Ausrüstung des Panthers vor. Er basierte auf der Untersuchung von vier Ausf G, die mit Infrarottechnik ausgestattet waren, sowie auf den Aussage eines gefangen genommenen Besatzungsmitglieds. Nach diesem Bericht gehörten die vier Panzer zur **Panzerjägerlehr- und -versuchskompanie** in Fallingbostel. Man hatte sie nicht mit den ungepanzerten

Dieser Panther wurde vom Feind wahrlich nicht verschont, scheint den Angriff aber überstanden zu haben. (Horst Riebenstahl)

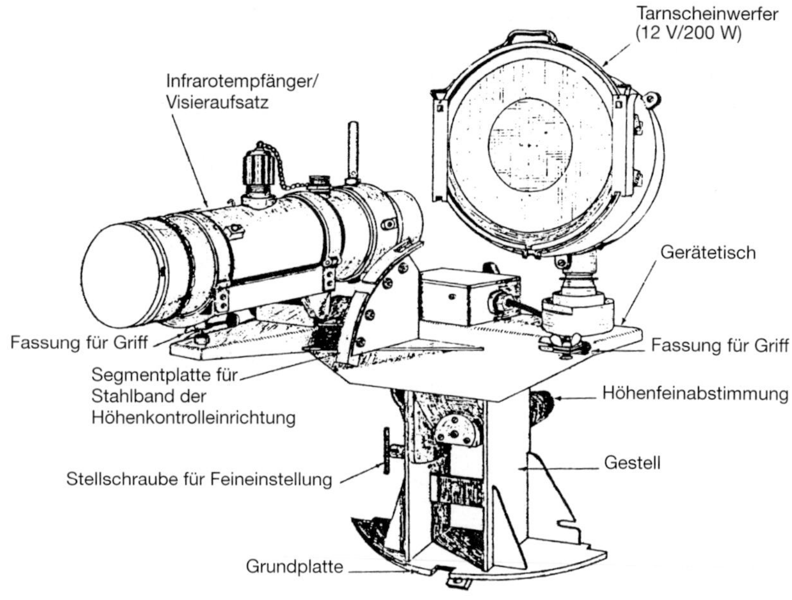

G.S. 1 (TECH.)
STAB 21. HEERESGRUPPE
ZCHNG. Nr. 252

ABB. 1: VORRICHTUNG MIT TARNSCHEINWERFER UND INFRAROTEMPFÄNGER/VISIERAUFSATZ FÜR PANTHER

Vorrichtung mit Tarnscheinwerfer und Infrarotempfänger/Visieraufsatz für den Panther GSI (Tech.), Stab der 21. Heeresgruppe, Zeichnung Nr. 252.

Fahrzeugen der Kampfgruppe Uhu nach Norden abgezogen, sondern für einen Einsatz bei Tageslicht zu den Gefechten östlich von Minden abkommandiert. Drei der Fahrzeuge brannten aus, das vierte wurde schwer beschädigt. Die Infrarot-Technik umfaßte einen Tarnscheinwerfer mit einer 12 V /200 W Signallampe, einen Infrarotempfänger/Visieraufsatz für die Erstwaffe, eine Höhenkontrolleinrichtung für die Kanone, eine Spannungsquelle (12 V-Batterien), eine Zerhackerpatrone und einen Umwandler. Diese Anlage trug nach Aussage des befragten Gefangenen den Decknamen *„Puma"*. Ein anderer Kriegsgefangener nannte sie jedoch *„Sperber"*. Die Vorrichtung (siehe Abbildung) mußte auf eine 600 m entfernte Lichtquelle ausgerichtet und eingestellt werden, ehe sie aktiviert werden konnte. Nur der Panzerkommandant konnte mittels spezieller Handgriffe den Tarnscheinwerfer und den Empfänger nach oben oder unten verstellen, da er allein die Richtung des Panzers verfolgen oder ein Ziel ausmachen konnte. Der Rest der Besatzung folgte „blind" seinen über die Sprechanlage übermittelten Befehlen.

Ausführungen

Panzerbefehlswagen Panther und Panzerbeobachtungswagen Panther Wie bei den PzKpfw III und IV gab es auch vom Panther Spezialausführungen für Befehls- und Artilleriebeobachtungsposten. Das erstgenannte Fahrzeug behielt seine ursprüngliche Erstwaffe, d. h. seine vollständige Bezeichnung lautete: „Panzerbefehlswagen 7,5 cm KwK 42 L/70 Panther. Zwar verringerte sich dadurch die Bewegungsfläche, aber es wurde zugleich schwieriger, dieses Fahrzeug im Gefecht von anderen Panthern zu unterscheiden. Einziges äußeres Unterscheidungsmerkmal waren zusätzliche Antennen auf dem Turmdach und hinten auf der Motorabdeckung. Platz für ein weiteres Funkgerät wurde durch die Reduzierung der Anzahl der mitgeführten Geschosse für die Hauptwaffe auf 64 geschaffen. Es gab zwei Funkanlagen, und zwar entweder ein Fu 5 gekoppelt mit einem Fu 8 (hauptsächlich von der Division verwendet) oder ein Fu 5 in Verbindung mit einem Fu 7 (Boden-Luft). Der Ladeschütze bediente das zweite Gerät, das nahe über ihm an der Turmwand befestigt war. Mehr als 300 Panther wurden zu Befehlswagen umgebaut.

Für den Beobachtungswagen wurden größere Veränderungen vorgenommen, da die Erstwaffe komplett ausgebaut werden mußte. Außen wurden eine Kanonenattrappe und ein MG 34 mit einer Kugelblende angebracht. Das MG war horizontal um 5° und vertikal zwischen –10° und +15° schwenkbar. Zu den optischen Geräten des PzBeobWg Panther gehörten ein 1,25 m Basis-Entfernungsmesser, ein Turmbeobachtungsfernrohr TBF 2, ein Kommandantenfernrohr vom Typ TBF 2 und ein Scherenfernrohr. Der Zeiss-Entfernungsmesser befand sich vorn am Turm und hatte Beobachtungsschlitze auf beiden Seiten der Frontplatte. Diese Beobachtungsschlitze besaßen gelenkig angebrachte Schutzabdeckungen, die von innen geschlossen werden konnten. Das Turmbeobachtungsfernrohr in der Turmmitte saß in einer Kugelblende in der Dachplatte und konnte um 360° gedreht werden. In das Kommandanten- bzw. das Scherenfernrohr wurde eine justierbare Halterung vor der Kommandantenkuppel eingebaut. Eine komplizierte automatische Blockstelle befand sich unmittelbar vor der Kommandantenkuppel und sollte der schwenkbaren Kanone die Entfernung und Richtung grob vorgeben und diese dann auf der Grundlage der beobachteten Geschoßbahn korrigieren. Der PzBeobWg Panther wurde von vielen als der beste Artilleriebeobachtungspanzer betrachtet, der je während des ganzen Krieges auf beiden Seiten gebaut wurde, aber nur etwa 40 Panther wurden für diese Zwecke umgerüstet.

Bergepanther Es wurde immer offensichtlicher, daß der herkömmliche 18 Tonnen schwere Halbketten-Bergungsschlepper seine Aufgaben bei der Bergung des Panthers und Tigers nicht erfüllen konnte. Es gibt zahlreiche Berichte, wonach zwei oder gar drei Halbkettenfahrzeuge zum Abschleppen dieser Schwergewichte benötigt wurden bzw. wonach in zahlreichen Fällen beschädigte Panzer einfach liegen gelassen werden mußten, weil keine ausreichend schwere Bergetechnik vorhanden war. Nur eine geringe Anzahl von Tigern wurde zu dieser Art gepanzerter Spezialfahrzeuge umgebaut, während immerhin nahezu 350 Bergepanther produziert wurden. Beim ersten Dutzend wurde einfach ein turmloses Fahrgestell des Panthers verwendet, wie es bei MAN vom Fließband lief. Später nahmen sich jedoch erst Henschel und dann DEMAG der Herstellung an. Anfangs nutzte man das Fahrgestell der Ausf D, in der Folgezeit eine Kombination aus Ausf A und G. Eine quadratische kistenähnliche Holzkonstruktion kam an die Stelle von Turm und Waffe, und der freie Raum am Rumpf wurde mit einer Winde ausgefüllt mit einer Längszugkraft von 40 Tonnen (die je nach Gang ggf. verdoppelt werden konnte). Außerdem verfügte das Fahrzeug über eine Art großen Spaten, der gelenkig unten am Rumpf befestigt war und als Verankerung diente, sowie einen einfachen ausfahrbaren Kranausleger mit einer Lastkapazität von 1,5 Tonnen zum Anheben bzw. Absetzen schwerer Technik auf das/vom Oberdeck. Der Bergepanther wog 42,7 Tonnen, hatte eine vier- oder fünfköpfige Besatzung, konnte aber auch von zwei Mann bedient werden, und erreichte eine Spitzengeschwindigkeit von 34 km/h.

Ein britischer Bericht schätzte den Panzerbeobachtungswagen als äußerst nützliches und dienstbares Fahrzeug mit bemerkenswert einfachen Staumöglichkeiten für Ausrüstungsteile vor (d. h. ohne die übliche Ansammlung schwerer Auslegerarme, Galgen, Schweißvorrichtungen etc., welche die meisten anderen Panzerbeobachtungswagen umgaben). Der Bergepanther wurde im Rahmen der Bergung eines Panzerbeobachtungswagens vom Typ Churchill aus einem tiefen Graben getestet, wobei die Schnauze des Churchill auf eine 1,80 m hohe Böschung wies. In dem Bericht heißt es: „Das Seil der Panther-Winde wurde mit Hilfe zweier Abschleppseile des Churchill, eines davon mit Kraftmesser, um dessen Schnauze gelegt. Das Windenseil wurde ausgelegt, und der Anker des Panther bohrte sich in den Boden. Ein direkter Zugversuch ohne Seilrollenblöcke zeigte beim Einfahren der Winde, womit der Churchill über die Böschung gehievt wurde, einen bereinigten Höchstwert von 45–50 Tonnen an. Diese Aufgabe bewältigte der Panther zufriedenstellend, wobei die Motordrehzahl einmal auf 700 absackte."[55]

Jagdpanther Die wohl wichtigste Ausführung des Panther war der Jagdpanther, einer der besten Panzerjäger, die während des Krieges von einer der beteiligten Parteien gebaut wurden. Wie bereits geschildert, verfügte Deutschland über eine große Vielfalt an Selbstfahrgeschützen (Sturmgeschütze und Panzerjäger). Die meisten davon waren Adaptationen, um veraltete Panzerfahrgestelle weiter nutzen zu können. Ende 1942 war jedoch klar, daß eine bessere Lösung gefunden werden mußte, um der immer dringenderen Nachfrage nach einem schnellen, ausreichend bewaffneten Panzerjäger gerecht zu werden, der auch den schwersten gegnerischen Panzer außer Gefecht setzen konnte. Bei der Waffe mußte die Wahl ganz offensichtlich auf die ausgezeichnete 8,8 cm FlaK fallen, die bereits in Landgefechten hervorragende Erfolge in der Panzerbekämpfung erzielt hatte. Allerdings war dafür das Fahrwerk sämtlicher Panzer einschließlich des PzKpfw IV zu schwach, so daß man sich zur Verwendung des neuen Panther-Fahrgestells entschloß und die Maschinenfabrik Niedersachsen-Hannover (MNH) mit der Entwicklung des neuen Panzerjägers beauftragte. Der erste Prototyp wurde Hitler am 20. Oktober 1943 im Rah-

JAGDPANTHER (SDKFZ 173)		
Jahr der Indienststellung		1944
Gewicht (t)		46
Gesamtmaße (m)	**Länge**	9,90
	Höhe	2,72
	Breite	3,42
Mitgeführte Bewaffnung/Munition		
Erstbewaffnung		1 × 8,8 cm PaK 43/3 L/71 57 Schuß
Zweitbewaffnung		1 × 7,92 mm MG 34
Panzerung (mm)		max. 100 min. 16
Motor	**Typ**	Maybach HL 230 P30
	PS / U/min	700/3000
Besatzung		5 Mann
Höchstgeschwindigkeit (km/h)		46
Reichweite (km)		200
Bemerkungen		Einer der besten Panzerjäger des 2. Weltkrieges.

Schmalturm für die Ausf F des Panthers. Hier eine Aufnahme während der Untersuchungen durch die Briten. Dieser Turm diente später als Zielobjekt.

PzBeobWg Panther mit einer Geschützattrappe.

Panther in einem Hinterhalt in Rußland 1944. (Rudolf Wulff)

men einer Demonstration in Arys[56] vorgeführt und ging nach dessen Zustimmung im Januar 1944 bei MIAG (Mühlenbau und Industrie AG) in Braunschweig in Serie. Am Jahresende stieg auch MNH in die Produktion ein. Beide Fabriken stellten den Jagdpanther bis März 1945 her, d. h. insgesamt wurden in dieser Zeit 382 Exemplare gefertigt.

Für den Jagdpanther wurde das standardmäßige Fahrgestell der Ausf A verwendet. Das MG mit seiner Kugelblende war in der Blende eingebaut. Das Oberteil der Blende und die Seiten des Aufbaus wurden rundum erweitert, um einen geräumigen und flachen Gefechtsstand zu schaffen, in dem die 8,8 cm PaK 43/3 L/71 Platz fand. Die wichtigsten Panzerplatten waren gut abgeschrägt und unterschiedlich stark: vorn 80 mm, an den Seiten 50 mm, hinten 40 mm und oben 25 mm. Die „Saukopf"-Geschützblende war 100 mm dick. Die Kanone war ein Stück zurückgesetzt im Gefechtsstand und ermögliche den ungehinderten Zugang zu allen Bediengeräten und zur Rückstoßvorrichtung. Die Höheneinstellung war nur im Winkel von – 8° bis +14° möglich, und der Schwenkbereich umfaßte insgesamt nur 11°. In diesem Bereich mußte der Panzerjäger sein Ziel in den meisten Fällen verfolgen, um einen Treffer zu landen. Das Fahrzeug hatte eine Gesamtlänge einschließlich Kanone von 9,85 m, und sein Kampfgewicht mit fünf Mann Besatzung und 60 Schuß Munition betrug 46 Tonnen. Die Spitzengeschwindigkeit lag bei knapp 46 km/h und die Reichweite 160 km. Als Schußentfernung wurden 2469 m empfohlen.

Instandsetzungsarbeiten an einem Panther in der Werkstattkompanie des 31. Panzerregiments der 5. Panzerdivision in Rußland. (Rudolf Wulff)

Der Jagdpanther genoß ziemlichen Respekt auf dem Gefechtsfeld. Berichte des Technischen Geheimdienstes Großbritanniens enthalten Einschätzungen, wie: „Die schnelle 8,8 cm-Kanone, die vergleichsweise dicken, abgeschrägten Panzerplatten und eine überdurchschnittliche Geschwindigkeit lassen vermuten, daß dieses ausgezeichnete Fahrzeug das Rennen um den Panzerjäger machen wird. Es wird angenommen, daß die Deutschen, diese Version in beachtlichem Umfang produzieren und in Dienst stellen werden, sobald die Panther-Produktion ein zufriedenstellendes Niveau erreicht hat.[57] In einem anderen Bericht heißt es: „Der Jagdpanther wurde offensichtlich als beweglicher Panzerjäger sowohl für den Angriff als auch für die Verteidigung konzipiert. In der Offensive soll er dicht hinter der anführenden Infanterie bleiben, die Gegenangriffe der feindlichen Panzer abwehren oder in verdeckter Stellung agieren. In der Defensive soll er insbesondere in vorgerückten Positionen die Panzerabwehr verstärken. Die dicke Panzerung ermöglicht den Einsatz in vorderster Front, während er sich im Gelände durch hohe Beweglichkeit und Feuerkraft auszeichnet."[58]

Jagdpanther waren als Heeresgruppen in schwere Panzerjägerabteilungen aufgeteilt, die drei Kompanien mit jeweils 14 Fahrzeugen umfaßten. Der Abteilungsstab hatte noch einmal drei Fahrzeuge. Jede Kompanie hatte drei Züge mit je vier Fahrzeugen, die beiden verbleibenden waren dem Kompaniestab zugeteilt. Laut dem offiziellen deutschen Handbuch galt der Jagdpanther schwerpunktmäßig als Waffe zur Abwehr gegnerischer Panzerangriffe. Sein Einsatz im Abteilungsmaßstab wurde in Erwägung gezogen, um den entscheidenden Kampferfolg zu sichern, während der Einsatz einzelner Züge nur im Falle befestigter Stellungen oder in unwegsamem Gelände in Erwägung gezogen werden konnte. Er durfte – abgesehen von reinen Notfällen – weder als stationäres Panzerabwehr- noch als Artilleriegeschütz verwendet werden. Nachdem sie ihre Mission erfüllt hatten, mußten die Jagdpanther zu Wartungs- und Reparaturzwecken zurückgezogen werden."

Sonstige Ausführungen Zu den verschiedenen anderen Vorhaben unter Verwendung des Panther-Fahrgestells, die jedoch nie in die Produktion übergeleitet wurden, gehörten ein Minenräumpanzer, zwei Flakpanzer (einer mit 8,8 cm FlaK 41 in einem oben offenen, umlaufenden Turm, der andere mit 3,7 cm Zwillings-FlaK 43 in einem voll gepanzerten Turm, bekannt als Coelian) sowie ein Waffenträger mit offenem Rumpf. Darüber hinaus wurden ältere Panther durch Entfernung der Türme in Munitionsträger umfunktioniert. Für den gleichen Zweck wurden auch bei einigen ausgedienten Bergepanthern Winde und Ankerspaten abgebaut.

GETARNTE PANTHER

Während der Ardennen-Offensive wurde eine kleine Anzahl von Panthern als amerikanische M10-Panzerjäger getarnt. Dazu setzte man an die Stelle der Kommandantenkuppel zwei halbrunde gelenkige Klappen zum Schließen der Luke. Mit Blech wurden die typische Form des oben offenen M10-Turms, der Bug und die falschen Schürzen an den Seiten angedeutet. Neben den vorgetäuschten baulichen Komponenten erhielt jeder Panzer eine US-Kennzeichnung bis hin zu den Regiments- und Divisionsemblemen. Die originalen Stauvorrichtungen außen am Panther wurden entfernt, und die Besatzungen wurden in amerikanische Uniformen gesteckt.

Der Bergepanther entstand unter Verwendung des herkömmlichen Panther-Fahrgestells mit einem kastenförmigen Holzaufbau, den die Deutschen bevorzugt für ihre gepanzerten Bergungsfahrzeuge verwendeten. Gut zu sehen sind auch die Ankerspaten am Heck.

NUTZUNG VON PANTHER-TÜRMEN ALS BUNKER

Die Türme ausgedienter Panther der Ausf D wurden in Italien sowohl entlang der Frontlinien der Wehrmacht als auch an den „Gotenlinien" als feststehende Bunker genutzt. Der folgende Auszug entstammt einem Technischen Bericht für Panzerfahrzeuge am Mittelmeer: „Panzertürme. Dabei handelt es sich selbstverständlich nicht um Panzerfahrzeuge, aber ihr Einfluß auf den Verlauf der Panzerkämpfe wird als ausreichend für einen kurzen Kommentar betrachtet. Auf Panzertürme stießen wir erstmals an der Hitlerlinie. Es handelte sich dabei um die augenfälligsten Verteidigungsinstrumente, um welche die übrigen Komponenten herum gruppiert waren. Zwar sind es echte Panzertürme, wenngleich sie etwas früheren Datum sein dürften als jene, mit denen die Panzer dieser Tage ausgestattet sind. Sie sind auf einen Turmkranz aufgesetzt, welcher wiederum auf einem Kasten[59] aus verschweißten, etwa 63 mm dicken Panzerplatten sitzt. Der eigentliche Kasten ist bis an den Turm heran eingegraben, so daß er von einer Kanone nur auf einer geneigten Fläche bekämpft werden kann. Er bietet außerdem dem unteren Teil der Turmschürze zusätzlichen Schutz. Der Schwenktrieb läßt sich nur manuell bedienen, eine elektrische Variante ist nicht vorgesehen. Der Zugang zum Turm ist entweder über die Einstiegsluke im Turm oder von unten durch den Panzerkasten möglich, wozu eine Stahlleiter in einen tiefen Verbindungsschacht gestellt wird. Die Mannschaft lebt offensichtlich permanent in Turm und Verbindungsschacht, da elektrisches Licht zur Verfügung steht und andere Anzeichen für eine ständige Besetzung der Posten vorliegen.

Dieses System der stationären Verteidigung wurde durch Geschützlafetten und Panzerjäger unterstützt. Vor jeder Stellung breitete sich ein „Friedhof" aus Churchills und einigen Shermans aus. Jedes Geschütz hatte im Umkreis von ungefähr 180 Metern etwa 8 Panzer erledigt. Der Umbau der Panther-Türme scheint sich bislang für Hitler als eine durchaus rentable Investition zu erweisen. Diese Turmstellungen sind unschlagbar, wenn man sie nicht einzeln aufs Korn nimmt und in einem sorgfältig geplanten und koordinierten Angriff ausschaltet.

Die Türme sind nahezu unsichtbar bis sie einen Schuß abgeben. Hat man sie endlich geortet, lassen sie sich nur schwer bekämpfen, denn wenn der Turm nicht gerade in eine andere Richtung zielt, kann er vom den 75 mm- bzw. 6 Pfünder-Kanonen nicht durchschlagen werden. Auch der Beschuß mit Sprenggranaten ist offensichtlich nutzlos. In allen Fällen, wo von einem Turm genug übrig war, um die Vernichtungsursache zu ermitteln, zeigte sich, daß die Geschosse an der Seite eingedrungen waren. Die Besatzung eines Churchill, die einen solchen Turm mit ihrer 6 Pfünder-Kanone zerstört hatte, sagte aus, der Turm sei beim Einschlag sofort in die Luft geflogen. Wahrscheinlich ist dies auf die im Inneren gelagerte große Munitionsmenge zurückzuführen… Wenn die Panzerabwehr in Zukunft aus solchen Türmen bestehen sollte, muß unbedingt darauf geachtet werden, daß wir einen bestimmten Teil unserer Panzer mit wirklich effizienten Waffen bestücken, obwohl noch nicht feststeht, daß der Panzerangriff die beste und richtige Methode zur Bekämpfung darstellt."

Einsatzhistorie

Wie bereits gesagt, wurde der Panther erstmals in Rußland – in den Schlachten um Kursk im Juli 1943 – eingesetzt. Danach kämpften sie in Italien, Nordwesteuropa und an der Ostfront. In Verbindung mit dem allzeit zuverlässigen PzKpfw IV, der den Flankenschutz übernahm, bildeten sie eine leistungsstarke und erfolgreiche Gefechtskombination, wenngleich sie eben nie in ausreichenden Stückzahlen zur Verfügung standen. Brigadekommandeur (und später Generalmajor)

Gelungene Ansicht eines Jagdpanthers, der wohl wichtigsten Ausführung des Panther und wahrscheinlich einer der besten Panzerjäger, die je gebaut wurden. Seine 8,8 cm-Kanone konnte es im Gefecht mit den meisten Panzern bis auf eine Entfernung von 2750 m aufnehmen.

Nigel Duncan, der damalige Befehlshaber der 30. Panzerabteilung der berühmten 79. Britischen Panzerdivision, schrieb über seine erste Begegnung mit einem Panther in sein Tagebuch: „Ich habe mir einen Panther angeschaut. Eine wunderbare Konstruktion, leicht zugänglich, mit durchdachter Gefechtsposition für den Schützen, ausreichend Platz für den Fahrer und sehr gutem Beobachtungsstand für den Kommandanten. Alle Luken sind gefedert, und das Ganze macht einen soliden Eindruck. Das Funkgerät ist vorn beim MG-Schützen untergebracht, hydraulische Steuerung, leicht einstellbare Ventile und – wie zu erwarten – hervorragende optische Instrumente.“ Diese knappe Einschätzung wird durch den Bericht eines Kriegsgefangenen untermauert. Er trägt die Überschrift „Der Panther – einige Kinderkrankheiten und deren Heilung“ und entkräftet einige der Kritiken am Panzer, die in der Anfangszeit laut geworden waren: „Der Gefangene stimmte dem Urteil, der Panther sei im Hinblick auf seinen Motor ein unbefriedigende Lösung, nicht zu. Er sagte, wie alle Panzer hätte auch der Panther Kinderkrankheiten gehabt, doch nach deren Heilung sei er dem PzKpfw IV weitaus überlegen. Die folgenden Ausführungen gehen auf einige Pannen und deren Behebung ein: –

1. Die Lenkkupplung hatte Probleme bereitet, aber dies lag an der Unerfahrenheit des Fahrers.

2. Daß der Fahrer den dritten Gang nicht einlegen konnte, lag an seiner Unerfahrenheit bei der Synchronisierung der Drehzahlen von Motor und Getriebe. Nachdem sich Fahrer an den Umgang mit dem Panzer gewöhnt hatte, war dies kein Problem mehr.

3. Der Radantrieb hatte Schwierigkeiten gemacht, die aber inzwischen behoben sind.

4. Die Fehler an der Druckschmierung waren teilweise auf die Ölpumpe zurückzuführen und wurden beseitigt. Es wurde ein achtes Hauptantriebslager eingebaut.

5. Mit dem Turmschwenktrieb gab es keine Schwierigkeiten.“[60]

Selbstverständlich freuten sich die Panzerbesatzungen der Alliierten, wenn ihnen die Vernichtung eines Panthers gelang, wie diese beiden Gefechtsberichte beweisen. Der erste stammt aus einem Technischen Bericht über Panzerfahrzeuge an der Mittelmeerfront: „Unseren ersten Panther hat der North Irish Horse der 25. Panzerabteilung durch einen Schuß mit einer 6 Pfünder Churchill-Kanone in die Turmseite erledigt. (Andere haben später behauptet, sie hätten ihn vernichtet, und jemand sagte, er hätte die Hülse einer 75 mm M61 im Turm gefunden, aber bislang scheint der NIH-Anspruch am glaubwürdigsten.) Das konkrete Fahrzeug hatte sich unglücklicherweise selbst in den Straßengraben manövriert, als es eine unpassierbare Straße befuhr. In dieser ungünstigen Position scheint es einen Maschinenschaden gegeben zu haben, denn man hatte beobachtet, daß die Motorluke offen war und die Mannschaft sich darin zu schaffen machte. Als das Geschoß den Turm traf, flüchtete die Besatzung, aber ein Mann wurde getötet. Man sparte sich also den vernichtenden Schuß, so daß der Panzer nunmehr ein nahezu perfektes Ausführungsbeispiel abgibt. Es fehlt lediglich das Zielfernrohr, das genauso schnell verschwand wie alle optischen Geräte auf dem Schlachtfeld. Als die Gefechte sich etwas verzogen hatten, konnten die Werkstatteinheiten der 25. Panzerabteilung das

Fahrzeug mühelos mit einem Churchill-Panzerbeobachtungswagen bergen und an ihren Sammelplatz bringen, wo es die Panzertechniker fast zwei Tage untersuchen konnten. Anschließend brauchte man es, um es dem Befehlshaber der 8. Armee vorzuführen. Danach wurde es an die Werkstatt der 16. Armeebasis in Neapel überführt, die es zum Zwecke der Verschiffung reparierten. Jetzt ist der Panzer auf hoher See und trifft hoffentlich bald in England ein.

Den Panther lernten wir als sehr gutes Fahrzeug kennen, das uns in der Wüste eine Menge Ärger bereitet hätte. Offensichtlich scheint sein Erfolg jedoch davon abzuhängen, daß es dem Gegner jederzeit seine stark gepanzerte Vorderseite zuwendet. An den Seiten sind Rumpf und Turm so dünn, daß sie von jedem unserer Panzerjäger durchschlagen werden können. Ob es dem Panther bei den in Europa erwarteten Nahkämpfen immer gelingen wird, einem Flankenangriff auszuweichen, bleibt abzuwarten. GS meint zu diesem Thema, daß wir den Panther bislang noch nicht in einem richtigen Kampf erlebt haben und uns auf einiges gefaßt machen müssen. Die Panther wurden erst ins Gefecht geworfen, als die allgemeine Lage prekär wurde, und viele Fahrzeuge, die sich heute in unserer Hand befinden, wurden von ihren eigenen Besatzungen wegen Benzinmangels vernichtet, wie wir inzwischen wissen. Die Anzahl der von unseren Panzern außer Gefecht gesetzten Panthern ist in Wirklichkeit gering."

Alfred Johnson, Unteroffizier im Geschwader B der 4/7 Royal Dragoon Guards, schrieb 1944 in der Normandie: „Der Panther war zweifelsohne der beste Panzer auf beiden Seiten im langen Kampf um die Normandie. Er war beweglicher und schneller als der Tiger. Die Panzerkernmunition aus seiner 75er Kanone (lang) durchdrang einen Sherman leichter als das Bajonett eines Infanteristen eine Dose weiße Bohnen. Vorn war er so stark gepanzert, daß wir nicht zu hoffen wagten, ein Schuß aus unseren 75 mm-Haubitzen mit ihrer geringen Anfangsgeschwindigkeit könne ihm etwas anhaben. Selbst Ende August 1944 hatten nur wenige Panzertruppen einen Firefly (Sherman mit 17 Pfünder Kanone). Die Aussichten, daß meine Leute einen Panther erledigen würden, waren also auch nach zwei Monaten in der Normandie ziemlich trübe. Erst einmal mußten wir einen entdecken, bevor er uns sah, was bei einem Angriff in dieser Knicklandschaft relativ unwahrscheinlich war. Wo der Gegner bei unseren Unterstützungsmissionen für die Infanterie war, bemerkten wir in der Regel, wenn die Soldaten im Sperrfeuer dahingemetzelt wurden oder wenn einer unserer Panzer in Flammen aufging. Im letzteren Fall flog der Sherman entweder gleich in die Luft oder er fuhr sich fest, und einige Besatzungsmitglieder krochen heraus.

Am 1. August unterstützte das Regiment die 214. Infanterieabteilung der 43. Wessex-Division beim Vormarsch auf Cahagnes, südlich von Caumont. In der Nacht hatten wir unser Ziel an der Kreuzung von Les Haies erreicht. Das gehörte zur übergreifenden Aktion der Einnahme des Höhenzuges Bois aux Hommes mit dem Mont Pincon an seinem östlichen Ende. Die Deutschen leisteten zunehmend Widerstand, so daß es in den nächsten ungefähr zehn Tagen zu den bislang schwersten Auseinandersetzungen kommen sollte. Das Geschwader B übernahm am nächsten Tag die Führung und deckte die 1. Worcesters. Meine Truppe sollte den Kamm einer Erhebung in der Mitte eines ziemlich großen Abschnitts überwinden. Der Gefreite Perry überquerte auf der linken Seite als erster, gefolgt von Leutnant Penrose, unter dessen Befehl ich als Ladeschütze/Funker stand, in der Mitte. Feldwebel Collins mit dem dritten Panzer auf der rechten Seite wurde getroffen, während er langsam nachrückte. Sein Fahrer wurde getötet. Zum Glück für uns anderen bemerkte der Gefreite Perry das Aufblitzen der Kanone eines Panther knapp 400 m links von uns, gut versteckt hinter der üblichen hohen Hecke. Er brachte schnell seine 75 mm-Kanone in Stellung setzte den Panther mit viel Glück und einem gezielten Schuß in die Seite genau unter den Geschützturm außer Gefecht. Die Besatzung kletterte heraus und versteckte sich... Während wir am nächsten Morgen in dem gleichen Gebiet auf neue Befehle warteten, erhielten wir seltenen Besuch von einem Kriegsberichterstatter/Fotografen, der die Stelle sehen wollte, wo der Panther vernichtet worden war. Wir zeigten ihm den Ort, woraufhin der ‚unerschrockene Kämpfer' in seinen Jeep stieg und einen Kanister Benzin über das Panzerwrack goß, ehe er seine dramatischen Bilder schoß, um den Stammtischkritikern zu Hause zu beweisen, daß Leute wie er nicht – wie behauptet – immer zu spät am Ort des Geschehens eintreffen."

Normalerweise schlug die Waage weitaus häufiger zugunsten des Panther aus, wie der folgende Bericht aus der Geschichte des 35. Panzerregiments bezeugt. Er berichtet von einem gewissen Feldwebel Christ und seiner Besatzung, die bei einem kurzen Gefecht sieben russische Panzer außer Gefecht setzten. Die Schlacht fand im September 1944 in der Nähe von Riga statt: „Hügel 920 ist nun fest in unserer Hand. Fw. Christ hat jetzt das Kommando über einen Panther, der zur Angriffsstreitmacht gehört. Seiner Besatzung gehören an: Rehard – Schütze; Mehling – Ladeschütze; Gietle – Fahrer und Faustmann – Funker.

Der Panzer hat eine Zeitlang verrückt gespielt, so daß Christ die Erlaubnis erhält, sich hinter den Hügel zurückzuziehen und nach der Fehlerursache zu suchen. Gietle bemerkt austretendes Öl und einen Defekt an der Lenkbremse. Der Panzer ist nicht mehr einsatzfähig und muß zur Reparatur ins Hinterland. Christ meldet das Problem und wartet und wartet. Russische Kampfflieger und Bomber überfliegen das Gebiet und werfen ihre Bomben rund um den Panzer ab. Klugerweise bleibt die Besatzung während der Bombardierung im Panzer. Plötzlich hören die Männer Motorengeräusche an der rechten Flanke hinter einer Baumgruppe. Christ hat keine gute

Nahaufnahme der Frontplatte des Jagdpanthers mit Zimmeritbeschichtung (einer Antimagnetmasse) auf allen Flächen und der Kugelblende des MG 34.

Sicht, denn die Bäume stehen dazwischen. Aber da der Lärm zu weit weg von den deutschen Stellungen ist, schlußfolgert er, daß es nur der Iwan sein kann. Er klettert aus seinem Panzer und läuft hinüber zu einigen Panzergrenadieren, die zur Unterstützung abkommandiert sind. Sie berichten, daß sie drüben im Wald einige russische T-43[61] gesehen hätten. Christ robbt durch das Unterholz und kann jetzt zwei T-43 am Waldrand sehen. Er holt schnell seinen Schützen Rehard und weist ihm die Ziele zu. Ihr defekter Panzer folgt ihnen und manövriert sich vorsichtig in eine günstige Schußposition. Sie nehmen den ersten russischen Panzer ins Visier und sehen nach dem zweiten Schuß, wie die Besatzung herausklettert. Aber der Panzer brennt nicht. Dann zielen sie auf den zweiten T-43, der sofort nach dem ersten Schuß in Flammen aufgeht. Bei dieser Aktion bemerkt Christ, daß zwei andere sowjetische Panzer feuern, allerdings nicht in seine Richtung. Rehard schwenkt in ihre Richtung, und nach wenigen Schüssen fängt ein weiterer feindlicher Panzer Feuer. Die Vernichtung des vierten wurde später von einem Spähtrupp gemeldet. Der Panther zieht sich anschließend wieder zurück, während Christ mit seinem Feldstecher die Lage weiterhin beobachtet.

Kurz darauf gewahrt er zwei weitere T-43 nahe an der Stelle, wo die zwei anderen bereits liegen geblieben sind. Ihre Kanonen weisen in seine Richtung. Jetzt wird es heikel, denn die Russen wissen nun, wo ihr Feind sitzt. Wieder befiehlt er den mehr als reparaturbedürftigen Panzer wieder heran. Gietle fährt äußerst vorsichtig in Feuerstellung. Rehard zielt und schießt auf einen der russischen Panzer, und ‚dieser Tausendsassa von einem Schützen' trifft ihn mit der ersten Panzer-

Während der Ardennen-Offensive wurden einige Panther als amerikanische Panzerjäger M10 getarnt. Die charakteristische Turmform des M10 wurde aus Blech nachgebaut. Der fünfzackige Stern mit Kreis war das übliche Luft- und Bodenaufklärungssymbol der Alliierten.

granate. Der Panzer explodiert mit einem immensen Knall, so daß die Teile durch die Luft fliegen. Das ist Nummer fünf.

Jetzt versucht der erste T-43, den sie angegriffen hatten, zu entfliehen. Sein Motor scheint noch zu funktionieren, aber nach einem weiteren Treffer brennt auch er wie eine Fackel. Damit ist unsere Munition aufgebraucht. Schnell machen sich zwei von der Besatzung auf den Weg, um Nachschub von anderen Panzern zu holen. Christ traut seinen Augen nicht, als drüben auf der rechten Seite ein weiterer gegnerischer Panzer neben seinem brennenden ‚Kameraden' schießt. Hoffentlich kommen die anderen bald mit der Munition wieder. Christ hält die Daumen, daß es gelingen möge! Es dauert nicht lange, bis auch der sechste feindliche Panzer brennt. Ein anderer T-43 kann sich wegen unseres Munitionsmangels aus dem Staub machen, aber unsere beiden Männer sind bald wieder zurück und haben zwei Granaten dabei. Ein weiterer russischer Panzer streckt seine ‚neugierige Nase' zu sehr vor, denn als Nummer sieben geht er beim ersten Schuß in Flammen auf. Von jetzt ab meiden die Russen diese schaurige Ecke und ziehen sich zurück, während unsere Panzergrenadiere erleichtert aufatmen.

Am Abend fahren Christ und seine Besatzung mit ihrem halb-defekten Panzer in die Werkstatt."[62]

Das russische Klima war den Panzeroperationen alles andere als zuträglich. Bei niedrigen Temperaturen erhöhte sich der Ersatzteilbedarf deutlich. Die Deutschen mußten defekte oder liegen gebliebene Fahrzeuge ausschlachten, um sich Ersatzteile zu verschaffen. Die Gesamtstrategie des Heereswaffenamts, so viele komplette Panzer wie möglich an die Front zu liefern, wirkte sich verheerend auf die Produktion von Ersatzteilen aus. Es kam immer wieder vor, daß die Panzerregimente ihre technischen Kräfte inoffiziell nach Deutschland zu den Herstellern schickten, um Ersatzteile durch persönliche Beziehungen zu beschaffen![63] Die Temperaturen im Winter machten Selbstanlasser nutzlos. So gingen die Deutschen dazu über, die Motoren vorzuheizen, indem sie Feuer unter ihnen entfachten. Damit wurden einige Fahrzeuge in Gang gebracht, mit denen dann die übrigen angeschleppt wurden. Bei Alarm mußten die Motoren trotz akuten Treibstoffmangels stundenlang am Laufen gehalten werden.

In der schlammigen Jahreszeit während der Eis- und Schneeschmelze wurde die Lage nicht einfacher. Die deutschen Verluste bei Panzern und motorisierter Technik aller Art waren extrem

Ansicht eines Panther-Turms, wie er von den Hitlertruppen und entlang der „Gotenlinien" in Italien eingesetzt wurde.

hoch, vor allem 1941, als man Bekanntschaft mit dem russischen Schlammboden schließen mußte. Er wurde zum ständigen Problem. Im Februar 1944, beispielsweise, wurde ein deutscher Korps in Tscherkassi eingekreist. Ein Versuch, den russischen Belagerungsring mit schweren Panzern von außen zu durchbrechen, blieb in Sichtweite des umzingelten Korps buchstäblich im Morast stecken. Die Befreiungskräfte kamen allerdings trotzdem nahe genug an einige Truppen heran, die ihren Weg aus der Umklammerung zu Fuß unternommen hatten.

In einer anderen Aktion im März 1944 verloren die Deutschen 6000 Soldaten, die in der Stadt Tarnopol eingekesselt waren, weil eine Panzerstreitmacht aus 35 Tigern und 100 Panthern, die einen Befreiungsversuch unternehmen wollten, die belagerte Stadt wegen des schlammigen Bodens nicht erreichen konnten. Die Panzerstreitmacht konnte zwar den Fluß Strypa überqueren und starke Panzerjägerverbände außer Gefecht setzen, aber sie hatte erst die Hälfte der knapp 20 km bis Tarnopol zurückgelegt, als der Morast sie zur Aufgabe zwang. Tausende Arbeitsstunden waren anschließend erforderlich, um Straßen und kleine Brücken ausreichend instand zu setzen, um die liegen gebliebenen Panzer zu bergen.

Viele Angehörige der Panzertruppen wurden mit Orden für ihre Tapferkeit geehrt, und eine stattliche Anzahl von ihnen erhielt das begehrte Ritterkreuz[64]. Um das Bild vom Panther im Gefechtseinsatz abzurunden, folgt nun der Bericht über eine Operation, an der zwei solcher Krieger beteiligt waren, nämlich Oberleutnant (später Oberstleutnant) Gerhard Fischer und Oberfeldwebel Herbert Elsner von der 23. Panzerdivision. Ich bin beiden zu großem Dank verpflichtet, ihre Erinnerungen in diesem Buch verarbeiten zu dürfen. Die Operation fand im Spätherbst 1943 im Gebiet Kriwoi Rog (siehe Karte) statt. Die Russen hatten eine Reihe energischer Vorstöße auf das wichtige Industriegebiet unternommen, das die Stadt umgab. Sie waren jedoch ca. 15 km nach Norden zurückgeworfen worden. Nachdem viele Angriffe abgewehrt worden waren, starteten die Russen am 14. November 1943 eine neue Attacke mit einer Motschützendivision, die durch 80 Panzer und schwere Artillerie verstärkt wurde. Der Angriff, dessen Ziel der Durchbruch nach Kriwoi Rog war, richtete sich gegen die 23. Panzerdivision, insbesondere gegen das Sturmbataillon der 6. Armee, die mit nur 300 Mann einen 6 km breiten Frontabschnitt zu beiden Seiten von Nowo Iwanowka zu bewachen hatte. Die Infanterieregimenter mit 40 zusätzlichen Panzern überrannten schließlich die deutschen Stellungen und nahmen Nowo Iwanowka, die Anhöhe bei Punkt 138 und das Gebiet im Süden und Südwesten ein. Die 506. Panzerabteilung unter Major Fechner stand in Glijewatka. Er befahl Oberleutnant Fischer, mit seinen 11 Panthern auf der Anhöhe bei Punkt 140.7 in Stellung zu gehen. Nachdem er dort eingetroffen war, sah Fischer, daß der Feind auf breiter Front angriff. Er begriff auch, welche Gefahr diese Angriffe für das 128. Panzergrenadierregiment an der Westflanke neben dem Bach (Ingulez), südlich von Nedaiwoda darstellten, da der Feind versuchte, die Westflanke zu umgehen. Er erteilte sofort Befehl zum Angriff, obwohl einige seiner Panther defekt und vorübergehend nicht einsatzbereit waren. Fischer und seine kleine Truppe drängten den Feind zurück, setzten mindestens zwei seiner T-34 außer Gefecht und fügten der gegnerischen Infanterie schwere Schäden zu. Er nahm außerdem die Überlebenden des Sturmbataillons auf und setzte gemeinsam mit ihnen die Attacke fort.

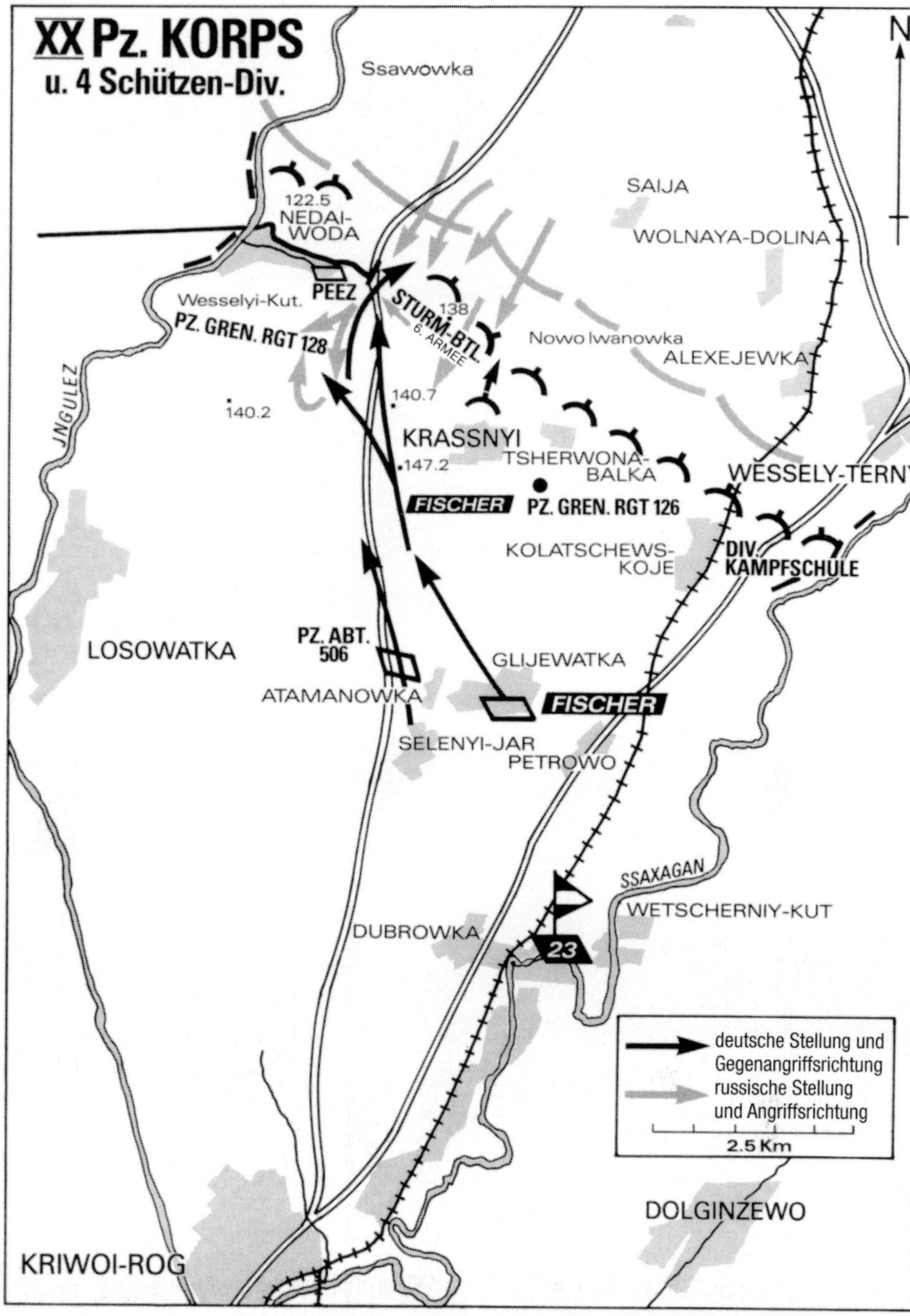

Inzwischen trafen einige Tiger der 506. Panzerabteilung am Ort des Geschehens ein. Fischer gab ihnen eine kurze Lageeinschätzung und wies ihnen dann äußerst günstige Stellungen zu, aus denen sie zwanzig T-34 erledigten. Dann ließ die Wucht des gegnerischen Angriffs nach, so daß die gemeinsame Streitmacht aus Panthern und Tigern im Zusammenwirken mit der Artillerie in der Lage war, die Russen weiter zurückzudrängen und den verlorenen Boden vollständig wiedergutzumachen.

Oberleutnant Fischer setzt sie Schilderung fort: „Ich war gerade in unserer rückwärtigen Stellung in Tross angekommen, um mich nach dem jüngsten Kampf auszuruhen und hatte gerade mein Bett gebaut, als der Funkspruch eintraf: ‚Oblt. Fischer sofort zum Abteilungsstab und die Panther-Gruppe übernehmen.' Der Vormarsch war äußerst schwierig. Ich mußte mit meinem arg in Mitleidenschaft gezogenen Schwimmwagen[65] an

Oberleutnant (später Oberstleutnant) Gerhard Fischer wurde mit dem Ritterkreuz, dem Eisernen Kreuz 1. Klasse und dem Verdienstkreuz ausgezeichnet. (OTL aD Gerhard Fischer)

den Kolonnen der zurückweichenden Truppen vorbei. In Kriwoi Rog war es so schlimm, daß ich mit meiner gesamten Autorität drohen mußte, um an der Militärpolizei vorbeizukommen. Als ich schließlich im Stab eintraf, war es schon sehr spät, aber meine alte Panzerbesatzung freute sich sehr, mich zu sehen. Sie erzählten mir freimütig von den schweren feindlichen Aktivitäten entlang der Front. Um 2.00 Uhr wurde ich zu Major Fechner zum Befehlsempfang bestellt. In wenigen kurzen Sätzen klärte er mich über die Lage an der Divisionsfront auf. Die eben eingetroffenen Panzerbesatzungen hatten Munition, Treibstoff und Essen gefaßt. Er hätte ihnen lieber einige Stunden Schlaf gegönnt, aber die letzten Meldungen der Panzergrenadiere forderten, daß alle Panzer zur Hilfeleistung hinausfuhren. Es war stockdunkel, als ich mich mit meinen elf Panzern nach Norden auf den Weg machte. Wir nahmen auf der nördliche Route nach Nedaiwoda, um zu unserem Einsatzpunkt zu gelangen. Das Wetter war mies; es regnete und war kalt. Die Leute in den Panzern fröstelten, und es war unmöglich, der Nässe zu entkommen.

Es war noch dunkel, als wir in der Gegend von Punkt 140.7 eintrafen. Ich hoffte, daß meine Kommandanten und ich die Möglichkeit haben würden, das Gebiet bei Tageslicht aufzuklären, damit wir für den Fall eines Angriffs günstige Feuerstellungen beziehen konnten. Aber es war nicht an dem. Ich ließ drei Panzer als mobile Reserve in einer zurückgesetzten Position Aufstellung nehmen und schickte dann Oberfeldwebel Elsner auf Erkundung vor. Wenige Minuten später funkte er zurück: ‚Das Gebiet vor mir wimmelt von Russen, die ihre Artillerie in Stellung bringen.' Nach einem Blick auf die Karte befahl ich meinen Kommandanten, sich auf einen eventuellen Rückzug vorzubereiten. Ich begriff, daß die Russen unsere schwachen Stellungen überrollt hatten und jetzt hinter unserem Panzergrenadierregiment 128 standen. Wir mußten schnell handeln, um den Kontakt wieder zu ihnen herzustellen, ehe die hinweggefegt würden.

Mit vier Panzern links und den übrigen rechts des Weges rückten wir auf Nedaiwoda vor. Ich befahl den Panzern rechts außen, auf die Punkte 122,5 und 138 zuzuhalten. Kurz nach unserer Ankunft auf der Anhöhe bei Punkt 140,7 gerieten wir unter schweren Beschuß durch Panzerjäger. Elsner war bei der Gruppe auf der linken Seite. Ich befahl ihm, die russische Infanterie inzwischen anzugreifen, während ich mit den übrigen Panzern weiter nach Norden vorrückte. Wir fuhren die Anhöhe hinab in einen Hohlweg und suchten eine gute Position, aus der man die Panzerjäger angreifen konnte. Aber als wir in dem Hohlweg anlangten, bemerkten wir höchstens 800 bis 1000 m von uns entfernt plötzlich gegnerische Panzer. Sie nahmen Elsners Gruppe auf deren Vormarsch unter Beschuß. Die Lage war damit klar: Russische T-34 hatten zusammen mit einer Infanteriabteilung während der Nacht in dem Hohlweg Stellung bezogen und das 128. Panzergrenadierregiment abgeschnitten.

Ich setzte eine entsprechende Meldung über Funk an unseren Stab ab und gab dann meinen übrigen Panzerbesatzungen folgenden Befehl: ‚Fischer an alle: Feindliche Panzer jetzt angreifen!' In diesem Augenblick war die Lage äußerst kritisch. Wir wurden von allen Panzerjägern und Panzergeschützen des Gegners unter Beschuß genommen und konnten nie lange an einem Standort bleiben. Allerdings konnten wir in kürzester Zeit einige Feinde erledigen, was die Moral der Leute enorm stärkte. In der Hitze des Gefechts kamen uns fünf Tiger vom Punkt 140,7 zu Hilfe, die ich sofort in den Kampf schickte.

Plötzlich rief mein Fahrer ‚Panzerjäger auf 11 Uhr' und drehte unseren Panzer ohne auf einen Befehl zu warten in Richtung auf die feindliche Kanone. Gerade als ich ihn zurechtweisen wollte, wurden wir getroffen, glücklicherweise jedoch nur von einer Sprenggranate. In der Zwischenzeit hatten Elsners Panzer wie die Löwen gekämpft. Bei seinem eigenen Panzer hatte der Turm einen Treffer abbekommen, und eine der Ketten war gerissen. Trotzdem feuerte er weiter. Nach einer halben Stunden erbitterter Kämpfe waren alle feindlichen Panzer vernichtet. Wir hatten die Russen unter schweren Verlusten zurückgedrängt und unsere ursprünglichen Stellen wieder eingenommen. Allerdings gab es zwischen Nedaiwoda und Punkt 138 eine zwei Kilometer breite Lücke, die ich mit meinen Panzern sichern sollte. Es war eine schwere und undankbare Aufgabe. Unsere Truppen waren nach dem Gefecht mehr als erschöpft und mußten in großen Abständen Stellung beziehen, um das gesamte Gebiet abzudecken. Wir konnten tagsüber keine Vorräte beschaffen, da uns die Russen noch immer beschossen. Unsere Besatzungen mußten damit also bis zur Dunkelheit warten. Nach mehr als einhundert Kämpfen wußte ich nur zu gut, was Härte bedeutet, aber die Sicherung eines mehr als 2 km breiten Frontabschnitts mit einer Handvoll Panzern war eine äußerst komplizierte Aufgabe. Aber wir mußten sie erfüllen.

Etwa um Mitternacht schickte man zu meiner Unterstützung einige Soldaten der Sturmpionierabteilung, so daß ich einige Lücken schließen konnte. Die Panzer waren lediglich mit einem Kommandanten, einem Fahrer und einem Schützen besetzt. Die beiden anderen Besatzungsmitglieder übernahmen Infanterieaufgaben außerhalb. Wir mußten einige Nächte in diesen Stellungen verharren und konnten sicher sein, jede Nacht von den Russen angegriffen zu werden. Sie hatten es auf unsere Fahrzeuge abgesehen und bewarfen sie aus der Nähe mit Molotow-Cocktails. Wir hielten sie uns jedoch mit Handgranaten, Maschinengewehren und Pistolen vom Leibe. Tagsüber machten uns Heckenschützen zu schaffen, da wir eine Zeitlang nicht wußten, woher die Schüsse kamen. Dann bemerkten wir, daß sie sich hinter liegen gebliebenen Feindpanzern versteckten, so daß wir immer wieder auf diese Wracks schießen mußten. Die Angriffe hielten viele Tage an, doch wir schmetterten sie jedesmal ab und verursachten dem Gegner schwere Verluste. Die einzige Person ‚von draußen', die wir zu Gesicht bekamen, war Lt. Megel, der uns mit Vorräten und Munition versorgte. Leider reicht der Platz nicht aus, um all jene Männer in den Panzern namentlich zu nennen, die an diesem Kampf nördlich von Kriwoi Rog beteiligt waren. Jeder von ihnen hat sein Bestes gegeben, und ich möchte jedem einzelnen danken."

Herbert Elsner fährt mit der Geschichte fort und erzählt, was passierte, als sein Panzer getroffen wurde. „Wir hatten auf der rechten Seite einen Treffer abbekommen, so daß die Kette abgesprungen war. In dieser prekären Lage versuchten die Russen natürlich, uns mit Molotow-Cocktails aus der Nähe fertig zu machen. Mir war, als könne ich die Gefahr riechen, die in der Luft lag. Als ich den Turm öffnet, blickte ich einem Russen direkt in die Augen. Schnell nahm ich mein Gewehr aus dem Turm und schoß in nieder. Wir wurden noch ein paarmal getroffen, aber glücklicherweise entstand kein großer Schaden. Wir zerstörten zwei Panzerjäger – das waren 12,2 cm-Kanonen[66], was wir bis vorher nicht gesehen hatten.

Es war unmöglich, den Panzer zu verlassen, um ihn zu reparieren. Da kam unserem Fahrer Hilmar Lang eine blendende Idee. Er versuchte, sich mit nur einer Kette herauszumanövrieren. Es gelang ihm, zunächst die Glieder der geborstenen Kette abzustoßen, indem er vor und zurück fuhr und dabei abwechselnd bremste und beschleunigte. Dann versuchte er, rückwärts aus dieser gefährlichen Situation herauszukommen. Irgendwie gelang es uns, wieder bis zu dem Hohlweg zurückzusetzen, wo wir stundenlang bis zum Einbruch der Dunkelheit warteten, ehe wir abgeschleppt werden konnten. In der Nacht und am nächsten Tag, während der Reparatur der Kette, wurde es dann wirklich brenzlig. Feindliche Panzer brachen durch und nahmen uns unter Beschuß. Sofort nach der Reparatur sprangen wir wieder in den Panzer und wollten losfahren. Gerade als ich mir das Mikrofon umgehängt hatte

Oberfeldwebel Herbert Elsner, ebenfalls Ritterkreuz-Träger, gönnt sich eine Zigarre auf seinem Panther Ausf D. Unter seinem Eisernen Kreuz 1. Klasse trägt er ein Silbernes Panzerkampfabzeichen. (Herbert Elsner)

und den Befehl ‚Fahrer: starten' erteilen wollte, explodierte eine Sprenggranate an der Heckplatte. Sie fetzte die gesamte Tarnung und einige der verstauten Gegenstände weg. Zwei Besatzungsmitglieder, die auf dem Heck gesessen hatten, wurden hoch in die Luft geschleudert. Beide rappelten sich anschließend wieder auf und stellten fest, daß sie unverletzt waren. Allerdings waren sie vor Schreck wie gelähmt. Sie kletterten in den Panzer, und wir fuhren los. An der nächsten Kreuzung trafen wir auf zwei T-34, die wir aus unmittelbarer Nähe in Brand schossen. Dann schlossen wir uns wieder unserer Einheit an. Später mußte der Panzer wegen weiterer Schäden an der Rückseite nochmals repariert werden."

9

Der PzKpfw VI und seine verschiedenen Ausführungen

Entwicklungshintergrund

Zwar wurden, wie bereits erwähnt, die sog. Neubaufahrzeuge (NbFz), die 1933–34 produziert wurden, manchmal als Panzerkampfwagen VI bezeichnet, aber dies geschah wohl mehr zu Propagandazwecken. Die Entwicklung des eigentlichen PzKpfw VI begann in Wirklichkeit erst 1937. Die Kasseler Firma Henschel und Sohn erhielt den Auftrag zu Entwicklung und Bau eines Panzers in der Gewichtsklasse 30 bis 33 Tonnen, der unter der Bezeichnung Durchbruchswagen DW1 bekannt wurde.[67] Seine Hauptaufgabe bestand in der Unterstützung der Infanterie im Nahkampf. Er war mit der gleichen 7,5 cm Haubitze wie der PzKpfw IV ausgestattet. Nach dem Bau eines Fahrgestells begannen die Versuche, die aber 1938 bereits wieder eingestellt wurden, weil die Entwicklungsabteilung von Henschel aufgefordert wurde, sich anstelle dessen mit einem weitaus schwereren 65 Tonnen-Panzer zu befassen. Vom VK 6501 wurden zwei Prototypen produziert, doch auch dieses Vorhaben wurde wiederum in der Testphase gestoppt. Das Unternehmen wurde beauftragt, mit der Entwicklung des DW1 fortzufahren. 1940 legte Henschel unter der Bezeichnung DW2 eine verbesserte Konstruktion vor. Sie wog 32 Tonnen, hatte 5 Mann Besatzung, eine Drehstabfederung mit fünf Laufrädern und war mit einer 7,5 cm Haubitze L/24 plus zwei MGs bewaffnet. Im folgenden Jahr fanden die Versuche statt. Danach legte das Heereswaffenamt neue Grundanforderungen fest, denen zufolge der Panzer mit einer Kanone L/48 ausgerüstet werden sollte. Gleichzeitig forderten sie neben Henschel drei weitere Firmen (Porsche, MAN und Daimler-Benz) zur Angebotsabgabe für das Projekt auf. Der neue Panzer erhielt die Bezeichnung VK 3001 und ähnelte in seinem Aufbau dem PzKpfw IV, hatte aber ein neues Fahrwerk mit sieben versetzten Laufrädern und drei Stützrollern. Henschel baute vier Prototypen VK 3001(H), je zwei davon im März und im Oktober 1941. Zu diesem Zeitpunkt hatte der T-34 bereits für enorme Aufregung auf den Schlachtfeldern gesorgt, wodurch die VK 3001(H)-Vorgaben ad acta gelegt wurden, obwohl zwei der Fahrgestelle später zu Sturmgeschützen mit 12,8 cm Kanonen umgebaut und im darauffolgenden Jahr in Rußland eingesetzt wurden. Die von Porsche vorgelegte Ausführung VK 3001(P), auch als „Leopard" bekannt, besaß eine Reihe neuer Merkmale, wie einen benzinelektrischen Antrieb und eine Längsdrehstabfederung. Auch MAN und Daimler-Benz stellten Prototypen vor, die aber – wie alle übrigen – keine Beachtung fanden.

Gleichzeitig mit dem Auftrag zur Konstruktion des VK 3001 hatte das Heereswaffenamt den Bau eines 36 Tonnen schweren Panzers (VK 3601) angewiesen, dessen technische Merkmale direkt vom Führer vorgegeben wurden. Dazu gehörten eine schnelle Kanone, dicke Panzerung und eine Spitzengeschwindigkeit von 40 km/h. Henschel produzierte im März 1942 einen Prototyp, doch ehe dieser herauskam, waren die Arbeiten am VK 3001 und am VK 3601 nahezu eingestellt worden. Man konzentrierte sich auf einen weiteren neuen Panzer (VK 4501), der eine spezielle Panzerausführung der 8,8 cm FlaK 36 aufnehmen sollte. Hitler favorisierte diese Waffe eindeutig, die sich bereits in Bodengefechten als Panzerabwehrwaffe sowie in der Fliegerabwehr bewährt hatte. Das Heereswaffenamt zog eine leichtere Waffe vor, um das Gesamtgewicht des Panzers niedrig zu halten. Krupp entwarf einen Turm für die 8,8 cm-Kanone, während Rheinmetall eine leichtere Ausführung (7,5 cm KwK L/70) entwikkelte, die jedoch nie in die Produktion übergeleitet wurde. Der Auftrag für den neuen Panzer wurde im Mai 1941 erteilt und enthielt die Maßgabe, die Arbeiten rechtzeitig zu beenden, um den Prototyp am 20. April 1942, zu Hitlers Geburtstag, testen zu können. Angesichts der wenig verbleibenden Zeit entschied sich Henschel, die besten Merkmale des VK 3001(H) und des VK 3601(H) für den neuen VK 4501(H) zu übernehmen. Henschel projektierte zwei Ausführungen, den H1 mit einer 8,8 cm-Kanone und den H2 mit einer 7,5 cm-Kanone, um auf beide Anforderungen zu reagieren. Auch Porsche war zur Angebotsabgabe aufgefordert worden und

Der VK 3001(H) war der ursprünglich von Henschel eingereichte Vorschlag für den verbesserten Durchbruchswagen DW2. Gut sichtbar sind die sieben versetzten Laufräder. Dieses Versuchsfahrzeug ist mit Gewichten beschwert, um den fehlenden Turm zu simulieren.

Obwohl das VK 3001-Projekt bei Erscheinen des T-34 ad acta gelegt wurde, wurden zwei der vier produzierten Fahrgestell-Prototypen durch Einbau einer 12,8 cm-Kanone zu Sturmgeschützen umgebaut, die später in Rußland eingesetzt wurden.

bediente sich der gleichen Strategie, d. h. man nutzte die bewährten Merkmale des VK3001(P) für den VK4501(P), der auch als Tiger (P) bekannt wurde.

Mit enormem Kraftaufwand gelang es beiden Unternehmen, den Termin zu halten, so daß die Demonstration, wie gewünscht, an Hitlers Geburtstag in Rastenburg stattfinden konnte. Dr. Ferdinand Porsche war ein persönlicher Freund des Führers, und so dürften die beiden nicht besonders glücklich darüber gewesen sein, daß der H1 von Henschel seine beiden Mitbewerbern deutlich ausstach, und zwar trotz der Tatsache, daß die Nibelungenwerke in Linz (Österreich) bereits auf Hochtouren an der Produktion von 90 Tiger (P) arbeiteten, von denen die erste Teillieferung im Juli 1942 erfolgen sollte. Im Ergebnis dieser Vorführung und weiterer Versuche fiel die Wahl auf den Henschel H1, dessen Fertigung im Juli/August 1942 aufgenommen und von dem bis Mai 1942 ca. 285 Stück gebaut werden sollten. So begann die Herstellung des PzKpfw VI Tiger Ausf H, der in den darauffolgenden drei Jahren auch PzKpfw VI Tiger Ausf E (ab etwa August 1944), Tiger E bzw. Tiger I genannt wurde. Unabhängig von seiner offiziellen Bezeichnung reichte die bloße Nennung des Wortes „Tiger“ aus, um den meisten Soldaten der Alliierten einen Schauer über den Rücken zu jagen.

Der Tiger (P) sollte nie als Panzer in Serie gehen, obwohl später ungefähr 85 Fahrgestelle zu Alkett nach Berlin-Spandau transportiert wurden, wo sie einen neuen Aufbau, eine stärkere Panzerung und eine 8,8 cm PaK 43/2 L/71 erhielten. Die Kanone war in einen großen starren Turm eingebaut, der auf den hinteren Teil des Fahrgestells zurückversetzt war. Die ursprünglichen Porsche-Motoren wurden durch zwei standardmäßige Panzermotoren vom Typ Maybach HL 120 TRM ersetzt. Auf diese Weise wurde ein schwerer Panzerjäger aus der Taufe gehoben – das Sturmgeschütz mit 8,8 cm PaK 43/2 (SdKfz 184). Anfangs wurde es – wahrscheinlich in Anlehnung an seinen Konstrukteur Dr. Porsche – auch als „Ferdinand“, später jedoch als „Elefant“ bezeichnet. Mit seinen 65 Tonnen und seiner 200 mm starken Frontpanzerung am Rumpf erwies sich der Elefant als ausgezeichneter Panzerjäger, der seine Feuertaufe im Mai 1943 bei Kursk bestand. Seine Reichweite und seine tödliche Wirkung verschafften ihm alsbald größten Respekt.

Den ersten Hinweis auf die mögliche Entwicklung eines schweren Panzers in Deutschland in britischen Quellen enthält ein Bericht des Technischen Geheimdienstes der Panzertruppen (MI 10) vom Februar 1941. Er beschrieb den PzKpfw VI als 45 Tonnen schweres Fahrzeug mit einer 75 mm starken Panzerung, einer 75 mm-Kanone als Erstwaffe und nicht weniger als 4 MGs. Laut den Angaben war er 11 m lang, weniger als 3 m breit und über 1,80 hoch, hatte eine Höchstgeschwindigkeit von 40 km/h und eine mindestens 18 Mann starke Besatzung, wenngleich hinzugefügt wurde, daß in der Praxis wohl eher von 13 Mann auszugehen ist. Diese Beschreibung war eindeutig das Produkt einer blühenden Phantasie, gelungener deutscher Propaganda und einer Beimischung von Fakten aus einer Untersuchung deutscher Panzerungetüme aus dem 1. Weltkrieg, wie dem A7V, und aus dem verworfenen Neubaufahrzeug-Projekt. Später wurden die Angaben genauer, und der erste Bildnachweis eines Tiger war ein Foto in der deutschen Presse vom 11. Dezember 1942, das einen Tiger der 501. Schweren Panzerabteilung in den Straßen von Tunis zeigt.

Neben Henschel wurden auch andere Firmen zur Entwicklung von Prototypen aufgefordert. Hier der VK 3001(P) von Porsche, der auch als Leopard bzw. Typ 100 mit benzinelektrischem Antrieb bezeichnet wurde.

Das Heereswaffenamt befahl auch den Beginn der Arbeiten an einem 36 t schweren Panzer, dem sog. VK 3601, für den Porsche und Henschel Prototypen bauten. Im Bild der VK 3601(H).

Unmittelbar an den VK 3001 und den VK 3601 schloß sich der schwerere VK 4501 an. Die beiden Fotos zeigt die von Henschel eingereichte Ausführung bei Erprobungen. Sie wurden später für die Produktion ausgewählt und gaben Porsche das Nachsehen. Einige der typischen Merkmale des Tiger Ausf E sind bei diesem prototypischen VK 4501(H) deutlich erkennbar.

Produktion

In den lediglich zwei Jahren (August 1942 bis August 1944), in denen der Panzer hergestellt wurde, liefen 1354 Exemplare vom Band. Einziger Produzent war Henschel, wobei selbstverständlich einige andere Unternehmen an der Fertigung zahlreicher Bauteile beteiligt waren. Wegen der Bedeutung des Tiger habe ich bewußt die Fa. Henschel und Sohn (Kassel) zum Gegenstand eines der Anhänge dieses Buches gemacht (Anhang A), in dem der Betrieb etwas ausführlicher beschrieben wird. Wie aus dieser Schilderung hervorgeht, gab es nur zwei Monate, in denen die Produktion dreistellige Zahlen erreichte. Das Maximum waren 104 Stück im April 1944. Der Tiger war ein extrem robuster und starker schwerer Panzer, dessen tatsächliche Leistung die ursprünglich geplanten Parameter übertraf, nicht zuletzt, weil die Serienausführung etwa 11 Tonnen schwerer war als der Prototyp! Allein sein Größe, die Panzerdicke und seine große, todbringende Kanone machten ihn zum Sieger auf dem Schlachtfeld, erforderten zugleich aber auch viele Arbeitsstunden und sehr hohe Fertigungskosten. Für jeden Tiger brauchte man 300 000 Arbeitsstunden und 800 000 Reichsmark. Es mangelte also nicht an Kritikern, die darauf hinwiesen, daß man in der gleichen Zeit zwei Panther bauen könne und daß drei Kampfflugzeuge vom Typ Bf 109 von Messerschmidt genauso teuer seien wie ein Tiger.

Um die enormen Lasten auszuhalten, die beim Abfeuern der großkalibrigen Kanone entstanden, wurden die Panzerplatten so groß wie möglich gewählt. Die Bodenwanne bestand beispielsweise aus einer einzigen Platte von 4,88 m x 1,83 m. Auch die Seiten und die Rückseite des Turms waren aus einem Stück, das zu einem Hufeisen gebogen war. Die Panzerplatten mußten auch so gebaut sein, daß sie mittels spezieller Ausschnitte an den Stößen ineinandergriffen und Paßflächen für die Schweißnähte ergaben. Der Aufbau war nicht mehr am Rumpf festgenietet, sondern angeschweißt, und der Rumpf selbst war mittels eines massiven, gebogenen Querträgers, welcher durch den Fahrerstand führte, und eine robuste Zwischenwand zum Motorraum verstärkt.

Beim Tiger I handelte es sich um den ersten deutschen Panzer, bei dem überlappende, versetzte Laufräder mit Erfolg eingesetzt wurden. Sie wurden ursprünglich aus konkaven Stahlscheiben mit Vollgummireifen hergestellt, in der zweiten Hälfte der Produktionsphase jedoch durch gummigelagerte Scheiben mit Stahlreifen ersetzt. Dieser Typ sparte nicht nur den Gummi ein, sondern verlängerte auch die Nutzungsdauer der Räder, wenngleich er sehr geräuschintensiv war. Jede Fahrwerkachse trug drei Räder, deren Bewegung durch eine Drehstabfederung gesteuert wurde. Die überlappenden Räder verteilten das hohe Gewicht gut und ermöglichten somit eine zufriedenstellende, hinreichend bequeme Fahrt, warfen aber auch neue Probleme auf. So konnte es beispielsweise geschehen, daß sie sich schnell mit Eis und Schnee zusetzten, die dann festfroren und bei Nichtbeseitigung den Panzer fahruntüchtig machten. Berichten zufolge wurde dies an der Ostfront zu einer enormen Gefahr, da die Russen mit ihren Angriffen bis Tagesanbruch warteten, wenn das Fahrwerk der Tiger eingefroren war und sie sich nicht von der Stelle bewegen konnten. Im Gefecht wurden sehr breite Ketten (725 mm) benutzt, die sich jedoch für den Transport per Eisenbahn in Deutschland nicht eigneten. Zu diesem Zweck mußten die äußeren Laufräder entfernt und schmalere Ketten (520 mm) aufgezogen werden. Dadurch erhöhte sich der durchschnittliche Bodendruck von 1,03 auf 1,45 kg/cm^2.

PZKPFW VI AUSF E (SDKFZ 181)		
Jahr der Indienststellung	1942	
Gewicht (t)	57	
Gesamtmaße (m)	**Länge**	8,45
	Höhe	2,93
	Breite	3,70
Mitgeführte Bewaffnung/Munition		
Erstbewaffnung	1 × 8,8 cm KwK 36 L/56, 92 Schuß	
Zweitbewaffnung	2 × 7,92 mm MG 34	
Panzerung (mm)	max. 100	
	min. 25	
Motor	**Typ**	Maybach HL 210 P45
	PS/U/min	650/3000
Besatzung	5 Mann	
Höchstgeschwindigkeit (km/h)	38	
Reichweite (km)	140	
Bemerkungen	Ab Mai 1943 mit einem Motor vom Typ HL 230 P45 (23 l Hubraum) ausgestattet.	

Der Tiger wurde ursprünglich mit einem Zwölfzylinder-Benzinmotor HL 210 P45 von Maybach

Hitler favorisierte anfangs den Porsche-Vorschlag für den VK 4501, auch als Tiger (P) bekannt, der jedoch nie in die Großserienfertigung übergeleitet wurde.

angetrieben. Im Mai 1943 wurde jedoch der begrenzt leistungsfähige 21 l-Motor durch den stärkeren HL 230 P45 (231) ersetzt. Um für die extrem staubige Umgebung in Nordafrika gerüstet zu sein, wurden spezielle Luftvorreiniger (Feivel-System) am hinteren Teil des Rumpfes befestigt und über die Deckplatte mit dem Motor verbunden. Der sog. Tiger Tp erwies sich zwar als recht erfolgreich, aber das Feivel-System wurde nach der Kapitulation in Tunesien nicht mehr eingesetzt. Ein zusätzliches Merkmal der ersten Tiger war ihre Fähigkeit, sich mit Hilfe eines Schnorchelsystems bis zu einer Tiefe von 3,90 m unter Wasser bewegen zu können. Allerdings war nicht nur der Einbau dieser Vorrichtung teuer, sondern sie erwies sich zudem als wartungsintensiv, so daß man sich nach Fertigstellung von 495 Tigern mit dieser Anlage im Sinne der Produktionsvereinfachung entschloß, den Einbau einzustellen. Im Normalfall konnte der Tiger I eine Wassertiefe von 120 cm überwinden. Das beachtliche Gewicht des Tiger machte seine Steuerung zu einem potentiellen Problem, so daß Henschel eine Servolenkung als Ersatz für die Kupplungssteuerung der früheren Panzer entwickelte. Es entstand ein generatorisches, stufenloses System ähnlich dem Merritt-Brown bei britischen Churchill-Panzern. Gesteuert wurde es vom Fahrer mit Hilfe eines Lenkrades. Es besaß als zusätzliches Merkmal einen doppelten Wendekreis für jeden Gang. Das Maybach Olvar-Getriebe hatte acht Vorwärts- und vier Rückwärtsgänge und bot die Möglichkeit der Vorwahl. Die Servolenkung und vielen Gänge machten das Fahren des Tiger trotz seiner Größe und seines Gewichts überraschend leicht.

ÄNDERUNGEN IM LAUFE DER PRODUKTION

Obwohl es – streng genommen – offiziell keine verschiedenartigen Ausführungen des Tiger I gab (der Wechsel von der Ausf H zur Ausf E hatte rein bezeichnungstechnische Gründe), wiesen die Tiger je nach Produktionszeitraum beachtliche Unterschiede auf. Jene Unterschiede lassen sich – grob gesagt – vier Zeiträumen zuordnen: der Vorserie, der Anfangsphase, der mittleren Phase und der Schlußphase. Die in der Vorserie hergestellten Panzer hatten keinen seitlichen Kettenschutz am Aufbau, besaßen viereckige, abgeschrägte Auspuffschilde, Pistolenschlitze an beiden Turmseiten anstelle einer Lade-/Ausstiegsluke und verfügten nicht über Abschußvorrichtungen für Nebelgranaten. In der Anfangsphase der Produktion hatte der Panzer rechteckige Staubehälter am Turmheck und Abschußvorrichtungen für drei Nebelgranaten an jeder Turmseite, einen abnehmbaren Kettenschutz mit abgerundeten Vorderschutzblechen sowie zwei Scheinwerfer. Die für den Wüsteneinsatz vorgesehenen Exemplare besaßen Feivel-Luftvorreiniger auf dem Rumpfheck. In der mittleren Produktionsphase entstandene Fahrzeuge hatten anstelle der Pistolenöffnungen eine Ausstiegs-/Ladeluke rechts hinten am Turm, eine „papierkorbförmige“ Kuppel mit Sehschlitzen und Abschußvorrichtungen für Nebelgranaten am Turm. Der Kettenschutz besaß zusätzliche, mit Scharnieren befestigte Klappen für die breite Geländeausführung. Die für die Ostfront vorgesehenen Tiger dieser Zeit hatten an fünf Punkten befestigte Sprengminenvorrichtungen rund um die Rumpfoberseite. Sämtliche Fahrzeuge bis einschließlich die in der mittleren Phase produzierten besaßen gummibereifte Laufräder, und die ersten 495 produzierten Exemplare waren zudem für Unterwassereinsätze ausgelegt. Die Tiger der abschließenden Produktionsphase hatten gefederte Laufräder mit Stahlfelgen, keine Luftvorreiniger, Türme mit Fernrohren ähnlich denen des Panthers und eine waagerecht drehbare Lukenklappe. Abschußvorrichtungen für Nebelgranaten am Turm bzw. für Sprengminen auf dem Rumpf. Ferner gab es anstelle des üblichen Scheinwerferpaares nur einen mittig plazierten Schweinwerfer.

Das erste Bild, das die Alliierten von dem neuen schweren Panzer der Deutschen zu Gesicht bekamen, erschien in der National-Zeitung am 11. Dezember 1942. Es zeigte einen Tiger der 501. Schweren Panzerabteilung in den Straßen von Tunis. Man sieht, daß die Mündungsbremse noch fehlt.

Ansichten des PzKpfw VI Ausf E, Tiger I, von allen Seiten, aufgenommen an verschiedenen Orten und zu unterschiedlichen Zeitpunkten während seiner äußerst erfolgreichen Karriere als meistgefürchteter Panzer des 2. Weltkrieges. In den beiden Jahren seiner Herstellung (August 1942 – August 1944) kam es zu einer Reihe von Veränderungen. Insgesamt wurden 1354 Tiger gebaut. Ab Mai 1943 rüstete man einen stärkeren Motor und eine bessere Kuppel nach. Die letzten Tiger hatten außerdem robuste Räder mit Stahlfelgen. Der Tiger wurde an die verschiedensten Gefechtsfeldbedingungen angepaßt, beispielsweise durch Luftvorreiniger für die Wüste oder breite Geländeketten (sog. „Ostketten") für Rußland.

Allgemeine Beschreibung

Im Oktober 1943 wurde ein Exemplar eines Tiger I von Nordafrika nach Großbritannien überführt, nachdem es im Kampf außer Gefecht gesetzt worden war (siehe spätere Ausführungen). Von der ausführlichen Untersuchung dieses Panzers wurde ein umfassender Bericht angefertigt. Die folgende Beschreibung des Tiger I entstammt dieser Darstellung, wobei aus Platzmangel selbstverständlich eine Menge ausgelassen werden mußte.[68]

Vorbemerkung Der PzKpfw VI wurde im Herbst oder Winter 1942 vom Feind in Dienst gestellt und kam im Januar 1943 in Nordafrika sowie später in Sizilien und an der russischen Front zum Einsatz. Bei dem untersuchten Fahrzeug handelt es sich um einen PzKpfw VI (H) bzw. SdKfz 182[69], der auch unter dem Namen „TIGER" bekannt ist. Diese Ausführung wurde nach entsprechenden Informationen von der Henschel & Sohn GmbH entwickelt. Der „TIGER" hebt sich schon deshalb ab, weil er mit einem Kampfgewicht von ca. 56 Tonnen das schwerste Panzerfahrzeug für allgemeine Aufgaben ist. Seine Erstwaffe ist eine 8,8 cm-Kanone, und seine Panzerung beträgt an der dicksten Stelle (senkrechte Vorderplatte) 102 mm. Ein weiteres, taktisch äußerst interessantes Merkmal ist die Möglichkeit des Tiefwassereinsatzes und einer begrenzten Nutzung für Tauchmissionen bis in eine Tiefe von 3,90 m; siehe oben). Seine Größe und sein Gewicht erweisen sich allerdings in bestimmter Hinsicht als taktische Nachteile. An erster Stelle stehen dabei die eingeschränkten Transportmöglichkeiten aufgrund der Breite und der begrenzte Aktionsradius aufgrund eines hohen Treibstoffverbrauchs (vom Feind mit 7,77 l/km angegeben). Die Ausführung macht einen äußerst soliden Eindruck und scheint freiweg vom Reißbrett übernommen, ohne generell durch übernommene Komponenten beeinträchtigt zu

werden. Allerdings gelten dabei einige Einschränkungen, denn an bestimmten Stellen erscheint die Konstruktion unnötig kompliziert und kostenaufwendig in der Herstellung zu sein. Eine interessante Neuerung beim Bau deutscher Panzerfahrzeuge ist die zusätzliche Verblockung der Panzerplatten zur ansonsten üblichen abgesetzten Teilverbindung. Dieses Verfahren machte sich zweifelsohne durch die Verwendung einer stärkeren Panzerung erforderlich.

Die Lenkung entspricht im Prinzip der „Merritt-Brown", jedoch mit doppeltem Wendekreis in jedem Gang. Die Entscheidung für ein durchgängig generatorisches System markiert die deutliche Abkehr von der einfachen Kupplungssteuerung, das bislang in deutschen Panzern zum Einsatz gekommen war. Das Gewicht des „TIGER" beschleunigte zweifelsohne die radikalen Veränderungen des Getriebes. Die Übernahme dieses Systems ist daher zweifelsohne von Bedeutung. Die neue Version gleicht in vielen Aspekten den anderen Vorwahlgetrieben von Maybach. Besonders hervorhebenswert bei der vorliegenden Konstruktion ist die große Anzahl von Vorwärtsgängen (im vorliegenden Fall acht) in einem relativ kompakten Hauptgehäuse. Der vollautomatische Tempowechsel bildet einen scharfen Kontrast zur derzeitigen Praxis der Alliierten. Getriebe und Lenkung sind äußerst kompliziert und im Hinblick auf den Arbeitsaufwand sicherlich kostspielig. Die daraus entstandene Leichtgängigkeit eines derart schweren Fahrzeugs mag dies in bestimmtem Umfang rechtfertigen, denn diejenigen, die diesen Panzer einmal gefahren sind, heben dieses Merkmal lobend hervor. Bislang gibt es keine Anzeichen dafür, daß die Deutschen auf einen Dieselmotor umschwenken. Der PzKpfw VI arbeitet mit einem Zwölfzylinder-Benzinmotor von Maybach. Dieser Motor wurde zweifelsohne ausdrücklich für einen schweren Panzer gebaut und stellt eine logische Weiterentwicklung des Zwölfzylindermotors 120 TRM von Maybach dar, der bei den PzKpfw III und PzKpfw IV eingesetzt wurde und diesem in seiner generellen Ausführung ähnelt. Da dieser Motor den neuesten Stand der deutschen Technik darstellt, lohnt sich seine nähere Betrachtung. Man muß zugeben, daß die Konstruktion ihren Zweck in hohem Maße erfüllt. Sie ist kompakt, leicht und sehr gut zugänglich.

Allgemeine Charakterisierung Im Vergleich zu den anderen im Dienst befindlichen Panzerfahrzeugen ist der „TIGER" außerordentlich gut bewaffnet und geschützt. Die 8,8 cm-Kanone und die äußerst schweren Panzerplatten machen das Fahrzeug in bezug auf Größe und Gewicht zu etwas Besonderem. Es ist daher etwas überraschend, wie es von seiner Erstwaffe in gewissem Grade in den Schatten gestellt wird. Bei seitlicher Betrachtung mit nach vorn gerichteter 8,8 cm-Kanone reicht sie um ungefähr ein Viertel ihrer Länge über die Nase des Panthers hinaus. Der Abstand zwischen Mündungsbremse und Blende entspricht etwas mehr als der Hälfte der Fahrzeuggesamtlänge. Von vorn betrachtet vermitteln die große Breite und die extrem breiten Ketten einen ordentlichen, makellosen Eindruck. Von hinten gesehen allerdings bieten die ungewöhnliche Höhe der flachen Heckplatte mit den zylinderförmigen Schalldämpfern und den Luftvorreinigern im Gegensatz dazu einen plumpen und unordentlichen Anblick. Die schwere Panzerung bedingt nach Möglichkeit die Verwendung flacher Platten. Ferner wurde die Anzahl der Platten möglichst gering gehalten, um die Herstellung zu vereinfachen. Im Ergebnis dessen entstand eine einfache, kastenähnliche Silhouette. Aufbau und Motorraum sind erhöht, und der Aufbau steht an beiden Seiten über den Ketten. Diese Variante ermöglicht die Montage eines Turmkranzes mit angemessenem Durchmesser für die 8,8 cm-Kanone. Abgesehen von der bereits genannten Heckplatte zeichnet sich das äußere Erscheinungsbild generell durch klare und einfache Linien aus.

Eine nennenswerte Abweichung von der bisherigen deutschen Verfahrensweise bildet das Anschweißen des Aufbaus an den Rumpf. Bei den früheren deutschen Panzern wurde diese Verbindung genietet. Der Turm ist ebenfalls einfach gehalten. Die senkrechten Flächen an den Seiten und hinten bestehen aus einer einzigen Walzstahlplatte, die Frontblende aus Gußstahl mit viereckigem Grundriß. Auf der Beifahrerseite ist auf dem Turm eine von anderen deutschen Fahrzeugen bekannte Kuppel montiert. Oben auf dem Aufbau befinden sich zwei runde Luken für Fahrer und Schütze. Im Turm gibt es noch einmal drei Luken – eine rechteckige im Dach für den Ladeschützen und zwei runde Luken –, eine oben in der Kuppel und die andere seitlich im Turm. Massive Ketten aus Mangan-Gußstahl mit vergleichsweise schmaler Teilung werden – gemäß der herkömmlichen deutschen Praxis – von den Frontantriebsrädern bewegt. Die Ketten werden durch ein hinteres Leitrad gespannt, das durch die Heckplatte zugänglich ist. Die gesamte Mechanik ist im Rumpf untergebracht. Das Fahrzeug hat eine Drehstabfederung. Die Laufräder sind gegeneinander versetzt, wodurch sich die Anzahl der Federungen erhöht und ein sanftes Fahrwerk entsteht. Diese Konstruktion überrascht nicht allzu stark. Es wurde bereits bei anderen Panzerfahrzeugen der Deutschen angewandt. Seine Vorzüge liegen auf der Hand, vor allem bei der Federung eines ungewöhnlich schweren Fahrzeugs. Die gleichmäßige Verteilung des Gewichts der Ketten wird erreicht durch dreifache gummibereifte Laufräder. Um die 16 Drehstabfedern am Rumpfboden unterzubringen, werden auf einer Seite Schleppträger und auf der anderen Seite Führungsträger eingebaut. Die mechanische Anordnung folgt ehernen deutschen Konstruktionsgrundsätzen, allerdings mit einem beachtlichen Grad der Ausformung und Verfeinerung. Der Motor ist mittig im hinteren Teil eingebaut. Der Antrieb führt nach vorn über die Kardanwelle unter dem Turmboden zum Getriebe, das auch die Kupplung umfaßt. Daran befestigt ist die Steuereinheit, und jede Kette wird durch ein Untersetzungsgetriebe für jedes Antriebsrad bewegt. Ein Kühler und ein Doppelgebläse sind in separaten Abteilungen auf beiden Seiten des Motors untergebracht. Unter jedem Abteil befindet sich ein Benzintank.

Die Vorrichtungen für Tief- und Unterwassereinsätze fallen zwangsläufig etwas kompliziert aus, wurden aber eindeutig nicht im nachhinein hinzugefügt. Alle Luken und Türen sind mit Gummi abgedichtet. Die Dichtung am Turm wird durch einen aufblasbaren Schlauch gewährleistet. Die Luftzufuhr für den Motor und die Besatzung erfolgt über ein abnehmbares Teleskop-Standrohr, das über dem Motorraum angebracht ist. Auf Tauchgängen werden die Gebläsemotoren abgeschaltet und der Kühlerraum geflutet. Die übermäßige Breite des Fahrzeugs mit voller Gefechtsausrüstung erfordert eine spezielle Vorbereitung für Schienentransporte. Dazu werden schmale Ketten aufgezogen und die äußeren Laufräder, der Kettenschutz und die Luftvorreiniger abgebaut.

Die Auslegung der Gefechts- und Fahrerstände sind dargestellt [in der Perspektivzeichnung]. Die Plätze für die Besatzung waren wie bei den anderen deutschen Panzerfahrzeugen angeordnet. In dem Drei-Mann-Turm sitzt der Schütze links neben der Kanone, direkt hinter ihm der Kommandant. Der Ladeschütze sitzt auf der anderen Kanonenseite mit Blick nach hinten. Der Kommandant hat eine Kuppel mit fünf Beobachtungsöffnungen. Im Rumpf sitzt der Fahrer links und der Schütze, der zugleich als Funker agiert, ihm gegenüber auf der rechten Seite. Obwohl der Turm ungewöhnlich geräumig ist, reicht der Verschluß der 8,8 cm-Kanone fast bis an die Rückwand heran und halbiert somit das Abteil. Der Mechanismus ist eine Art halbautomatischer Keilverschluß und kann – pauschal beurteilt – als verbesserte Ausführung der kleineren Panzerkanonen betrachtet werden. Sie wird mittels eines Abzugs am Höhenrichtrad elektrisch abgefeuert. Koaxial dazu ist auf der rechten Seite ein 7,92 mm-MG eingebaut, das mittels eines Fußpedals mechanisch bedient wird. Der Schütze verfügt über ein Doppelfernrohr und eine Turmpeilrose zu seiner Linken. Das Gewehr wird im Gleichgewicht gehalten durch eine große Spiralfeder, die in einem Zylinder an der rechten Turmfront untergebracht ist. Höhenrichtrad und Schwenktrieb werden mit Hilfe von Handrädern links und rechts vom Schützen geregelt. Außerdem besitzt der Kommandant ein Handrad, mit dem er bei Bedarf zusätzliche Unterstützung geben kann. Der hydraulische Schwenktrieb wird vom Schützen mit einem Kippfußhebel bedient. Entlang der senkrechten Seiten und an Heck des Turmes befinden sich neben verschiedenen kleinen Kisten, Halterungen und Gurten zum Verstauen diverser Dinge, wie Gasmasken, Glasblöcke, Mikrofone, auch der Verteiler- und der Sicherungskasten für die Turmelektrik. Der Turmboden dreht sich mit dem Turm und ist an drei Stahlrohren aufgehängt. In der Mitte befindet sich eine gewölbte Abdeckung für den An-

Der Fahrerstand in einem Tiger mit Lenkrad, Armaturenbrett (rechts) und Kreiselkompaß (links), Steuerhebeln und normalen Fußpedalen.

Verschluß der 8,8 cm KwK L/36, der Erstwaffe des Tiger. Die sog. „88er“ erwarb sich einen ausgezeichneten Ruf bei der Panzerabwehr, aber auch als Panzerkanone und in ihrer ursprünglichen Rolle als Flak.

trieb zur Hydraulikanlage, die am Drehbogen festgenietet ist. Der Antrieb wird über Wellen und Kugelgelenke außerdem zum Turmgestell geleitet. Darüber hinaus sind auf dem Drehboden ein Gestell für Ersatztreibstoffkanister und ein Feuerlöscher angebracht. Der vorn über der Hydraulikanlage angeordnete Sitz des Schützen wird von einem Rohransatz getragen, der am Höhenrichtwerk angeschweißt ist. Hinten auf der Zwischentür zum Motor befinden sich die Benzinhähne, bestimmte andere Motorstellglieder und der automatische Feuerlöscher. Die Munition für die 8,8 cm-Kanone ist auf beiden Seiten des Gefechtsstandes in Kisten untergebracht. Die übrige Munition wird unter dem Turmboden und neben dem Fahrer verstaut.

Der Fahrer bedient ein Lenkrad, mit dem die geregelte Steuereinheit hydraulisch beeinflußt wird. Bei ruhendem Motor ist die Einheit nicht funktionstüchtig. Es lassen sich statt dessen herkömmliche Lenkhebel zur Betätigung der Scheibenbremsen nutzen. Diese Bremsen sind zugleich die Bremsen des Fahrzeugs, die mit einem Pedal und einem Feststellhebel gekoppelt sind. Die übrigen Bediengeräte sind wie gehabt. Das Fahrervisier läßt sich mit einem Schieber schließen, der mittels eines großen Handrades bedient wird. In die Ausstiegsluke ist ein feststehendes Fernrohr eingebaut. Links und rechts sind ein Kreiselkompaß bzw. ein Armaturenbrett eingebaut, wie sie von anderen deutschen Panzerfahrzeugen bekannt sind. Das 7,92 mm-MG des im Rumpf sitzenden Schützen, wird von einer Kugelblende auf der rechten Seite der senkrechten Frontplatte getragen. Es wird mit einem Handabzug ausgelöst. Zur Zielerkennung dient ein herkömmliches Fernrohr. Die Funkgeräte stehen auf einem Gerüst zur Rechten des Rumpf-MG-Schützen.“[70]

Bewaffnung Nach der ausführlichen Beschreibung des Tiger widmet sich der britische Bericht im Detail den Hauptkomponenten. Die Einschätzung der Erstwaffe enthält folgende Zusammenfassung: „Die 8,8 cm-Kanone ist auf einen Kranz mit einem Innendurchmesser von 179 cm montiert und läßt sich um 360° schwenken. Für diese Waffe werden 92 Schuß Munition mitgeführt. Die als KwK 36 bekannte Kanone sollte nicht als Weiterentwicklung der FlaK 18 bzw. 36, sondern gleichzeitig als entstandene Neuerung mit der 7,5 cm KwK 40 (lang) betrachtet werden, die auf den bekannten Konstruktionsgrundsätzen deutscher Panzerkanonen beruht. Die einzigen Ähnlichkeiten mit der FlaK 36 liegen in der Munition und Ballistik. Verwendet wird die Standardmunition der FlaK 18 und 36, mit der Besonderheit, daß diese mit einem Elektrozünder C/22 anstelle des Schlagzünders C/12 versehen wurde. Die Kombination aus Mündungsbremse, langer Rücklaufeinrichtung (58 cm) und hohem Fahrzeuggewicht (ca. 56 Tonnen) ergibt eine stabile Kanonenplattform, mit der sich das bei britischen Panzern anzutreffende Problem der Feuerbeobachtung vermeiden läßt. Zusätzlich zur KwK 36 umfaßt die Bewaffnung des Panzers zwei 7,92 mm MG 34, von denen eines koaxial mit einer 8,8 cm-Kanone und eines mit Kugelblende rechts in der senkrechten Frontplatte eingebaut ist. Eine merkwürdige Vorrichtung ist ein Neigungsmesser in Verbindung mit einer einfachen Peilrose mit Stunden- und Mil-Angaben, wie beim PzKpfw IV mit 7,5 cm KwK (kurz). Beim PzKpfw IV KwK 40 (lang) ist die Peilrose etwas aufwendiger mit Stunden- und Mil-Anzeige, geteilten Ritzelantrieb, jedoch ohne Neigungsmesser gearbeitet. Damit besaß keines der Fahrzeuge eine ausgereifte Vorrichtung zum Schießen mit geneigtem Turm, wie es die Deutschen bekanntermaßen praktizieren. Es überrascht, daß keine besonderen Vorkehrungen zum Schutz der Munition vor Splittern getroffen wurden, während der Schutz vor Staub zufriedenstellend ist.

Draufsicht auf den Hauptmotor mit zwei ausgebauten Vergasern.

Die Deutschen scheinen die Abschußvorrichtungen für Nebelgranaten offensichtlich infolge der Untersuchungen britischer Panzerfahrzeuge vom Heck auf das Dach verlagert zu haben. Da außer den in den Abschußvorrichtungen befindlichen keine weiteren Nebelzünder mitgeführt werden und andererseits das Nachladen einige Zeit in Anspruch nimmt, können die Zünder nach dem Abfeuern erst dann erneuert werden, wenn sich das Fahrzeug aus dem Gefecht zurückzieht. Im Vergleich zu gegenwärtig im Einsatz befindlichen britischen Panzern ist der Turm ziemlich geräumig und komfortabel. Man kann einschätzen, daß sich die Herstellung und Konstruktion der Bewaffnung auf einem sehr hohen Niveau bewegen und im Vergleich mit früheren deutschen Panzerfahrzeugen keine Verschlechterung aufweisen."

Die wichtigsten Munitionsarten der 8,8 cm-Kanone des Tiger sind nachstehend aufgeführt. In der Regel wurden 92 Schuß Munition verschiedener Typen mitgeführt.

Munitionsart	Anfangsgeschwindigkeit
Pzgr.-Patr. 38	810 m/s
Pzgr.-Patr. 40	914 m/s
Sprgr.-Patr. 39	600 m/s
Sprgr.-Patr	820 m/s

Ein späterer britischer Bericht gibt die folgende Durchschlagskraft der Panzergranaten für homogene Panzerplatten an:

Entfernung	Normal	Bei 30°
500	130 mm	110 mm
1000	119 mm	102 mm
1500	109 mm	94 mm
2000	99 mm	87 mm
2500	90 mm	80 mm

Sämtliche Geschosse wurden an den Seiten in ungepanzerten Kisten mit Harmonikaöffnungen waagerecht gelagert, wobei Spitze bzw. Boden abwechselnd nach vorn zeigten. Die Geschosse im Gefechtsstand wurden an Ort und Stelle gehalten, indem sie senkrecht in entsprechende Aussparungen an den Kistenseiten eingesetzt wurden. Da die meisten Geschosse im oberen Teil des Fahrzeugs abgelegt wurden, stellten sie eine größeren Gefahrenquelle dar als die Munition in britischen Panzern, die tiefer und in gepanzerten Kisten abgelegt war.

Einsatzhistorie

Schilderungen der beiden ersten Gefechtseinsätze des Tiger berichten von einem nahezu vollkommenen Desaster. Klar ist, daß die neuen Panzer aufgrund der Ungeduld Hitlers verfrüht, in zu geringen Stückzahlen und in ungeeignetem Gelände genutzt wurden. Dies erinnerte an die Eile des britischen Oberkommandos beim Einsatz der allerersten Panzer überhaupt während den Kämpfen an der Somme im Jahre 1916. Guderian schiebt die Schuld unverblümt auf Hitler, der nach seinen Worten so von dem Wunsche besessen war, die neue Wunderwaffe auszuprobieren, daß er überhastet den Einsatz der ersten Handvoll Tiger bei kleineren Auseinandersetzungen auf unwegsamem Gelände befahl. Zunächst wurde der 1. Zug der 502. Schweren Panzerabteilung damit ausgestattet (vier Stück). Die Ausbildung fand in Fallingbostel statt. Daran nahm auch eine kleine Verstärkungsstaffel teil, der einige Techniker des Herstellers Henschel angehörten. Anschließend wurde die ganze Einheit nach Rußland abkommandiert, wo sie am 29. August 1942 südöstlich von Leningrad eintraf. Nach dem Ausladen wurden die Truppen sofort an die Front vorgeschickt, wo sie gegen 10 Uhr am Stellplatz in einem dichten Wald eintraf.

Kurz vor 11 Uhr erhielt der Zug den Befehl zum Einsteigen und zum Anlassen der Motoren. Major Richard Maerker als Kommandant der Einheit stieg in den ersten Tiger, und die Fahrzeuge setzten sich in Bewegung in Begleitung eines VW-Kübelwagens, in dem ein gewisser Herr Franke, Techniker bei Henschel, und ein Beobachter mitfuhren. Sie schlossen sich ihrer Infanterieverstärkung an, überschritten die Ausgangslinie und bekämpften bald darauf feindliche Ziele. Leider war der Untergrund viel zu weich, und das Gelände vollkommen ungeeignet für schwere Kettenfahrzeuge. Obwohl sich der Feind vor der vorrückenden Streitmacht zurückzog, teilte er Vergeltungsschläge aus. Als der Zug bei einer niedrigen Anhöhe anlangte, teilte er sich. Zwei Panzer fuhren nach links, zwei nach rechts. Der Kübelwagen konnte erst nach gegnerischem Beschuß vorrücken. Dabei stieß er auf einen Tiger, der hinter dem nächsten Bergrücken mit einem Getriebeschaden liegen geblieben war. Damit war der schlechten Nachrichten jedoch nicht genug. Später fiel ein weiterer Tiger wegen Maschinenschaden aus. Franke und der Beobachter verließen ihren Kübelwagen, um sich den zweiten Schadensfall zu Fuß aus der Nähe anzusehen. Nach einer schnellen Inspektion beschlossen sie, die nächste Werkstatt aufzusuchen und dort die Bergung zu organisieren. Als sie beim Kübelwagen ankamen, traf Major Maerker mit seinem Tiger ein und teilte mit, der vierte Panzer sei ebenfalls außer Gefecht gesetzt worden. Ursache in diesem Fall waren Probleme mit der Lenkung.

In der Nacht wurden alle drei einsatzunfähigen Fahrzeuge erfolgreich geborgen. Drei 18 Tonnen schwere Schlepper (wahrscheinlich SdKfz 9) zogen die Tiger durch den zähen, schweren Boden.

Gelungene Aufnahme eines Tiger bei der Infanterieunterstützung in Rußland.

Glücklicherweise erkannte der Feind den Ernst der Lage nicht, denn trotz schwerem Beschuß verlief die Operation gut. In der Werkstatt wurden die defekten Teile sofort ausgewechselt und auf dem Luftwege zur Reparatur an den Hersteller geschickt, der seinerseits Ersatzteile auf den Weg brachte. Die Monteure arbeiteten Tag und Nacht an den Tigern, so daß alle vier Panzer am 15. September wieder einsatzbereit waren.

Leider geriet die zweite Aktion zu einem noch größeren Dilemma. Das Oberkommando beschloß, Tiger und einige PzKpfw III am 22. September an die Spitze einer Attacke der 170. Infanteriedivision gegen die 2. Russische Armee zu stellen. Das dafür vorgesehene Gebiet ähnelte dem des mißglückten Angriffs am 29. August. Major Maerker legte vergeblich Protest ein, nachdem er den Untergrund geprüft und als vollkommen ungeeignet für schwere Panzer befunden hatte. Allerdings hatte der Führer persönlich den Einsatz der Tiger befohlen, und niemand wagte es, sich über diese Anweisung hinwegzusetzen. Der Vormarsch begann nach einer Serie von Luftangriffen. Kurz nach der Ausgangslinie wurde der erste Tiger an der Frontplatte getroffen. Obwohl die Panzerung nicht durchschlagen wurde, kam der Motor durch die Explosion zum Stillstand und sprang nicht wieder an. Die Besatzung entschied sich zum Verlassen des Fahrzeugs. Später warf jemand, der nicht an eine Bergung des Panzers glaubte, eine Handgranate in den Turm, der daraufhin Feuer fing.

Obwohl die drei anderen Tiger ihr erstes Ziel alle erreichten, wurden sie später entweder außer Gefecht gesetzt oder sie blieben bei den Vormarschversuchen im Schlamm stecken. Mit großer Mühe konnten zwei von ihnen sowie der erstgenannte Tiger geborgen werden. Der vierte war am weitesten vorgedrungen und so tief in dem hartnäckigen Schlamm versunken, daß sich eine Bergung als nahezu unmöglich erwies. Man war gleichermaßen besorgt, einen Tiger so nahe am Feind liegen zu lassen bzw. ihn zu zerstören. Schließlich rückte in der Nacht des 24. November eine Reparatureinheit vor, entfernte soweit wie möglich alle nutzbaren Teile, stopfte den Panzer mit Munition voll, um ihn auch wirklich komplett zu vernichten, und jagte ihn dann in die Luft. Damit hatte die Geschichte aber noch lange kein Ende gefunden, denn Hitler als Alleinverantwortlicher für dieses Debakel wollte seinen Fehler nicht eingestehen und schickte anstelle dessen nach Major Maerker, um sich von diesem erklären zu lassen, woran die Aktion gescheitert sei. Maerker verwies mit Nachdruck darauf, daß die Panzer nicht in einem solchen Gelände hätten eingesetzt werden dürfen; er wurde aber vom Führer zum Sündenbock abgestempelt, zur 5. Panzerdivision abkommandiert und später im Kampf getötet. Wie es Guderian richtig erfaßte, bestand das Ergebnis dieser Operationen „nicht nur in schweren, unnötigen Schäden, sondern auch im Verlust der Geheimhaltung und des Überraschungselements in der weiteren Perspektive."

Glücklicherweise nahm der nächste Gefechtseinsatz des Tiger einen völlig anderen Ausgang. Bryan Perrett berichtet in seinem Buch *The Tiger Tanks*, wie die inzwischen komplett nach Rußland verlegte 502. Schwere Panzerabteilung am 12. Januar 1943 einen Hilferuf der 96. Infanteriedivision erhielt, die von zwei Dutzend russischer T-34 überrannt wurde. „Die Lage war kritisch, und die vier Tiger unter Oberleutnant Bodo von Gerdstell wurden zur Unterstützung der Infanterie ausgesandt. Während des heftigen Schußwechsels wurden zwölf T-34 vernichtet, während die übrigen die Flucht ergriffen und wie noch nie um ihr Leben fuhren."

Die im Oktober 1951 veröffentlichte Broschüre Nr. 20–233 des US-Armeeministeriums mit dem Titel *German Defense Tactics against Russian Breakthroughs* [Deutsche Verteidigungstaktiken bei Durchbrüchen russischer Truppen] nennt eine Aktion vom März 1943 als erstes Aufeinandertreffen von Tiger und T-34. Dieses Gefecht ereignete sich im Gebiet Charkow. Daran beteiligt war die Division *Großdeutschland*. In dem Bericht heißt es: „Diese Aktion markiert das erste Zusammentreffen zwischen Tiger und T-34. Seine Ergebnisse brachten den Deutschen etwas mehr Ruhm ein. So vernichteten beispielsweise zwei als Panzerstellung fungierende Tiger eine Gruppe von T-34. Normalerweise befanden sich die russischen Panzer im Hinterhalt in der bis dahin sicheren Entfernung von 1235 m

Eine Tiger-Besatzung in einer Kampfpause, wahrscheinlich auf die Rückkehr ihres Kommandanten von einem Aufklärungseinsatz wartend.

Reparatur eines Laufradkastens. Diese Arbeiten waren unter den widrigen Bedingungen äußerst schwierig und ermüdend.

Interessante Aufnahme eines Tiger in verschneitem Gelände mit einer Art Schneepflug.

und warteten, bis die deutschen Panzer bei der Ausfahrt aus einem Dorf auftauchten. Dann nahmen sie die deutschen Panzer unter Beschuß, während sie selbst für die Panther[71] noch außerhalb der Reichweite waren. Bislang hatte sich diese Taktik als unfehlbar erwiesen. Dieses Mal hatten sich die Russen allerdings verrechnet. Anstatt das Dorf zu verlassen, bezogen die Tiger gut getarnte Stellungen und nutzten ihre größere Reichweite. Innerhalb kurzer Zeit vernichteten sie 16 T-34 im offenen Gelände, und als die übrigen davonfuhren, wurden sie von den Tigern verfolgt. Dabei wurden 18 fliehende russische Panzer zerstört. Man konnte beobachten, daß die 88 mm Panzerkernmunition eine derart durchschlagende Wirkung hatte, daß die Türme mehrerer T-34 weggefetzt und mehrere Meter fortgeschleudert wurden. Deutsche Soldaten prägten daraufhin sofort den geflügelten Satz: ‚Der T-34 lüftet seinen Hut, wenn er einen Tiger trifft.' Die Leistung der neuen deutschen Panzer gab der Moral der Truppe beträchtlichen Auftrieb."

General Guderian war zweifelsohne mit der Leistung des neuen Panzers sehr zufrieden, nachdem das Fahrzeug nun ordnungsgemäß und in entsprechender Stückzahl eingesetzt wurde. Zeugnis davon legt der folgende Auszug aus einem Faltblatt vom August 1943 ab, das seine Unterschrift trägt. „Mit zwei Fingern kann man 700 PS in Gang setzen, 60 Tonnen bewegen, 45 km/h auf der Straße bzw. 20 km/h im Gelände fahren und vier Meter tiefe Wasserhindernisse überwinden … Im südlichen Abschnitt der russischen Front wurde ein Tiger in einem sechsstündigen Gefecht 227 Mal von Panzerbüchsen getroffen, mußte 14 Treffer mit 52 mm-Granaten und elf mit 76,2 mm-Geschossen einstecken, ohne daß eines davon die Panzerung durchschlagen hätte. Die Laufräder wurden zerschossen, zwei Drehstabfedern gingen entzwei, mehrere Panzerabwehrraketen blieben im Fahrwerk stecken, und der Panzer war über drei Minen gefahren. Trotzdem schaffte der Panzer weitere 60 km im Gelände … Man kann einen T-34 auf 800 Meter vernichten, während der T-34 bis auf 500 m an den Tiger herankommen muß!"[72]

Zweifelsohne konnte der Tiger bis zum Erscheinen des neuen 44 Tonnen schweren Josef Stalin-Panzers auf eine äußerst erfolgreiche Einsatzstatistik in Rußland verweisen. Mit seiner (bis 120 mm) dicken Panzerung und der mit jeder Ausführung mächtiger werdenden Kanone (anfangs 85 mm, dann 100 mm und bei der endgültigen Version 1944 schließlich 125 mm) war der „Stalin" der mächtigste Kampfpanzer der damaligen Zeit. Im September 1944 erschien unter der Überschrift „Tiger gegen Stalin" in den offiziellen deutschen *Notizen für Panzertruppen* der folgende Bericht, der Anfang 1945 vom britischen Militärgeheimdienst MI 10 unter den britischen Truppen verbreitet und dessen Veröffentlichung sarkastisch als „Versuch der Ermutigung der deutschen Panzerwaffe" abgetan wurde. In dem Artikel heißt es: „Ein Tiger-Kampfverband berichtet von mehreren Gefechten, bei denen es Stalin-Panzer vernichtet hat. Der Verband hatte den Befehl, den in einem Waldstück eingedrungenen Gegner zu bekämpfen und erfolgreich zurückzudrängen. Um 12.15 Uhr rückte das Geschwader zusammen mit einer Schützenabteilung aus. Der dichte Bewuchs, die schlechte Sicht (45 m) und der schmale Weg zwangen den Verband, in Reihe zu fahren. Die sowjetische Infanterie zog sich beim Auftauchen der Tiger sofort zurück. Die Panzerabwehrkanonen, die der Gegner bereits 45 Minuten nach dem Durchbruch in Stellung gebracht hatte, wurden teils durch Beschuß schnell außer Gefecht gesetzt, teils überrollt.

Nachdem die Vorhut weitere 1800 m in den Wald vorgedrungen war, hörte der Kommandant plötzlich das Geräusch umstürzender Bäume und gewahrte direkt vor sich die große Mündungsbremse eines Stalin. Er befahl sofort „Panzergranaten fertig – Feuer!", wurde aber im gleichen Moment von zwei 4,7 cm-Panzergranaten getroffen, wodurch sein Visier vollkommen verdunkelt wurde. Inzwischen hatte sich der zweite Panzer der Einheit bis auf Höhe des Kommandantenfahrzeugs genähert, das den Feuerkampf fortsetzte und aus reichlich 30 m blind losfeuerte. Der Stalin zog sich hinter einen Hügel zurück. Der zweite Tiger hatte mittlerweile die Führung übernommen und gab drei Schuß auf den gegnerischen Panzer ab. Dabei wurde er von der feindlichen 12,2 cm-Kanone am Rumpf unterhalb des Funkerplatzes getroffen, aber das Geschoß durchdrang die Panzerung nicht – wahrscheinlich weil der Tiger für den Gegner nicht sichtbar war. Die Kanone des Stalin jedoch war vom letzten Schuß des Tiger in Mitleidenschaft gezogen worden und nicht mehr funktionstüchtig. Ein zweiter Stalin versuchte den Rückzug des ersten zu decken, wurde aber ebenfalls von einem der vorderen Tiger genau unter der Kanone getroffen und blieb liegen. Der Stalin hatte eine vergleichsweise geringe Feuergeschwindigkeit.

Der Geschwaderkommandant zog aus allen Auseinandersetzungen seiner Einheit mit Stalin-Panzern das folgende Fazit:

1. Die meisten Stalin-Panzer ziehen sich beim Anblick eines Tiger kampflos zurück.
2. Stalin-Panzer eröffnen das Feuer in der Regel im Abstand von etwas mehr als 2000 Metern und nur, wenn sie vor dem Gegner getarnt sind.
3. Die Besatzungen der feindlichen Panzer verlassen in der Regel einen getroffenen Panzer.

Ein von der US Army in Frankreich erbeuteter Tiger I stößt auf großes Interesse bei den Dorfbewohnern.

4. Die Russen bemühen sich, keine Stalin-Panzer in unsere Hände fallen zu lassen; insbesondere versuchen sie, liegen gebliebene Fahrzeuge dieses Typs zu bergen oder in die Luft zu sprengen.

5. Stalin-Panzer können außer Gefecht gesetzt werden, obwohl das Durchdringen der Frontpanzerung aus großer Entfernung keineswegs einfach ist. (Eine andere Tiger-Abteilung berichtet, Stalin-Panzer könnten von einem Tiger vorn nur aus weniger als 500 m durchschlagen werden.)

6. Bei Stalin-Panzern sollte nach Möglichkeit in die Flanken oder auf das Heck gezielt werden bzw. sollten durch massiven Beschuß bekämpft werden.

7. Stalin-Panzer sollten von Tigern mindestens in Kompaniestärke angegriffen werden. Greift ein Tiger allein an, begibt er sich in die Gefahr der eigenen Zerstörung.

8. Es ist angebracht, dem ersten Treffer mit einer Panzergranate eine Sprenggranate folgen zu lassen, um die Besatzung eines Stalin dauerhaft zu blenden.

Der Generalinspekteur der Panzertruppen (der für diese offizielle Publikation verantwortlich ist) kommentierte die vorstehenden Bemerkungen wie folgt:

1. Diese Erfahrungen stimmen mit denen anderer Tiger-Einheiten überein und entsprechen den Tatsachen.

2. Was das unter Punkt 4 Gesagte betrifft, so sollte der Gegner die gleiche Kühnheit bei allen unseren Tiger-Besatzungen beobachten. Es sollte nicht zugelassen werden, daß auch nur ein Tiger jemals intakt in Feindeshand fällt.

3. Was das unter Punkt 5 & 6 Gesagte betrifft, so kann sich der Tiger angesichts der aktuellen Bedrohung durch die 12,2 cm-Panzerkanone und die 5,7 cm-PaK in Rußland bzw. durch die 9,2 cm-FlaK/PaK in Westeuropa und Italien nicht länger über die allgemeinen Grundsätze für Panzerformationen hinwegsetzen. Das bedeutet unter anderem, daß Tiger nicht länger von einer Anhöhe aus „einen Blick rundum" riskieren dürfen, sondern sich wie andere Panzer zu verhalten haben. Das genannte Verhalten hatte kürzlich die Zerstörung von drei Tigern durch Stalin-Panzer zur Folge, wobei bis auf zwei Mann alle Besatzungsmitglieder getötet wurden. Der Abteilung waren die Grundsätze der Panzertaktik, denen zufolge Panzer einen Bergrücken nur in der Gruppe, in schnellem Tempo und mit Feuerschutz überqueren oder den Berg von vornherein umgehen sollten, bekannt. Die Legende vom „dicken Fell", der „Unverletzbarkeit" und der „Sicherheit" des Tiger, die in anderen Waffengattungen des Heeres, aber auch innerhalb der Panzerwaffe, entstanden ist, muß zerstört und zerstreut werden. Für die Tiger-Einheiten spielt daher die Unterweisung in die altbekannten Prinzipien des Panzerkampfes eine besondere Rolle.

4. Was das unter Punkt 7 Gesagte betrifft, so ist dieser Gedankengang zwar grundsätzlich richtig, aber drei Tiger sollten sich nicht vor fünf Stalin-Panzern zurückziehen, nur weil drei Tiger keine richtige Kompanie ausmachen. Besonders unter den gegenwärtigen Bedingungen kann es durchaus vorkommen, daß keine vollständige Kompaniestärke erreicht wird. Gerade in der direkten Auseinandersetzung zwischen Panzern entscheidet die bessere Taktik und nicht die zahlenmäßige Überlegenheit. Allerdings stimmt es, daß einzelne Panzer in starkem Maße gefährdet sind.

5. Es sei ergänzt, daß die Panzerung des Stalin an den Flanken und hinten nicht nur bei Beschuß durch Tiger und Panther, sondern auch durch PzKpfw IV und Sturmgeschütze durchschlagen wird."

Die Tatsache, daß der Tiger nicht mehr als unverletzbar galt, wurde auch in anderen deutschen Quellen dieser Zeit thematisiert, u. a. im folgenden abgefangenen Bericht der 21. Heeresgruppe im Juni 1944: „Als der Tiger auf dem Schlachtfeld erschien, war er in jeder Hinsicht gegen feind-

Ein einzelner Soldat der 8. Armee erledigte diesen Tiger ohne fremde Hilfe mit einer Panzerwurfgranate. Die Kuppel mit den eingebauten Fernrohren deutet auf ein Modell der späteren Baureihe hin.

liche Waffen gefeit. Sehr schnell gelangte er in den Ruf ‚unschlagbar' und ‚unverwundbar' zu sein. Doch inzwischen war der Gegner nicht untätig. PaK, Panzer und Minen wurden entwickelt, die einem Tiger schweren Schaden zufügen oder ihn sogar erledigen können. Jetzt ist der ehemals als ‚Lebensversicherungs-Police' betrachtete Tiger einfach zu einem ‚schweren Panzer' degradiert worden ... Der Tiger kann nicht länger ignorant über die Grundsätze der Panzertaktik hinwegsehen. Er muß diese Grundsätze genau wie jeder andere Panzer befolgen. Haltet Euch also immer vor Augen, Ihr Männer in den Tigern: Verlangt von Eurem Tiger NICHT das Unmögliche, sondern TUT genau das, was Euer Kommandant befiehlt. Er kennt die Grenzen seines Fahrzeugs und seiner Kanone, und er weiß, wie man sie optimal einsetzt ..."

NORDAFRIKA

Gegen Ende des Jahres 1942 – im Anschluß an die Landungsoperation TORCH und rechtzeitig für die nachfolgenden Gefechte in Tunesien – wurde eine geringe Anzahl Tiger nach Nordafrika verschifft. Als erste deutsche Tiger-Einheit landete die 501. Schwere Panzerabteilung mit damals nur zwei ihrer insgesamt drei Panzerkompanien und mit jeweils vier Zügen mit zwei Tiger und zwei PzKpfw III. Die Vorhut stach am 20. November 1942 von Reggio di Calabria aus gen Tunis in See, und Anfang Januar war die Abteilung vollzählig. Weitere Verstärkung kam Anfang März in Form der 504. Schweren Panzerabteilung. Die beiden Abteilungen wurden zu einer Einheit zusammengefaßt und in das Gebiet um dem Maknassy-Paß entsandt, wo sie zwischen 40 und 50 Panzer der Alliierten schlugen. Ende März 1943 rückten sie in die Gegend um Medjez-el-Bab vor.

„... In der Nacht vom 20. zum 21. April führten eine Streitmacht des Jägerregiments „Hermann Göring" zusammen mit vier Tigern und fünf PzKpfw III und IV der 504. und der 501. Schweren Panzerabteilung einen vernichtenden Angriff auf die 1. Infanteriedivision und die 4. Gemischte Division der Briten. Einer der Tiger mit der Nr. 131 am Turm (3. Zug, 1. Kompanie der 504. Schweren Panzerabteilung) ist heute im Panzermuseum Bovington zu sehen." Dies schrieb Major Peter Gudgin in einem Artikel über den in Bovington gezeigten Tiger. Er schildert im folgenden, wie sich die Deutschen nach einigen Angriffserfolgen in Verteidigungsstellungen zurückzogen, um den britischen Gegenangriff abzuwarten. Dieser fand am Nachmittag des 21. April statt. Daran beteiligt war das 48. Königlich-britische Panzerregiment (RTR), eine Einheit der 21. Heerespanzerbrigade mit Churchill-Panzern, welche die 1./6. East Surreys unterstützten. Die Vorhut des Geschwaders A des 48. RTR griff an einer Achse, die Infanterie auf einer vollkommen anderen an, „... ein klassisches Beispiel dafür, wie man einen Infanterie-/Panzerangriff nicht ausführen sollte". Der Tiger und die ihn unterstützenden PzKpfw III und IV machten kurzen Prozeß mit den führenden Churchills. Das Gefecht verlief genau nach dem Geschmack der Deutschen, als ein Churchill mit seiner 6 Pfünder-Kanone einen Erfolgstreffer am unteren Rand der Geschützblende des Tiger landen konnte, wo er abgefälscht wurde und den Turmkranz traf, der sich daraufhin vollkommen festfraß. Der nächste Schuß traf die Hubvorrichtung an der linken Turmseite, wobei der Kommandant durch Splitter verwundet wurde. Unerklärlicherweise kletterte die Besatzung aus dem nahezu intakten Panzer heraus. Die Besatzungen der übrigen Verstärkungsfahrzeuge taten es ihnen gleich. Bei der gründlichen Untersuchung des Schlachtfeldes am darauffolgenden Tag stellte man fest, „... das mindestens ein nahezu intakter und relativ unbeschädigter Tiger in britische Hände gefallen war."

Der erste Tiger I, der von einem amerikanischen Pershing der 3. US-Panzerdivision in Nordwesteuropa erledigt wurde. Kommandant des Pershing war Feldwebel Nick Mashlonik (rechts). Eigentlich kam der Pershing viel zu spät, um das Ruder herumzureißen, aber er war wahrscheinlich der einzige Kampfpanzer der Alliierten, der es bis zum Erscheinen des JS I, II und III der Russen in bezug auf Feuerkraft, Panzerung und Beweglichkeit des Tiger aufnehmen konnte. (Sammlung des Autors)

Die Eroberung des ersten kompletten Tiger war ein bedeutendes Ereignis. Nach einer vorläufigen Untersuchung des Technischen Geheimdienstes wurde ein erster Bericht an den britischen Militärgeheimdienst MI 10 nach London übermittelt. Der Panzer wurde anschließend der Werkstatteinheit der 21. Heerespanzerbrigade vom Schlachtfeld geborgen. Nach Beendigung des Nordafrikafeldzuges wurden die beschädigten Komponenten gegen Bauteile aus den zahlreichen eroberten Fahrzeugen bzw. aus liegen gebliebenen Fahrzeugen ausgetauscht. Der Reparatur- und Ersetzungsaufwand war gering und schloß das Freifahren des Turms, die Auswechslung der Turmluken, des Verschlusses einer Nebelgranatenvorrichtung und einiger Laufräder ein. Vor der Verschiffung des Panzers nach Großbritannien wurde er in Tunis von zahlreichen hochrangigen Persönlichkeiten inspiziert, so am 23. Juni 1943 durch den britischen König Georg VI. und Premierminister Winston Churchill.

Im Oktober 1943 traf das Fahrzeug in Großbritannien ein, wo es in die School of Tank Technology (STT) überführt wurde, die damals zum Military College of Science in Chertsey (Grafschaft Surrey) gehörte. Wie bereits geschildert, schlossen sich außerordentlich gründliche Untersuchungen an, in deren Folge eine Reihe von Berichten über jedes Detail des Panzers (Panzerung, Fahrzeugtechnik, Bewaffnung, optische Geräte, Staumöglichkeiten, Anordnung u. a.) entstanden. Zufälligerweise gehörte Peter Gudgin, der heute an der STT beschäftigt ist, dem Inspektionsteam an und war für verschiedene Zuarbeiten zu dem Bericht über den Panzer, der ihn selbst außer Gefecht gesetzt hatte, verantwortlich. Leider wurde der Panzer in dem Bestreben, alles Mögliche über den Tiger zu erfahren, buchstäblich in seine Einzelteile zerlegt und nie wieder einsatzbereit zusammengebaut. Nach Entfernung zahlreicher Eingeweide wurde diese Möglichkeit verschenkt. Die populäre Presse erinnert von Zeit zu Zeit daran, daß ein Geist – bekannt als „Hermann the German" – davon Besitz ergriffen hat. Mir ist er bislang nicht erschienen, aber wer weiß, was man in kalten Winternächten in den dunklen Ecken des Museums alles zu sehen bekommt?!

ITALIEN

Am Italienfeldzug nahmen eine Reihe von Tigern teil. Einige wurden sogar an die italienischen Streitkräfte ausgeliefert, aber hastig wieder zurückgezogen, als der Achsenmächte-Partner Deutschlands separat Frieden schloß. Aus dem Italienfeldzug sind eine Reihe von Berichten überliefert, darunter die folgende Einsatzschilderung der Tiger der 508. Schweren Panzerabteilung, die zu einer umfangreichen Dokumentation gehört, welche auf den Aussagen von Kriegsgefangenen beruht und in einem „RAC Liaison Letter" der britischen Panzertruppen im August 1994 erschien: *„Tiger in Aktion: Erster großer Rückschlag des 3. Geschwaders der 508. Schweren Panzerabteilung."* Als Beispiel für die Probleme beim Einsatz des Tiger soll die interessante Rekonstruktion eines von zwei mobilen Gefechten in Geschwaderstärke dienen, in welche die Abteilung verwickelt war und die sie siegreich beendete, auch wenn sie dabei fast alle ihre Panzer verlor. Die Auseinandersetzung fand vom 23. bis 25. Mai 1944 im Großraum Cisterna statt. Das 3. Geschwader, das mit 14 Tigern aus Frankreich angerückt war, büßte zwei dieser Panzer Ende Februar 1944 ein: Einer brannte durch Unachtsamkeit der Besatzung aus, der andere nach einem Gefecht mit einem Panzerjäger der Alliierten. Die Einheit hatte im Mai 1944 vier der neuesten Panzerkampfwagen und besaß somit am 23. Mai 1944 zwei Panzer mehr als laut Kriegsstärke eigentlich vorgesehen waren (d. h. 16 anstelle von 14). Das Geschwader formierte sich hinter einem Bahndamm zwischen dem Mussolini-Kanal und einem schienengleichen Bahnübergang bei G 063299, wo es unter Sprenggranatenfeuer geriet. Anschließend überquerte es den Bahnübergang, wobei drei gepanzerte Fahrzeuge (eines mit Getriebeschaden und bei zweien rutschte die Kette von den Zahnrädern) aufgeben mußten. Die verbleibenden 13 Fahrzeuge mußten im offenen Gelände anhalten, weil sich die Kanonen bei der Abfahrt vom Bahndamm in das Erdreich gebohrt hatten und nun durchgezogen werden mußten. Die Alliierten-Verbände wurden etwa 3 km zurückgedrängt, eine Anzahl Shermans überrascht und erledigt.

Beim ersten Tiger, der im Kampf getroffen wurde, kam der Kühler durch ein Artilleriegeschoß zu Schaden, so daß er in Etappen nach Cori zurückfahren mußte. So blieben für die Auseinandersetzungen in der Nacht vom 23. auf den 24. Mai 1944 zwölf Tiger übrig. Am Morgen des 24. Mai 1944 wurde für alle überraschend der Rückzug befohlen, wobei ein Tiger von einem Panzerjäger getroffen wurde (Treffer am rechten Untersetzungsgetriebe, woraufhin er von der Besatzung in die Luft gesprengt wurde). Elf Tiger zogen sich zum Bahndamm zurück. Fünf von ihnen erhielten vom Kommandanten den Auftrag, den Gegner weiter aufzuhalten, während die sechs anderen jene drei Panzer abschleppen sollten, welche die Überquerung nicht geschafft hatten. Vier der sechs Abschleppanzer erlitten einen Getriebeschaden, so daß der Kommandant den Befehl erteilte, die abgeschleppten Panzer zu sprengen. Gleichzeitig sollten zwei der fünf Kampfpanzer bei der Beseitigung der liegen gebliebenen Fahrzeuge helfen. Die acht PzKpfw wurden zum Sammelplatz bei Cori gebracht, wodurch nur noch vier Tiger einsatzbereit waren. Von diesen vier wurde einer von einem Panzerjäger getroffen, weitere zwei erlitten Getriebeschäden (alle drei wurden gesprengt), so daß lediglich ein Fahrzeug gefechtstauglich blieb.

In der Nacht vom 24. zum 25. Mai trafen zwei umgebaute Sherman-Panzer aus Rom ein, um den inzwischen auch untauglich gewordenen letzten Tiger entlang der Bahnschienen abzuschleppen. Bis zum 25. Mai 1944 hatte sich die Lage so zugespitzt, daß Abschleppfahrzeuge auf keinen Fall mehr durchkamen, so daß der Kommandant die Sprengung der verbliebenen neun Tiger befahl, welche den Sammelpunkt erreicht hatten. Obwohl bereits einige Besatzungen mit dem letzten funktionstüchtigen Panzer nach Rom zurück-

Ein brennendes russisches Gehöft bildet die spektakuläre Kulisse für den Vormarsch eines Tiger I.

Der in Bovington ausgestellte Tiger, hier mit seiner ursprünglichen deutschen Besatzung, fotografiert 1943 in Tunesien, kurz vor dem Gefecht, in dem er in britische Hände fiel. Man beachte die „inoffizielle Stufe" rechts an der Bodenwanne, die auch auf allen anderen Fotos dieser Serie zu sehen ist. (Archiv Major Peter Gudgin)

gekehrt waren, befanden sich der Kommandant und 45 Mann noch in der Nähe von Cori. Sie mußten nach Rom marschieren, gerieten unterwegs mehrfach unter Beschuß und kamen völlig erschöpft an. Ein Kriegsgefangener unterstrich, daß diese Operation sich äußerst negativ auf die Moral der Truppe auswirkte und darüber hinaus ein Gegenargument zum massiven Einsatz des Tiger darstellte. Alle 16 außer Gefecht gesetzten Panzer wären bei angemessenen Bergungskapazitäten zu retten gewesen. Obwohl der persönliche Mut des Kommandanten außer Zweifel stand, vertrat man allgemein die Auffassung, daß er die Lage falsch eingeschätzt habe und für die Katastrophe verantwortlich sei, indem er versuchte, die drei am Bahndamm untauglich gewordenen Panzer zu retten. Hätte er dies unterlassen, wären zehn der ursprünglich 16 Fahrzeuge noch zu retten gewesen. ‚Im Kleinen sparsam, im Großen verschwenderisch' mußte es sich als Vorwurf gefallen lassen. Das dritte Geschwader kritisierte außerdem die Tatsache, daß nahezu mit einem Schlag ein neuer Zug mit Panzern der Geschwader 1 und 2 mit neuen Besatzungen gebildet wurde, während die ehemaligen Besatzungen zurück zu ihren alten Einheiten gingen.

Es ist interessant, daß die Tiger, deren Probleme durchaus nichts Außergewöhnliches waren, die korrekten und vorgeschriebenen Abläufe mißachteten, welche ein anderer Kriegsgefangener im gleichen Bericht unter der Überschrift „Tiger als Abschleppfahrzeuge" erläuterte. Dort heißt es: „Hat ein Tiger einen Getriebeschaden, wird in der Regel die Ausgleichskupplung in den Achswellen ausgebaut, und das Fahrzeug wird von einem anderen Tiger aus dem unmittelbaren Gefechtsbereich herausgeschleppt. Dazu benutzt man zwei Abschleppseile, die kreuzweise gesichert werden, um dem Ausschwenken des abgeschleppten Panzers entgegenzuwirken. Sollte jedoch die Kette eines Tiger vom Kettenantriebsrad gesprungen sein, ist die erforderliche Zugkraft so groß, daß zum Abschleppen zwei Tiger hintereinander gestellt werden und beide mit überkreuzten Seilen ziehen müssen."

Ein anderer Bericht aus Italien vom September 1944 betraf die Erfahrungen der 2. Neuseeland-Division mit Tigern beim Kampf um Florenz. Die Einheit traf hier das erste Mal auf eine nennenswerte Anzahl von Tigern. In dem Bericht heißt es:

a. Einsatz Tiger wurden generell in günstigen Stellungen plaziert und gut mit Laubwerk getarnt, so daß sie schwer erkennbar waren, und zwar:

1. In verdeckten Positionen, um die Infanterie aufzuhalten und unsere Panzer beschießen zu können.

2. Aus vorbestimmten Stellungen heraus, die über verborgene Straßen erreichbar waren. Von dort aus gab der Gegner einige Schuß Störfeuer ab und verzog sich in eine andere Stellung.

3. Als unmittelbare Verstärkung der gegnerischen Infanterie bzw. von Artilleriestellungen oder zum Beschuß von Gebäuden, die von unseren Truppen besetzt gehalten wurden.

4. Mit – zu nahezu hundertprozentiger Sicherheit – der Unterstützung von mindestens einem weiteren Panzer oder Sturmgeschütz, die nur bei Bedarf zum Einsatz kamen.

5. Manchmal in Begleitung von Infanterie, oft nur sechs oder zwölf Mann stark. Diese Truppen wurden auf bis zu 50 m an den Flanken aufgestellt.

b. Verwundbarkeit

1. Die schwere Panzerung vorn und hinten verhinderte mit relativ großer Wahrscheinlichkeit, daß der Panzer durch Treffer an diesen Stellen außer Gefecht gesetzt werden konnte. Die Seiten halten auf jeden Fall einer 17 Pfünder-Kanone nicht stand. Die Hecköffnung über dem Motor und eine große Auspufföffnung über dem Mittelpunkt der linken Heckseite bilden weitere Schwachstellen. Manche betrachten Sprenggranaten als wirksamste Munition zum Beschuß dieser Teile.

2. Der Tiger wurde in der Regel so gut positioniert, daß aus dem Hinterhalt agierende Panzerjäger, M10 oder Geschützlafetten für die verdeckte Annäherung schwer in Stellung zu bringen waren. Sofern keine gründliche Aufklärung stattfindet, um ein Geschütz optimal zu plazieren und zur Verstärkung Panzerkräfte oder Sturmgeschütze heranzuziehen, ist jede Mühe wahrscheinlich vergebens. Eine Grundforderung an jeden Zugführer, der einen Tiger bekämpfen soll, ist daher, soviel Zeit wie möglich für die Aufklärung und die Beschaffung umfangreicher Informationen aufzuwenden.

3. Kanone und Panzer lassen sich scheinbar nur langsam bewegen bzw. abfeuern. Wirksam geblendet werden kann mit amerikanischen 75 mm-Nebelgranaten. In einem Fall reichten zwei Nebelgeschosse und eine nachfolgende Panzerpatrone, um einen Tiger zum Rückzug zu drängen. Diese Bekämpfungsmethode wird von unseren Panzerkommandanten bevorzugt.

c. Übersteigertes Selbstbewußtsein Mit Tigern wurde manchmal ziemlich unverfroren umgegangen. Die Besatzungen gingen Risiken ein, die verdeutlichten, daß ihr Vertrauen in diese Fahrzeuge nahezu grenzenlos war. Das macht sie verletzbar durch Panzerjäger mit Infanteriewurf- bzw. anderen Panzerabwehrgranaten zur Bekämpfung aus geringer Entfernung. Im Angriff und ohne die Unterstützung durch andere Geschütze in unmittelbarer Nähe ist der Tiger auf jeden Fall mit diesen Waffen verletzbar.

d. Der massive Einsatz von Feldartillerie hat sich zur Bekämpfung von Tigern als wirksam erwiesen.

1. Auch wenn der Tiger nicht liegen bleibt, so muß er sich doch zumindest zurückziehen. Offensichtlich scheuen Panzerbesatzungen den Granatenbeschuß wegen der ständigen Gefahr der Beschädigung wichtiger Bauteile (Ketten, Fahrwerk, Laufräder, Antennen, externe Halterungen, elektrische Anlage etc.).

2. Einige unserer Stellungen wurden durch mittlere Artillerie ergänzt. Sie ist in ausreichender Konzentration ideal, aber aufgrund der Streubreite der Geschosse empfiehlt es sich, die Stellung mit einer angemessenen Anzahl Feldkanonen aufzufüllen.

3. Wir haben keine Erfahrung in der Bekämpfung von Tigern mit schwerer Artillerie, obwohl dies nachweislich bereits praktiziert wurde. Unsere Panzer haben es schwer, einen gut getarnten, unbeweglichen Tiger in einer Defensivstellung zu erspähen. Artillerie-Beobachtungswagen lassen sich zur Aufklärung verdächtiger Geländeabschnitte nutzen. In einem Fall wurde in einem Abschnitt, der angeblich ein verdächtiges Objekt enthielt, ein Tiger aufgespürt. Der Beobachtungswagen richtete seine Kanone auf das Objekt. Das Geschoß landete in unmittelbarer Nähe des Objekts und fetzte die gesamte Tarnung weg, und ein Tiger ergriff hastig die Flucht.

e. Es folgen einige Erfahrungen unserer Panzerjäger-Schützen, die mit Tigern in Berührung gekommen waren:

„1. Ein fast 3000 Meter entfernter Tiger bekämpfte drei Shermans. Er ließ einen Sherman hochgehen, worauf die beiden anderen sich über einen Bergrücken davonmachten. Ein 17 Pfünder-Geschütz wurde bis auf knapp 2000 Meter an den Tiger herangebracht und feuerte auf dessen Flanken. Als der Tiger bemerkte, daß er von einer schnellen Kanone angegriffen wurde, schwenkte er um 90° und drehte dem Geschütz seine Frontplatte zu. Im anschließenden Duell traf ein Geschoß den Turm, ein anderes das Fahrwerk, während zwei Nachkrepierer wahrscheinlich am Panzer abprallten. Dieser war noch immer einsatztauglich. Die Entfernung war zu groß für eine Vernichtung, aber unsere Taktik bestand darin, den Tiger dazu zu bewegen, den Shermans auf eine Entfernung von knapp 500 m seine Flanken zuzuwenden. Endlich schwenkte er in Richtung auf den Panzerjäger. Als er vom Sherman angegriffen wurde, zog er sich zurück. Die etwa 6–12 Mann starke Infanterie wurde von unseren MGs ins Visier genommen.[73]"

„2. Ein Tiger stand unmittelbar neben der Straße an einem Bahnübergang und bekämpfte unsere Vorhut, die sich in Häusern verschanzt hatte. Ein anderer Tiger befand sich knapp 50 Meter weiter oben in einer Seitenstraße und gab dem anderen Panzer Feuerunterstützung. Es wurde Feldartilleriekräfte angefordert, die wahrscheinlich zu einer Batterie gehörte, so daß sich die beiden Panzer zurückzogen, ohne daß Einschüsse beobachtet wurden."

„3. Ein Tiger auf einer Anhöhe wurde von einer Batterie mittlerer Panzer angegriffen. Nach den ersten Schüssen kletterte die Besatzung heraus (ohne ersichtlichen Grund). Kurz danach, während der Panzer noch immer beschossen wurde, kehrte ein Mann zurück und fuhr ihn weg. Etwa zehn Minuten später machte sich der Rest der Besatzung in Richtung ihres Panzers davon."

„4. Ein Panzer wurde in der Garage eines zweistöckigen Gebäudes ausgekundschaftet. Von dort aus fuhr er knapp 20 Meter, schoß um sich und kehrte wieder in sein Versteck zurück. Unsere 10,5 cm-Mörser nahmen das Gebäude unter heftigen Beschuß. Und obwohl sie mit Aufsatz feuerten, hielten sich die Schäden in Grenzen. Der Panzer zog sich jede Nacht aus dem Gebiet zurück,

Interessante Aufnahme eines Tiger I mit zusätzlich aufgenieteter Frontpanzerung.

obwohl er sehr gut getarnt war und von der Infanterie geschützt wurde. Das Haus wurde später näher in Augenschein genommen. Obwohl es stark in Mitleidenschaft gezogen worden war und auch einige tote Deutsche aufgefunden wurden, gab es keine Anzeichen für Schäden am Panzer."

NORDWESTEUROPA

Der Tiger hatte einen nachhaltigen Einfluß auf die Landungsoperationen der Alliierten in der Normandie. Am deutlichsten hinterließ er seine Spuren bei der vielzitierten Vernichtung der Vorhut der 7. Britischen Panzerdivision in Villers-Bocage, mit der sich der gefürchtete SS-Obersturmführer Michael Wittmann und seine kleine Tiger-Streitmacht einen besonderen Platz in der Geschichte des Panzerkampfes schuf. Der folgende Bericht schildert die Erinnerungen des verdienten Kriegsveterans Major I. B. Aird von der 4. County of London Yeomanry (CLY), die im Royal Armoured Corps Journal abgedruckt wurden. „Am Nachmittag des 12. Juni 1944 wurden die Cromwell-Panzer der 4. CLY im offenen Gelände nördlich von Tilly-sur-Seulles verteilt. Ein Geschwader schob Wache, die anderen rasteten nach einem heftigen Gefecht vor dem Dorf. Es war sehr heiß und verhältnismäßig ruhig. Der Oberst, Lord Cranley, war abwesend, und es gab zahlreiche Spekulationen unter den Kommandanten, mit welchen Befehlen er zurückkommen würde. Die Ungewißheit war schnell vorüber, denn er war nach kurzer Zeit zurück, sprang aus seinem Beobachtungswagen und befahl den sofortigen Aufbruch. Es begann ein langer Marsch auf einer schweren Strecke. Das Regiment sollte einen Kampf führen, bei welchem dem Überraschungsmoment eine zentrale Bedeutung beigemessen wurde. Ziel der Operation war die Gemeinde Villers-Bocage. Karten wurden markiert, Befehle erteilt. In kurzer Zeit formierten sich die Panzer, und die Männer waren froh, die unbehagliche und trostlose Gegend nördlich von Tilly verlassen zu können, obwohl sie angesichts der Gratwanderung, die dieser Vormarsch laut Karte zu werden schien, und im Hinblick auf das, was an deren Ende auf dem Spiel stand, ein leichtes Unbehagen verspürten.

Die Marschstrecke war eine enge Straße an der äußersten westlichen Flanke der britischen Streitkräfte, die parallel zu denen der Amerikaner verlief. Nach 24 holprigen und staubigen Kilometern erreichte die Spitze der Kolonne die wichtigste Querstraße von Caumont nach Caen. Rechts im Hintergrund sah man Flammen und Rauch, wo die 1. US-Infateriedivision versuchte, ihre Stellung zu halten, die sie bei ihrem schnellen Vormarsch während der letzten Tage erkämpft hatte. Auf der linken Seite hatte die 8. Hussars einen Panzer mit einer Bazooka erledigt, und der Honey an der Spitze des Regiments war von einem Panzerjäger aus Richtung Osten unter Beschuß genommen worden. Da es bereits dunkel wurde, entschloß man sich, nicht weiterzumarschieren. Das Regiment kampierte die Nacht über auf einem Feld nördlich der Kreuzung.

Die Nahaufnahme eines komplett zerstörten Tiger I zeigt, daß der Turm aus einer großen hufeisenförmigen Platte bestand.

Der Vormarsch wurden am nächsten Morgen in aller Frühe fortgesetzt. An der Spitze stand das Geschwader „A", gefolgt von einigen Honeys des Aufklärungszuges und der Kompanie „A" der 1. Abteilung der Motschützen-Brigade. Es schlossen sich der Regimentsstab, die Geschwader „B" und „C" sowie die taktische Brigade an. Der Befehl lautete, so schnell wie möglich vorzudringen, da im Kreuzungsbereich kein Widerstand mehr geleistet wurde. Das Gelände war ziemlich unübersichtlich, die Straße verlief in Serpentinen durch die Berge und in einem sanften Bogen nach Osten auf Villers zu. Innerhalb weniger Stunden kam die kleine Stadt ins Blickfeld der schnell vorrückenden Vorhut. Von der Brigade kam die Information, daß sich im Ort keine Gegner aufhielten, was die winkenden Dorfbewohner am Straßenrand zu bestätigen schienen. Daher raste das Geschwader „A" durch die Stadt, konnte keine Anzeichen für die Anwesenheit deutscher Truppen erkennen und erreichte sein Ziel am an-

Schwer beschädigter Tiger I auf einer Kriegsbeuteschau im Juni 1943 in Moskau, untersucht von amerikanischen Offizieren.

deren Ende, einen Hügel, von dem aus die Straße nach Caen einsehbar war. Gewiß, vorher hatte eine Zugführer einen deutschen Panzer gesichtet, der auf einem Hügel nördlich der Stadt Stellung bezogen hatte, aber diese Meldung war von anderen bestritten worden, so daß man diesem Anzeichen keine Bedeutung beimaß. Nachdem das Geschwader „A" sein Ziel erreicht hatte und alles ruhig schien, überquerte der Regimentsstab den Fluß Seulles und fuhr auf den Hauptplatz der Stadt. Die Aufklärungstruppen schickten eine Patrouille entlang der Straße nach Aunay. Wahrscheinlich war bis zu diesem Zeitpunkt noch niemand tiefer ins Landesinnere vorgedrungen. Die Patrouille setze ein deutsches Fahrzeug außer Gefecht und nahm dessen Besatzung fest, darunter einen Offizier, der mitteilte, daß er einquartiert sei!

Oberst Cranley entschloß sich dann, sich mit seinem Befehlswagen beim Geschwader „A" und der Infanteriekompanie über deren Vorankommen zu überzeugen. Er verließ sein Stabsquartier zusammen mit seinen Begleitern, wobei er von einem Aufklärungszug und einigen „Green Jakkets" Deckung erhielt. Er wies sie an , die Hauptstraße in Richtung auf den östlichen Ortsausgang zu nehmen.

Kurze Zeit schien alles ruhig, bis plötzlich ein unbeschreibliches Durcheinander hereinbrach. Oben in der Straße vor ihnen standen die Honeys von Lt. Ingram und ein Dutzend Halbkettenfahrzeuge der Motschützen-Brigade in Flammen. Die Panzer des Regimentsstabes wollten in der engen Straße zurücksetzen. Dabei wurden sie von Spandau-MG aus den darüberliegenden Fenstern unter Beschuß genommen. Die Straße füllte sich mit Rauch und dem Lärm herabstürzender Dachschiefer, unterbrochen vom Donnerhall einer 88 mm-Kanone. Aus dem Rauch tauchte langsam ein deutscher Tiger auf. Major Carr, der stellvertretende Befehlshaber der Briten, feuerte mit seiner 75 mm-Kanone auf ihn, aber die markerschütternden und erschreckenden Schüsse durchdrangen selbst aus diesem lächerlichen Abstand die seitliche Panzerung nicht. Nahezu im Handumdrehen stand sein Panzer in Flammen, er selbst wurde schwer verwundet. Auch die übrigen Mitglieder seiner Besatzung wurden verwundet oder getötet.

Der Tiger erledigte anschließend noch die Shermans der Aufklärungstruppe mit ihrer mangelhaften hölzernen Kanone, den Beobachtungswagen des Nachrichtenoffiziers und das Halbkettenfahrzeug des Sanitätsoffiziers. Die übrigen drei Panzer des Regimentsstabes konnten sich in verschiedene Querstraßen manövrieren, aber bald brannten sowohl der Panzer des Zugführers als auch der des Regiment-Hauptfeldwebels. Hauptmann Dyas, Zweiter Adjutant, befehligte den verbliebenen Cromwell. Er sah den Tiger an sich vorbeifahren und heftete sich an seine Fersen, in der Hoffnung, ihm von hinten beikommen zu können. Dieser hatte jedoch die größere Herausforderung in Form des Geschwaders ‚B' ausgemacht und entschloß sich zum Rückzug. So stand er Dyas wieder frontal gegenüber. An Flucht war nicht zu denken, und so wurde der letzte verbliebene Panzer ebenfalls in Brand gesetzt.

Hauptmann Dyas konnte entkommen und fand den Panzer des Regiment-Hauptfeldwebels, der zwar auch in Flammen stand, aber noch immer ein funktionstüchtiges Funkgerät hatte, dessen Mikrofon aus dem Turm hing. Dyas sprach mit Major Aird, der das Geschwader „B" befehligte, und teilte ihm mit, was den Truppen am östlichen Ende der Stadt widerfahren war. Da die Verbindung zwischen den Geschwadern „A" und „B" noch funktionierte, entschloß sich Major Aird, die Kontrolle zu übernehmen. Nach seiner Einschätzung mußten die deutschen Panzer von der Straße aus Richtung Evrecy dem Geschwader „A" gefolgt sein und nun zwischen „A" und dem Rest des Regiments stehen. Das Geschwader „A" und einige Halbkettenfahrzeuge und Panzerjäger der Motschützen-Brigade waren also abgeschnitten. Der Oberst, der sich unter den Truppen befand, entschloß sich zur Aufklärung der Strecke in Richtung Eisenbahn, um die Lage nach Möglichkeit auszukundschaften und evtl. einen Ausweg zu finden.

Nachdem Brigadekommandant Hinde mit seinem Befehlswagen eingetroffen war und befohlen hatte, die Stadt um jeden Preis zu halten, begann

Nur drei Tiger I wurden zu Bergepanzern umgebaut. Das Foto zeigt einen kleinen Kran und eine Winde, die nach Entfernung der Erstwaffe auf dem Turm montiert wurden.

Major Aird mit der Organisation der Verteidigung. Einige der Truppen der „Queen's Infantery" waren mit Panzerjägern angekommen. Sie wurden zusammen mit den Panzerkräften auf die zum Platz führenden Straßen verteilt. Im Süden wurde Lt. Simons, der einen Zug Honeys befehligte und dessen Panzer von einem Mörser erledigt worden war, mit seiner Patrouille zurückbeordert. Simons selbst ließ seine Verletzungen von französischen Bauern verbinden. Sie pflegten ihn so lange, bis er stark genug für die Flucht war, konnte aber bei seiner Rückkehr nicht mit großen Neuigkeiten aufwarten. Das Geschwader „C" blieb auf der Anhöhe östlich der Stadt.

So war die Lage am Nachmittag, als das Geschwader „A" von Tigern und Infanterie angegriffen wurde. Der Geschwaderkommandant, Major P. M. R. Scott und seine Offiziere waren gerade in einem Graben bei einer Beratung mit Major Wright von der Motschützen-Brigade, als der Angriff begann. Die Tiger fegten die Straße von Villers herauf. Sie erledigten unterwegs einige Cromwells. Die deutsche Infanterie griff aus ausgebauten Stellungen im Osten an. Major Scott kam nahezu sofort ums Leben, die meisten Cromwells wurden außer Gefecht gesetzt. Die Offiziere und Soldaten, die zu fliehen versuchten, wurden von der Infanterie getötet oder gefangengenommen. Zu diesem Zeitpunkt brach der Funkkontakt zu Oberst Cranley ab. Man nahm an, auch er sei gefallen oder in Gefangenschaft geraten. Als einzigem Überlebenden der Truppen von Hügel 213 gelang Hauptmann Milner von der Motschützen-Brigade die Rückkehr im Schutze der Dunkelheit.

Die Deutschen dürften angesichts dieses Erfolges Mut geschöpft haben und bereiteten sich auf die Eroberung der Stadt vor. Während der nächsten vier Stunden entspann sich eine merkwürdige Auseinandersetzung. Es war ein Zweikampf zwischen Leutnant Cotton, der einen Zug aus drei Cromwells und einem Firefly befehligte, sowie einigen Infanteriegeschützen und Panzerjägern der Queen's auf der einen Seite und drei Tigern und einem PzKpfw IV auf der anderen. Cottons Panzer hatte eine 95 mm-Kanone, die gegen die Panzerung nicht viel ausrichten konnte. So stellte er sein Fahrzeug unter und führte das Gefecht zum großen Teil zu Fuß, indem er lediglich über Funk gelegentlich Befehle erteilte. In Abständen gingen Wolkenbrüche nieder, und so führte er einen Schirm und eine in Benzin getränkte Decke mit, um liegen gebliebene Panzer in Brand zu stecken.

Der erste Tiger wurde von einer 6 Pfünder-Kanone erledigt, die von Cotton auf ihr Ziel gelenkt wurde. Feldwebel Bramall führte einen Zweikampf mit einem weiteren Tiger, dem er schließlich den Garaus machen konnte, indem er mit einer Sprenggranate ein Loch in eine Hauswand schlug, so daß er sein Ziel sah und ihm mit einer Panzerpatrone den Gnadenstoß gab. Feldwebel Lockwood und Unteroffizier Horne spielten mit dem letzten Tiger und dem PzKpfw IV zunächst Verstecken, ehe sie beide in Brand schossen. Die

Auch einige Elefant wurden zu Bergepanzern umfunktioniert, wie dieses Foto belegt.

Der Tiger in der Version als schwerer 38 cm RW 61 Sturmmörser war ein ausgezeichnetes Waffensystem. 18 Tiger I wurden dahingehend umgebaut. Im Bild wird ein Exemplar nach der Eroberung von einem Bergepanther abgeschleppt.

französische Feuerwehr erwies sich als zusätzlicher und überraschender „Gegner", denn sie konnte nur mit großer Mühe davon abgehalten werden, das Feuer in den brennenden Panzern zu löschen. Dieser kleine Sieg war zumindest eine kleine Revanche für die schweren Verluste, welche die deutschen Panzer dem britischen Regiment zugefügt hatten. Den Überlebenden gab er neuen Auftrieb.

Nach diesem Rückschlag dürften die Deutschen sich von dem Gedanken an weitere Panzerangriffe verabschiedet haben, denn ab dieser Zeit begannen sie, auf alles, was ihnen vor das Visier kam, Granaten abzufeuern. Auch die Infanterie in den Häusern sowie die Heckenschützen griffen stärker ein. Wenige Stunden vor Einbruch der Dunkelheit traf der Befehl ein, sich aus der Stadt in das Dorf Amaye-sur-Seulles knapp 4 km westlich entlang der Hauptstraße zurückzuziehen. Die taktische Brigade hatte sich bereits die meiste Zeit des Tages dort aufgehalten. Es war kein leichtes Unterfangen, da ein Teil der Straße unter Panzerjäger- und MG-Feuer lag. Die tieferliegenden Straßenabschnitte waren zu eng zum Wenden für einen Cromwell. Unter massivem Feuerschutz mit Nebel- und Sprenggranaten der amerikanischen 155 mm-Kanonen und der britischen 25 Pfünder-Geschütze kurz vor Einbruch der Dunkelheit wurden schließlich die Infanterie der Queen's und die beiden restlichen Geschwader befreit und bezogen Stellung im Dorf Amaye. Die Panzer der 8. Hussars hatten ebenfalls dort Stellung bezogen und nahmen etwas von dem bedrückenden Gefühl der Einsamkeit. Die Verbindungslinien L und C wurden von den 1. Royal Tanks gesichert. Glücklicherweise war die Nacht ruhig, so daß sich Major Aird und sein neuer Adjutant vollauf mit der Neuorganisation beschäftigen konnten. Das Regiment hatte seinen Hauptfeldwebel und ein komplettes Geschwader verloren: 14 Offiziere und einhundert Soldaten. Die Motschützen-Brigade und die 5. RHA hatten ebenfalls hohe Verluste erlitten."

Michael Wittmann, der für dieses Chaos verantwortlich zeichnete, war 1937 in die SS-Leibstandarte Adolf Hitler eingetreten. Zu Kriegsbeginn hatte er den Rang eines SS-Unterscharführers. Er führte während der Feldzüge in Polen und Frankreich einen Panzerkampfwagen. 1941 befehligte er auf dem Balkan ein Sturmgeschütz und erhielt dafür das Eiserne Kreuz 2. Klasse. Die gleiche Auszeichnung 1. Klasse wurde ihm beim deutschen Vormarsch auf Rostow zuteil, nachdem er bei seinem ersten Einsatz in Rußland sechs russische Panzer außer Gefecht gesetzt hatte. Anfang 1943 führte er in der 13. Kompanie des 1. SS-Panzerregiments erstmals einen Tiger, nachdem er im Dezember des Vorjahres zum Offizier befördert worden war. Von da an nahm seine Volltreffer-Statistik rasch zu. Allein am 9. Januar 1944 kamen 66 Panzer hinzu. Einige Tage später (bzw. einen Tag vor der Verleihung des Ritterkreuzes) schoß er 19 Panzer und drei schwere Sturmgeschütze ab. Bei seiner Ernennung zum Obersturmführer am

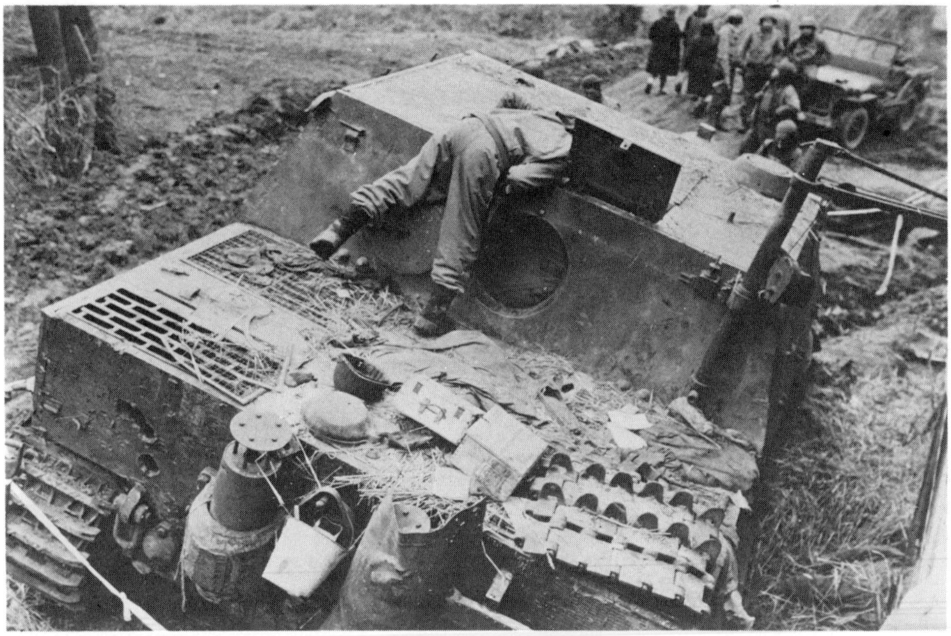

Rückansicht eines Mörsers Tiger bei der Untersuchung durch die US-Streitkräfte. Der Soldat auf dem Fahrzeug blickt in die Ladeluke. Der Mast rechts hinten am Turm gehört zum manuell betriebenen Kran und diente dazu, die Munition in den Panzer zu heben.

20. Januar standen 117 Treffer auf seinem Konto. Am 22. Juni erhielt er die Schwerter zu seinem Ritterkreuz. Michael Wittmann fiel am 8. August, nur acht Wochen nach der Schlacht von Villers-Bocage. Zu diesem Zeitpunkt konnte er auf die unglaubliche Zahl von 138 Panzern und Sturmgeschützen sowie auf 132 Panzerjäger verweisen, die er und seine Panzerbesatzungen innerhalb von weniger als zwei Jahren abgeschossen hatten.[74]

DER AMERIKANISCHE TIGER-BÄNDIGER

Der Tiger war für die meisten seiner Gegner eine Nummer zu groß. Es bedurfte also großen Mutes, sich mit ihm anzulegen, auch wenn man in verdeckter Stellung in einem Sherman Firefly mit dessen schneller 17 Pfünder-Kanone saß. Die gewöhnliche Ausführung des Sherman (75 mm) bzw. sogar das spätere Modell (76 mm) waren ihm einfach nicht gewachsen, sofern ihnen das Glück nicht besonders hold war. Erst kurz vor Kriegsende brachten die Amerikaner einen Panzer von vergleichbarem Format ins Spiel – den M26 Pershing. Der 41 Tonnen schwere Pershing hatte eine bis zu 112,5 mm starke Panzerung und war mit einer hervorragenden 90 mm-Kanone bestückt. Die erste kleine Anzahl Pershings, die im Gefecht eingesetzt wurde, traf im Januar 1945 im Hafen von Antwerpen ein. Die Lieferung wurde auf die 3. und die 9. Panzerdivision aufgeteilt, und die 3. schickte erstmals ein Fahrzeug dieses Typs ins Gefecht. Die gleichen verheerenden Ergebnisse, die zunächst beim Einsatz des Tiger konstatiert wurden, wiederholten sich beim ersten Einsatz des neuen „Tiger-Bändigers" und bescherten ihm wenig Ruhm. Ein Pershing namens *Fireball* bezog an einem ungünstigen Standort Position, in der sich seine Umrisse vor dem Hintergrund eines Feuers deutlich abzeichneten. Ein hinter einer Hausecke versteckter Tiger schoß aus nur 60 Metern Entfernung dreimal. Der erste Schuß drang durch die Öffnung des koaxialen MG in den Turm des Pershing ein und tötete Richt- und Ladeschütze sofort. Der zweite Schuß traf die Mündungsbremse. Die Stoßwellen lösten das in der Kammer der 90 mm-M3-Kanone befindliche Geschoß. Obwohl damit die Mündung der Kanone wieder frei wurde, blähte sich der Lauf auf etwa die Hälfte seiner Länge auf. Der dritte und letzte Schuß streifte den Turm an der rechten Seite und riß dabei die obere Kuppelluke weg, die offengestanden hatte. Unglücklicherweise geriet der Tiger beim Rückzug vor Vergeltungsschlägen in einen großen Trümmerhaufen, wo er sich so verhedderte, daß der Besatzung nichts anderes übrig blieb, als ihn zu verlassen.

Kurz nach diesem Gefecht wurde der *Fireball* von der Besatzung eines anderen Pershing der 3. Panzerdivision gerächt. Der Panzerkommandant, Feldwebel Nick Mashlonik berichtete mir folgendes: „Unsere erste Feindbegegnung im neuen M26 verlief äußerst erfolgversprechend. Wir wurden ziemlich schwer von den Deutschen aus Elsdorf in die Mangel genommen. Der Gegner schien viele Panzer zu haben, denn wir standen unter heftigem direktem Beschuß und mußten die Köpfe einziehen. Unsere Verluste mehrten sich. Unser Kompanieführer fragte mich, ob ich es für machbar hielte, den Tiger auszuschalten, der uns fast vernichtete. Gemeinsam mit dem Kommandanten klärten wir die Lage auf. Wir krochen bis an einen Punkt, von dem aus wir auf der Erde liegend Einblick hatte. Der deutsche Tiger hatte sich leicht eingegraben, was eine Vernichtung noch weiter erschweren würde. Ich schätzte ein, daß eine Chance bestand, diesen Tiger mit meiner 90 mm-Kanone zu erledigen. Unser M26 war gut getarnt. Ein kleines Tal bot ein mehr oder weniger perfektes Versteck. Ich wies meinen Fahrer Cade und meinen Schützen Gormick an, mich bei diesem Auftrag zu begleiten. Ich wollte als Richtschütze fungieren, Gormick sollte laden. Ich wies die beiden an, nach drei Schüssen – zwei Panzerpatronen und einer Sprenggranate – sofort zurückzukehren, um uns nicht zu lange auf der Spitze des Hügels sehen zu lassen.

Gerade als wir unseren Panzer angelassen hatten und uns langsam vor bewegten (Kriechtempo), sah ich, daß der Tiger seine Stellung verließ und uns seine Bodenwanne zuwandte. Ich gab sofort einen Schuß ab und setzte ihn außer Gefecht. Der zweite Schuß zielte auf seine Ketten und riß die rechte Kette weg. Der dritte Schuß traf ihn am Turm. Die Sprenggranate explodierte auf den Punkt und vernichtete die fliehende Besatzung."

Pershing und Tiger waren einander unbedingt ebenbürtig, so daß eine direkte Auseinandersetzung zwischen zwei Panzern in starkem Maße von den äußeren Umständen entschieden wurde. Man sollte jedoch auf keinen Fall vergessen, daß der Tiger bereits nahezu drei Jahre lang im Dienst gestanden hatte, als der Pershing auf der Bildfläche erschien, wodurch der Vergleich vielleicht nicht ganz fair ist.

Der Tiger schaltete noch bis unmittelbar zum Kriegsende feindliche Panzer aus. In der Produktion wurde er vom Tiger II (siehe weitere Ausführungen) abgelöst, aber einige Tiger überlebten den Krieg und wurden zunächst weiterhin von der französischen Armee eingesetzt, wo sie schließlich als Ziele bei Schießübungen endeten. Hitler soll einmal gesagt haben, daß jede Tiger-Abteilung soviel wert sei wie eine herkömmliche Panzerdivision. Und dieser ausgezeichnete Ruf wurde bis heute bewahrt.

Ausführungen

Bergepanzer Tiger Eine sehr geringe Anzahl von Tiger E wurde zu speziellen Bergepanzern umgebaut und vor allem zum Abschleppen beschädigter Tiger aus dem unmittelbaren Kampfgebiet genutzt. Diese Ausführung entstand nicht in den eigentlichen Fertigungsbetrieben, wie der Bergepanther, sondern eher durch Umbauten seitens der Reparaturtruppen im Feld. Dabei wurden die Erstwaffe entfernt, die Geschützblende verschlossen und eine kleine Handwinde an der Rückseite des Turms befestigt. Durch ein Rohr wurde das Stahlabschleppseil nach vorn geführt. Eine ebenso kleine Anzahl der von Porsche stammenden Tiger (P) wurde auch in Bergepanzer umgewandelt, und zwar auf etwa die gleiche Weise wie bei der Herstellung des schweren Sturmgeschützes Elefant. Anstelle des großen Turms mit der PaK 43/2 L/71 wurde hier jedoch ein kleinerer Aufbau gewählt, der auf dem hinteren Rumpfteil montiert war. Einzige Waffe war ein MG 34 mit Kugelblende. Zusätzlich gab es

Innenansicht eines Mörser-Turms mit dem Verschluß des 38 cm-Mörsers und Ladetisch. Mittels einer automatischen Zuführung wurden die Geschosse in den Verschluß geschoben.

einen kleinen Kran und das dazu gehörige Hubwerk, aber keine ausgereifte Bergungstechnik.

Panzerbefehlswagen Tiger Eine unbestimmte Anzahl Tiger E wurde durch den Einbau zusätzlicher Funkgeräte zu Panzerbefehlswagen umgebaut. Die Erstwaffe blieb unverändert, während das koaxiale MG samt seiner Munition, die Werkzeuge und die Ersatzteile entfernt wurden. Ebenso verzichtete man auf die 26 Schuß Munition für die Erstwaffe und die 1500 Schuß MG-Munition. Die Besatzung des PzBefWg Tiger Ausf E bestand wiederum aus fünf Mann mit folgenden Hauptaufgaben: Kommandant, Funkoffizier (Zweiter Richtschütze), Funker 1 (Zweiter Ladeschütze), Funker 2 (Zweiter Rumpfschütze) und Fahrer. Vom Panzerbefehlswagen gab es zwei Ausführungen, das SdKfz 267 mit Fu 5 und Fu 8 bzw. das SdKfz 268 mit Fu 5 und Fu 7. Das Fu 5 war in jedem Fall im Turm eingebaut, die anderen beiden Geräte jeweils im Rumpf.

Sturmmörser Tiger Von diesen riesigen 65 Tonnen schweren Sturmmörsern wurden im zweiten Halbjahr 1944 nicht einmal zwanzig Stück gebaut. Grundlage bildete das Fahrgestell des Tiger E, auf das ein 38 cm-Mörser und in einer separaten Kugelblende ein MG 34 gesetzt wurden. Der Sturmtiger entstand als Reaktion auf eine nachdrückliche Forderung der Infanterie nach Kämpfen in bebautem Gelände in russischen Städten, wie Stalingrad, wo eine schwere Sturmhaubitze zur Steilfeuerunterstützung für Straßenkämpfe gebraucht wurde. Ursprünglich hatte man an einen Mörser mit einem Kaliber von ca. 20 cm gedacht, aber derartige Technik war nicht vorhanden. Schließlich entschied man sich zur Anpassung des massiven Raketenwerfers 61 (38 cm), den Rheinmetall-Borsig für den U-Boot-Krieg der deutschen Marine entwickelt hatte. Man nutzte das Fahrgestell des Tiger, auf dessen Rumpf und Getriebe ein großer kastenartiger Aufbau gesetzt wurde. Die stark geneigte (45°) Frontplatte war bis 150 mm dick. An den Seiten und hinten war die Panzerung 80 mm stark, und oben betrug sie 40 mm. Der Mörser war ein Hinterlader und vom Gefechtsstand leicht nach rechts versetzt. Die Wurfeinrichtung konnte von der Mitte aus um jeweils 10° nach beiden Seiten bzw. von 0° bis 85° in der Höhe schwenken. Erbeutete Entfernungstabellen belegen, daß die maximale Reichweite in Abhängigkeit von der Betriebstemperatur stark variierte (zwischen 5900 m bei +50 °C und 5150 m bei 0 °C bis herab auf 4200 m bei -40 °C). Der 38 cm RW 61 auf Sturmmörser Tiger, wie er offiziell hieß, wurde bei Alkett in Berlin hergestellt. Seine Besatzung bestand aus sieben Mann, einem Kommandanten, einem Aufklärer und fünf Mann zur Bedienung von Fahrzeug und Mörser.

Tiger II (SdKfz 182)

Nach der heilsamen Erfahrung mit dem T-34 war das Heereswaffenamt fest entschlossen, sich nie wieder die Schau stehlen zu lassen akzeptierte daher nur noch Panzerkonstruktionen, die größer und besser als alle Fahrzeuge waren, welche die Alliierten jemals produzieren würden. Auch Hitler schien von der Idee eines superschweren Panzers besessen. Die Panzertruppe war – wie die Panzersoldaten überall – stets bereit, jede Neuentwicklung zu akzeptieren, die ihnen einen Vorteil auf dem Gefechtsfeld verschaffen würde, vorausgesetzt, die drei Grundmerkmale Feuerkraft, Schutz und Beweglichkeit waren ausgewogen. Die Frage des Gefechtsvorteils spielte eine besondere Rolle, denn es zeichnete sich zunehmend ab, daß sich das Blatt gegen Deutschland zu wenden begann. Es ging nicht mehr um schnelle, äußerst bewegliche Technik zur Eroberung neuer Gebiete, sondern um langsamere, besser bewaffnete und gepanzerte Kampfwagen zum Schutze des Vaterlands und der es umgebenden besetzten Territorien vor den bevorstehenden unvermeidbaren Übergriffen aus Ost und West. Im Ergebnis dieser gemeinsamen Bestrebungen entstand mit dem Tiger II oder Königstiger, auch Tiger B, Royal Tiger (bevorzugte Bezeichnung durch die Amerikaner) genannt, der größte Panzer, der je während des Krieges in Dienst gestellt wurde. Seine offizielle Bezeichnung lautete PzKpfw VI Ausf B (SdKfz 182). Von diesem stromlinienförmigen, 68 Tonnen schweren Ungetüm wurden weniger als 500 Exemplare gebaut, und zwar alle bei Henschel zwischen Januar 1944 und März 1945. Die Entwicklung hatte zwei Jahre zuvor, im Herbst 1942, angefangen, nachdem das Heereswaffenamt im August die Spezifikationen festgelegt hatte. Zu dieser Zeit waren der T-34 bereits im Dienst und der Panther entwickelt, so daß der Tiger II mit seiner stromlinienförmigen Ausführung eher diesen beiden Modellen als dem kantigeren Tiger I glich.

Wie beim Tiger I erhielten Henschel und Porsche den Auftrag, einen Konstruktionsvorschlag für den neuen Panzer einzureichen, der mit einer 8,8 cm-Kanone L/71 (lang) ausgerüstet werden sollte. Porsche möbelte lediglich seinen VK 4501(P) in einer schweren Version auf. Diese wurde aber zugunsten einer zweiten Ausführung, des VK 4502(P), aufgegeben. Sie besaß einen größeren, weit nach hinten versetzten Turm, einen vorn eingebauten Motor und ein elektrisches Getriebe. Und eben die Getriebefertigung brach dieser Ausführung letztendlich das Genick. Die gegen Deutschland gerichtete Seeblockade war so wirkungsvoll, daß bald ein extremer Mangel an Kupfer herrschte, das in großen Mengen zur Herstellung dieses Getriebetyps vonnöten war. Aus diesem Grunde wurde das Porsche-Projekt auf Eis gelegt, obwohl die etwa 50 bereits produzierten Türme auf die frühen Tiger II montiert wurden. Der Porsche-Turm läßt sich an den ge-

PZKPFW VI AUSF B (SDKFZ 182)		
Jahr der Indienststellung		1944
Gewicht (t)		68
Gesamtmaße (m)	**Länge**	10,30
	Höhe	3,08
	Breite	3,76
Mitgeführte Bewaffnung/Munition		
Erstbewaffnung		1 × 8,8 cm KwK 43 L/71 72 Schuß
Zweitbewaffnung		2 × 7,92 mm MG 34
Panzerung (mm)		max. 180 min. 25
Motor	**Typ**	Maybach HL 230 P30
	PS/U/min	700/3000
Besatzung		5 Mann
Höchstgeschwindigkeit (km/h)		35
Reichweite (km)		170
Bemerkungen		Schwerster deutscher Panzer, der je im Gefecht eingesetzt wurde

bogenen Panzerplatten erkennen, die ihm eine rundere Form verleihen. Der an seiner Stelle verwendete Henschel-Turm bestand aus einer einzelnen flachen Frontplatte und einer neu gestalteten Blende, die der für den Panther II glich.

Schließlich erhielt der von Henschel eingereichte VK 4503(H) den Zuschlag für die Serienfertigung, nachdem auch eine frühere Ausführung dieser Firma vom Heereswaffenamt abgelehnt worden war. Der offizielle Auftrag für den Tiger II wurde im Januar 1943 ausgelöst. Der erste Prototyp kam neun Monate später (d. h. im Oktober) und damit ein Vierteljahr später als geplant heraus. Ursache der Verzögerung waren Versuche zur Standardisierung und Vereinfachung der Produktion zwischen dem neuen Panzer und der Panther II-Konstruktion.

Wie aus einem Bericht der Fa. Henschel hervorgeht (siehe Anhang A), liefen die Produktion von Tiger I und II monatelang parallel. Ab Mitte 1944 konzentrierte sich die Fertigung jedoch auch auf den neuen Panzer. Geplant war für den Tiger II

Gelungene Aufnahme eines PzKpfw VI, Ausf B, Tiger II bzw. – wie er landläufig hieß – Königstiger. Von diesem Typ gab es zwei Ausführungen: Die hier im Foto gezeigte besitzt einen Porsche-Turm.

Unten und gegenüberliegende Seite.
Zwei weitere Ansichten des Tiger II, dieses Mal mit einem Henschel-Turm. Die 8,8 cm-Kanone (lang) konnte es mühelos mit jedem Panzer der damaligen Zeit aufnehmen. Zum Glück für die Panzertruppen der Alliierten wurden nur 498 Tiger II gebaut.

ein Ausstoß von 140 Stück pro Monat, wobei die tatsächlichen Stückzahlen weit darunter lagen. Die insgesamt produzierte Anzahl liegt zwischen 485 und 489 bzw. laut Schätzung im genannten Bericht bei 487 und damit klar unter der von Hitler erhofften Menge. Dies reichte bei weitem nicht aus, um das strategische Ergebnis der Kämpfe zu beeinflussen. Aus taktischer Sicht gab es auf der Seite der Alliierten keinen Panzer, der es mit der massiven Feuerkraft und dem hohen Schutzgrad aufnehmen konnte.

Grundbeschreibung

Der Tiger II war ein imposanter Panzer mit modernem Design, der aber in bezug auf seine Grundkonstruktion an ehernen deutschen Prinzipien festhielt: Von der fünfköpfigen Besatzung hatten drei Mann ihren Platz im mittig angeordneten Turm. Der Motor befand sich im Heck. Der Antrieb wurde durch den Panzer hindurch zum Getriebe und dann zu den vorn eingebauten Antriebsrädern geführt. Die Panzerung erreichte maximal 180 mm und war vorteilhaft geneigt. Turm und Rumpf wurden mit minimaler Anzahl von Platten[75] und einer begrenzten Palette von Plattenstärken – insgesamt sechs (180 mm bis 25 mm) – gefertigt. So waren beispielsweise die um 10° geneigte Turmfront 180 mm stark, die 50° geneigte Blende 150 mm, die Turm- und Rumpfseiten 80 mm, Dach und Bodenwanne 40 mm (d. h. die Bodenwanne war bei dieser Ausführung dicker als die Frontplatte der ersten PzKpfw II und IV). Rumpf und Turm wurden nach dem deutschen Bauprinzip des Schweißens und Verblockens hergestellt, was der Konstruktion zusätzliche Stabilität verlieh, wie aus den ausführlichen Untersuchungen des Tiger II durch die Alliierten hervorging. Die Tests ergaben, daß der Panzer allen Angriffsarten in zufriedenstellendem Maße widerstand. Die später für den Turm von Henschel eingesetzte Blende war deutlich weiterentwickelt, da sie ein Ablenken von Treffern in das Rumpfdach verhinderte im Gegensatz zum Porsche-Turm. Was die Fahrzeugtechnik betraf, entsprachen Anordnung und Ausrüstung größtenteils denen von Tiger I und Panther. Darin bestand wahrscheinlich der Hauptmangel des Panzers, da er aufgrund seines Maybach-Motors HL 230 P 30 (700 PS), mit dem auch die späteren Panther ausgerüstet wurden, zu schwach und schwer bedienbar war. Damit ergaben sich deutliche Abweichungen im Hinblick auf spezifische Leistungsgewicht:

Panzertyp	**spez. Leistungsgewicht (PS/t)**
Panther Ausf G	15,6
Tiger I	12,3
Tiger II	10,1

Trotz einer Spitzengeschwindigkeit von 38 km/h auf der Straße bzw. von 17 km/h im Gelände, die sich positiv vom Tiger I abhoben, war der große Panzer umständlich zu manövrieren und schwer zu steuern. Er hatte einen hohen Treibstoffverbrauch und damit zugleich einen geringen Einsatzradius, der – wie man fairerweise ergänzen muß – jedoch nicht deutlich unter dem des Tiger I lag. Der Tiger II führte 795 l Treibstoff mit, die ihm auf der Straße eine Reichweite von 160 km verliehen. Im Gelände schluckte er allerdings 7 l/km. Steuerung und Getriebe waren wie beim Tiger I, wobei die Steuerung, wie bereits erwähnt, weiter erschwert war. Auch das Fahrwerk glich dem des Tiger I, mit der Ausnahme, daß die Laufräder sich nur leicht überlappten und nicht wie bei Tiger I und Panther versetzt waren. Anstelle der gummibereiften Räder hatte man sich für eine robuste Stahlausführung entschieden. Die Ketten waren extrem breit (80 cm) im Vergleich zu 72,5 cm beim Tiger I.

Ein Bericht des Britischen Kriegsministeriums[76] über den Tiger II enthält eine interessante Bemerkungen über diesen Panzer. Sie entsprechen zwar den Tatsachen, wurden aber wahrscheinlich bewußt aufgebauscht, um die Gefechtstauglichkeit des neuen Panzern herunterzuspielen. Über die Panzerung hieß es beispielsweise: „Die Stärke der Panzerung, insbesondere im Frontbereich, wird von keinem anderen, derzeit eingesetzten Fahrzeug erreicht. Die Flanken hingegen sind verletzbar, und zwar vor allem durch die sehr große Angriffsfläche (ca. 7,20 m lang und ca. 3 m hoch), die durch Umsetzung bestimmter Konstruktionsmerkmale deutscher Panzer zustande kommt ... Allgemein gesagt ist die Panzerung so ausgelegt, daß sie einen hohen Grad an Schutz bietet, der jedoch wieder relativiert wird durch die enorme Masse des Fahrzeugs als Funktion der allgemeinen Konstruktionsmerkmale." Über das Fahrwerk sagt der Bericht. „Die allgemeine Anordnung der Fahrwerkskomponenten ähnelt der des Tiger I. Die einzige nennenswerte Veränderung des Fahrwerks betrifft den Einsatz überlappender Laufräder. Im Vergleich dazu waren diese beim Tiger I und beim Panther versetzt und verzahnt. Es wird vermutet, daß man auf die Versatzbauweise beim neuen Fahrzeug aus Gründen der besseren Instandhaltung des Fahrwerks und zur Verhinderung des Festfahrens der Laufräder in steinigem oder sumpfigem Gelände verzichtet hat. Wenig Zweifel besteht daran, daß eine Gummibereifung der Belastung bei einem Fahrzeug dieser Größe nicht standgehalten hätte. Die widerstandsfähigen Stahlreifen bieten daher die beste Lösung für dieses Problem ... Allerdings geht aus erbeuteten deutschen Unterlagen hervor, daß die robusten Räder in dem Bestreben, Gummi zu sparen, entstanden sind." Beide Aussagen treffen in jedem Fall zu, wie wir bereits bei unseren Schilderungen der Probleme des Tiger I in Rußland gezeigt haben. Dort hatten Schnee und Eis die Fahrwerke bewegungsunfähig gemacht, und die Stahlblechscheibenräder halfen in der Tat bei der Einsparung von Gummi.

Die wichtigste Verbesserung beim Tiger II war selbstverständlich die 8,8 cm KwK 43 L/71, die mit 6,30 m den längsten Lauf und das größte Kaliber aller je auf deutscher Seite eingesetzten Panzerkanonen besaß. Sie wurde von zahlreichen Vertretern auf beiden Seiten als beste Allround-Panzerkanone des gesamten Krieges betrachtet. Mit ihrer doppelten Mündungbremse und ihrem halbautomatischen Verschluß brauchte die riesige Waffe ein Fahrgestell, das groß genug für einen Turmkranz mit einem Innendurchmesser von 1,85 m war. Der vordere Teil des Turmes mußte so ausgebaut werden, daß die Lagerzapfen weit nach vorn zu liegen kamen, damit der Ladeschütze die langen und schweren Geschosse in den Verschluß einschieben konnte. (Eine Panzerpatrone beim Tiger I wog 12,5 kg, beim Tiger II sogar 16,4 kg) Diese zusätzliche Frontlast bedingte einen Stauraum im hinteren Teil für 22 Patronen, die für einen effektives Gegengewicht sorgten. Allerdings erhöhte sich damit zugleich das Turmgewicht (der Tiger II mit Porsche-Turm

Ein Tiger in Flammen. Amerikanische Soldaten passieren bei ihrem Einmarsch in La Gleize (Belgien) einen brennenden Königstiger, einen von etwas mehr als 70 Panzern, die im Dezember 1944 östlich von Malmédy während der Ardennen-Offensive zerstört wurden.

wog 68,43 t, mit Henschel-Turm sogar 69,75 t), wodurch sich der Turm nur langsam schwenken ließ. Die Kanone konnte bis + 15 ° gehoben bzw. bis - 8 ° gesenkt werden. Um den Winkel um 10° nach oben oder unten zu verändern, mußte der Schütze das Handrad dreizehn Mal drehen. Der Schwenktrieb funktionierte entweder manuell oder elektrisch, letzteres mit Hilfe eines zweistufigen elektrischen Schwenksystems ähnlich dem beim Tiger I, mit dem ein Rundumschwenk je nach Drehzahl 19 Sekunden (2000 U/min) bzw. 77 Sekunden (1000 U/min) dauerte. Der bedauernswerte Schütze mußte sein Handrad 700 Mal komplett drehen, um einen Schwenk von 360 ° auszuführen, obwohl ein zusätzliches Handrad für den Schützen eingebaut war, das jedoch nur unwesentlich schneller war. Kein Wunder also, daß es hieß, es wären mehr Tiger II-Besatzungen an Überarbeitung als von Feindeshand zugrunde gegangen! Der Schütze hatte ein monokulares Zielfernrohr vom Typ TFZ 9d mit drei- oder sechsfacher Vergrößerung, während der Kommandant ein primitives Richtfernrohr hatte, mit dem ihm die ungefähre Visiereinstellung der Kanone gelang. Der Stauraum für die Munition variierte je nach Turmausführung. Der Porsche-Turm bot Platz für 78 Geschosse, der Henschel-Turm für 84. Die Erstwaffe funktionierte wie die L/56 des Tiger I entweder mit Panzerkernmunition (Panzerpatronen oder kleinkalibrige Panzermunition) oder mit Sprenggranaten (Panzerabwehrmunition oder Sprenggranaten), wobei die Anfangsgeschwindigkeit der Panzerpatronen beim neuen Modell mit 1018 m/s weitaus höher war (im Vergleich zu 809 m/s bei der L/56). Die Leistung der Kanone war ausgezeichnet, wie ein erbeuteter deutscher Bericht belegt. Er enthält die folgende Statistik vom Beschuß einer homogenen Panzerplatte:

Der Panzer hatte drei Maschinengewehre: Ein koaxiales MG 34, ein weiteres MG 34 in einer Kugelblende im Rumpf und ein MG 42 in der Kuppel zur Fliegerabwehr. An Bord befanden sich insgesamt 39 Patronengürtel mit jeweils 150 Schuß Munition. Der Kommandant verfügte über sieben starre Fernrohre (keine Visierblöcke) in der Kuppel, von denen eines direkt nach vorn gerichtet war. Auch der Ladeschütze hatte ein direkt nach vorn gerichtetes starres Fernrohr, während für den Fahrer ein Periskop vorgesehen war, das sich im Azimut um ±15° und in der Höhe um ±5° bewegen ließ. Ferner hatte auch der Schütze des Rumpf-MG neben dem standardmäßigen Kfz 2-Fernrohr ein zusätzliches starres Fernrohr, das um 15° nach rechts versetzt war. Für den Ausstieg aus dem Panzer nutzten der Fahrer und der Rumpf-MG-Schütze unregel-

Entfernung	**Penetration bei normaler Kanonenstellung**	**Penetration bei 30°**
100 m	250 mm	203 mm
1000 m	215 mm	165 mm
1500 m	160 mm	148 mm
4000 m	80 mm	keine Angabe

Der gigantische 70 Tonnen-Jagdtiger, der schwerste Panzerjäger, der im 2. Weltkrieg eingesetzt wurde. Seine 12,8 cm-Kanone und seine 250 mm dicke Panzerung machte ihn zu einer gefürchteten Waffe. Da er nur mit dem gleichen Motor wie der Panther ausgerüstet war, ließ seine Leistung zu wünschen übrig.

JAGDTIGER (SDKFZ 186)
Jahr der Indienststellung 1944
Gewicht (t) 70 [Porsche-Turm*]
Gesamtmaße (m) **Länge** 10,65
Höhe 2,95
Breite 3,63
Mitgeführte Bewaffnung/Munition
Erstbewaffnung 1 × 12,8 cm PaK 44 L/55
40 Schuß
Zweitbewaffnung 1 × 7,92 mm MG 34 &
1 × 7,92 mm MG 42
Panzerung (mm) max. 250
min. 25
Motor **Typ** Maybach HL 230 P30
PS / U/min 700/ 3000
Besatzung 6 Mann
Höchstgeschwindigkeit (km/h) 38
Reichweite (km) 170
Bemerkungen Schwerster deutscher Panzerjäger, der im 2. Weltkrieg in Dienst gestellt wurde
* 2 Tonnen schwerer mit Henschel-Turm

mäßig geformte Luken im Rumpfdach, der Ladeschütze eine rechteckige Luke im Turmdach, Kommandant und Richtschütze die Kommandantenluke mit einer runden Tür im Dach. Neben diesen Luken gab es eine 52 cm x 47,6 cm große Klappe an der Turmrückseite, die als Notausstieg und zugleich zum Abwerfen leerer Kisten bzw. zum Aufmunitionieren diente. Sie besaß eine keilförmige Pistolenöffnung, die mit einem Stopfen an einer Kette verschlossen wurde. Schließlich besaß der Panzer noch eine ringförmige Öffnung mit einem Durchmesser von 23 cm über dem Kanonenverschluß. Sie hatte eine gelenkig befestigte Klappe und diente als zusätzliche Belüftung bei schweren Gefechten.

Befehlspanzerwagen Eine Anzahl von Tiger II wurden regulär zu Befehlspanzern umgebaut. Der sog. PzBefWg mit 8,8 cm KwK 43 L/71 konnte lediglich 63 Schuß Erstwaffenmunition mitführen, die „fehlenden" 17 waren der Preis für den Einbau des zusätzlichen Funkgeräts.

Seine Feuertaufe bestand der Tiger II an der Ostfront im Mai 1944. Das erste Exemplar (mit einem Porsche-Turm) fiel den Briten zur näheren Untersuchung im August 1944 in der Normandie in die Hände. In der Normandie kamen nur eine geringe Anzahl dieser Panzer zum Einsatz. Sie mußten einiges über sich ergehen lassen und wurden in erster Linie durch die zahlenmäßige Übermacht der Alliierten außer Gefecht gesetzt. Der Tiger II kam in zahlreichen späteren Gefechten zum Einsatz, beispielsweise in der Ardennen-Offensive, allerdings nur in geringen Stückzahlen, da alle drei daran beteiligten schweren Panzereinheiten nicht über die volle Gefechtsstärke verfügten. Allerdings stand der Tiger in einem Ruf, der alles andere in den Schatten stellte, wie Charles Whiting in seinem Buch *The Battle of the Bulge [Die Ardennenschlacht]* unterstrich. „Auch wenn der Tiger laut Aussagen amerikanischer Soldaten allgegenwärtig war, so kämpften doch nur etwa 150[77] von ihnen in den Ardennen ... Beim Anblick eines vorrückenden Tiger, dessen MGs aus allen Rohren feuerten oder dessen 88er einen Schuß abgab, war man wie gelähmt."

Jagdtiger (SdKfz 186)

Ich erinnere mich sehr lebhaft daran, wie ich als junger Offizier kurz nach meiner Beförderung im Sommer 1948 mit auf eine Besichtigung des Schlachtfeldes in den Ardennen genommen wurde. Dabei kamen wir an den Überresten von Shermans vorbei, die ehemals scheinbar ein komplettes Panzerregiment ausgemacht haben mußten. Wohin das Auge blickte, sah man Shermans zuhauf – weggefetzte Türme, auseinandergerissene Rümpfe. Die meisten waren eindeutig heiß gelaufen, denn nicht umsonst nannte man den Sherman auch „Tommy Cooker" (Tommy-Kocher). Sie waren durch die Landschaft gezogen und waren eindeutig mit einem Flankenangriff überrascht worden. Der nachfolgende Trupp war dann nach rechts in Richtung auf den Angreifer geschwenkt, fand aber entlang der neuen Marschroute wenig Deckung. Auslöser dieses Gemetzels war ein einziger Jagdtiger, dessen imposante Konstruktion noch immer in seiner perfekten Feuerstellung auf einem Bauernhof oben auf einem Kommandohügel stand. Der Jagdtiger selbst war entweder nach einem Luftangriff ausgebrannt oder von seiner Besatzung vernichtet worden, nachdem die Munition ausgegangen war. Dieser Anblick ist mir nahezu 40 Jahre lang im Gedächtnis geblieben. Es war ein Musterbeispiel für die todbringende Wirkung eines Panzerjägers. Jagdtiger besaßen mit der 12,8 cm PaK 44 L/55 und einer 250 mm starken Frontpanzerung natürlich ausreichend Feuerkraft und Schutz zur Ausführung derartiger Missionen.

Zum Bau der Jagdtiger kam es, weil das Heereswaffenamt beschlossen hatte, eine Ausführung des Tiger II mit begrenztem Schwenktrieb produzieren zu lassen. Mit mehr als 70 Tonnen war er der schwerste deutsche Panzer, der je in Dienst gestellt wurde. Der Prototyp kam im April 1944 heraus. Sein Fahrgestell war etwa 25 cm länger als das des Tiger II. Der Aufbau umfaßte einen großen, starren Turm mit abgeschrägten Seiten. Darin fanden die 12,8 cm-Kanone, die vierköpfige Besatzung (Kommandant, Richtschütze und zwei Ladeschützen) sowie 38 Schuß Munition (Projektile und Ladung separat) Platz. Der Rest der Besatzung (Fahrer und Rumpf-MG-Schütze/Funker) waren, wie üblich, im vorderen Teil des Panzerjägers untergebracht. Der riesige, glockenförmige Kanonenschild aus Gußstahl ermöglichte eine herkömmliche Höheneinrichtung (-7,5° bis +15°), aber nur einen eingeschränkten Horizontalschwenk (von der Mittellinie aus nur 10° nach links oder rechts). Ursprünglich war der Jagdtiger mit einer PaK 44 L/55 (eine Version der 12,8 cm), später mit der PaK 80L/55 bestückt. Wenn nicht genügend 12,8 cm-Kanonen verfügbar waren, wurden einige Exemplare mit der gleichen 8,8 cm PaK 43/3 wie der Jagdpanther ausgerüstet. Von den 150 bestellten Jagdtigern wurden tatsächlich nur 70–80 gebaut. Alleiniger Hersteller waren die Nibelungenwerke (Steyr-Daimler-Puch) in St. Valentin. Lediglich zwei Stück wurden mit einem speziellen, von Dr. Porsche entwickelten Fahrwerk gebaut, das jedoch keine zufriedenstellenden Ergebnisse erbrachte. Der Jagdtiger dürfte schwer manövrierbar gewesen sein, obwohl seine Spitzengeschwindigkeit nur geringfügig unter der des Tiger II lag. Er hatte eine Reichweite von 160 km auf der Straße und 82 km im Gelände. Der Jagdtiger wurde lediglich an zwei Kampfeinheiten ausgeliefert und kam bei der Ardennen-Offensive und später bei der Verteidigung Deutschlands zum Einsatz.

10

Superschwere Panzer, Spezialfahrzeuge und eroberte Panzer

Die superschweren Panzer

Hitlers Besessenheit von schweren Panzern erreichte ihren Höhepunkt mit der Produktion der superschweren Ausführungen, von denen allerdings nur zwei[78] Modelle – Maus und E 100 – wirklich zur Herstellung gelangten. Eine Reihe anderer war im Gespräch, und einige drangen sogar bis zur Entwicklungsphase vor. Zweifelsohne wurde Hitlers Begeisterung für superschwere Panzer von einigen einflußreichen Vertretern der deutschen Rüstungsindustrie zumindest am Anfang geteilt. An erster Stelle ist hier der Vorsitzende der Panzerkommission und Vertraute des Führers, Dr. Porsche, zu nennen. Ob seine Ideen von den anderen Panzerherstellern im wesentlichen mitgetragen wurden, ist nicht verbürgt. Auf jeden Fall waren die Stimmen nach dem Kriege äußerst kritisch. Allerdings muß Dr. Porsche zumindest in den frühen Tagen ein gewisses Maß an Unterstützung erfahren haben, denn ansonsten wäre es bei den Ideen geblieben. Verbürgt hingegen ist die Tatsache, daß die für Entwicklung und Produktion dieser Kolosse aufgewendete Zeit und Mühe umfangreiche Konstruktions- und Fertigungskapazitäten in Anspruch nahm, die Deutschland anderweitig dringend benötigte.

MAUS

Als „gigantische Ausgeburt der Phantasie Hitlers und seiner Berater" beschrieb Guderian den Maus, dessen offizieller Deckname ursprünglich „Mammut" lautete. Eine zusammenfassende Einschätzung durch den Technischen Geheimdienst des britischen Kriegsministeriums vom 11. Oktober 1945 legte einige Details zur Entwicklung des Maus offen, die auf der Auswertung von Dokumenten und der Befragung von Mitarbeitern der Porsche-Werke in Zell am See und Gmund beruhten. Sie berichtete von einem Gespräch zwischen Dr. Porsche, Adolf Hitler und Albert Speer, Reichsminister für Rüstung und Kriegsproduktion der Naziregierung, am 8. Juni 1942 in Berlin. Zuerst ging es um die Ausrüstung des Tiger (P) mit der 8,8 cm L/71 Kanone (Projekt „Ferdinand/Elefant", s. letztes Kapitel). Anschließend wurde Dr. Porsche aufgefordert, mit der Entwicklung eines Fahrgestells zu beginnen, auf das eine 12,8 cm- oder 15 cm-Kanone in einem umlaufenden Turm gesetzt und das als Sturmgeschütz verwendet werden konnte. Außerdem sollte ein koaxiales 7,5 cm-Geschütz eingebaut werden. Für die Grundpanzerung waren die folgenden Stärken geplant: Front 200 mm, Seiten 180 mm, Kettenschutz 100 mm, Turmfront 240 mm, Turmseiten und Dach 200 mm. Porsche schlug vor, einen luftgekühlten Dieselmotor für das Fahrzeug zu konstruieren. Speer hielt dagegen, daß dafür

MAUS	
Jahr der Indienststellung	1943
Gewicht (t)	188
Gesamtmaße (m)	**Länge** 10,09
	Höhe 3,66
	Breite 3,67
Mitgeführte Bewaffnung/Munition	
Erstbewaffnung	1 × 12,8 cm KwK 44 L/55 32 Schuß
Zweitbewaffnung	1 × 7,5 cm KwK 44 L/55 200 Schuß
Panzerung (mm)	max. 240 min. 40
Motor Typ	Zwölfzylinder-Benzinmotor DB 5109 oder Dieselmotor MB 517
PS/U/min	keine Angaben
Besatzung	5 Mann
Höchstgeschwindigkeit (km/h)	20
Reichweite (km)	186
Bemerkungen	In lediglich zwei Exemplaren gebaut, die nie in Dienst gestellt wurden.

Der Maus bei Geländeversuchen mit 55 t Gewicht anstelle des Turms belastet.

nicht genügend Zeit bliebe. So beschloß man, anstelle dessen ein Flugzeugtriebwerk von Daimler-Benz zu verwenden. In bezug auf Größe, Gewicht oder Leistung des neuen Panzers (damals als Typ 205 bezeichnet) wurden keine Vorgaben festgelegt, so daß Porsche mehr Freiheiten als je zuvor hatte. Vielleicht sollte ihm dies über die Enttäuschung wegen des verlorenen Tiger-Wettbewerbs gegen Henschel hinweghelfen.

Porsche entschied sich wiederum für eine elektrische Kraftübertragung, trotz der Probleme, die sich wegen des Kupfermangels zwangsläufig daraus ergeben mußten. Im Bericht heißt es dazu: „Er sagt, daß er in jedem Falle darauf zurückgreifen würde, da er es für die weitaus praktischste Art und Weise hielt, ein superschweres Fahrzeug mühelos lenkbar zu machen." Er entschied sich für eine Überarbeitung des beim Tiger (P) eingesetzten Systems. Die wichtigsten Unterschiede lagen in folgenden Punkten: Erstens, da nur ein Motor verwendet werden sollte, mußte Zadnik (Porsches Elektrofachmann) den Generator neu konzipieren. Anstelle zwei separater Generatoren wurde ein Doppelgenerator verwendet. Zweitens, es wurde ein vollkommen neuer Stromkreis benötigt. Als Porsche und Zadnik befragt wurden, warum sie sich zur Veränderung des einwandfrei funktionierenden Systems entschlossen hätten, antworteten sie beide, sie seien bestrebt gewesen, eine elektrische Kraftübertragung zu bauen, das dem an herkömmliche Ausführungen gewöhnten Fahrer keinerlei Probleme bereiten würde. Die Anlage im Tiger hatte den Nachteil, daß der Fahrer jedesmal, wenn er den Fuß vom Pedal nahm und beide Steuerhebel nach vorn geschaltet waren, das Gefühl hatte, ohne Gang „im Freilauf zu fahren". Das Maus-System hingegen vermittelte das Gefühl eines soliden mechanischen Antriebs.

Gegen Ende 1942 ernannte das Heereswaffenamt Oberst Hänel zum „Antreiber" für alle an diesem Projekt beteiligten Firmen. Er war beauftragt, die Unternehmen immer wieder zu besuchen und ihnen bei Nichteinhaltung des Zeitplans schwere Strafen anzudrohen. Porsche war verärgert und nahm Hänel nicht besonders ernst. Dessen erste Anweisung bei seinem Besuch in Stuttgart am 18. Dezember 1942, derzufolge der Maus im darauffolgenden Mai zu Versuchszwekken zur Verfügung stehen sollte, wurde in erster Linie mit Humor zur Kenntnis genommen und nicht beachtet.

Kurz vor Hänels Ernennung erfuhr das Projekt einen größeren Rückschlag, denn Daimler-Benz teilte mit, man könne das von Porsche vorgeschlagene Dieseltriebwerk nicht liefern. Allein der Benzinmotor DB 509 stand zur Verfügung. So mußte diese anstatt dessen verwendet werden, auch wenn Porsche ein Dieselmotor lieber gewesen wäre. Dann stellte man fest, daß der Motor nur seitenverkehrt eingebaut werden konnte, wodurch sich ein vertikaler Getriebezug erforderlich machte, der den Antrieb auf die Ebene der Generatorwelle führte. Eine weniger gravierende Konstruktionsänderung bestand darin, das Übersetzungsverhältnis geringfügig zu modifizieren, um die Möglichkeit des übermäßigen Verschleißes aufgrund der Verbindung eines Zwölfzylindermotors mit einem sechspoligen Generator.

Am 4. Januar 1943 fuhr Dr. Porsche nach Berlin, um Hitler ein Modell des neuen Panzers zu zeigen. Der Führer zeigte großes Interesse, und in es kam zu keinerlei Änderungen zu diesem Zeitpunkt. Später im gleichen Monat kamen Vertreter des Heereswaffenamts nach Stuttgart und verteilten die Bauaufträge offiziell wie folgt: Rumpf und Turm – Krupp; Elektrik – Siemens-Schuckert; Motor – Daimler-Benz; Fahrwerk, Ketten und Getriebe – Skoda; Montage – Alkett. Nach einer weiteren Beratung am 21. Januar in Berlin beschloß man, das Projekt so schnell wie möglich voranzutreiben. „Als einziger schien sich Kniekamp[79] (als Vertreter des Waffenprüfamts 6) kritisch geäußert haben. Er war davon überzeugt, daß sich das Fahrzeug als ziemlich schwer steuerbar erweisen würde.

Das nächste Mal wurde Dr. Porsche am 2. Februar 1943 nach Berlin beordert, wo ihm von Oberst Hänel mitgeteilt wurde, man habe beschlossen, einen Flammenwerfer mit einer Treibstoffkapazität von 1000 l einzubauen. Dr. Porsche protestierte und wies auf die Unmöglichkeit dieses Vorhabens hin. Er wurde jedoch überstimmt mit dem Hinweis, daß dies eine Hauptmerkmal des neuen Panzers sein müsse. Am 10. Februar fand das nächste Treffen zwischen Vertretern des Heereswaffenamts und der beteiligten Firmen in Stuttgart statt, auf dem das Thema Flammenwerfer diskutiert wurde. Anfang 1943 schien ein erheblicher Druck zur Beendigung des Projekts zu bestehen, so daß alle Auftragsfirmen nachdrücklich darauf hinwiesen, daß der Einbau des Flammenwerfers weitere Verzögerungen zur Folge hätte, allerdings ohne Erfolg. Es wurden keine verbindlichen Produktionstermine festgelegt, obwohl die Unternehmen versicherten, alles in ihren Kräften Stehende zu tun, um die Arbeiten so schnell wie möglich abzuschließen. Die Entscheidung zur Integration eines Flammenwerfers verursachte jedoch eine größere bauliche Veränderung, indem man von einer Drehstab- auf eine Kegelfederung ausweichen mußte. Ursprünglich war geplant gewesen, die Federung komplett vom Tiger (P) zu übernehmen. Eine erste Schätzung des Fahrzeuggewichts hatte 179,3 Tonnen ergeben, aber durch den Flammenwerfer und den Treibstoff (4900 kg) erhöhte sich diese Zahl um mehr als 5,5 % . Die einzige Möglichkeit, dieses zusätzliche Gewicht auszugleichen, war der Einbau einer weiteren Federungseinheit auf jeder Seite, wofür aber der Platz nicht ausreichte. So entschied man gemeinsam mit Skoda, anstelle dessen angesichts des Zeitdrucks eine einfache Kegelfederung zu verwenden. Dr. Porsche mußte von der von ihm favorisierten Federung Abstand nehmen, da ihm für die Entwicklung und Erprobung einer neuen Drehstabversion keine Zeit blieb.

Laut dem Bericht des britischen Kriegsministeriums tauchte Speer am 6. April 1943 unerwartet in Stuttgart auf und inspizierte eine halbe Stunde lang ein hölzernes Modell des Maus in Originalgröße. Vier Tage später traf – wahrscheinlich als Folge von Speers Besuch – der Befehl ein, das Modell nach Berchtesgaden zu bringen. Es wurde also auseinandergebaut, verpackt und versandfertig gemacht. Allerdings wurde der Befehl widerrufen und das Modell wieder zusammengesetzt. Am 6. Mai wurde der Befehl wiederholt, so daß Hitler das Modell schließlich am 14. Mai in Rastenburg zu Gesicht bekam. Er bemängelte offensichtlich, daß die 12,8 cm-Kanone angesichts der Größe des Panzers „wie ein Kinderspielzeug" aussähe. Daraufhin erhielt Krupp den Auftrag zum Bau eines neuen Turms mit einer 15 cm-Kanone unter Beibehaltung des koax. 7,5 cm KwK.

Wie erwartet, begann das Heereswaffenamt nun über die benötigte Kupfermenge zu klagen. Der Chefingenieur von Porsche, Rabe, wurde in die Zahnradfarbik Friedrichshafen geschickt, um Pläne zur Nutzung des elektromagnetischen Getriebes von ZF zu erörtern. Dieses Getriebe war bei ZF ursprünglich vor dem Krieg entwikkelt und nun auf sieben Gänge erweitert worden. Direktor Wiedmann von ZF weigerte sich, ohne Auftrag vom OKH irgend etwas zu unternehmen. Da mit der Auftragserteilung nicht zu rechnen war, ließ man diese Möglichkeit wieder fallen und widmete sich wieder der Herstellung des elektrischen Getriebes.

Am 16. Juli traf der DB 509 in Stuttgart ein, wo er von Professor Kamm von der Technischen Hochschule zusammen mit dem Kühlersystem Versuchen unterzogen wurde. Der für die Umnutzung des Flugzeugtriebwerks zum Panzermotor erforderlichen Änderungen waren geringfügig und betrafen die Notwendigkeit der freien Bewegung in seitenverkehrter Position und die Verwendung von minderwertigerem Treibstoff. So kam es zu einem geringeren Verdichtungsverhältnis und einer Erhöhung des Drucks. Alle Tests wurden mit fliegenden Fahnen bestanden. Allerdings entschied man sich später einen zweiten Maus-Prototyp zu bauen, da Daimler-Benz in der Zwischenzeit einen Dieselmotor liefern konnte, der auf einer Weiterentwicklung des Bootsmotors MB 517 beruhte.

Am 1. August begann Alkett mit der Montage des ersten Prototyps. Allerdings hatte Krupp wegen der ständigen Luftangriffe der Alliierten den Zeitplan für den Bau von Rumpf und Turm nicht geschafft. Der wichtigste Tag in dieser ganzen Geschichte mag der 27. Oktober 1943 gewesen sein, an dem Porsche und Rabe in Berlin mit Speer zusammentrafen und darüber informiert wurden, daß trotz der Fortsetzung der Arbeiten an den beiden Prototypen (Maus I mit Benzinmotor DB 509; Maus II mit Dieselmotor MB 517) keine Vereinbarungen in bezug auf die tatsächliche Produktion getroffen würden. Die beiden dürften sich gefragt haben, ob all ihre Mühe wirklich umsonst gewesen war. Allerdings wurden die Arbeiten fortgesetzt. Wie später bekannt wurde, befanden sich weitere neu Maus im Bau, obwohl geplant gewesen war, 150 Exem-

Der Maus I, komplett mit Turm und Erstwaffe, einer 12,8 cm KwK 44 L/55. Das Gewicht betrug nunmehr 189 t.

plare zu produzieren. Krupp lieferte Mitte September den ersten Rumpf, so daß der Maus I soweit wie möglich fertiggestellt wurde und am 23. Dezember seinen ersten Probelauf bei Alkett absolvierte, wobei er anstelle des Turms mit 55 Tonnen Gewicht belastet war. Der kurze Test verlief äußerst zufriedenstellend. Kurz darauf überführte man den Panzer zur Durchführung weiterer Versuche auf das Testgelände Böblingen. Fahrer war Zadnik. Erstaunlicherweise verliefen auch diese Versuche problemlos, abgesehen vom Versagen einiger Federn, was bedeutete, daß diese im Falle der Produktionsaufnahme des Maus leicht zu verstärken waren. Außerdem trat im Ersatzgetriebe erstmals ein Lagerfehler auf. Die einzigen drei Probleme während der Prüfstandsversuche waren eine Überhitzung des vertikalen Getriebezuges zwischen Motor und Generator; eine Umpolung des 48 V-Fremderregers in der elektrischen Anlage und deutliche Rosterscheinungen am Verteiler aufgrund der Verwendung von minderwertigem Material. Die beiden erstgenannten Mängel wurden ordnungsgemäß behoben, aber gegen das Rosten konnte nichts getan werden, weil kein anderes Material zur Verfügung stand. Der Fahrer beurteilte die Lenkung als ausgezeichnet. Nach seinen Worten ließ er sich um die eigene Achse drehen. Er wurde auf Schnee, Eis, Gras, Schlamm und festem Untergrund getestet. Dem Bericht zufolge „schätzten unabhängige Beobachter, die auch bei der Untersuchung früherer Fahrzeuge anwesend waren, Zadnik gegenüber angeblich ein, daß der Maus die gleichen Leistungen wie der Panther vollbrächte." Die Höchstgeschwindigkeit auf festem Untergrund betrug 13 km/h bei vollem Motorfeld bzw. 22 km bei minimalem Motorfeld.

Etwa zum Zeitpunkt dieser Versuche erhielt Porsche die Anweisung, daß Hitler den kompletten Panzer, einschließlich Turm und Bewaffnung, bis Juni 1944 fertig haben wollte. Der Maus II traf am 20. März in Böblingen ein, wurde aber bis zum Eintreffen des Dieselmotors einstweilen beiseite gestellt. Der erste Turm von Krupp – allerdings ohne Einbauten – wurde am 3. Mai geliefert. Kanonen, elektrischer Schwenktrieb und die übrigen Turmkomponenten folgten einige Tage später. Am 9. Juni hatten die mit angereisten Krupp-Monteure den vollständigen Turm auf den Panzer montiert, so daß weitere Versuche durchgeführt werden konnten, die wiederum äußerst zufriedenstellend verliefen. Man schätzte sogar ein, daß die Leistung des Maus I besser als zuvor sei, was zweifelsohne auf das geringere Turmgewicht (das tatsächliche Gesamtgewicht von Turm plus Munition betrug 50,5 Tonnen) zurückzuführen war. Im Oktober erging der Befehl, den Maus I auf das Testgelände Kummersdorf zu überführen. Kurz darauf traf der Dieselmotor für den Maus II in Böblingen ein. Er hatte sich bereits früher im Vergleich zum Benzinmotor als überlegen erwiesen und wurde daher umgehend in den Maus II eingebaut, der seinerseits ohne weitere Versuche ebenfalls nach Kummersdorf geschickt wurde. Dies geschah Anfang November auf Befehl des OKH. Nach Ankunft wurde der Motor angelassen und zerstörte sofort die Kurbelwelle, die zwischen Motor und Generator falsch ausgerichtet worden war.

Es dauerte bis Mitte März 1945, ehe ein neuer Dieselmotor in Kummersdorf eintraf. Für den Einbau stellte Porsche eine Gruppe von Monteuren ab. Dieser verlief erfolgreich, aber es kam bis zum Kriegsende zu keinen weiteren Versuchen. Damit dürfte sich abschließend folgendes Bild ergeben: Maus I – komplett mit Benzinmotor DB 509, 12,8 cm – und 7,5 cm-Kanonen, umfassend getestet; Maus II – mit Dieselmotor, ohne Turm, ungetestet. Beide befanden sich in Kummersdorf, wo sie wahrscheinlich in die Luft gesprengt wurden, um ihre Eroberung durch die Russen zu verhindern. Allerdings hielt sich seit dem Krieg das Gerücht, daß ein Maus in einem Museum in Rußland ausgestellt sei. Ich habe ihn „live und gut erhalten" in einem Video gesehen, das in einem Militärmuseum vor den Toren von Moskau aufgenommen wurde, und kann das Gerücht also bestätigen.

Damit endet die Geschichte des Maus. Sicher hätte dieser Panzer mit seinen mehr als 9 m Länge mit nach vorn gerichteter Kanone bzw. mehr als 11,5 m mit nach hinten gerichteter Kanone (da der Turm ziemlich weit nach hinten versetzt war) einen imposanten Anblick auf dem Schlachtfeld abgegeben. Seine Breite und Höhe betrugen mehr als 3,60 m, und sein Kampfgewicht lag bei 189 t. Die Ketten waren über 1,09 m breit. Die Rahmenhöhe betrug 54 cm. An Bord befanden sich 61 Schuß Munition für die 12,8 cm-Kanone und 200 Schuß für die 7,5 cm. Dazu kamen 2650 l Treibstoff sowie weitere 1000 l in einem Abwurftank. Die Besatzung war fünf Mann stark. Angeblich war das Panzerinnere trotz der enormen Größe nahezu vollkommen ausgefüllt mit komplizierter Technik, so daß es äußerst fraglich ist, ob das Fahrzeug über lange Zeiträume jemals kampftauglich gewesen wäre. Allerdings schnitt es in den Tests zufriedenstellend ab und erreichte eine Spitzengeschwindigkeit von mehr als 20 km/h. Auch Geländeneigungen von 30°, 76 cm hohe Hindernisse bzw. 2 m Wassertiefe (es sollte sogar bis in eine Tiefe von 8 m tauchen können) machten ihm nichts aus. Sein Einsatzradius mit dem Inhalt des Abwurftanks betrug auf der Straße 160 km.

E 100

Ein Bericht des Technischen Geheimdienstes des Waffenamtes der Alliierten Streitkräfte in Europa (Nachrichtenstab ETOUSA) vom 24. Mai 1945 widmet sich der Untersuchung des Panzererprobungs- und -entwicklungszentrums der Fa. Henschel in der Nähe von Kassel, wobei ein schwerer Experimentierpanzer und ein Geschützschlepper

Der PzKpfw E 100 mit vollständigem Fahrwerk, aufgenommen nach dem Krieg.

entdeckt wurden. Bei letzterem handelt es sich um den Grille, der in der Fußnote[78] beschrieben wird. Der erstgenannte war einfach unter der Bezeichnung E 100 bekannt und laut dem amerikanischen Bericht „schätzungsweise 110 Tonnen schwer." In seinem Äußeren „glich er dem Tiger Ausf B mit folgenden Neuerungen: (1) größere Länge und Breite, (2) durchgängig stärkere Panzerung, (3) breite Ketten, (4) neues Fahrwerk (Anstelle der Drehstabfederung suchte man nach einer Spiralfederung, die sich in Verbindung mit hydraulischen Stoßdämpfern einsetzen ließ.), (5) Abstandspanzerung, bestehend aus drei Abschnitten und an den Seitenplatten des Panzers festgenietet, die den Radkastenpodesten eine abgerundete Form gaben ... Wichtige Komponenten, wie Kanone, Turmkranz, Federn und Antriebsräder fehlten."

Der schwere Panzer vom Typ E 100, den die Amerikaner vorfanden, war das ausgereifteste Modell der „Serie E"[80], einer ganz neuen Panzerbaureihe, die das deutsche Rüstungsministerium Mitte 1943 in Auftrag gegeben hatte. Man verfolgte damit die Absicht, das Potential jener Automobilhersteller, die sich nicht an der Panzerproduktion beteiligten, nutzbar zu machen. Entwicklungaufträge gingen an Firmen, wie Klöckner-Humboldt-Deutz, Magirus, Argus und Adler. Geplant waren die folgenden Arten von Panzerkampfwagen:

E 5 – leichter Panzer der 5 t-Klasse, der auch zu einem Schützenpanzerwagen, einem Nachrichten- oder einem Aufklärungspanzer umgebaut werden konnte;

E 10 – leichter Panzerjäger, Munitionsschlepper oder Schützenpanzer der 10 t-Klasse;

E 25 – mittlerer Panzerjäger, Aufklärungspanzer oder schwerer Munitionsschlepper der 25 t-Klasse;

E 50 – „leichter" Kampfpanzer mit 50 bis 65 Tonnen als Nachfolger für den Panther;

E 75 – „mittlerer" Kampfpanzer mit 75 bis 80 Tonnen als Nachfolger für den Tiger;

E 100 – schwerer Panzer der 140 t-Klasse.

In einem Verhör am 31. August 1945 in London antwortete Dipl.-Ing. Heinrich Ernst Kniekamp, Chefingenieur des Waffenprüfamts 6, auf die Frage nach den Gründen, die für die Entwicklung der Panzer der Serie „E" ausschlaggebend waren, und welche allgemeinen Bauvorgaben eine Rolle spielten: „Die Gründe waren: (1) Um eine sehr starke Frontplatte zu erhalten, mußte soviel Gewicht wie möglich in den hinteren Teil des Panzers verlagert werden. (2) Gewünscht wurde, Motor und Getriebe als Einheit zusammenzufassen, um Herstellung und Instandhaltung zu vereinfachen. (3) Geplant war die Verwendung von zwei Motor- und Getriebetypen zum Bau der vier Ausführungen E 10, E 25, E 50 und E 100 ... Dieses Programm wurde im Mai 1942 von Herrn Kniekamp entwickelt, eingereicht und im April 1943 bestätigt. (4) Das gesamte Fahrwerk sollte von außen aufgesetzt werden und durch den Kampfraum sollten keinerlei Drehstäbe hindurchführen. (5) Für den Fall, daß das vordere Antriebsrad oder eines der Laufräder durch Minen zerstört werden sollten, sollte das Fahrzeug zu Weiterfahrt in der Lage sein, und die Kette sollte sich um die verbliebenen Räder spannen. Die technische Überlegenheit des Frontantriebs wurde zwar erkannt, aber der Kampfvorteil eines Heckantriebs, der vor Minen oder Kanonenbeschuß sicher war, war ausschlaggebend für den Einbau des Motors im hinteren Teil. Außerdem gab man dem Heckantrieb den Vorzug, weil dadurch ein glatter Gefechtsstand erreicht wurde."[81]

Die riesigen, 100 cm breiten Ketten des E 100 vor dem Henschel-Werk in Paderborn, wo die Teilmontage stattfand.

Der E 100 sollte die gleiche Bewaffnung und den gleichen Turm wie der Maus erhalten, obwohl es nie bis zu einem solchen Aufbau kam. Angetrieben werden sollte der Panzer mit einem Maybach-Zwölfzylinder-Motor vom Typ „V" mit 700 PS und 3000 U/min. Da dieser Motor auch für den E 50 und den E 75 geplant war, hätte sich für den E 100 nur ein sehr geringes spezifisches Leistungsgewicht von knapp über 5 PS/t ergeben. Später wurde der Motor in geänderter Form mit Kraftstoffeinspritzung und Vorverdichter gebaut, der es auf 1000 bis 1200 PS hätte bringen können, was aber immer noch ein spezifisches Leistungsgewicht von lediglich ca. 8,5 PS/t ergeben hätte. Für die ersten Versuche wurde der reguläre H1 230 P30-Motor des Tiger B eingebaut. Mit einer Kettenbreite von fast 102 cm übte der E 100 einen Bodendruck von fast 1,4 kg/cm^2 aus. Sein Fahrwerk bestand aus einer Reihe überlappender Stahllaufräder mit Tellerfedern von MAN, so daß er dem Tiger B stark ähnelte. Ungeachtet der Befürwortung des Heckantriebs für die Serie E durch Ing. Kniekamp hatte der E 100 (der als einzige Ausführung je gebaut wurde) einen Frontantrieb.

Der erste, nicht wiederverwendbare Minenräumwagen B1 (SdKfz 300) hatte drei Laufräder. Der B2 (hier im Bild) besaß vier Laufräder.

Der zweite Goliath (SdKfz 303) wurde von einem Zweizylinder-Kradmotor angetrieben, wodurch sich die Leistungsparameter verbesserten. Außerdem faßte er mehr Sprengstoff.

VK 7001

Ein weiteres Superschwergewicht, das während des Krieges teilweise entwickelt wurde, war der VK 7001 (K). Ausgangspunkt war ein Entwicklungsauftrag des Heereswaffenamts an Krupp. Es ging um eine Studie für eine Serie superschwerer Panzer in der Gewichtsklasse 100–170 Tonnen, nachdem das Unternehmen durch Hitlers direkte Kontakte zu Porsche etwas kaltgestellt worden war. Das Fahrzeug war außerdem unter verschiedenen anderen Bezeichnungen, wie „Löwe“ oder „Tiger-Maus“, bekannt. Am Ende blieb es beim Vorhaben. Schließlich zog man vorübergehend sogar einen 1500 t-Panzer in Betracht, der von vier U-Boot-Dieselmotoren angetrieben, eine 250 mm dicke Panzerung haben und mit zwei 11,5 cm-Kanonen, die in nach hinten versetzten Türmen eingebaut waren, sowie einer 8 cm-Kanone im Vorderteil ausgerüstet werden sollten. Zum Glück für die deutsche Rüstungsindustrie setzte sich am Ende zu einem gewissen Grad der gesunde Menschenverstand durch, so daß dieses Vorhaben nicht über das Reißbrett hinauskam. Wie jedoch bereits gesagt, wurden durch die Entwicklung dieser Superschwergewichte zweifelsohne enorm viele wertvolle Ressourcen vergeudet.

Spezialfahrzeuge

Obwohl es sich bei den Fahrzeugen in diesem Abschnitt streng genommen nicht um Panzer handelt, so sind sie doch Kettenfahrzeuge und ermöglichen aufgrund ihrer geringen Größe einen interessanten Vergleich zu den superschweren Panzern. Und damit halte ich sie für durchaus erwähnenswert. Sie waren einander im Hinblick auf ihren Zweck so ähnlich, daß sie laut OKH-Nomenklatur alle den Buchstaben „B“ vorangestellt bekamen, gehörten aber eigentlich zwei verschiedenen Kategorien an: Minenräumwagen und Ladungsträgern.

Das SdKfz 300 war ein nicht wiederverwendbarer, ferngesteuerter Minenräumwagen der Fa. Borgward aus den Jahren 1939–40, den es in zwei Ausführungen – B1 und B2 – gab. Der B1 zog eine Anzahl von Walzen zur Sprengung von Minen hinter sich her. Das Fahrzeug hatte ein Gewicht von ca. 1500 kg und war unbemannt. Man experimentierte auch mit einer auf dem B2 basierenden Amphibienversion namens „Ente“. Insgesamt wurden ca. 50 Stück produziert, von denen jedoch keines im Gefecht eingesetzt wurde. Später wurden sie vom „Goliath“ abgelöst.

Der erste Goliath (SdKfz 302) wurde von zwei Elektromotoren angetrieben. Das Foto zeigt, wie er von Soldaten mit Hilfe eines kleinen Anhängers von Hand bewegt wurde.

GOLIATH

Vom leichten Ladungsträger „Goliath“, dessen erstes Exemplar das SdKfz 302 war. Es maß ca. 1,50 m in der Länge und 0,60 m in der Höhe. Sein Gewicht betrug 370 kg. Angetrieben wurde es von zwei Elektromotoren (einem für jede Kette) und schaffte eine Geschwindigkeit bis zu 10 km/h. Die Reichweite lag bei 1,5 km, ehe die Batterien wieder aufgeladen werden mußten. Gelenkt wurde der Goliath über ein dreilitziges Kabel: zwei Litzen zur Steuerung und eine zur Detonation der 60 kg-Sprengladung im Inneren des kleinen rhombenförmigen Fahrzeugs. In den Jahren 1942–43 wurden mehr als 2600 Stück gebaut. Allerdings mangelte es ihnen an Reichweite und Tragfähigkeit.

Das SdKfz 303 als zweite Ausführung war etwas schwerer (430 kg) und trug bis zu 100 kg Sprengstoff. Angetrieben wurde es von einem Zweizylinder-Kradmotor (703 cm^3), der Spitzengeschwindigkeiten von 12 km/h erreichte. Seine Reichweite von 12 km bedeutete eine große Verbesserung im Vergleich zum früheren Goliath. Von April 1943 bis Januar 1945 wurden 4900 Exemplare gebaut.

SPRINGER

NSU baute zwischen Ende 1944 und Anfang 1945 etwa 50 mittlere Ladungsträger vom Typ SdKfz 304. Er sollte sowohl den früheren leichten als auch den schweren Sprengladungsträger ersetzen. Das 2,4 t schwere und 3,20 m lange Fahrzeug hatte einen Mann Besatzung und wurde von einem 1,5 l-Motor Opel Olympia angetrieben, der ihm eine Geschwindigkeit von bis zu 42 km/h und eine Reichweite von 200 km verlieh. Es konnten 330 kg Sprengstoff transportiert werden. Der Springer wurde so nahe wie möglich an das Ziel herangefahren. Dann stieg der Fahrer aus und schloß den Turm, um den Funkempfänger zu schützen, mit dessen Hilfe das Fahrzeug an sein Ziel gesteuert und die Sprengladung gezündet wurde.

SONDERSCHLEPPER B IV

Das größte Gewicht der drei hatte der schwere Ladungsträger SdKfz 301, von dem es die Ausf A, B und C gab. Nur knapp mehr als 570 Stück wurden zwischen 1942 und 1944 von Borgward gebaut. Die meisten Exemplare entstanden von der Ausf C, die mit einem etwas leistungsstärkeren Borgward-Motor als die beiden anderen Versionen ausgerüstet wurde (3,8 l anstelle 2,31 l). Alle drei konnten 500 kg Sprengstoff transportieren, hatten einen Mann Besatzung, eine Höchstgeschwindigkeit von 38–40 km/h und eine Reichweite von 212 km. Die Ausf C wog 4,9 t und war etwas über 4 m lang. Ihre beiden kleineren Vorgänger hatten ein Gewicht

Der von NSU gebaute Springer hatte einen Mann Besatzung, der das Fahrzeug so nahe wie möglich an das Ziel heranfahren mußte. Auf der letzten Strecke wurde es per Funk gesteuert.

Es gab drei Typen schwerer Sprengladungsträger, von denen der erste – Sonderschlepper B4 Ausf A – hier abgebildet ist. Die Sprengladung wurde in einem keilförmigen Behälter an der Vorderseite transportiert.

Vom B4 Ausf C produzierte Borgward 305 Stück. Diese Ausführung war besser geschützt und besser in der Leistung, aber es dürfte weiterhin eine Nervenzerreißprobe gewesen sein, ein solches Fahrzeug voll mit Sprengstoff in das Kampfgebiet zu manövrieren.

von 3,5 t und eine Länge von 3,60 m. Die waren ferngesteuert und funktionierten weitgehend nach dem gleichen Prinzip wie der Springer. Der Sprengstoff befand sich in einem keilförmigen Behälter an der Vorderseite des Fahrzeugs.

Kampfeinsatz

„Beetle Tanks' used against the bridgehead" [Mit Käferpanzern gegen Brückenkopf] lautete die Schlagzeile der Londoner Zeitung *„Evening News"* am 1. März 1944. In dem dazugehörigen Bericht hieß es, die Deutschen hätten drahtgesteuerte „Käferpanzer" gegen einen Brückenkopf der Alliierten in Anzio südlich von Rom eingesetzt. Die neue Waffe sei erstmals einen oder zwei Monate zuvor an der russischen Front eingesetzt worden und stelle die neueste Geheimwaffe dar, die Hitler in einer seiner jüngsten Reden erwähnt habe. Ein anderer Zeitungsartikel aus der gleichen Zeit enthielt eine Darstellung vom Einsatz der Waffe und erwähnte die Existenz eines „Käfer II", der funk- und nicht mehr drahtgesteuert sei. Einem zeitgenössischen amerikanischen Artikel zum gleichen Thema zufolge hatten die GIs dem Goliath den Spitznamen *„Doodle Bug"* [Ameisenlöwe] gegeben. Es hieß weiter: „In Italien blieben die Goliath im Schlamm stecken oder auf Steigungen stehen, und manchmal explodierten sie, ehe sie unsere Kampflinien erreicht hatten, und verwundeten dabei deutsche Soldaten. Der Goliath konnte außerdem mit Handfeuerwaffen erledigt werden. Weder Draht- noch Funksteuerung erwiesen sich als effektiv. Der Goliath wurde erstmals im Februar gegen unseren Brückenkopf bei Anzio eingesetzt. Vierzehn wurden unschädlich gemacht, und keiner erreichte unsere Stellungen."

Im gleichen Artikel ist in der Folge von einem weiteren funkgesteuerten Sprengladungsträger, dem B4, die Rede, der nahe dem Brückenkopf im April 1944 von einer britischen Mine zum Stehen gebracht wurde. Der Autor, Major James H. Quello, schrieb folgendes über den taktischen Einsatz dieser Waffe: „Der B4 schlägt Schneisen durch Stacheldraht und zerstört Straßensperren und kleine Bunker. Der Bediener fährt soweit wie möglich an das Ziel heran. Dann stellt er das Fahrzeug auf Fernsteuerung um und steigt seitlich aus. Eine Steuereinheit, die der Fahrer am Mann trägt oder die in einem in der Nähe befindlichen Panzer, Sturmgeschütz oder anderen Fahrzeug untergebracht ist, lenkt den B4 dann im Zickzack-Kurs zu seinem Ziel. Dort wird die Sprengladung abgesetzt, und der Panzer in Sicherheit gebracht, ehe der Zeitzünder die Explosion auslöst. Im Gegensatz zum Goliath ist dieses Fahrzeug wiederverwendbar. Droht die Eroberung durch den Gegner, kann der Fahrer einen Selbstzerstörungsmechanismus im Panzer auslösen. Der Fahrer eines B4 hat eine gefährliche Aufgabe. Von Deutschen Soldaten wird der Panzer ‚Todesfalle' oder ‚lebender Sarg' genannt."

Ein weiterer britischer Bericht[82] beschäftigt sich mit in Frankreich erbeuteten Goliaths, die in kleinen Schützenlöchern am Strand im toten Winkel hinter einer kleinen Anhöhe eingegraben waren. Es heißt: „Die Fahrzeuge waren nahezu identisch mit den elektrisch angetriebenen Goliaths, die in Italien erbeutet wurden, mit der Ausnahme, daß der Vorderantrieb und das Antriebsrad von einem Ölbad umschlossen waren. Es scheint, als habe man den Versuch unternommen, das Fahrzeug wasserdicht zu machen, und es ist durchaus möglich, daß es sich eine gewisse Zeit unter Wasser bewegen könnte." Auf die Fähigkeit zum Unterwassereinsatz wird in einem anderen Informationsblatt des Technischen Geheimdienstes hingewiesen. Darin wird ausgesagt, der Goliath sei in der Lage, „sich unter Wasser vorwärts zu bewegen (wahrscheinlich auf dem Grund) und für die Bekämpfung von Landungsfahrzeugen oder großen Schiffen gedacht." Ob der Goliath tatsächlich für diese Aufgaben eingesetzt wurde, scheint schriftlich nicht belegt zu sein, aber in einem etwas früher erschienenen Bericht von der Mittelmeerfront wird behauptet, das Goliath-Konzept stamme aus Frankreich. „Es ist interessant, wie streng man sich an Entwurf und Konstruktion unseres „Metrovick-Käfers" gehalten hat, welcher frühzeitig im Krieg entwickelt und anschließend wieder fallen gelassen wurde. Der Grund mag im gleichen Ursprung der beiden liegen, der französischen „Machine K", deren technische Merkmale uns und später sicher auch den verdammten Deutschen mitgeteilt wurden."

Erbeutete Kriegstechnik

Vor dem Ausbruch des Krieges richtete das Heereswaffenamt ein System zur Erfassung aller ausländischen Ausrüstungen und Waffen ein. Alle Angaben wurden in einer Reihe von Loseblattsammlungen mit Abbildungen unter dem Titel „Kennblätter Fremdgerät" festgehalten.[83] Jedes Teil wurde ausführlich beschrieben und nach Möglichkeit durch Fotos und Zeichnungen ergänzt. Man vergab Seriennummern je nach Kategorie. Panzer trugen beispielsweise die 700, Sturmgeschütze die 800 und Panzerwagen die 200. Dieser Zahl wurde in Klammern ein Buchstabe für das Herkunftsland hinzugefügt, (e) für englisch, (r) für russisch, (a) für amerikanisch etc.

Wie alle anderen am 2. Weltkrieg beteiligten Länder nutzte auch Deutschland in vollem Maße das erbeutete feindliche Kriegsgerät, wie die Fotos in diesem Abschnitt belegen, allerdings in weit stärkerem Maße als die Alliierten. Vor allem die französischen Panzer, deren man bei der Kapitulation Frankreichs im Jahre 1940 habhaft werden konnte, wurden vom Heer übernommen. Dies geschah mit deutscher Gründ-

Diese Sturmgeschützversion des KW I mit einer 152 mm-Haubitze wurde in Rußland erobert und in deutsche Dienste übernommen. Hier verläßt es einen Hangar mit seiner deutscher Besatzung. (Oberst Helmut Ritgen)

Der wahrscheinlich älteste Panzer in den Reihen der deutschen Panzerwaffe war der aus dem 1. Weltkrieg stammende französische Renault FT17. (Rudolf Wulff)

lichkeit, denn die Fahrzeuge erhielten komplett neue Namen und Bezeichnungen. So wurde der Renault R 35, wichtigster Infanteriepanzer der französischen Armee, zum PzKpfw 35 R 731(f), der mittlere Panzer Somua S 35 zum PzKpfw 35 S 739(f) und der wichtigste mittlere Panzer Char B I *bis* zum PzKpfw B 2 740(f). Die Aufzählung ließe sich fortsetzen, und viele Original-Panzerfahrgestelle wurden durch Einbau deutscher, französischer und russischer Kanonen zu Sturmgeschützen umgebaut. Sogar der alte Renault FT 17 aus dem 1. Weltkrieg wurde in großen Stückzahlen übernommen und mit Macht in Dienst gestellt. Die französischen Panzerkampfwagen konnten dank der vorhandenen Ersatzteilbestände der französischen Streitkräfte zum Zeitpunkt ihrer Kapitulation in Gang gehalten werden, und natürlich übernahmen die Deutschen während ihrer Besetzung Frankreichs alle Panzerfabriken, so daß die Produktion fortgesetzt werden konnte. Das in der Tschechoslowakei geschilderte Vorgehen wiederholte sich in Frankreich.

Deutschland übernahm ferner eine größere Anzahl italienischer Panzer, als ihr ehemaliger Verbündeter im September 1943 einen separaten Friedensvertrag schloß. Zu diesen Fahrzeugen gehörten der *Carro Armato* M 13/40 und der M 15/52, aus denen nach Umbenennung der PzKpfw M 13/40 735 (i) bzw. der PzKpfw M 15/42 738 (i) wurden.

Anhang

Bericht über den Besuch bei Henschel & Sohn, Kassel

Besuchstermin: 19.–24. April 1945

I. Vorbemerkung

Henschel & Sohn umfaßt drei Maschinenbaubetriebe in Kassel.
Werk I, Kassel, war mit der Produktion von Lokomotiven und Kanonen beschäftigt.
Werk II, Rothenditmold, mit großer Gießerei, stellte Kessel und andere Lokomotivteile her.
Werk III, Mittelfeld, beschäftigte sich im wesentlichen mit der Panzermontage und Baugruppenherstellung.

Der Konzernführung von Henschel gehörten an:
Vorstandsvorsitzender Oscar Henschel, *Leiter Sozialwesen* Robert Henschel, *Geschäftsführer* Dr. Stieler von Heydekampf, *Finanzleiter* Herr Fleischer, *Produktionsleiter* Dr. Pertus, *Panzerentwickler* Dr. Aders.

Dieser Bericht beschränkt sich auf das Werk in Mittelfeld, da es sich als einziges der Panzermontage widmet.

Das Werk III nahm in den vergangenen zwei Jahren aufgrund von Luftangriffen beträchtlichen Schaden, so daß sich ein gewisser Aufwand zur Neugliederung der Fertigungseinrichtungen erforderlich macht. Die Untersuchung ergab jedoch, daß die Betriebsstätte noch immer in der Lage war, jeden Monat eine beachtliche Anzahl von Panzern herzustellen. Ein Lageplan des Betriebes ist als Anlage A beigefügt.

II. Historischer Hintergrund

Die bereits 1810 in Kassel am Standort des derzeitigen Werkes I gegründete Firma Henschel erwarb sich weltweit einen guten Ruf als Konstrukteur und Hersteller von Lokomotiven. Während des 2. Weltkrieges war Henschel der größte Einzelproduzent von Lokomotiven in Deutschland. 1871 erweiterte das Unternehmen mit dem Bau des Werkes II für Lokomotivbaugruppen seine Produktionskapazitäten erheblich. Im ersten Weltkrieg wandte sich Henschel der Rüstungsproduktion in Form von Panzern und Artillerietechnik zu. Bis Kriegsende wurde ein weiterer Betrieb (Werk III) errichtet.

In der Zeit zwischen 1918 und der Wiederaufnahme der Heereswaffenproduktion 1935 erweiterte das Werk seine Aktivitäten um den Bau von Motortankern, Dieselmotoren und Flugzeugen. Für den Flugzeugbau wurden neue Werke in Berlin-Johannisthal (1933), Berlin-Schönefeld (1935) und Kassel-Altenbauna (1938) errichtet.

In den letzten Jahren unternahm man große Anstrengungen im Entwicklungsbereich, insbesondere im Werk III. Während der Besetzung leistete dieser Großkonzern einen wertvollen Betrag in Form von Flugzeugen, Lokomotiven, Panzern und Kanonen zur Umsetzung der deutschen Kriegsbemühungen, während die Herstellung von Motortankern bereits zu Kriegsbeginn aufgegeben wurde.

Einen Eindruck von der Rolle, die Henschel in anderen Bereichen als der nachfolgend ausführlicher beschriebenen Panzerproduktion spielte, vermitteln die folgenden Produktionszahlen. Sie basieren auf Lieferangaben und lassen Komponenten bzw. Ersatzteile aus:

	1942	1943	1944
Lokomotiven	620	820	590
mittlere Artillerie	220	216	95
8,8 cm PaK 43/41	120 (8,8 cm PaK 43/41 und 8,8 cm PaK 43 zusammen)	1182 (8,8 cm PaK 43/41 und 8,8 cm PaK 43 zusammen)	251
8,8 cm PaK 43			1341
2 cm FlaK 38	1588	1292	72

III. Rüstungsproduktion

1935 – Henschel nahm die Fertigung des PzKpfw I, Ausf. B auf. Als „Mutterkonzern" dieses Panzers gilt Krupp, aber in den Unterlagen wird als Lieferfirma Henschel genannt. 1933–34 scheint das Unternehmen bereits Prototypen produziert zu haben.

1937 – Montagebeginn für den PzKpfw II.

1938 – Henschel experimentierte mit 30 t-Panzern (DW I und DW II) mit 50 mm starker Frontplatte, versetzten Laufrädern, einer von Halbkettenfahrzeugen übernommenen Drehstabfederung sowie einem von Henschel entwickelten generatorischen Lenksystem unter Zugrundelegung des gleichen Funktionsprinzips, das später auch beim Tiger eingesetzt wurde. Erstwaffe war eine 7,5 cm KwK (kurz), beim Motor entschied man sich für einen Sechszylinder-Maybach-Reihenmotor HL 116. Später wurden ein 36 t und ein 65 t schwerer Panzer entworfen.

1939–40 – Henschel nahm die Großserienfertigung des PzKpfw III auf.

1941 – Als Reaktion auf eine Forderung des deutschen Generalstabes, beschäftigte man sich erstmals im Sommer 1941 mit dem Tiger 1-Vorhaben. Dieser Panzer sollte möglichst viele Grundmerkmale des DW I übernehmen. Im November 1942 wurde ein Prototyp des Panzers gebaut und Hitler an dessen Geburtstag am 20. April 1942 vorgeführt. Es folgten umfangreiche Entwicklungsarbeiten vor allem an der Steuerung, die wie beim DW I für einen dreifachen Wendekreis in jedem Gang ausgelegt war. Später fand man jedoch, ein doppelter Wendekreis sei genug, und vereinfachte die Konstruktion dementsprechend.

1942 – Im Herbst d. J. wurde der Tiger II entwickelt. Laut Spezifikation besaß er eine dickere Frontpanzerung, geneigte Panzerplatten ähnlich wie beim Panther und eine 8,8 cm KwK 43. Er ging im November 1943 in Serie und ist seit Juni 1944 Henschels einziges Produkt.

1945 – Zum Zeitpunkt der Besetzung entwickelte Henschel gerade einen verbesserten Lenkmechanismus unter Verwendung des gleichen Grundkonstruktion wie beim vorhergehenden, allerdings mit deutlichen Vereinfachungen bei der Herstellung und mit höherem Drehmoment. Dies machte sich erforderlich aufgrund der gleichzeitigen Entwicklung eines neuen, leistungsstärkeren Motors. Angeblich soll dieser Maybach-Motor den gleichen Hubraum (23 l) haben, ist aber vorverdichtet, um eine Leistung von max. 1000 PS zu erzielen.

Außerdem sollen bei der Entwicklung alternativ Motoren von Steyr-Daimler-Puch, Argus und Klöckner-Humboldt-Deutz mit größerer Leistung ins Kalkül gezogen werden. Der von Steyr-Daimler-Puch vorgeschlagene Motor hatte eine Doppel-V-Form, der von Argus eine H-Form, und Klöckner-Humboldt-Deutz favorisierten einen Dieselmotor. Man hatte sogar die Entwicklung eines weiteren Motors ins Auge gefaßt, nämlich einen BMW-Radialmotor, der aber aus Platzgründen wieder verworfen wurde. Nach Aussagen wurde im Dezember 1944 weiterhin die Entwicklung eines Dampftriebwerks nach einer Doble-Lizenz in Angriff genommen. Die Arbeiten an diesem Vorhaben waren bei der Besetzung bis zum Reißbrett gediehen. Man stellte fest, daß die größeren Abmessungen dieser Konstruktion ihren Einsatz als Kampfpanzer unmöglich machen würden. So konzentrierte sich die Entwicklung in der Folge auf einen Bergepanzer mit Vollketten. Im Hinblick auf Gewicht und Geschwindigkeit dachte man an eine dünnere Panzerung. Die Möglichkeit des Dampfantriebs sollte in Abwandlungen auch beim Tiger II und beim Panther eingesetzt werden.

1943 wurden einige Voruntersuchungen im Zusammenhang mit einer hydraulischen Kraftübertragung für den Tiger II unternommen. Der hydraulische „Föttinger"-Drehmomentwandler wurde in diesem Panzer getestet, aber man nahm von dieser Ausführung wieder Abstand, weil man einen Kraftverlust von 15–20 % angesichts der geringen Leistung des Maybach-Motors für nicht akzeptabel hielt. Die Arbeiten an diesem Drehmomentwandler wurden angeblich von Voith in Heidenheim, Maybach in Friedrichshafen und wahrscheinlich AEG in Berlin ausgeführt.

Ein weiteres interessantes Entwicklungsprojekt war der elektromagnetische Betrieb der Klauenkupplung in den ZF-Getrieben (nach dem Aphon-Prinzip) als Alternative zu dem als Olvar-Verfahren (Öl-Variolex) bekannten hydraulischen Betrieb. Das Vorhaben wurde wegen zu großer Hitzeerzeugung fallen gelassen.

IV. Die Betriebsstruktur während des Krieges

8000 Arbeiter waren im 12-Stunden-Schichtbetrieb in der Panzerfertigung eingesetzt. Die Nachtschicht schaffte angeblich nur die halbe Leistung der Tagschicht. In der Montage wurde nach einem strengen Takt-System gearbeitet. Es umfaßte neun Takte von jeweils sechs Stunden Dauer. Zur Herstellung eines kompletten Panzers, einschließlich der verschiedenen Bearbeitungsverfahren, brauchte man angeblich 14 Tage. In der Rumpfmontage wurden im Durchschnitt 18–22 Panzer bearbeitet, in der Endmontage waren es zehn.

Anfang 1943 wurden 20 Tiger pro Monat hergestellt, wobei insgesamt in jenem Jahr ca. 650 Exemplare produziert wurden. 1944 wurden 623 Tiger I (die Fertigung dieses Panzers wurde im August 1944 gestoppt) und 377 Tiger II montiert. Der für 1945 geplante Ausstoß beim Tiger II lag bei 140 Stück/Monat, aber tatsächlich wurden im Januar 40, im Februar 42 und im März 25 geschafft. Die monatlichen Produktionszahlen sind im Anhang B aufgeführt.

Eine große Zahl von Komponenten trafen als Halbzeuge oder Fertigerzeugnisse ein. Ein Verzeichnis der Hauptlieferanten ist in Anlage B beigefügt.

V. Anordnung von Verfahren und Anlagen

Der links von der Eisenbahn-Hauptstrecke in Richtung Norden weisende Teil des Werkes in Mittelfeld beschäftigte sich mit der Überarbeitung von Lastkraftwagen (siehe Lageplan in Anlage A) einschließlich der Motoren sowie mit der Herstellung von Lokomotivbaugruppen. Hier befanden sich neben den Hauptlagern für die Panzerkomponenten auch die Gebäude, in denen die Panzertürme und -rümpfe aufbewahrt wurden. Der zweite Teil des Werkes in Mittelfeld (rechts von der Eisenbahn-Hauptstrecke in Richtung Norden) umfaßte die vier Werkhallen mit den Nummern 1, 2, 3 und 5. Halle 4 sollte bereits vor langer Zeit gebaut werden, aber dazu ist es nie gekommen. In Halle 1 wurden allgemeine Bearbeitungsvorgänge, insbesondere an Lokomotivbaugruppen, ausgeführt. Das gleiche galt für Halle 2. In Halle 3 wurden verschiedene Panzerkomponenten, wie Fahrwerkachsen, Lenkung, Lukendeckel u. a., gefertigt. Außerdem war hier die Rumpfmontage untergebracht. Halle 5 war in zwei Teile untergliedert. Die linke Seite (Richtung Norden) war der Lokomotivherstellung vorbehalten, die rechte der Panzerendmontage, d. h. dem Aufsetzen der Türme (die als fertige Baugruppe von Wegmann kamen).

Die Rumpfmontage

Für die Rumpfmontage gab es zwei Fließstrecken in Halle 3. Sie waren auf jeder Seite der beiden großen Hallenfelder untergebracht. Die übrigen Hallenflächen dienten der Herstellung von Fahrwerkachsen, Lukendeckeln, Lenkung, Aufbauten und zur Montage der federnden Laufräder (siehe Abbildung in Anlage A). Der Rumpf war fertig geschweißt mit grob vorgebohrten Öffnungen für die Fahrwerkachsen, Achsantrieb, hinteres Antriebsrad etc. Mit einem horizontalen Achtspindelbohrwerk (mit tatsächlich nur sechs Bohrern) wurden die Öffnungen für die Fahrwerkachsen in den Rumpfseiten fertig gebohrt. Daran schloß sich die Fertigstellung der vorderen und hinteren Öffnungen für den Achsantrieb und die Antriebsräder mit einem Vierspindelbohrwerk an. Anschließend wird der Rumpf auf einer Vertikaldrehbank, die Fläche für den Turmkranz auf der Oberseite des Aufbaus, bearbeitet. Gleichzeitig werden die Rumpfseiten für den Einbau des Antriebsgehäuses gefräst. Anschließend wird der Rumpf einem Montageband zugeleitet, wo die verschiedenen Bauteile hinzugefügt werden können.

Wesentliche Unterschiede zwischen den beiden Rumpf-Bearbeitungslinien liegen darin, daß in einem Fall der Rumpf direkt mit Radgestellen verbunden wird, die auf Schienen durch laufen (wodurch eine genaue Ausrichtung mit Hilfe von Hebeböcken für jeden Arbeitsschritt möglich ist), während im zweiten Fall (bei der älteren Fließlinie) der Rumpf mit einem Kran von einer Bohrvorrichtung zur nächsten gehoben werden muß, was eine genaue Ausrichtung vor jedem Arbeitsschritt erfordert. Dabei wird der Rumpf seitlich, im ersten Fall der Länge nach weitergeleitet. Die Bearbeitung der Dachplatte des Aufbaus für den Turmkranz und das abschließende Fräsen der Rumpfseitenplatten für die Aufnahme des Endantriebsgehäuses geben die Bezugspunkte für alle nachfolgenden Bearbeitungsvorgänge ab. Diese Arbeitsschritte sind daher zuerst auf der neueren Fließstrecke auszuführen, um zufriedenstellende Ergebnisse zu erzielen, da er Rumpf nur ein einziges Mal ausgerichtet wird. Bei beiden Fließstrecken laufen die Rümpfe in Längsrichtung auf Radgestellen durch, welche auf Schienen entlang geführt werden.

VI. Werkzeugmaschinen

(a) Eine zweimeßrige Vertikaldrehbank in Verbindung mit zwei horizontalen Stirnfräsen übernimmt gleichzeitig die Oberflächenbearbeitung der Dachplatte des Aufbaus und das Fräsen der Rumpf-Seitenplatten für die Aufnahme des Endantriebsgehäuses. Die zweimeßrige Hobelmaschine stammt von der Maschinenfabrik Turner in Frankfurt/M. und gleicht im wesentlichen der bei Wegmann für den gleichen Vorgang am Turmkranz eingesetzten (siehe Wegmann-Bericht). Die zwei horizontalen Stirnfräsen (eine auf jeder Seite) laufen auf einer Führung , haben aber keine vertikale Justierung. Der Aufbau der Maschine erfolgt im wesentlichen durch das Aufsetzen des zu bearbeitenden Rumpfes auf zwei vierrädrige Gestelle, die auf Schienen entlang laufen, welche ihrerseits auf einem stabilen Betonfundament verankert sind. Die endgültige Ausrichtung des Rumpfes geschieht mit verstellbaren Hebeböcken an verschiedenen Punkten.

(b) Das horizontale Achtspindelbohrwerk zur Herstellung der Löcher für die Fahrwerkachsen und die Drehstäbe in den Rumpf-Seitenplatten stammt von der Fa. Berninghaus in Velbert/Rhld. Bei dem Achtspindelbohrwerk sind auf jeder Seite vier horizontale Bohrwerke angebracht. Im vorliegenden Fall wurden jedoch nur drei auf jeder Seite verwendet. Der zu bearbeitende Turm wird genau wie unter (a) beschrieben gesichert. Jede Bohrstange ist ein separat betriebenes Element mit veränderlichem Quervorschub dank einer Führung, das jedoch vertikal nicht justiert werden kann. Es wird davon ausgegangen, daß die Bearbeitungsfläche auf der Aufbau-Oberseite als Bezugsgröße angesetzt wird (siehe Abschnitt V oben).

Für die verschiedenen Verfahren zur Fertigstellung der Rumpfseiten sind verschiedene Ausführungen dieser Maschine im Gebrauch. Obwohl ein Bohrwerk als isoliertes Werkzeug betrachtet nichts Außergewöhnliches darstellt, so ist doch die universelle Art und Weise ihres Einsatzes als Multifunktionseinheit für verschiedene Zwecke höchst interessant.

(c) Zum Bohren der Löcher in die Aufbau-Dachplatte für den Turmkranz dient eine zweisäulige Radialbohrmaschine von Raboma (Berlin-Borsigwalde). Gleichzeitig bohren zwei Horizontalbohrmaschinen, wie die in Abschnitt (b) beschriebenen, die kleinen Löcher für die Fahrgestellmontage in die Rumpfseiten. Das horizontale Bohrwerk bewegt sich mit veränderlichem Quervorschub auf einer Führung, kann jedoch vertikal nicht justiert werden.

(d) Eine weitere Werkzeugmaschine, die der Erwähnung bedarf, ist eine ausgeklügelte Doppel-Stirnfräse, mit der die Stirnflächen von 12 Fahrwerkachsen gleichzeitig bearbeitet werden können.

Die Fahrwerkachsen erfordern eine Vielzahl von Bearbeitungsschritten. Herkömmliche Werkzeuge wurden auf vielfältige Art und Weise verändert. In einem Fall wurde der herkömmliche Endantrieb des Tiger I eingebaut, um eine angemessene Untersetzung zu erreichen.

(e) Eine etwas ungewöhnliche fünfmeßrige Scheibenfräse in Form einer einzigen Werkzeugmaschine diente zur Bearbeitung der Stirnflächen der Gehäusehälften des Lenkmechanismus im Gegensatz zur üblichen Methode des Stirnfräsens der Flansche.

(f) Die Montage der federnden Laufräder ist auf Massenfertigung ausgerichtet. Es kommt eine 15 t Hydraulikpresse zum Einsatz.

(g) Ein Teil der Werkhalle ist der Montage der Lenkeinheit vorbehalten, die dann mit Nieten am Getriebe befestigt wird (welches in komplettem Zustand im Werk eintrifft). Die gesamte Kraftübertragungseinheit wird dann in zwei Prüfständen mit Kraftmessern getestet. Das Bedienungsfeld war für drei Prüfeinheiten ausgelegt. Die Mängelbeseitigung bei zurückgewiesenen Teilen wurde in einer gesonderten Abteilung nebenan durchgeführt.

(h) Verschiedene Werkhallen bei Henschel deckten die meisten Bearbeitungsphasen im Rahmen des allgemeinen Maschinen- und Gerätebaus ab. Das Zahnradschleifen erfolgte nahezu ausschließlich nach dem Maag-Verfahren. Eine Reihe von Werkzeugen stammten bald aus französischer Produktion (Somua).

Da diese Firma die Türme und Rümpfe komplett geliefert bekommt, besitzt sie keine Werkhalle zum Biegen oder Schweißen schwerer Panzerplatten. Zur Lokomotivproduktion gehörte jedoch das Profilfräsen und Schweißen leichter Teile.

Tech. Geh.-Dienst
Bereich G-2
Generalstab der All. Exp.-Streitkäfte

Anlagen:
Anlage A – Lageplan des Betriebes
Anlage B – Produktionsdaten
Anlage C – Verzeichnis der Hauptlieferanten

Anlage A – Lageplan des Betriebes

Siehe Abbildung auf S. 153.

Anlage B – Produktionsdaten (Henschel)

I. PzKpfw Tiger, Ausf E (Tiger I)

	1942	1943	1944
Jan.	–	35	93
Feb.	–	32	95
März	–	41	86
Apr.	1	46	104
Mai	–	50	100
Juni	–	60	75
Juli	–	65	64
Aug.	12	60	6
Sep.	15	85	–
Okt.	15	50	–
Nov.	17	60	–
Dez.	23*	65	–
Gesamt	83	649	623

* geschätzt

II. PzKpfw Tiger, Ausf B (Tiger II)

	1943	1944	1945
Jan.	–	3	40
Feb.	–	5	42
März	–	6	25
Apr.	–	6	–
Mai	–	15	–
Juni	–	32	–
Juli	–	45	–
Aug.	–	84	–
Sep.	–	49*	–
Okt.	1	29*	–
Nov.	–	56*	–
Dez.	2	47	–
Gesamt	3	377	107

* geschätzt

III. PzKpfw Panther

	1943
Jan.	–
Feb.	–
März	10
Apr.	26
Mai	25
Juni	25
Juli	30
Aug.	30
Sep.	30
Okt.	17
Nov.	7
Dez.	–
Gesamt	200

Anlage C – Verzeichnis der Hauptlieferanten

Rumpf Dortmund-Hörder Hüttenverein, Dortmund; Fa. Krupp, Essen; Skoda, Pilsen, Werk Königgrätz.

Getriebe Zahnradfabrik Friedrichshafen, Waldwerke Passau.

Motoren Maybach, Friedrichshafen; Auto-Union Chemnitz.

Ketten Aug. Engels, Velbert.

Turm Wegmann & Co., Kassel.

Tank I. Arnold, Friedensdorf/Lahn.

Handhebel und Pedale Berg Achsenfabrik, Wiehl (b. Köln)

Auspuffanlage Karl Born, Aschersleben.

Fernrohre Maschinenfabrik Dorst AG, Oberlind-Sonneberg; Sylbe u. Ponndorf, Schmölln.

Beschleuniger- und Anlassergestänge Hermann Fesel, Zwiesel.

Getriebeventile Hermann Fesel, Zwiesel.

Kettenschutz Gotthardt u. Kühne, Lommatzsch (b. Dresden); Wilh. Lenze, Neheim-Hüsten.

Lüftung Maschinenfabrik Imperial GmbH, Meißen.

Munitionsgestelle Richard Krahmer, Chemnitz; Schneider u. Korb, Bernsbach.

Fahrersitze Wilh. Lenze, Neheim-Hüsten.

MG-Kugelblende Luftfahrtgerätebau Arno Müller, Leipzig.

Kurbelanlasser Jos. Münch, Brotterode

Lukendeckel O. D. Werk Willy Ostner, Brand-Erbisdorf/Sachsen.

Stoßdämpfergehäuse Scheidt & Bachmann, Rheydt (später Pirna).

Laufräder Diana Maschinenfabrik, Kassel-Bettenhausen.

Antriebskettenräder (roh bearbeitet) Bochumer Verein, Bochum; Berg Stahlindustrie, Remscheid. Ruhrstahl AG, Witten-Annen; Eisenwerke Oberdonau, Linz.

Spannrad Dingler, Karcher & Co., Worms; Ruhrstahl AG, Annen; Van Tongelsche Stahlwerke, Güstrow/Mecklenburg; Wittmann AG, Hagen-Haspe; Knorr Bremsen AG Volmarstein; Deutsche Eisenwerke, Mühlheim.

Endantriebsgehäuse Dingler, Karcher & Co., Worms; Van Tongelsche Stahlwerke, Güstrow/

Mecklenburg; Deutsche Eisenwerke, Mühlheim; Lindener Eisen- u. Stahlwerke, Hannover-Linden; Pleissner GmbH, Herzberg/Harz.

Getriebegehäuse Dingler, Karcher & Co., Worms; Meier & Weichelt, Leipzig; Deutsche Eisenwerke, Mühlheim.

Sicherheitsklemmen Ruhrstahl AG, Witten-Annen; Vereinigte Oberschlesische Hüttenwerke Gleiwitz, Werk Malapane.

Gitter (Kühlschlitze) Dingler, Karcher & Co., Worms; Meier & Weichelt, Leipzig; Ruhrstahl AG Witten-Annen.

Drehstäbe Hoesch AG, Hohenlimburg; Röchling GmbH, Wetzlar.

Transportrollen (Rohzustand) Vereinigte Stahlwerke Charlottenhütte, Niederschelden/Sieg; Klöckner-Werke AG, Osnabrück.

Lenkbremse Süddeutsche Arguswerke, Karlsruhe.

Gebläse Ehrlich, Gotha.

Turmmechanik Ehrlich, Gotha.

Elektrik Bosch, Stuttgart.

SCHEMATISCHE DARSTELLUNG DER RUMPF-MONTAGEHALLE

(Halle 3 – siehe Anlage A1)

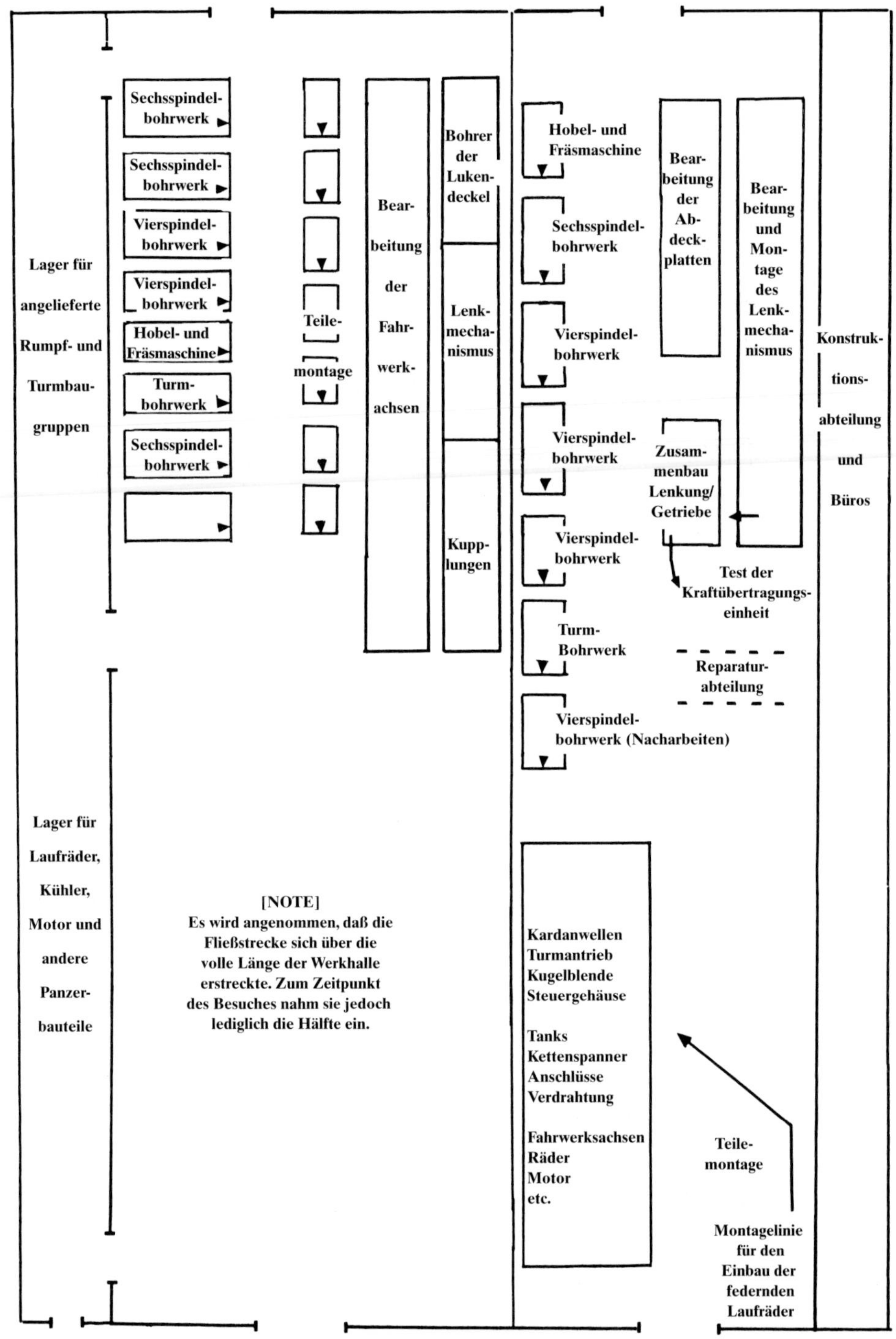

HENSCHEL & SOHN
WERK KASSEL-MITTELFELD

Maßstab 1:6000

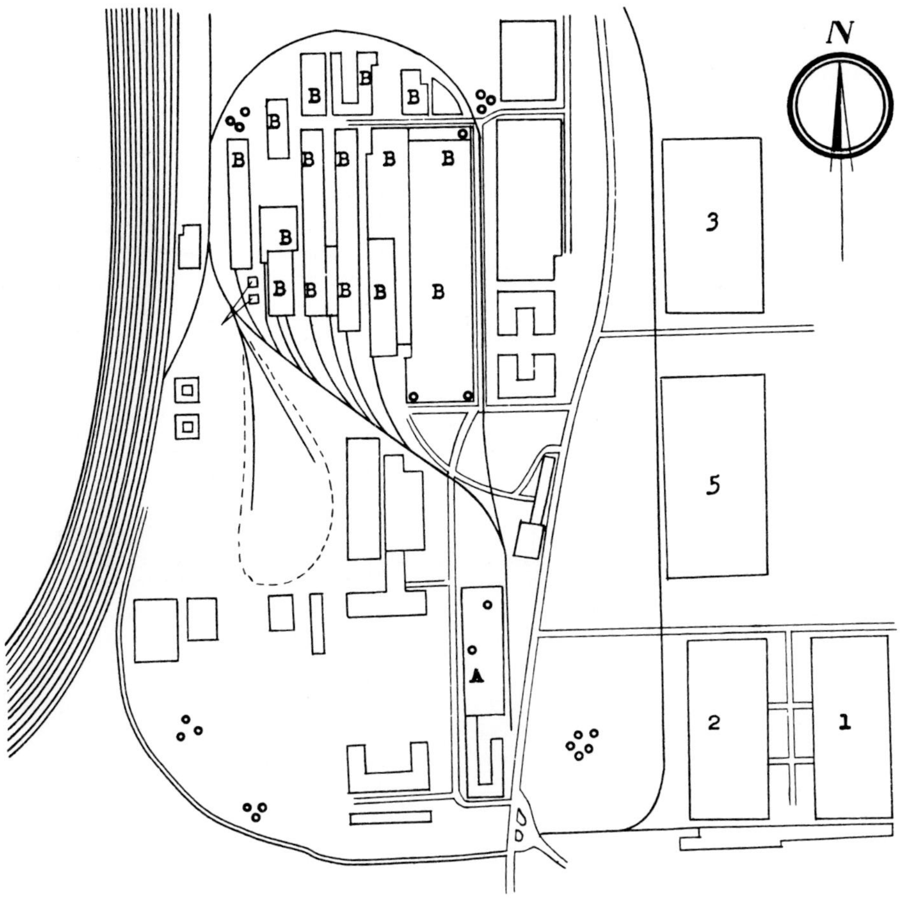

LEGENDE

3. Rumpfbearbeitung und -montage
5. Panzerendmontage
1. Allgemeiner Maschinen- und Gerätebau (Ersatzteile und Zahnräder)
2. Allgemeiner Maschinen- und Gerätebau (Lokomotivteile)

A. Reparaturhalle

B. Werkhallen für allgemeine Arbeiten (Lokomotiven und Lkw-Ersatzteile)

Bau eines Tiger I bei Henschel im Werk Mittelfeld. Ergänzung zu Anlage A. Siehe auch Foto auf S. 15.

Anmerkungen

Vorbemerkung

1. Albert von Boxberg ist leider inzwischen verstorben.

Kapitel 1

2. Alle A7V wurden bis auf ein Exemplar vom Interalliierten Kontrollausschuß zusammengeführt und verschrottet. Dieses eine Fahrzeug wurde als Kriegstrophäe von den australischen Streitkräften bei der Rückkehr mitgenommen und wird heute im australischen Museum für Kriegsgeschichte ausgestellt.
3. Das Truppenamt wurde nach der Auflösung des Generalstabes als Leitungsorgan für die Tätigkeit der Reichswehr gebildet.
4. Die Großtraktoren endeten in den Stäben verschiedener Panzerregimenter als Parademonumente.
5. *Covert German Re-armement 1919–1939.*
6. Zahlen aus *Armour, the development of mechanised forces and their equipment* von Richard Ogorkiewicz.
7. Bericht des Heereswaffenamts, T. IV, H 15/40.

Kapitel 2

8. Zitiert aus Seeckt's Buch *Gedanken eines Soldaten* durch Brigadekommandeur H. B. C. Watkins in *Panzer Divisions of WW2.*
9. Generaloberst Heinz Guderian wurde 1938 Chef der Panzerwaffe, nachdem er vorher zwei Jahre lang die 2. Panzerdivision befehligt hatte.
10. Die meisten Panzerbesatzungen bemühten sich, wertvolle Ersatzteile mitzuführen. Panzer im Nahen Osten und Rußland beispielsweise hatten bis zu acht Ersatzkettenräder dabei, die seitlich am Aufbau oder vorn und hinten am Rumpf befestigt waren. Ferner wurden vorn und hinten 6–12 Ersatz-Kettenglieder sowie zwei Stahl-Abschleppseile, außerdem zusätzliche Treibstoffkanister und in einigen Fällen spezielle zweirädige Anhänger mitgeführt. Eine große Verpflegungskiste, Kocher, Eimer, Tarnnetze, Masten, Biwakausrüstung, Schlafsäcke und Decken – die Zahl der Gegenstände, die eine Besatzung unter den verschiedensten Umständen zum Überleben brauchte, war endlos.

Kapitel 3

11. *A German Panzerwaffe 1920–1939* von R. Burke.
12. Das MG 13K (Dreyse) wog 10,84 kg und hatte eine zyklische Feuerfolge von 500 – 625 U/min und eine Anfangsgeschwindigkeit von 770 m/s. Die Munitionskisten faßten 25 oder 100 Schuß.
13. Fu – Funkgerät.
14. „Es war offensichtlich, daß Spanien zu einem ‚Europäischen Heerlager' werden sollte. Ich befehligte alle nach Spanien abkommandierten deutschen Landstreitkräfte während des Krieges ... Sie wurden eingesetzt, um Francos Panzertruppe auszubilden und um selbst Kampferfahrung zu sammeln. Die ersten deutschen Panzer trafen im September ein, gefolgt von einer großen Streitmacht im Oktober. Dabei handelte es sich um den Pz. I. Die russischen Panzer auf der anderen Seiten trafen sogar noch früher ein (Ende Juli). Sie waren schwerer als unsere, die nur mit Maschinengewehren bewaffnet waren. Ich setzte eine Belohnung von 500 Peseten für jeden eroberten Panzer aus, da ich diese Fahrzeuge nur zu gern in den eigenen Reihen eingesetzt hätte." Zitat aus einem Gespräch zwischen Thoma und Liddell Hart aus *The Other Side of the Hill.*

Kapitel 4

15. Gurttaschen bestanden aus Leinwand, hatten eine Metallöffnung und einen mit Scharnieren befestigten Metalldeckel mit Schnellverschluß. Um das Eindringen von Schmutz und Sand zu verhindern, wurde oben unter den Deckel ein Bogen fettdichtes Papier gelegt. Diese Gurttaschen erwiesen sich sogar unter den extrem staubigen Bedingungen in Nordafrika als äußerst effektiv.
16. Die Sprengkraft der Granate der 20 mm-Kanone war zu gering, obwohl ihre panzerbrechende Wirkung recht zufriedenstellend ausfiel.
17. *German Tanks Of World War II* von F. M. von Senger und Etterlin.
18. Die KwK 30 wurde von einem flachen Kastenmagazin mit zehn Schuß gespeist, weil das standardmäßige Magazin der 2 cm KwK 30 (mit 20 Schuß) zu groß für den Einsatz in Panzern war. Es handelte sich um einen Rückstoßlader, der nach Einbau in den PzKpfw II nur automatisch abgefeuert werden konnte.
19. Aus: *So lebten und so starben sie.*

Kapitel 5

20. (t) stand für „tschechisch". Weitere Beispiele für die Benennung erbeuteter Fahrzeuge sind am Ende von Kapitel 10 angegeben.
21. *Czechoslovak AFVs 1918–1945* von Charles Kliment und Hilary Doyle.
22. *The 6th Panzer Division 1937–45* von Oberst aD Helmut Ritgen.
23. Zitat: Hilary Doyle.
24. *The 6th Panzer Division 1937–45* von Oberst aD Helmut Ritgen.
25. *Czechoslovak AFVs 1918–1945* von Charles Kliment und Hilary Doyle.
26. Kommentar: Hilary Doyle.
27. *Czechoslovak AFVs 1918–1945* von Charles Kliment und Hilary Doyle.
28. Zitat: Hilary Doyle.

Kapitel 6

29. *German Tanks Of World War II* von F. M. von Senger und Etterlin.
30. *The Ordnance Department: On Beachhead and Battlefront,* S. 23 ff.
31. ebd.
32. ebd.
33. Aus dem Bericht (OS/95) eines Kriegsgefangenen, welcher der 5. Schweren Panzerabteilung, 25. Panzergrenadierdivision CSDIC (UK), SIR 1364 angehörte.
34. Intelligence Bulletin [Geheimdienstnachrichten], Bd. II, Nr. 11, Juli 1944, veröffentlicht vom Kriegsministerium in Washington, D. C.
35. Die Verwendung von „Ostketten" war erforderlich, wie das folgende Zitat aus einer Schrift des Armeeministeriums (Nr. 20–291) vom Februar 1952 unter der Überschrift *Effects of Climate in Combat in European Russia* belegt: „Der gravierendste Mangel

deutscher Panzer waren ihre schmalen Ketten. Die Panzer versanken tief im Schnee und blieben wegen ihres geringen Bodenabstands sofort stecken. Russische Panzer, insbesondere der T-34 sowie die KW 1 und 2, kamen aufgrund ihres hohen Bodenabstands und ihrer breiten Ketten im tiefen Schnee voran. Darin lag ihre Stärke in den Wintergefechten. Nach dem ersten Kriegswinter gingen die Deutschen zur Nutzung breiter, auswechselbarer Ketten über. Diese lösten zwar die Problem des Vorwärtskommens im Schnee, aber die so ausgestatteten Panzer ließen sich nicht auf deutsche Eisenbahnwaggons verladen und waren außerdem zu breit für die Überquerung standardmäßiger deutscher Pionierbrücken. Die breiten russischen Panzerketten waren reguläre Fabrikausführungen, und die größere Spurweite der russischen Eisenbahn mit ihren entsprechend breiten Plattformwagen schaltete das Transportproblem aus. Im Dezember 1942 verspätete sich eine deutsche Panzerdivision, die beim Entlastungsangriff auf Stalingrad zur Stabilisierung einer äußerst kritischen Situation am Fluß Chir abgezogen wurde, um 12 Stunden, weil die Schneeketten ihrer Fahrzeuge für eine Pionierbrücke über den Don zu breit waren. Die Ketten von mehr als 150 Panzern und Sturmgeschützen mußten in totaler Dunkelheit abgebaut und am anderen Ufer wieder angelegt werden."

Kapitel 7

36. In Kummersdorf nahm Hitler Anfang 1934 erstmals die Technik seiner neuen Panzertruppe in Augenschein. Guderian zeigte ihm die Grundelemente der Panzerdivision: einen Kradzug, einen Panzerjägerzug, einen Zug leichter Panzer vom Typ PzKpfw I und einige Aufklärungsfahrzeuge.
37. Zitat aus *German Tanks Of World War II* von F. M. von Senger und Etterlin, S. 44.
38. Die Brinell (manchmal irrtümlich „Brinnel")-Härteprüfung ist ein im Jahre 1900 entwickeltes Verfahren, bei dem eine gehärtete Stahlkugel in die Oberfläche des zu messenden Werkstoffs gedrückt wird, wo sie eine Vertiefung hinterläßt. Die Härtezahl des Werkstoffs errechnet sich dann aus der Division der angewandten Last durch die Eindruckfläche.
39. Es ist zweifelhaft, ob es sich bei dem in dieser Schilderung genannten Befehlspanzer wirklich um einen PzKpfw IV handelt, weil erst 1944 PzKpfw IV zu Befehlspanzerwagen umgebaut wurden. Wahrscheinlich handelt es sich vielmehr um einen Panzerbefehlswagen III Ausf D_1 (siehe vorangegangenes Kapitel).
40. 24. Panzerdivision, die wenige Monate später in Stalingrad vernichtet wurde.
41. Intelligence Bulletin der US Army: *GI comments on German use of firepower.*
42. *The Battle of the Bulge*, S. 202.

Kapitel 8

43. Im Oktober 1941 wurde ein VK 3001 als logische Weiterentwicklung des 1937 geplanten Durchbruchswagens gebaut, welcher die damalige PzKpfw IV/BW-Serie (Prototyp) ablösen sollte. Obwohl sich der VK 3001 auf die Konstruktion des Panther auswirkte, paßte er stärker ins Entwicklungskonzept des Tiger (siehe nächstes Kapitel).
44. Er spielte eine entscheidende Rolle bei der Entwicklung deutscher Panzerfahrzeuge jener Zeit, war seit 1936 beim Waffenprüfamt 6 tätig, dessen Chefingenieur er bis Kriegsende blieb. Auf sein Konto gehen zahlreiche Innovationen, wie die versetzten Laufräder.
45. Guderian schreibt in seinem Tagebuch auch, daß er „sich am 15. Juni den ganzen Tag über unser Sorgenkind, den Panther, Gedanken gemacht [hat]. Kettenfederung und -antrieb waren nicht in Ordnung, und auch die optischen Geräte konnten nicht zufriedenstellen." Am nächsten Tag teilte er Hitler mit, daß er den Panther noch immer nicht für ausgereift hielt.
46. Der erste Einsatz erfolgte im Rahmen der Aktion ZITADELLE (der deutsche Angriff auf Kursk), der bis zur Fertigstellung der neuen Panzer verschoben worden war.
47. Zitat aus *The Ordnance Department Planning Munitions for War.* Ich hege allerdings Zweifel an der Richtigkeit dieser Behauptung. Korrekter ist wahrscheinlich 1737 m oder auch 2650 m. 7223 m ist aus der Luft gegriffen.
48. Die Nahverteidigungswaffe war ein Granatwerfer mit kurzem Lauf für Nebelkerzen oder Sprenggranaten.
49. Infanterie-Panzerbüchse, das britische Gegenstück zu deutschen Panzerfaust. Damit ließ sich eine 1,36 kg schwere Hohlladung abfeuern. Die Reichweite betrug 90 m.
50. Brit. Amt für Industrielle Gestaltung, Abteilung Werkstoffe, Bericht des Bereichs Panzer (AT Nr. 232) vom 12. Januar 1945.
51. MI 10A/BM/4049 PANTHER, GS1 (Tech.), 21. Heeresgruppe.
52. Die meisten authentischen Informationen über den Panther F erhielten die Briten von Ing. Kunze von Daimler-Benz, Berlin, dem die Konstruktion dieses Fahrzeugs übertragen worden war. Er teilte diese Dinge aus dem Gedächtnis mit, da seine Unterlagen und Zeichnungen von den Russen konfisziert wurden!
53. Als bestes der neuen „Sturmgewehre" hatte es eine zyklische Feuerrate von 500 U/min.
54. Grundforderungen an die Entwicklung waren die vereinfachte Herstellung und geringere Produktionskosten. Der Verzicht auf Kanonenvisier, Entfernungsmesser und Bewaffnung führte zu einer 30–40%igen Einsparung an Arbeitsstunden.
55. Auszug aus Anlage D zum Zusammenfassenden Bericht des Tech. Geheimdientes des brit. Kriegsministeriums vom 9. August 1945.
56. Laut Angaben in *German Tanks of World War II* von FM von Senger und Etterlin.
57. Auszug aus der Überblicksdarstellung Nr. 3, Anlage E, des Tech. Geheimdientes, Chef Panzerkorps.
58. Auszug aus dem Zusammenfassenden Bericht des Tech. Geheimdientes des brit. Kriegsministeriums Nr. 146.
59. Spätere Modelle hatten zwei separate Kästen anstelle eines einzigen. Der obere maß 3,35 × 2,74 × 0,91 m, der untere 3,35 × 2,74 x 2,00 m. Sie waren dreigeteilt: ein Abteil für die Unterkunft, eines als Lager und das dritte als Zugang zum oberen Kasten. Oberer und unterer Teil besaßen Zugangsluken, bei beim Zusammenbau der beiden Elemente deckungsgleich übereinander lagen.
60. Aus dem Bericht eines Kriegsgefangenen, der vom Mil. Geheimdienst MI 10A am 6. September herausgegeben wurde. Im Begleitschreiben dazu wurde der Gefangene als „gut informiert und ziemlich zuverlässig" bezeichnet.
61. Der T-43 war die aufgepanzerte Version des T-34/76B, die im Winter 1942/43 herauskam, ehe die Russen sich für die 85 mm-Ausführung entschieden. Die Panzerung war dicker, die Blende verbessert und der Turm sechseckig.
62. Aus: *So lebten und so starben sie* von Hans Schaufler. Zitiert mit freundlicher Genehmigung der „Kameradschaft Ehem. Panzerregiment 35 e. V."
63. Siehe Dokument der US Army Nr. 20–291 vom Februar 1952: *Effects of Climate in Combat in European Russia.*
64. 1939 wurde das Eiserne Kreuz in vier Grade untergliedert. Die zweithöchste Stufe war das Ritterkreuz zum Eisernen Kreuz, eine Auszeichnung, die ihrerseits während des Krieges in fünf Stufen unterteilt wurde: einfach, mit Eichenlaub, mit Eichenlaub und Schwertern, mit Eichenlaub, Schwertern und Diamanten sowie mit goldenem Eichenlaub, Schwertern und Diamanten.
65. Der Schwimmwagen VW166 war die Amphibienversion des berühmten VW-Kübelwagens Typ 82, einer Weiterentwicklung des „Volkswagens" bzw. „Käfers" der Vorkriegszeit.
66. Wahrscheinlich gab es die Ausführung als 122 mm Feldkanone 1931/37 (A-19), die später auf das Fahrgestell des schweren Panzers KW aufgesetzt wurde und so den schweren Panzerjäger SU 122 ergab.

Kapitel 9

67. Auch das NbFz erhielt zu einem bestimmten Zeitpunkt diesen Namen, während sowohl der britische „Independent" und der französische „Char de Rupture" als schwere Durchbruchpanzer eingestuft wurden.

68. Der Bericht nebst anderen Unterlagen über den Tiger wurden in einem faszinierenden Buch mit dem Titel *Tiger: The British View* verarbeitet, das 1986 beim brit. Staatsverlag und Vertrieb für amtl. Veröffentlichung HMSO veröffentlicht wurde. Herausgeber war der Bibliothekar des brit. Panzermuseums, David Fletcher.
69. Im Bericht wurde handschriftlich die Änderung „Ausf E" vorgenommen. Auch die Nummer des SdKfz ist falsch. „182" gehört dem Tiger II. Die richtige Bezeichnung für den Tiger I lautet „Sonderkraftfahrzeug 181".
70. Aus *Report on PzKw VI (Tiger) Model E*, Part 1, *General Description* [Bericht über den PzKw VI (Tiger), Ausf E. Teil 1: Allgemeine Beschreibung], veröffentlicht von der Militärhochschule der School of Tank Technology, Chobham Lane, Chertsey/GB.
71. Da die ersten Panther erst im Juli 1943 in der Gegend von Kursk eingesetzt wurden, handelt es sich hier entweder um einen Druckfehler, und es muß „Panzer" heißen, oder der Autor hat die Tatsachen nicht sorgfältig recherchiert!
72. Zitat aus *Panzers at War* von A. J. Barker.
73. Entlang dieses Abschnitts wurde folgender interessanter Randvermerk mit Bleistift gemacht: „Nicht für die Truppe bestimmt. Der Kommandant."
74. Die Zahlen stammen aus *Panzers in Normandy Then and Now* von Eric Lefevre.
75. Dies geschah zum Zwecke der Verstärkung und zur Erleichterung der Produktion.
76. Zusammenfassender Bericht des Tech. Geheimdienstes vom 7. Februar 1945.
77. Diese Zahl gilt für Tiger I und II.

Kapitel 10

78. Um genau zu sein, wurden zwei weitere Panzerfahrzeuge in der superschweren Gewichtsklasse gebaut, obwohl es sich dabei eigentlich um Artilleriegeschütze und keine Panzer handelte. Das erste Fahrzeug war die Grille, die entweder für eine 17 cm-Kanone oder eine 21 cm-Haubitze bei verlängertem Tiger II-Fahrgestell ausgelegt war. Nur eine Pilotausführung wurde davon gebaut, die bei Kriegsende noch nicht fertiggestellt war. Das zweite Fahrzeug war ein enormes Mörsergeschütz namens Karl, das ursprünglich an der Maginot-Linie eingesetzt werden sollte. Es trug einen 60 cm-Mörser (der bei einigen Fahrzeugen später durch einen 54 cm-Mörser ersetzt wurde). Sechs 60 cm-Mörser (Gerät 040) wurden ab 1939 gebaut und in Dienst gestellt. Etwa nach der Hälfte des Krieges erhielten einige Exemplare ein 54 cm-Geschütz. Obwohl der Karl sich aus eigenem Antrieb vorwärts bewegen konnte, erwiesen sich lange Märsche wegen seiner enormen Größe und seines Gewichts (125 t, bei Einbau des neuen Mörsers sogar 132 t) als äußerst problematisch, so daß er entweder mit der Eisenbahn oder Spezialschleppern transportiert werden mußte. Man nutzte das Fahrgestell des PzKpfw Ausf F als Grundlage für den Munitionspanzer, der speziell in Verbindung mit dem Karl eingesetzt wurde, um die riesigen Granaten mit Hilfe eines 2,5 t-Spezialkrans zu bewegen. Außerdem führte er zusätzlich drei Schuß Munition mit sich.
79. Im Kapitel über den Panther und im weiteren wird mehr über diesen brillanten Ingenieur ausgesagt.
80. „E" bedeutete „Entwicklung".
81. Das Verhörprotokoll befindet sich im Besitz des brit. Panzermuseums.
82. Zusammenfassender Bericht des Tech. Geheimdienstes Nr. 132 vom 30. Juni 1944.
83. Loseblattsammlung für ausländisches Kriegsmaterial.

Literaturauswahl

Monographien

Bender, R. James and Oedegard: *Uniforms, Organisation and History of the Panzertruppe*, R. James Bender Publishing Co, 1980.

Burke, R.: *A German Panzerwaffe 1920–1939*, University Microfilms Inc, 1975.

Carell, Paul: *Hitlers War in Russia*, Harrap, 1964.

Chamberlain, Peter, Doyle, Hilary and Jentz, Tom: *Encyclopedia of German Tanks of World War Two*, Arms and Armour Press, 1978.

Crow, Duncan (Hrsg.): *AFVs of Germany*, Barrie & Jenkins, 1973.

Green, Constance, Thomson, Harry and Roots Peter: *The Ordnance Department: Procurement and Supply*, Office of the Chief of Military History, US Army, 1955.

Guderian, Heinz: *Panzer Leader*, Michael Joseph, 1952.

Hauschild, Reinhard: *Der springende Reiter. 1. Kavallerie-Division – 24. Panzer-Division im Bild*, Ernst J. Dohany, 1984.

Howe, George F.: *The Battle History of 1st Armoured Division*, Combat Forces Press, 1954.

Kleine, Egon und Kühn, Volkmar: *Tiger – Die Geschichte einer legendären Waffe 1942–44*, Motorbuch Verlag, 1976.

Kliment, Charles und Doyle, Hilary: *Czechoslovak AFVs 1918–1945*, Argus Books, 1979.

Liddell-Hart, Basil: *The Other Side of the Hill*, Cassell, 1948.

Macdonald, Charles B.: *Battle of the Bulge*, Weidenfeld & Nicholson, 1984.

Manchester, William; *The Arms of Krupp*, Michael Joseph, 1969.

Mayo, Lida: *The Ordnance Department: On Beachhead and Battlefront*, Office of the Chief of Military History, US Army, 1968.

Oechelhauser, Justus Wilhelm von: *Wir zogen in das Feld*, Harald Boldt Verlag, 1983; und *Udelheit, es ist soweit*, Moewag Books, 1984.

Ogorkiewicz, Richard: *Armour, the development of mechanised forces and their equipment*, Atlantic Books, 1960.

Perret, Bryan: *The Tiger Tanks*, Osprey/Vanguard, 1980; und *The Panzerkampfwagen III*, Osprey/Vanguard, 1980.

Rebentisch, Ernst: *Zum Kaukasus und zu den Tauren. Die Geschichte der 23. Panzerdivision*. Verband ehem. Angehöriger der 23. Pz.-Div., 1963

Ritgen, Oberst aD Helmut: *The 6th Panzer Division 1937–45*, Osprey/Vanguard, 1982.

Schaufler, Heinrich: *So lebten und so starben sie. Das Buch vom Panzerregiment 35*. Kameradschaft ehem. Angehöriger des Pz-Rgt. 35 e.V., 1983.

Schröder, Gerd: *Die 1(H) 14 Pz. im Westen 1940*, privat veröffentlicht.

Spielburger, Walter J.: *Die Panzerkampfwagen I und II und ihre Abarten*. Motorbuch Verlag, 1984.

Spielburger, Walter J.: *Die Panzerkampfwagen 35(t) und 38(t)*. Motorbuch Verlag, 1980.

Thomson, Harry C. und Mayo, Linda: *The Ordnance Department: On Beachhead and Battlefront*, Office of the Chief of Military History, US Army, 1960.

Watkins, Brigadier H.B.C. et al.: *Panzer Divisions of World War 2*, Profile Publications, Erscheinungsjahr unbekannt.

Weidmann, Gert-Axel: *Unser Regiment. Reiterregiment 2 – Panzerregiment 24*, Ernst J. Dohany, 1984.

Whalley, Bart: *Covert German Re-armement 1919–1939*, University Publications of America, 1984.

Berichte, Schriften und ähnliche Dokumente

[Die folgenden Publikationen sind in englischer Sprache erschienen. Die deutsche Übersetzung dient lediglich als Anhaltspunkt.]

Die deutsche Wirtschaft im Überblick, Abschnitt K – Waffen und Munition; brit. Außenministerium und Ministerium für Wirtschaftliche Kriegführung, Mai 1945.

Glossar der Panzertermini, erstellt von der School of Tank Technology, März 1943.

Bericht über die deutsche Panzerproduktion; brit. Außenministerium und Ministerium für Wirtschaftliche Kriegführung, Juni 1944.

Illustrierter Bericht über die Kriegstechnik des deutschen Heeres 1939–1945; Bd. III – Panzerwagen; Ltr. Geh.-Dienst, brit. Kriegsministerium.

Überblick über deutsche Panzer; Büro des Stv. Stabschefs G-2 (Generalstab der Alliierten Expeditionsstreitkräfte SHAEF), Oktober 1944.

Vorläufiger Überblick über die deutschen Panzerfabriken. SHAEF, Mai 1945.

Bericht des brit. Kriegsbeirates für Motorisierungsfragen über den leichten Panzer Praga, März 1939.

Bericht über die Versuche mit dem leichten Panzer Praga in Lulworth, März 1939.

Kriegsberichte der School of Tank Technology über feindliche Panzerkampfwagen:
- Nr. 5 über den PzKpfw III, September 1942;
- Nr. 6 über den PzKpfw II, Oktober 1942;
- Nr. 9 über den PzKpfw I (Befehlspanzer), März 1943;
- Nr. 10 über den PzKpfw I Ausf. B, April 1943;
- Nr. 16 über das StuG III, Oktober 1943;
- Nr. 23 über den Sprengladungsträger B IV, Oktober 1944;

Bericht über den PzKpfw VI Tiger, Januar 1944, sowie andere Berichte über den gleichen Panzerkampfwagen.

Bericht der Associated Equipment Co. Ltd. über den PzKpfw III vom Januar 1942.

Bericht über Turm und Bewaffnung des PzKpfw III von Merz und McLannan, August 1942.

Bericht der Forschungsabteilung von Leyland Motors über den PzKpfw IV, Januar 1942.

Bericht über Turm und Bewaffnung des PzKpfw IV von der Abt. Panzerentwicklung; brit. Versorgungsmin., Oktober 1943.

Diverse zusammenfassende Berichte des Tech. Geheimdienstes der USA und Großbritanniens (ausführliche Quellenangaben im Text).

Diverse Rundschreiben des brit. Panzerkorps (RAC) (ausführliche Quellenangaben im Text).

Schriften des US-Armeeministeriums, Gefechte kleiner Kampfeinheiten – Der deutsche Rußlandfeldzug 1941–1945:
- Nr. 20–261 A Gefechte der Deutschen in Rußland;
- Nr. 20–290 Geländefaktoren im Rußlandfeldzug;
- Nr. 20–255 Der deutsche Polenfeldzug (1939);
- Nr. 20–233 Deutsche Verteidigungstaktiken gegen russische Durchbrüche.

Index

A

A7V 9, *9*
Adler 147
Alkett 11, 17, 19, 137, 145
Anschluß 33
Anzio 149
Argus 147, 152
Artillerie-Panzerbeobachtungswagen 74, *90*, 95, 108, *109*

B

B1 & B2 (Minenräumwagen) 148, *148*, 149
Banska Bystrica 53
Barbarossa 7, 14, 98
Bataillonsführerwagen 7, 11
Befehlswagen (BefWg) 32 ff., *34*, *51*, *54*, 70, *70*, 73, 95, 108, 136, 141
Beobachtungswagen 74, *90*, 95, 108, *109*
Bergepanzer 60, 74, 95, 108, *111*, 134, *135*, 136, *136*
Bison 56
Blitzkrieg 6, 14, 25, 90
BMM (ehem. CKD) 48, 52, 56
Borgward 148, 149
Boxberg, Oberst aD Albert von 8, 34, 156
Broad, Gen.-Lt. Sir Charles 18
Brückenleger 33, 44, *90*, 95
Brummbär 96

C

Carro Armato M13/40 & M15/42 150
Char B I bis 150
CKD 48, 52, 56
Condor, Legion 19, *23*, 33

D

Daimler-Benz 8, 11, 17, 30, 36, 41, 61, 62, 98, 100, 101, 118
Demag 100, 108
Deutsches Afrika-Korps (DAK) 22, 74 ff., 90 ff.
Doyle, Hilary 8, Kap. 5 allgemein
Duncan, Gen.-Maj. Nigel 111
DW1 & DW2 14

E

E, Serie (E5, E10, E25, E50, E75) 147
E 100 143, 147 ff., *147*
Elefant 24, 119, *135*, 136, 143
Elsner, Ofw. H. 8, 117, *117*
Ente 148
Erbeutete Fahrzeuge 149, *149*, 150, *150*
Exerzierpanzer 30, *30*, 31, *31*, 60

F

Fallschirmpanzerkorps (HG) 75, *78*
Famo 36
Ferdinand 119, 143
Firmen siehe Kap. 1 (9–17)
- Adler 147
- Alkett (Berlin-Borsigwalde) 11, 17, 119, 137, 145
- Argus 147, 152
- Borgward 148, 149
- CKD (Ceskomoravska Kolben Danek), später BMM (Böhmisch-Mährische Maschinenfabrik) 48, 52, 56
- Daimler-Benz 8, 11, 17, 30, 36, 41, 61, 62, 98, 100, 101, 118
- Demag 100, 108
- Famo 36
- Henschel & Sohn 8, 11, 14, 15, 30, 36, 100, 101, 106, 118, 20, 125, 151–156
- Klöckner-Humboldt-Deutz 147, 152
- Krupp 9, 10, 11, 30, 36, *61*, *62*, 79, 90, *144*
- Magirus 90, 147
- MAN (Maschinenfabrik Augsburg-Nürnberg) 11, 30, 36, 79, 98 ff., 101, 106, 118, 148
- MIAG (Mühlenbau und Industrie AG) 11, 36, 63, 110
- MNH (Maschinenfabrik Niedersachsen, Hannover) 16, 100, 101, 109 ff.
- NSU 149
- Porsche 118, 119, 137, 140, 142, 143, 145
- Rheinmetall-Borsig 10, 11, 30, 79, 100, 118
- Skoda 9, 48, 49, 51, 55
- Steyr-Daimler-Puch 11, 152
- Vomag 36
- Wegmann 94, 96

Fischer, Oltn. aD Gerhard 8, 115, *116*
Flak 60, *91*, *92*, 96, 110
Flammenwerfer 33, 41, 42, *43*, 60, 73

Flemming, Max 8, 75 ff. *78*
Fliegerabwehrpanzer 60, *91, 92,* 96, 110
Frauen in der Industrie 17
Fuller, Gen.-Maj. J. F. C. 6, 18

G
Generalstab der Alliierten Expeditionsstreitkräfte (SHAEF): Überblick über die deutschen Panzerfabriken (Anlage A) 16
Goliath 148, *148,* 149
Grant (mittlerer US-Panzer) 68
Grille *56,* 147, 158
Großtraktor 10, *11*
Guderian, Feldmarschall Heinz 10, 11, *11,* 18, 20, 21, 90, 98, 125, 127, 143
Guderians Küken 96
Gudgin, Maj. Peter 8, 129

H
Hart, Sir Basil Liddell 6, 18
Heereswaffenamt 18, 30, 36, 61, 79, 98, 118, 137, 142, 145, 148
Henschel & Sohn 8, 11, 14, 15, 30, 36, 100, 101, 106, 118, 20, 125, 151–156
Hetzer *57,* 60
Hitler, Adolf 6, *6,* 9, 10, 14, 17, 44, 63, 75, 80, 96, 99, 101, 109, 118, 125, 126, 143, 148
Hornisse 96, *96*
Hummel 97, *97*

I
Icker, Oberst aD, Dipl.-Ing. 50 ff.
Interalliierter Kontrollausschuß 10
Infrarottechnik beim Panther 101 ff., *101*

J
Jagdpanther 15, *16,* 109 ff., 112, 113
Jagdpanzer IV *93,* 96, 97
Jagdtiger 15, 141, *141,* 142
Jarrett, Ob. George B. 67
Johnson, Uffz. Afred 8, 113

K
Käfer-Panzer 149
Kampfgruppe Peiper 96
Kanonen:
- MG als Erstwaffe:
  - MG 13 30, 31, *32, 33*
  - MG 34 32, *34*
- Panzerkanonen:
  - 2 cm KwK 30 L/55 36 ff. *36 ff.*
  - 2 cm KwK 38 L/55 39, *39,* 40, *40,* 41, *41*
  - 3,7 cm KwK L/45 11, 13
  - 3,7 cm KwK L/46,5 61, *62*
  - 5 cm KwK 38 L/42 14, 63, *68,* 73
  - 5 cm KwK 39 L/60 *14,* 63, 64, *66,* 73
  - 7,5 cm KwK 37 L/24 (kurz) *11,* 13, *14,* 22, 63, 75, 79, *79,* 82, 118
  - 7,5 cm KwK 39 L/48 (kurz) 93, 97, 118
  - 7,5 cm KwK 40 L/43 (lang) *14,* 22, 80, *82,* 83
  - 7,5 cm KwK 40 L/48 (lang) 81, 83, 98, 118, 124
  - 7,5 cm Kwk 42 L/70 (lang) 100 ff, *98 ff.*
  - 8,8 cm KwK 36 L/56 14, 118, 120 ff. 124, *124*
  - 8,8 cm KwK 43 L/71 *138,* 139, 140, 141, 143
  - 12,8 cm KwK 44 L/55 143, 146
- Panzerabwehrkanonen:
  - 7,5 cm PaK 39 L/48 *93,* 97
  - 7,5 cm PaK 42 L/70 *94,* 96
  - 7,5 cm PaK 40/2 43, *44*
  - 7,5 cm PaK 40/3 60
  - 8,8 cm PaK 43/2 L/71 119, 136
  - 8,8 cm PaK 43,3 L/71 109, 110, 112, 137, 142
  - 12,8 cm PaK 44 L/55 141, 142
  - 12,8 cm PaK 80 L/55 142
  - 10,5 cm 1e FH 18 M Haubitze 44, 45
  - 15 cm sIG 33 *35,* 60
  - 7,62 cm russische Kanone 43, *44,* 60
  - 7,5 cm StuK 37 L/24 (kurz) *74,* 75
  - 7,5 cm StuK 40 L/48 (kurz) 75
  - 7,5 cm StuK 40 L/48 (lang) 75, *76* ,*93*
  - 10,5 cm StuK 42 L/28 75, *77*
  - 38 cm Mörser Raketenwerfer 61 135, 137, *137*
- Flak18 124
  - 36 118, 124
  - 41 109, 110
- Flammenwerfer 33, 41, 42, *43,* 60, 73
- tschechische Geschütze vz 34 3,7 cm 49 ff. *49 ff.*
  - Skoda A7 3,7 cm 52 ff., *52 ff.*

Karl 158
Kleiner Befehlswagen *6,* 32 ff., *34*
Kliment, Charles, 8, Kapitel V allgemein
Klöckner-Humboldt-Deutz 147, 152
Kniekamp, Dipl.-Ing. 99, 145 ff., 147
Königstiger 15, 137, 138, *138, 140, 141*
Krupp 9, 10, 11, 30, 36, *61, 62,* 79, 90, *144*
Kugelblitz *96*
Kummerdorf, Testgelände 79, 99, 146
KW Ia (russischer Panzer) *149*

L
Ladungsträger/Ladungsleger 148, *148,* 149, *149*
Landwirtschaftlicher Schlepper 7, 11, 30
- LKA I 30, *30*
- LKA II 11, 36
- LaS 100 36, *36*
- 2/LaS 100 36, 37, *37*
- 3/LaS 100 36, 37, *37*
- 8/LaS 138 38, *39*

Leichter Einheitswaffenträger *59*
Leichter Kampfwagen I & II 9, *10*
Leichter Traktor 7, 11
Leichter Panzer vz 35 48 ff., *48, 49*
Leichter Panzer vz 38 48, 51, 53
Leopard 41
Löwe 146
Luchs 41, 42
Ludendorf, Gen. Erich von 9
Lutz, Gen. Oswald 18

M
M10 (US-Panzerjäger) 94, 110
M21 9
MacDonald, Charles B. 96
Maerker, Maj. Richard 125, 126
Magirus 90, 147
Mammut siehe Maus
MAN 11, 30, 36, 79, 98 ff, 101, 106, 118, 148
Marder II 43, *44*
Marder III *55,* 60
Maus I 7, 15, 143 ff., *143 ff.*
Maus II 145, 146
MIAG 11, 36, 63, 110
Minenräumwagen 110, 148, *148,* 149
Möbelwagen *91,* 96
Munitionsschlepper 33, *46,* 60, 74
Mussolini, Benito 6

N
Nashorn 96, *96*
Neubaufahrzeuge (NbFz) 12, 13, *13,* 118
NSU 149

O
Oechelhauser, Justus-Wilhelm von 8, 68 ff.
Ohrdruff 18
Oppeln 19
Ostketten 74, 156 ff.
Ostwind *92,* 96

P
Paderborn, Panzerschule 17
Panther siehe Kapitel 8 (98–117)
Panther II 106 ff, 138
Panzer, geheime Entwicklung 6 ff.
Panzerattrappe 11, *12*
Panzerausbildung 24 ff.
Panzerbestand:
- am 1. Sept. 1939 – 13
- im Mai 1940 – 14
- im Juni 1941 – 14

Panzerbezeichnungen 7 ff.
Panzerdivisionen, allgemein siehe Kapitel 2 (18–29)
- 1. 19
- 2. 19, *22*
- 3. 19
- 4. 19
- 5. 19
- 6.–9. 21
- 10. 19
- 11.–20. 21
- 21.–24. 22
- 25.–27. 22
- SS 23
- Stabsaufbau 23

Panzerentwicklung 1940–1945 im Vergleich zu den USA und Großbritannien 15
Panzererprobungsgelände 17, 19, 99, 146
Panzerjäger 20
Panzerkampfwagen I (SdKfz 101) Kapitel 3 allgemein (30–35)
LKA I, Krupp-Prototyp 30, *30*
Ausf A 7, *23*, 30 ff, *31*, 33
Ausf B *24*, 31 ff. *31*, 33
Ausf C (VK 601) 32, *33*
Ausf F (VK 1801) 32, *33*
Ausf A, Exerzierausführung (ohne Aufbau) 30, *30*
Ausf B, Exerzierausführung (ohne Aufbau) *30*, 31
Ausf A, Ausführungen:
Brückenleger 33
Flammenwerfer 33
Munitionsträger 33
Ausf B, Ausführungen:
4,7 cm Panzerabwehrgeschütz 33, *35*
15 cm Schweres Infanteriegeschütz 33, *35*
Kleiner Panzerbefehlswagen (SdKfz 265) 6, 32 ff., *34*
Sprengladungsträger 33, 34 ff., *35*
PzKpfw I – Einsatzhistorie 33 ff.
Panzerkampfwagen II (SdKfz 121) Kapitel 4 allgemein (36–47)
LKA II, Krupp-Prototyp 11, 36
LaS 100, MAN-Prototyp 36, *36*
Ausf a 1 (1/LaS 100) 36
Ausf a 2 36
Ausf a 3 36
Ausf b (2/LaS 100) 36, 37, *37*
Ausf c (3/LaS 100) 36, 37, *37*
Ausf A, B & C 37, 39
Ausf D/E (8/LaS 138) 38, *39*
Ausf F 40, *40*
Ausf G (VK 901) 40, *41*
Ausf J (VK 1601) 41, *42*
Ausf L (Luchs – SdKfz 123) 41, *42*
Ausführungen:
7,5 cm Marder II (SdKfz 131) 43, *44*
7,62 cm Panzerabwehrgeschütz (SdKfz 132) 43, *44*
10,5 cm Haubitze Wespe (SdKfz 124) 43, 44, *45*
Brückenleger 44
Flammenwerfer (SdKfz 122) 41, *43*
Munitionsträger für Wespe *46*
Pionierfahrzeug 44
Schwimmpanzer 44
allgemeine Beschreibung 37 ff.
Einsatzhistorie 45 ff.
Panzerkampfwagen 35(t) Kapitel 5 allgemein (48–60)
Leichter Panzer vz 35 (tschech.) 48 ff. *48, 49*
PzKpfw 35 (t), deutsche Ausführung 49, 50, *50*
Ausführungen:
Befehlswagen *51*
Mörserschlepper 51
Traktor 51
allgemeine Beschreibung 49
Einsatzhistorie 51
Panzerkampfwagen 38(t) Kapitel 5 allgemein (48–60)
TNHP, 1. tschechischer Prototyp 51, 52, *52*, 54
TNHP, britische Versuche 56 ff.
Leichter Panzer vz 38 (tschech.) 48, 51, 53
PzKpfw 38(t), deutsche Ausführung 52, *52*
Ausf A 52, 54, *54*, 55
Ausf B 54
Ausf C 54
Ausf D 54
Ausf E 54
Ausf F 54
Ausf G 54, *55*
Ausf S *53*, 54
allgemeine Beschreibung 55, 56
Einsatzhistorie 58, 60
Produktionszahlen 54, 55
Ausführungen:
Befehlswagen *54*
Hetzer *57*, 60
Marder III *55*, 60
Schweres Infanteriegeschütz Grille *56*, 147
Waffenträger *59*
Hetzer-Ausführungen:
Bergepanzer 60
Flammenwerfer 60
Exerzierpanzer 60
Flak 60
Munitionsträger 60
Panzerkampfwagen III (SdKfz 141) allgemein Kapitel 6 (61–78)
Ausf A (1/ZW) 61 ff., *62*
Ausf B (2/ZW) 62
Ausf C (3a/ZW) 62
Ausf D (3b/ZW) 62, *63*
Ausf E (4/ZW) 62, *63*
Ausf F 62, *65*
Ausf G 62, *65*
Ausf J (SdKfz 141/1) *29*, 62, 63, *66*, *68*
Ausf L 14, 63, 66
Ausf M 14, 63, *67*
Ausf N 63, *67*
allgemeine Beschreibung 64 ff.
Einsatzhistorie 66 ff.
Produktionszahlen 61, 62, 63
Ausführungen:
Artilleriepanzer 74
Befehlswagen 70, *70*, 73
Bergepanzer 74
Flammenwerfer (SdKfz 141/3) 73
Pionierfahrzeug 74
Schlepper 74
Tauchpanzer 70 ff.
Sturmgeschütze:
StuG III Ausf A 75
Ausf B 75
Ausf C 75, *75*
Ausf D 75, *75*
Ausf E 75
Ausf F 75
Ausf G 75, *76*, *77*
Sturmhaubitze StuH 42 75, *77*
Panzerkampfwagen IV (SdKfz 161) Kapitel 7 allgemein (79–97)
VK 2001 (Rh), Rheinmetall-Prototyp 79
VK 2001 (K), Krupp-Prototyp 79
VK 2002 MAN 79
PzKpfw IV –
Ausf A 79, *79*, 80, *86*
Ausf B 80, *80*
Ausf C 80
Ausf D 80
Ausf E 80, *80*
Ausf F_1 80, *81*
Ausf F_2 80, *82*
Ausf G 81, *82*, *85*, *86*
Ausf H (SdKfz 161/2) 81, *83*
Ausf J 81, *83*, *84*
allgemeine Beschreibung 81 ff.
Einsatzhistorie 84 ff.
Produktionszahlen 81 ff.
Ausführungen:
Artillerie-Panzerbeobachtungswagen *90*, 95
Befehlswagen 95
Bergepanzer 95
Brückenleger *90*, 95
Panzerfähre 95
Tauchpanzer 95
Fliegerabwehr:
Kugelblitz 90
Möbelwagen *91*, 96
Ostwind *92*, 96
Wirbelwind 96
Selbstfahrgeschütze:
Brummbär 96
Hummel 97, *97*
Selbstfahrlafette IVa 97
sonstige 97
Panzerjäger:
Jagdpanther IV *93*, 96
Nashorn/Hornisse 96, *96*
Panzer IV/70 (A) 96
Panzer IV/70 (V) *94*, 96
StuG IV *92*, *93*, 96
Panzerkampfwagen V (Panther) (SdKfz 171) Kapitel 8 allgemein (98–117)
VK 3002 (MAN), MAN-Prototyp 98, 99
VK 3002 (DB), Daimler-Benz-Prototyp 98, 99
Panther
1. Ausf A (später in Ausf D umbenannt) *98*, *99*, *100*, 100, *103*
Ausf B 100
2. Ausf A 101, *104*, *107*
Ausf G 101, 103, *106*
allgemeine Beschreibung 102 ff.
Einsatzhistorie 111 ff.
Produktionszahlen 98 ff.
spätere Entwicklungen:
Panther II 106 ff., 138
Ausf F 107
Ausführungen:
Artillerie-Panzerbeobachtungswagen 108, *109*
Befehlswagen 108
Bergepanzer 108, *111*, *135*
Flak-Panzer 110
Minenräumfahrzeug 110
Waffenträger 110

Panzerjäger:
Jagdpanther 15, *16*, 109, 110 ff. *112, 113*
Panther als M10 getarnt 110, *114*
Panther-Türme als Bunker 111, *114*
Panzerkampfwagen VI (Tiger I) (SdKfz 181)
Kapitel 9 allgemein (118–142)
DW1 & DW2, Prototypen 118
VK 3001 (H) von Henschel & Sohn 118, *118*
VK 3001 (P) von Porsche 118, *119*
VK 3601 (H) von Henschel & Sohn 118, 119, *120*
VK 4501 (H) von Henschel & Sohn *15*, 118, 119, *120*
VK 4501 (P) von Porsche (Tiger P) 119, *121*, 137
VK 6501 118
Tiger I (auch Ausf E, Ausf H oder Tiger E genannt) 14, 15, *99*, 120 ff. *121, 124, 126, 127, 130, 131, 133, 134*
allgemeine Beschreibung 122, 125
Einsatzhistorie:
Einsatz gegen T-34 126 ff.
Europa und UdSSR 125–130, *126, 128*, 130, 131, 133–135
Italien 130 ff.
Nordafrika 129 ff., *131*
Produktionszahlen 120, 153
Ausführungen:
Befehlswagen 136
Bergepanzer *134*, 136, *136*
Sturmmörser Tiger *135*, 136, 137, *137*
Tropentiger (TP) 121
Panzerkampfwagen VI Ausf B (SdKfz 182)
VK 4502 (P), Porsche-Prototyp 137
VK 4502 (H), Henschel-Prototyp 137
Tiger II (auch PzKpfw VI Ausf B oder Königstiger genannt) 15, 137 *138, 140*, 141
allgemeine Beschreibung 139 ff.
Einsatzhistorie 141–142
Produktionszahlen 138, 153
Ausführungen:
Befehlswagen 141
Jagdtiger (SdKfz 186) 15, 141, *141*, 142
Panzerproduktion in Deutschland 1934–1939 13
Panzerproduktion in Deutschland 1943 15
Panzerregiment 1 18, *18*
Panzerregiment 3 *13*
Panzerschule Paderborn 17
Panzertruppe 18 ff.
Perret, Bryan 8, 67, 126
Pershing (US-Panzer M26) *130*
Phantom-Division 59 ff.
Pionierfahrzeuge 44, 74
Porsche 118, 119, 137, 140, 142, 143, 145
Porsche, Dr. Ferdinand 119, 142–148
Puma 41
Purpurfibel, Die 18

R

Rapallo-Vertrag 1926 10
Renault FT 17 150, *150*
Renault R 35 149
Rheinmetall-Borsig 10, 11, 30, 79, 100, 118
Riebenstahl, Horst 8, *18*, 25 ff.
Ritgen, Oberst aD Helmut 8, 49, 60
Rommel, Feldmarschall Erwin 22, *26*, 59, 60
Rothe, Oberst aD Hermann 8, 34 ff., 45 ff.

S

Saukopf 78
Schaufler, Hans 84 ff.
Schmalturm *109*
Schnellkampfwagen 38, *39*
Schürzen *83, 84*
Schwedens Verwicklung in die deutsche Wiederaufrüstung 10 ff.
Schwimmpanzer 44, 70 ff., 95
Seeckt, Gen.-oberst Hans von 18
Seelöwe, Operation 70 ff, 95
Sennelager, Panzererprobungsgelände 17
Sherman (mittlerer US-Panzer M4) 68, 130, 135, 142
Sherman Firefly 94, 135
Skoda 9, 48, 49, 51, 55
Somua S 35 149
Sonderkraftfahrzeuge:
SdKfz 101 siehe PzKpfw I
SdKfz 121 siehe PzKpfw II
SdKfz 122 siehe PzKpfw II Flamm
SdKfz 123 siehe PzKpfw II Ausf L
SdKfz 124 siehe PzKpfw II Wespe
SdKfz 131 siehe PzKpfw II Geschützausführungen
SdKfz 132 siehe PzKpfw II Geschützausführungen
SdKfz 141, 141/1, 141/2, siehe PzKpfw III
SdKfz 141/3 siehe PzKpfw III Flamm
SdKfz 161 siehe PzKpfw IV
SdKfz 162 siehe PzKpfw Jagdpanzer IV
SdKfz 171 siehe PzKpfw V
SdKfz 173 siehe Jagdpanther
SdKfz 181 siehe Tiger I
SdKfz 182 siehe Tiger II
SdKfz 186 siehe Jagdtiger
SdKfz 265 siehe Kleiner Befehlswagen
SdKfz 300 siehe Minenräumwagen B1 und B2
SdKfz 301 siehe Sonderschlepper B IV
SdKfz 302 siehe Goliath
SdKfz 303 siehe Goliath
SdKfz 304 siehe Springer
Sonderschlepper B IV 148, *149*
Speer, Albert 143
Spezialfahrzeuge:
Minenräumwagen B1 & B2 148, *148*, 149
Ente 148
Panther-Spezialausführung 110
Ladungsträger Sonderschlepper B IV 148
Ausf A 148, *149*
Ausf B 148
Ausf C 148, 149
Goliath 148, 149, *149*
Springer 148, 149, *149*
Sprengladungsträger 148, *148*, 149, *149*
Springer 148, 149, *149*
SS-Panzerdivision 23
Stalingrad 28
Steyr-Daimler-Puch 11, 151
Sturmgeschütz III 75, *75, 76*, 77
Sturmgeschütz IV *92, 93*, 96
Sturmhaubitze III 75, *77*
Sturmpanzerwagen A7V 9, *9*
superschwere Panzer 143 ff.

T

T-34 (mittlerer russischer Panzer) 98 ff. 126 ff.
T-43 (mittlerer russischer Panzer) 113 ff.
Tauchpanzer 70, 71, 72, 95
Thoma, Gen. Ritter von 18
Tiger I, Tiger E, Tiger (P) siehe Kapitel 9 allgemein (118 ff.), 14, 15, *99*
Tiger II allgemein 137 ff., 15
Tiger-Maus 148
TNHP 51, 52, *52*, 54, 56 ff.
Tschechoslowakei 48 ff.

V

Versailler Verträge 6, 9, 10
Vollkettenfahrzeuge (VK)
VK 601 32, *33*
VK 901 40, *41*
VK 1601 41, *42*
VK 1602 41
VK 1801 32, *33*
VK 2001 (Rh) 79
VK 2001 (K) 79
VK 2002 (MAN) 79
VK 3001 (H) 118, *118*
VK 3002 (MAN) 98, 99
VK 3002 (DB) 98, 99
VK 3601 (H) 118, 119, *120*
VK 4501 (H) *15*, 118, 119, *120*
VK 4501 (P) 119, *121*, 137
VK 4502 (P) 137
VK 4503 (H) 137
VK 6501 118
VK 7001 148
Vollmer, Joseph 9 ff.
Vomag 36

W

Wegmann 94, 96
Wespe 43, 44, *45*
Whalley, Bart 10 ff.
Wilhelm, Karl 8, 73 ff.
Wirbelwind 96
Wolff, Dr. Kurt 8, 26
Wortmann, Karl 96
Wünsdorf, Ausbildungsgelände 4

Z

Zadnik, Herr 145 ff.
Zimmerit *113*
Zossen 18
Zugführerwagen (ZW) 11, *12, 61*